數位邏輯原理

林銘波 編著

全華圖書股份有限公司

序言

本書為數位邏輯設計：使用 Verilog HDL 一書的精簡本，其目的在於提供初學者一個快速而完整的入門知識，以適應目前多元化的社會變遷及跨領域的學習環境。本書可以當作電子、電機、資訊、機械、化工等工程學系中的數位邏輯設計課程的教科書，或是自我自修參考書。

本書以淺顯的方式完整的介紹數位邏輯設計中的重要理論與原理，以建立讀者一個健全的數位邏輯設計基礎。為讓讀者能深入的吸收書中所論述的原理，舉凡書中有重要之觀念與原理之處，即輔以適當的實例加以說明。此外，為了幫助讀者自我評量對該小節內容了解的程度，並且提供教師當作隨堂測驗的參考題目，本書中，在每一小節後皆提供了豐富的複習問題。由於有豐富之例題、複習問題與習題，本書除了適合學校教學之外也極為適合個人自修、從業人員參考，或者準備考試參考之用。

本書一共分成八章，前面四章主要探討一些基礎上的題材，以當作全書的理論基礎與學習上的基本知識。第 5 章與第 6 章討論組合邏輯電路的設計、分析與執行。雖然目前邏輯電路的設計已經由 MSI/SSI 的設計風格轉變為以 LSI 或是 VLSI 為主的 ASIC/FPGA 設計策略，一個建構於 ASIC 或是

CPLD/FPGA 的數位系統，依然是基於 MSI/SSI 的等效電路模組觀念，藉著重複應用這些等效電路模組，完成需要的標的系統。因此，對於一些基本的邏輯電路之設計及其相關問題的了解仍然是必要的。其次兩章著墨於循序邏輯電路的設計、分析與執行。第 7 章討論同步循序邏輯電路的設計與分析原理，第 8 章則第 7 章的應用例。

第 1 章主要討論數位系統中各種常用的數目系統與數碼系統、不同數目系統彼此之間的轉換、補數的觀念與取法、數目的表示方法與算術運算等，以作為全書的基礎。最後則介紹在數位系統中最基本的錯誤偵測與更正碼。

第 2 章介紹交換代數的基本定義、性質與一些常用的定理。交換代數為數位邏輯電路的理論基礎。

第 3 章討論一些常用的數位積體電路。欲設計一個性能良好的數位邏輯電路或是數位系統，除了必須熟悉交換代數之外，也必須對所用以執行邏輯函數的邏輯元件之特性、性能與限制有深入的了解，因此本章中將一些常用的數位邏輯族系：TTL、CMOS、ECL，做一個簡要的歸納與介紹。

第 4 章介紹交換函數的幾種常見的化簡方法：卡諾圖、列表法、變數引入圖法，交換函數的餘式及其應用於交換函數的化簡，及最簡式的求取方法：Petrick 方法與探索法。

在第 5 章中除了介紹基本的邏輯電路之設計外，多層 NAND/NOR 邏輯閘電路的執行，組合邏輯電路中可能發生的邏輯突波之偵測、效應與避免之方法也都有詳細的討論。

第 6 章討論一些最常用的組合邏輯電路模組之設計原理。這些組合邏輯電路模組包括：解碼器、編碼器、多工器、解多工器、大小比較器、加法器、減法器、乘法器等。這些組合邏輯電路模組在目前的數邏輯設計中扮演一個非常重要的角色。

第 7 章主要討論同步循序邏輯電路的一般設計原理、分析與執行方式，及狀態表的化簡方法。此外，對於雙穩態電路、門閂、閘控門閂與正反器的特性及其之間的差異，亦詳細地介紹。

　　第 8 章主要討論一些常用的同步循序邏輯電路：暫存器與計數器。對於各種類型的計數器之設計及分析方式，在本章之中都有詳細的討論；暫存器部分主要以移位暫存器為主，除了介紹基本原理之外也詳細的討論移位暫存器在資料格式的轉換及序列產生器上的應用與設計原理。最後，則以時序產生器電路的設計做為結束。

　　本書在編寫期間，承蒙國立台灣科技大學電子工程研究所，提供一個良好的教學與研究環境，使本書的編寫能夠順利完成，本人在此致上最真誠的感謝。此外，衷心地感激那些曾經關心過我與幫助過我的人，由於他們有形與無形地資助或鼓勵，使本人無論在求學的過程或是人生的旅程中，時時都得到無比的溫馨及鼓舞。最後，將本書獻給家人及心中最愛的人。

林銘波(M. B. Lin)於
國立台灣科技大學
電子工程研究所研究室

作者簡介

學歷：
    美國馬里蘭大學電機工程研究所博士
    國立台灣大學電機工程學研究所碩士
    國立台灣工業技術學院電子工程技術系學士
    主修微電子學、電腦科學、電腦工程

研究興趣與專長：
    VLSI (ASIC/SoC)系統設計、數位系統設計、計算機演算法
    嵌入式系統設計、平行計算機結構與演算法

現職：
    國立台灣科技大學
    電子工程技術系暨研究所教授

著作：

英文教科書(全球發行)：
    1. Ming-Bo Lin, *Digital System Designs and Practices: Using Verilog*

HDL and FPGAs, John Wiley & Sons, 2008 (ISBN: 9780470823231).

2. **Ming-Bo Lin**, *Introduction to VLSI Systems: A Logic, Circuit, and System Perspective*, CRC Press, 2012 (ISBN: 9781439868591).

3. **Ming-Bo Lin**, *Digital System Designs and Practices: Using Verilog HDL and FPGAs*, 2nd ed., CreateSpace Independent Publishing Platform, 2015 (ISBN: 978-1514313305).

4. **Ming-Bo Lin**, *An Introduction to Verilog HDL*, CreateSpace Independent Publishing Platform, 2016 (ISBN: 978-1523320974).

5. **Ming-Bo Lin**, *Principles and Applications of Microcomputers: 8051 Microcontroller Software, Hardware, and Interfacing*, CreateSpace Independent Publishing Platform, 2016 (ISBN: 978-1537158372).

6. **Ming-Bo Lin**, *Principles and Applications of Microcomputers*: 8051 *Microcontroller Software, Hardware, and Interfacing*, Vol. I: 8051 *Assembly-Language Programming*, CreateSpace Independent Publishing Platform, 2016 (ISBN: 978-1537158402).

7. **Ming-Bo Lin**, *Principles and Applications of Microcomputers*: 8051 *Microcontroller Software, Hardware, and Interfacing*, Vol. II: 8051 *Microcontroller Hardware and Interfacing*, CreateSpace Independent Publishing Platform, 2016 (ISBN: 978-1537158426).

8. **Ming-Bo Lin**, *Digital Logic Design: With An Introduction to Verilog HDL*, CreateSpace Independent Publishing Platform, 2016 (ISBN: 978-1537158365).

9. **Ming-Bo Lin**, *FPGA-Based Systems Design and Practice---Part I: RTL Design and Prototyping in Verilog HDL*, CreateSpace Independent Publishing Platform, 2018. (ISBN: 978-1721530199)

10. **Ming-Bo Lin,** *FPGA-Based Systems Design and Practice---Part II: System Design, Synthesis, and Verification*, CreateSpace Independent Publishing Platform, 2018. (ISBN: 978-1721530106)

11. **Ming-Bo Lin**, *A Tutorial on FPGA-Based System Design Using Verilog*

HDL: Intel Quartus Version---Part I: An Entry-Level Tutorial, CreateSpace Independent Publishing Platform, 2018. (ISBN: 978-1721530380)

12. **Ming-Bo Lin**, *A Tutorial on FPGA-Based System Design Using Verilog HDL: Intel Quartus Version---Part II: ASM Charts and RTL Design*, CreateSpace Independent Publishing Platform, 2018. (ISBN: 978-1721530571)

13. **Ming-Bo Lin**, *A Tutorial on FPGA-Based System Design Using Verilog HDL: Intel Quartus Version---Part III: A Clock/Timer and a Simple Computer*, CreateSpace Independent Publishing Platform, 2018. (ISBN: 978-1721530496)

14. **Ming-Bo Lin**, *A Tutorial on FPGA-Based System Design Using Verilog HDL: Xilinx ISE Version---Part I: An Entry-Level Tutorial*, CreateSpace Independent Publishing Platform, 2018. (ISBN: 978-1721530441)

15. **Ming-Bo Lin**, *A Tutorial on FPGA-Based System Design Using Verilog HDL: Xilinx ISE Version---Part II: ASM Charts and RTL Design*, CreateSpace Independent Publishing Platform, 2018. (ISBN: 978-1721530809)

16. **Ming-Bo Lin**, *A Tutorial on FPGA-Based System Design Using Verilog HDL: Xilinx ISE Version---Part III: A Clock/Timer and a Simple Computer*, CreateSpace Independent Publishing Platform, 2018. (ISBN: 978-1721530830)

17. **Ming-Bo Lin**, *An Introduction to Cortex-M0-Based Embedded Systems ---Cortex-M0 Assembly Language Programming*, CreateSpace Independent Publishing Platform, 2019. (ISBN: 978-1721530885)

18. **Ming-Bo Lin**, *An Introduction to Cortex-M3-Based Embedded Systems ---Cortex-M3 Assembly Language Programming*, CreateSpace Independent Publishing Platform, 2019. (ISBN: 978-1721530946)

19. **Ming-Bo Lin**, *An Introduction to Cortex-M4-Based Embedded Systems*

--- *TM4C123 Microcontroller Principles and Applications*, CreateSpace Independent Publishing Platform, 2019. (ISBN: 978-1721530984)

中文教科書：

1. 微算機原理與應用：x86/x64 微處理器軟體、硬體、界面、系統，第六版，全華圖書股份有限公司，2018。(ISBN: 978-986-4637713)

2. 微算機基本原理與應用：MCS-51 嵌入式微算機系統軟體與硬體，第三版，全華圖書股份有限公司，2013。(ISBN: 978-957-2191750)

3. 數位系統設計：原理、實務與應用}，第五版，全華圖書股份有限公司，2017。(ISBN: 978-986-4635955)

4. 數位邏輯設計---使用 Verilog HDL，第六版，全華圖書股份有限公司，2017。(ISBN: 978-986-4635948)

5. 8051 微算機原理與應用，全華圖書股份有限公司，2012。(ISBN: 978-957-2183755)

6. 數位邏輯原理，全華圖書股份有限公司，2018。(ISBN: 978-986-4638895)

7. FPGA 系統設計實務入門---使用 Verilog HDL: Intel/Altera Quartus 版，全華圖書股份有限公司，2018。(ISBN: 978-986-4638901)

編輯部序

　　「系統編輯」是我們的編輯方針，我們所提供給您的，絕不只是一本書，而是關於這門學問的所有知識，它們由淺入深，循序漸進。

　　本書的目的在於給初學者一個快速而完整的入門知識，以淺顯的方式介紹數位邏輯原理，給讀者一個健全的數位邏輯設計基礎。本書共分成8章，前面4章討論的是一些基礎上的題材，第5~6章則是探討邏輯電路的設計、分析與執行，第7章是探討同步循序邏輯電路的設計與分析原理，最後一章則是第7章的應用例。並在每章節後面新增自我評量，讓讀者了解對本章節的內容，也可讓教師當作隨堂測驗之試題。因有豐富之例題、複習問題及習題，所以本書除了適合學校教學之外，也適合個人自修、從業人員參考或是準備考試之用。

　　同時，為了使您能有系統且循序漸進研習相關方面的叢書，我們以流程圖方式，列出各有關圖書的閱讀順序，以減少您研習此門學問的摸索時間，並能對這門學問有完整的知識。若您在這方面有任何問題，歡迎來函連繫，我們將竭誠為您服務。

相關叢書介紹

書號：05292
書名：最新數位邏輯電路設計
編著：劉紹漢

書號：05567
書名：FPGA/CPLD 數位電路設
　　　計入門與實務應用-使用
　　　Quartus II(附範例光碟)
編著：莊慧仁

書號：06149
書名：數位邏輯設計-使用 VHDL
　　　(附範例程式光碟)
編著：劉紹漢

書號：06425
書名：FPGA 可程式化邏輯設計實
　　　習：使用 Verilog HDL 與
　　　Xilinx Vivado(附範例光碟)
編著：宋啓嘉

書號：06395
書名：FPGA 系統設計實務入門-使
　　　用 Verilog HDL：Intel/Altera
　　　Quartus 版
編著：林銘波

流程圖

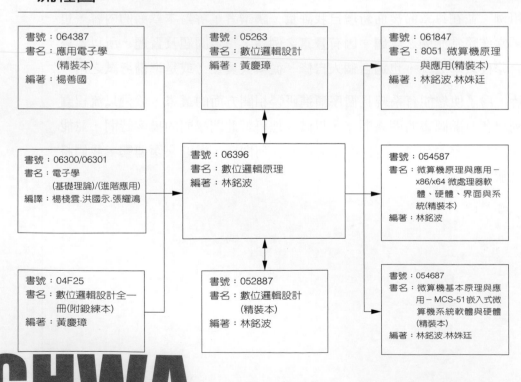

書號：064387
書名：應用電子學
　　　(精裝本)
編著：楊善國

書號：05263
書名：數位邏輯設計
編著：黃慶璋

書號：061847
書名：8051 微算機原理
　　　與應用(精裝本)
編著：林銘波.林姝廷

書號：06300/06301
書名：電子學
　　　(基礎理論)/(進階應用)
編譯：楊棧雲.洪國永.張耀鴻

書號：06396
書名：數位邏輯原理
編著：林銘波

書號：054587
書名：微算機原理與應用－
　　　x86/x64 微處理器軟
　　　體、硬體、界面與系
　　　統(精裝本)
編著：林銘波

書號：04F25
書名：數位邏輯設計全一
　　　冊(附鍛練本)
編著：黃慶璋

書號：052887
書名：數位邏輯設計
　　　(精裝本)
編著：林銘波

書號：054687
書名：微算機基本原理與應
　　　用－MCS-51嵌入式微
　　　算機系統軟體與硬體
　　　(精裝本)
編著：林銘波.林姝廷

目錄

第 1 章 數目系統與數碼   1

1.1 數目基底與補數   2

   1.1.1 數目的基底   2

   1.1.2 數目基底的轉換   4

   1.1.3 補數的取法   6

   1.1.4 補數的簡單應用---減法   8

1.2 未帶號數目系統   10

   1.2.1 二進制數目系統   10

   1.2.2 八進制數目系統   14

   1.2.3 十六進制數目系統   19

   1.2.4 二進制算術運算   25

1.3 帶號數表示法   27

   1.3.1 正數表示法   27

   1.3.2 負數表示法   28

   1.3.3 帶號數表示範圍   30

1.4 帶號數算術運算   32

   1.4.1 帶號大小表示法   32

1.4.2 1 補數表示法   34

1.4.3 2 補數表示法   36

1.5 文數字碼與數碼   39

1.5.1 文數字碼   39

1.5.2 十進制碼   40

1.5.3 格雷碼   44

1.6 錯誤偵測與更正碼   48

1.6.1 錯誤偵測碼   48

1.6.2 錯誤更正碼   50

1.7 參考資料   53

1.8 習題   53

第 2 章 交換代數   57

2.1 布林代數   58

2.1.1 布林代數的公理   58

2.1.2 布林代數基本定理   60

2.2 交換代數   67

2.2.1 基本定義   67

2.2.2 交換函數   69

2.2.3 邏輯運算子   73

2.2.4 函數完全運算集合   77

2.3 交換函數標準式   79

2.3.1 最小項與最大項   79

2.3.2 標準(表示)式   83

2.3.3 標準式的互換   90

2.3.4 交換函數性質   93

2.4 交換函數與邏輯電路   95

    2.4.1 基本邏輯閘   95

    2.4.2 邏輯閘的基本應用   98

    2.4.3 交換函數的執行   100

2.5 參考資料   102

2.6 習題   103

第 3 章* 數位積體電路   109

3.1 邏輯閘相關參數   110

    3.1.1 電壓轉換特性   110

    3.1.2 雜音邊界   113

    3.1.3 扇入與扇出   115

3.2 TTL 邏輯族系   117

    3.2.1 二極體與電晶體   118

    3.2.2 標準 TTL NOT 閘   124

    3.2.3 TTL 基本邏輯閘   126

    3.2.4 TTL 邏輯族系輸出級電路   127

3.3 CMOS 邏輯族系   132

    3.3.1 基本原理   132

    3.3.2 CMOS 基本邏輯閘   140

    3.3.3 CMOS 邏輯族系輸出級電路   145

    3.3.4 三態緩衝閘類型與應用   149

3.4ᴬ ECL 邏輯族系   151

    3.4.1* 射極耦合邏輯閘電路   151

3.5 參考資料   153

3.6 習題   153

第 4 章 交換函數化簡   157

    4.1 基本概念   158

      4.1.1 簡化準則   158

      4.1.2 代數運算化簡法   159

    4.2 卡諾圖化簡法   162

      4.2.1 卡諾圖   163

      4.2.2 卡諾圖化簡程序   167

      4.2.3 最簡 POS 表式   172

      4.2.4 未完全指定交換函數   174

      4.2.5 五個變數卡諾圖   176

    4.3 列表法化簡法   178

      4.3.1 列表表   179

      4.3.2 質隱項表   182

      4.3.3 Petrick 方法   186

      4.3.4 探索法   187

    4.4 變數引入圖與餘式圖   191

      4.4.1 變數引入圖法   192

      4.4.2 交換函數的餘式   195

    4.5 參考資料   201

    4.6 習題   201

第 5 章 邏輯閘層次電路設計   207

    5.1 組合邏輯電路設計與分析   208

      5.1.1 組合邏輯電路設計   208

      5.1.2 組合邏輯電路分析   212

5.1.3 組合邏輯電路的執行 214

5.2 邏輯閘層次組合邏輯電路 216

    5.2.1 兩層邏輯閘電路 216

    5.2.2 多層邏輯閘電路 222

5.3 組合邏輯電路時序分析 227

    5.3.1 邏輯突波 228

    5.3.2 函數突波 231

    5.3.3 無邏輯突波邏輯電路設計 234

5.4 參考資料 236

5.5 習題 237

第 6 章　組合邏輯電路模組設計　　245

6.1 解碼器 246

    6.1.1 解碼器電路設計 246

    6.1.2 解碼器的擴充 249

    6.1.3 執行交換函數 250

6.2 編碼器 252

    6.2.1 編碼器(優先權編碼器)電路設計 252

    6.2.2 編碼器的擴充 257

6.3 多工器 259

    6.3.1 多工器電路設計 259

    6.3.2 多工器的擴充 263

    6.3.3 執行交換函數 266

6.4 解多工器 272

    6.4.1 解多工器電路設計 272

    6.4.2 解多工器的擴充 275

6.4.3 執行交換函數		276
6.5 比較器		278
6.5.1 比較器電路設計		279
6.5.2 大小比較器電路設計		280
6.5.3 比較器的擴充		283
6.6 算術運算電路設計		285
6.6.1 二進制加/減法運算電路		286
6.6.2 BCD 加法運算電路		295
6.6.3 二進制乘法運算電路		297
6.7 參考資料		298
6.8 習題		299

第 7 章 同步循序邏輯電路   307

7.1 循序邏輯電路概論		308
7.1.1 基本電路模式		308
7.1.2 循序邏輯電路表示方式		311
7.2 記憶元件		316
7.2.1 延遲元件		316
7.2.2 雙穩態與門閂電路		317
7.2.3 閘控門閂電路		321
7.2.4 正反器		325
7.2.5 時序限制		332
7.3 同步循序邏輯電路設計與分析		334
7.3.1 同步循序邏輯電路設計		334
7.3.2 由特性函數求激勵函數		340
7.3.3 同步循序邏輯電路分析		342

7.4 狀態指定與化簡   346

     7.4.1 狀態指定   346

     7.4.2 狀態化簡   349

7.5 參考資料   354

7.6 習題   355

第 8 章 計數器與暫存器   365

8.1 計數器設計與分析   366

     8.1.1 非同步(漣波)計數器設   366

     8.1.2 同步計數器設計   370

     8.1.3 計數器分析   376

     8.1.4 商用 MSI 計數器   380

8.2 暫存器與移位暫存器   383

     8.2.1 暫存器   383

     8.2.2 移位暫存器   385

     8.2.3 隨意存取記憶器(RAM)   388

8.3 移位暫存器的應用   390

     8.3.1 資料格式轉換   391

     8.3.2 序列產生器   393

8.4 時序產生電路   398

     8.4.1 時脈產生器   399

     8.4.2 時序產生器   403

     8.4.3 數位單擊電路   405

8.5 參考資料   408

8.6 習題   409

1

數目系統與數碼

```
00▲        0000▲
01         0001
11         0011
10▼        0010
           0110
           0111
           0101
           0100
000▲       1100
001        1101
011        1111
010        1110
110        1010
111        1011
101        1001
100▼       1000▼
```

本章目標

學完本章之後，你將能夠了解：

- **數目基底與補數**：數目的基底、補數的取法、使用補數的減法
- **未帶號數目系統**：不同基底的數目系統與二進制算術運算
- **帶號數表示法**：正數表示法與負數的表示法
- **帶號數算術運算**：帶號大小、1補數、2補數表示法
- **文數字碼與數碼**：文數字碼、權位式數碼、非權位式數碼
- **錯誤偵測與更正碼**：錯誤偵測碼與錯誤更正碼

謂數位系統(digital system)即是處理一個有限的數字(或數值)資料集合的系統。在數位系統中，常用的數目系統(number system)有十進制(decimal)、二進制(binary)、八進制(octal)、十六進制(hexadecimal)等。其中二進制數目當其使用在數位系統中，用以代表數字性資料或非數字性資料時，則稱為二進制碼(binary code)。在二進制碼中一般可以分成兩類：一類是用來表示數目性資料的數碼(numeric code)，例如 BCD 碼(binary-coded-decimal code)；另一類則是用來表示非數目性資料的文數字碼(alphanumeric code)，例如 ASCII 碼(American Standard Code for Information Interchange)。文數字碼的數字本身不具有任何意義，它必須組合成一個集合的關係才具有意義。

本章中，也將詳細介紹在數位系統中常常用來增加系統可靠度(reliability)的錯誤偵測碼(error-detecting code)與錯誤更正碼(error-correcting code)。

1.1 數目基底與補數

在任何數目系統中，當表示一個數目時，都必須明示或是隱含的指示出該數目系統的基底 b (base)。這裡所謂的基底即是該數目中每一個數字對應的權重或是稱為加權(weight，也稱為比重)，即一個數目的值可以表示為基底 b 的冪次方之加權和。因此，本節中將依序討論數目的基本表示方法、補數的觀念與取法。最後則以補數的簡單應用：執行減法運算，作為結束。

1.1.1 數目的基底

假設在一個數目系統中的基底為 b (稱為 b 進制)時，則該數目系統中的任何一個正數均可以表示為下列多項式(稱為多項式表示法)：

$$N = a_{n-1}b^{n-1} + a_{n-2}b^{n-2} + \cdots + a_1 b^1 + a_0 b^0 + a_{-1}b^{-1} + a_{-2}b^{-2} + \cdots + a_{-m}b^{-m}$$

$$= \sum_{i=-m}^{n-1} a_i b^i$$

其中 $b \geq 2$ 為一個正整數，a 也為整數而且它的值介於 0 與 $b-1$ 之間。數列

$(a_{n-1}a_{n-2}\cdots a_0)$ 組成 N 的整數部分；數列 $(a_{-1}a_{-2}\cdots a_{-m})$ 組成 N 的小數部分。整數與小數部分一般以小數點分開。在實際應用中，通常不用上述多項式來代表一個數目，而以 $a_i(-m \leq i \leq n-1)$ 組成的數字串表示(稱為係數表示法)：

$$N = (a_{n-1}a_{n-2}\cdots a_1 a_0.a_{-1}a_{-2}\cdots a_{-m})_b$$

其中 a_{-m} 稱為最小有效數字(least significant digit，LSD)；數字 a_{n-1} 稱為最大有效數字(most significant digit，MSD)。在二進制中的每一個數字稱為一個位元(bit)，其英文字 bit 實際上即為二進制數字(binary digit)的縮寫。

　　當基底 b 為 2 時，該數目系統稱為二進制；b 為 8 時，稱為八進制；b 為 10 時，稱為十進制；b 為 16 時，稱為十六進制。一個 b 進制中的數目 N 通常以 N_b 表示，任何時候未明顯地表示出該數目的基底時，則視為通用的十進制。

表1.1-1　數目 0 到 16 的各種不同數目基底表示方法

十進制	二進制	八進制	十六進制
0	0	0	0
1	1	1	1
2	10	2	2
3	11	3	3
4	100	4	4
5	101	5	5
6	110	6	6
7	111	7	7
8	1000	10	8
9	1001	11	9
10	1010	12	A (或 a)
11	1011	13	B (或 b)
12	1100	14	C (或 c)
13	1101	15	D (或 d)
14	1110	16	E (或 e)
15	1111	17	F (或 f)
16	10000	20	10

　　表 1.1-1 中列出數目 0 到 16 在上述各種不同的基底下的數目表示法。由表中所列數字可以得知：在二進制中，只有 0 與 1 兩個數字；在八進制中，有 0、1、2、3、4、5、6、7 等數字；在十六進制中，則有 0、1、2、3、4、

5、6、7、8、9、A、B、C、D、E、F 等十六個數字。在十六進制中的數字
A、B、C、D、E、F 等也可以使用小寫的字母 a、b、c、d、e、f 等表示。

上述各種數目系統也稱為權位式數目系統(positional number system)，因
為數目中的每一個數字均依其所在的位置賦予一個固定的加權。例如數目
4107_8 中的數字 4，其加權為 8^3；數字 1 的加權為 8^2；數字 0 的加權為 8^1；數
字 7 的加權為 8^0。一般而言，任何一個 b 進制中的數目，其數字 a_i 的加權為
b^i。

例題 1.1-1　(數目表示法)

(a)　$1101_2 = 1 \times 2^3 + 1 \times 2^2 + 0 \times 2^1 + 1 \times 2^0$

(b)　$4347_8 = 4 \times 8^3 + 3 \times 8^2 + 4 \times 8^1 + 7 \times 8^0$

(c)　$1742_{10} = 1 \times 10^3 + 7 \times 10^2 + 4 \times 10^1 + 2 \times 10^0$

(d)　$18AB_{16} = 1 \times 16^3 + 8 \times 16^2 + A \times 16^1 + B \times 16^0$

📖複習問題

1.1. 試定義 LSD 與 MSD。

1.2. 何謂位元與數字？

1.3. 何謂權位式數目系統？

1.4. 何謂加權、權重，或是比重？

1.1.2 數目基底的轉換

雖然在數位系統(計算機系統亦為數位系統的一種)中，最常用的數目系
統為二進制。但是，有時為了方便也常常引用其它進制的數目系統，例如人
們最熟悉的十進制數目系統。在這種情形下，必須將以十進制表示的數目轉
換為二進制數目，以配合數位系統中慣用的二進制數目系統。

在數位系統中，除了十進制外，最常用的數目系統為二進制、八進制、
十六進制。由於這些數目系統的基底 $b = 2^i$，它們彼此之間的轉換較為容
易。因此基底的轉換可以分成兩類：一類為十進制與 b ($b = 2^i$)進制之間的

互換；另一類則是兩個不同的 b $(b=2^i)$進制之間的互換。前者於本節中討論；後者則請參考第 1.2 節。

b 進制轉換為十進制

將 N_b 的冪次多項式，以十進制算術做運算即可。下列例題說明如何轉換各種不同基底的數目為其等值的十進制數目。

例題 1.1-2　(基底轉換)

(a) $1101.11_2 = 1 \times 2^3 + 1 \times 2^2 + 0 \times 2^1 + 1 \times 2^0 + 1 \times 2^{-1} + 1 \times 2^{-2}$
$\qquad = 13.75_{10}$

(b) $432.2_8 = 4 \times 8^2 + 3 \times 8^1 + 2 \times 8^0 + 2 \times 8^{-1} = 282.25_{10}$

(c) $1E2C.E_{16} = 1 \times 16^3 + 14 \times 16^2 + 2 \times 16^1 + 12 \times 16^0 + 14 \times 16^{-1}$
$\qquad = 7724.875_{10}$

十進制轉換為 b 進制

在這情況下，以十進制做運算較為方便，其轉換程序可以分成兩部分：整數部分和小數部分。

設 N_{10} 為整數，它在基底 b 上的值為：

$$N_{10} = a_{n-1}b^{n-1} + a_{n-2}b^{n-2} + \cdots + a_1 b^1 + a_0 b^0$$

為求 $a_i (i = 0, \ldots, n-1)$，將上式除以 b 得

$$\frac{N_{10}}{b} = \underbrace{a_{n-1}b^{n-2} + a_{n-2}b^{n-3} + \cdots + a_1}_{Q_0} + \frac{a_0}{b}$$

因此，N_{10} 的最小有效數字 a_0 等於首次的餘數，其次的數字 a_1 則等於 Q_0 除以 b 的餘數，即

$$\frac{Q_0}{b} = \underbrace{a_{n-1}b^{n-3} + a_{n-2}b^{n-4} + \cdots + a_2}_{Q_1} + \frac{a_1}{b}$$

重複的使用上述之除法運算，直到 Q_{n-1} 等於 0 為止，即可以依序求出 a_i。注

意：若 N_{10} 為一個有限的數目，則此程序必然會終止。

如果 N_{10} 是個小數，則由對偶程序即可以產生結果。 N_{10} 在基底 b 中的值為：

$$N_{10} = a_{-1}b^{-1} + a_{-2}b^{-2} + \cdots + a_{-m}b^{-m}$$

最大有效數字 a_{-1} 可以由上述多項式乘以 b 求得，即

$$b \times N_{10} = a_{-1} + a_{-2}b^{-1} + \cdots + a_{-m}b^{-m+1}$$

假如上式的乘積小於 1，則 a_{-1} 為 0；否則 a_{-1} 就等於乘積的整數部分，其次的數字 a_{-2} 繼續由該乘積的小數部分乘以 b 後，取其整數部分。重覆上述步驟，即可以依序求出 a_{-3}、 a_{-4}、 $\cdots$、 a_{-m}。注意：這個程序並不一定會終止，因為 N_{10} 在基底 b 中，可能無法以有限的數字表示。

📖 複習問題

1.5. 如何轉換一個十進制的整數為 b 進制的數目？

1.6. 如何轉換一個十進制的小數為 b 進制的數目？

1.1.3 補數的取法

補數(complement)常用於數位系統中，以簡化減法運算。對於任何一個 b 進制中的每一個數目而言，都有兩種基本的補數型式：基底補數(b's complement)與基底減一補數((b-1)'s complement)。

基底補數

對於在 b 進制中的一個 n 位整數的正數 N_b 而言，其基底補數定義為：

$$\begin{cases} b^n - N_b & \text{當 } N_b \neq 0 \\ 0 & \text{當 } N_b = 0 \end{cases}$$

例題 1.1-3　(基底補數)

(a)　25250_{10} 的 10 補數為 $10^5 - 25250 = 74750$　$(n = 5)$

(b)　0.2376_{10} 的 10 補數為 $10^1 - 0.2376 = 9.7624$　$(n = 1)$

(c)　25.369_{10} 的 10 補數為 $10^2 - 25.369 = 74.631$　　($n = 2$)

(d)　101100_2 的 2 補數為 $2^6 - 101100_2 = 010100_2$　($n = 6$)

(e)　0.0110_2 的 2 補數為 $2^1 - 0.0110_2 = 1.1010_2$　($n = 1$)

基底減一補數

對於在 b 進制中的一個 n 位整數與 m 位小數的正數 N_b 而言,其基底減一補數定義為:

$$b^n - b^{-m} - N_b$$

例題 1.1-4　(基底減一補數)

(a)　25250_{10} 的 9 補數為 $10^5 - 10^{-0} - 25250 = 74749$　　($n = 5$,$m = 0$)

(b)　0.2376_{10} 的 9 補數為 $10^1 - 10^{-4} - 0.2376 = 9.7623$　　($n = 1$,$m = 4$)

(c)　25.369_{10} 的 9 補數為 $10^2 - 10^{-3} - 25.369 = 74.630$　　($n = 2$,$m = 3$)

(d)　101100_2 的 1 補數為

$$2^6 - 2^{-0} - 101100_2 = 010011_2　　(n = 6,m = 0)$$

(e)　0.0110_2 的 1 補數為

$$2^1 - 2^{-4} - 0.0110_2 = 1.1001_2　　(n = 1,m = 4)$$

由上述例題可以得知:十進制數目的 9 補數,可以用 9 減去數目中的每一個數字;二進制的 1 補數更是簡單,只要將數目中的所有 1 位元變為 0,而 0 位元變為 1 即可。

由於基底減一補數的求得較為容易,在需要基底補數的場合,也常常先求取基底減一補數後,將 b^{-m} 加到最小有效數字上而得到基底補數,因為 $(b^n - b^{-m} - N_b) + b^{-m} = b^n - N_b$。在二進制數目系統中,這種做法實際上是將數目中的每一個位元取其補數,即將 0 位元變為 1 位元而 1 位元變為 0 位元後,再將 1 加到最小有效位元(LSB)上。下面例題說明此一方法。

例題 1.1-5　(由基底減一補數求基底補數)

(a)　101100_2 的 2 補數為 $010011_2 + 000001_2 = 010100_2$

其中 010011 為 101100 的 1 補數而 000001 為 2^{-0}。

(b) 0.0110_2 的 2 補數為 $1.1001_2 + 0.0001_2 = 1.1010_2$

　　 其中 1.1001 為 0.0110 的 1 補數而 0.0001 為 2^{-4}。

　　若將一數取補數(基底補數或基底減一補數)之後，再取一次相同的補數，則將恢復原來的數目，即結果和原數相同。因為 N_b 的 b 補數為 $b^n - N_b$，而 $b^n - N_b$ 的 b 補數為 $b^n - (b^n - N_b) = N_b$，所以恢復原數。對於 $(b\text{-}1)$ 補數而言，其理由仍然相同(習題 1.4)。

例題 1.1-6　(補數的補數 = 原數)

(a) 101100_2 的 2 補數為 $010011_2 + 000001_2 = 010100_2$，而 010100_2 的 2 補數為 $101011_2 + 000001_2 = 101100_2$，和原來的數目相同。

(b) 0.0110_2 的 1 補數為 1.1001_2 而 1.1001_2 的 1 補數為 0.0110_2，和原來的數目相同。

📖 複習問題

1.7. 對於一個 b 進制中的每一個數目而言，都有那兩種基本的補數型式？

1.8. 試定義基底補數。

1.9. 試定義基底減一補數。

1.10. 試定義二進制數目系統的 1 補數。

1.11. 試定義二進制數目系統的 2 補數。

1.1.4　補數的簡單應用—減法

　　在數位系統中，當使用硬體電路執行減法運算時，一個較方便而且較有效率的方法為使用補數的方式，即先將減數取基底補數後再與被減數相加。若設 M 與 N 分別表示被減數與減數，則使用補數方式的減法運算規則如下：

使用補數的減法運算規則：

1. 將減數(N)取基底補數後與被減數(M)相加；
2. 若結果有進位產生時，表示結果大於或是等於 0，忽略此進位，該結果即為

$M - N$ 的結果；否則，沒有進位產生時，表示結果小於 0，將結果取基底補數後，即為 $M - N$ 的大小。

　　下列分別列舉數例說明上述動作。

例題 1.1-7　(使用補數的減法運算)

　　使用補數的方法，計算下列各題：

(a)　$918_{10} - 713_{10}$　　　　　(b)　$713_{10} - 713_{10}$　　　　　(c)　$218_{10} - 713_{10}$

解：將 713_{10} 取 10 補數後得 287_{10}，將此數分別與三個被減數相加：

(a)　　918　　　　　(b)　　713　　　　　(c)　　218
　　 $+$ 287　　　　　　　 $+$ 287　　　　　　　 $+$ 287
　　──────　　　　　　──────　　　　　　──────
　　 1205　　　　　　　 **1**000　　　　　　　　505

　　有進位發生　　　　　有進位發生　　　　　沒有進位發生
　　結果 $= 205$　　　　　結果 $= 0$　　　　　　結果 $= -495$

結果(a)與(b)有進位發生，因此其結果分別為 205 與 0；(c)沒有進位產生，因此其結果小於 0，將結果 505 取 10 補數後得 495，所以其值為 -495。

例題 1.1-8　(使用補數的減法運算)

　　使用補數的方法，計算下列各題：

(a)　$1011_2 - 0110_2$　　　　　(b)　$0110_2 - 0110_2$　　　　　(c)　$0011_2 - 0110_2$

解：將 0110_2 取 2 補數後得 1010_2，將此數分別與三個被減數相加：

(a)　　1011　　　　　(b)　　0110　　　　　(c)　　0011
　　 $+$ 1010　　　　　　　 $+$ 1010　　　　　　　 $+$ 1010
　　──────　　　　　　──────　　　　　　──────
　　 10101　　　　　　 **1**0000　　　　　　　1101

　　有進位發生　　　　　有進位發生　　　　　沒有進位發生
　　結果 $= 0101$ (5)　　　結果 $= 0000$ (0)　　　結果 $= 0011$ (-3)

結果(a)與(b)有進位發生，因此其結果分別為 5 與 0；(c)沒有進位產生，因此其結果小於 0，將結果 1101_2 取 2 補數後得 0011_2，所以其值為 -3。

📖 **複習問題**

1.12. 試簡述使用補數方式的減法運算規則。

1.13. 試使用補數方式的減法運算，計算 $2346_8 - 1723_8$。

1.14. 試使用補數方式的減法運算，計算 $234A_{16} - 17FA_{16}$。

1.2 未帶號數目系統

在數位系統中，數目的表示方法可以分成未帶號數(unsigned number)與帶號數(signed number)兩種。未帶號數沒有正數與負數的區別，全部視為正數；帶號數則有正數與負數的區別。但是不論是未帶號數或是帶號數都可以表示為二進制、八進制、十進制，或是十六進制。在本節中，將以未帶號數為例，詳細討論這四種數目系統及其彼此之間的相互轉換。然後使用二進制數目系統，介紹算術運算中的四種基本運算動作：加、減、乘、除。

1.2.1 二進制數目系統

在數目系統中，當基底為 2 時，稱為二進制數目系統。在此數目系統中，每一個正數均可以表示為下列多項式：

$$N_2 = a_{n-1}2^{n-1} + \cdots\cdots + a_0 2^0 + a_{-1}2^{-1} + \cdots\cdots + a_{-m}2^{-m}$$

$$= \sum_{i=-m}^{n-1} a_i 2^i$$

或用數字串表示：

$$(a_{n-1}a_{n-2}\cdots\cdots a_0.a_{-1}a_{-2}\cdots\cdots a_{-m})_2$$

其中 a_{n-1} 稱為最大有效位元(most significant bit，MSB)；a_{-m} 稱為最小有效位元(least significant bit，LSB)。這裡所謂的位元(bit)實際上是指二進制的數字 (0 和 1)。位元的英文字(bit)其實即為二進制數字(binary digit)的縮寫。注意上述多項式或是數字串中的係數 a_i $(-m \le i \le n-1)$ 之值只有 0 和 1 兩種。

例題 1.2-1 (二進制數目表示法)

(a) $1101_2 = 1 \times 2^3 + 1 \times 2^2 + 1 \times 2^0$

(b) $1011.101_2 = 1 \times 2^3 + 1 \times 2^1 + 1 \times 2^0 + 1 \times 2^{-1} + 1 \times 2^{-3}$

二進制轉換為十進制

　　轉換一個二進制數目為十進制的程序相當簡單，只需要將係數(只有 0 和 1)為 1 的位元所對應的權重(2^i)以十進制的算數運算相加即可。

例題 1.2-2　(二進制對十進制的轉換)

　　轉換 110101.01101_2 為十進制。

解：如前所述，將係數為 1 的位元所對應的權重(2^i)以十進制的算術運算一一相加，結果如下：

$$110101.01101_2 = 1 \times 2^5 + 1 \times 2^4 + 1 \times 2^2 + 1 \times 2^0 + 1 \times 2^{-2} + 1 \times 2^{-3} + 1 \times 2^{-5}$$
$$= 32 + 16 + 4 + 1 + 0.25 + 0.125 + 0.03125$$
$$= 53.40625_{10}$$

十進制轉換為二進制

　　當數目較小時，可以依照上述例題的相反次序為之。例如下列例題。

例題 1.2-3　(十進制對二進制的轉換)

　　轉換 13 為二進制。

解：$13_{10} = 8 + 4 + 1 = 2^3 + 2^2 + 0 + 2^0 = 1101_2$

例題 1.2-4　(十進制對二進制的轉換)

　　轉換 25.375 為二進制。

解：結果如下：

$$
\begin{array}{ccccccccccc}
25.375_{10} &=& 16 &+& 8 &+& 1 &+& 0.25 &+& 0.125 \\
&=& 2^4 &+& 2^3 + 0 + 0 + & 2^0 & + 0 + & 2^{-2} &+& 2^{-3} \\
&& \downarrow && \downarrow\ \downarrow\ \downarrow\ & \downarrow & \downarrow\ & \downarrow && \downarrow \\
&=& 1 && 1\quad 0\quad 0\quad & 1 & .\ 0\ & 1 && 1
\end{array}
$$

　　但是當數目較大時，上述方法將顯得笨拙而且不實用，因而需要一個較有系統的方法。一般在轉換一個十進制數目為二進制時，通常將整數部分與小數部分分開處理：整數部分以 2 連除後取其餘數；小數部分則以 2 連乘後

取其整數。整數部分的轉換規則如下：

1. 以 2 連除該整數，取其餘數。

2. 以最後得到的餘數為最大有效位元(MSB)，並且依照餘數取得的相反次序寫下餘數即為所求。

下列例題將說明此種轉換程序。

例題 1.2-5　(十進制對二進制的轉換)

轉換 109_{10} 為二進制。

解：利用上述轉換規則計算如下所示：

$$
\begin{aligned}
109 \div 2 &= 54 \cdots\cdots 1 \quad \leftarrow \text{LSB}\\
54 \div 2 &= 27 \cdots\cdots 0\\
27 \div 2 &= 13 \cdots\cdots 1\\
13 \div 2 &= 6 \cdots\cdots 1\\
6 \div 2 &= 3 \cdots\cdots 0\\
3 \div 2 &= 1 \cdots\cdots 1\\
1 \div 2 &= 0 \cdots\cdots 1 \quad \leftarrow \text{MSB}
\end{aligned}
$$

所以　$109_{10} = 1101101_2$。

在上述的轉換過程中，首次得到的餘數為 LSB，而最後得到的餘數為 MSB。

小數部分的轉換規則如下：

1. 以 2 連乘該數的小數部分，取其乘積的整數部分。

2. 以第一次得到的整數為第一位小數，並且依照整數取得的次序寫下整數即為所求。

下列例題將說明此種轉換程序。

例題 1.2-6　(十進制對二進制的轉換)

轉換 0.78125 為二進制。

解：利用上述轉換規則計算如下所示：

整數

$$0.78125 \times 2 = 1.56250 = 1 + 0.56250$$
$$0.56250 \times 2 = 1.1250 = 1 + 0.1250$$
$$0.1250 \times 2 = 0.250 = 0 + 0.250$$
$$0.250 \times 2 = 0.500 = 0 + 0.500$$
$$0.500 \times 2 = 1.000 = 1 + 0.000$$

所以 $0.78125_{10} = 0.11001_2$ 。

小數部分的轉換有時候是個無窮盡的程序，這時候可以依照需要的精確值在適當的位元處終止即可。

例題 1.2-7　(十進制對二進制的轉換)

轉換 0.43 為二進制。

解：利用上述轉換規則計算如下所示：

整數　　　　　　　　　　　　整數

$$0.43 \times 2 = 0.86 = 0 + 0.86 \qquad 0.88 \times 2 = 1.76 = 1 + 0.76$$
$$0.86 \times 2 = 1.72 = 1 + 0.72 \qquad 0.76 \times 2 = 1.52 = 1 + 0.52$$
$$0.72 \times 2 = 1.44 = 1 + 0.44 \qquad 0.52 \times 2 = 1.04 = 1 + 0.04$$
$$0.44 \times 2 = 0.88 = 0 + 0.88$$

由於轉換的程序是個無窮盡的過程，所以將之終止而得

$$0.43_{10} = 0.0110111_2 \; 。$$

例題 1.2-8　(十進制對二進制的轉換)

轉換 121.34375_{10} 為二進制。

解：詳細運算過程如下：

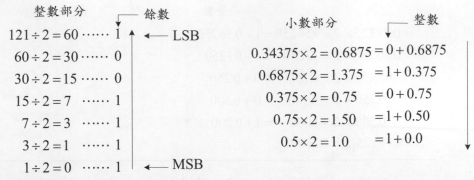

所以 $121.34375_{10} = 1111001.01011_2$。

📖 複習問題

1.15. 試定義 LSB 與 MSB。

1.16. 簡述在轉換一個十進制數目為二進制時,整數部分的轉換規則。

1.17. 簡述在轉換一個十進制數目為二進制時,小數部分的轉換規則。

1.2.2 八進制數目系統

在數目系統中,當基底 b 為 8 時,稱為八進制數目系統。在此數目系統中,每一個正數均可以表示為下列多項式:

$$N_8 = a_{n-1}8^{n-1} + \cdots\cdots + a_0 8^0 + a_{-1}8^{-1} + \cdots\cdots + a_{-m}8^{-m}$$
$$= \sum_{i=-m}^{n-1} a_i 8^i$$

或用數字串表示:

$$(a_{n-1}a_{n-2}\cdots\cdots a_0 . a_{-1}a_{-2}\cdots\cdots a_{-m})_8$$

其中 a_{n-1} 稱為最大有效數字(most significant digit,MSD);a_{-m} 稱為最小有效數字(least significant digit,LSD)。a_i $(-m \le i \le n-1)$ 之值可以為 $\{0, 1, 2, 3, 4, 5, 6, 7\}$ 中之任何一個。

例題 1.2-9 (八進制數目表示法)

(a) $347_8 = 3 \times 8^2 + 4 \times 8^1 + 7 \times 8^0 = 231_{10}$

(b) $157.43_8 = 1 \times 8^2 + 5 \times 8^1 + 7 \times 8^0 + 4 \times 8^{-1} + 3 \times 8^{-2} = 111.546875_{10}$

在八進制中，代表數目的符號一共有 8 個，即只使用十進制中的前 8 個符號：0 到 7。表 1.2-1 列出了十進制、二進制、八進制之間的關係。

表1.2-1　十進制、二進制、八進制之間的關係

十進制	二進制	八進制
0	000	0
1	001	1
2	010	2
3	011	3
4	100	4
5	101	5
6	110	6
7	111	7

在八進制數目系統中，數目的表示容量遠較二進制為大，即以同樣數目的數字而言，八進制能代表的數目遠較二進制為大。例如數目 47_{10} 在八進制中為 57_8 (2 位數)，在二進制中則為 101111_2 (6 位數)。若以同樣的 2 位數而言，八進制能表示的數目範圍為 0 到 63 (即 00_8，到 77_8)，而二進制只能表示 0 到 3 的數目(即 00_2 到 11_2)。

二進制轉換為八進制

二進制和八進制之間的轉換相當容易，將一個二進制的數目轉換為八進制時，只需要以小數點為中心，分割成整數與小數兩個部分，其中整數部分以小數點為基準，依序向左每取三個位元為一組，小數部分則以小數點為基準，依序向右每取三個位元為一組，然後參照表 1.2-1 中的關係，即可以求得對應的八進制數目。例如下列例題。

例題 1.2-10　(二進制轉換為八進制)

轉換 110101_2 為八進制。

解： 因為 $110101 = 110\ 101. = 6\ 5$

所以 $110101_2 = 65_8$。

　　在整數部分的左邊或是小數部分的右邊均可以依據實際上的需要加上任意個 0 而不會影響該數的大小。例如下列例題。

例題 1.2-11　(二進制轉換為八進制)

　　轉換 $11110010101.01111100110_2$ 為八進制。

解：因為 $11110010101.01111100110 = \mathbf{0}11\ 110\ 010\ 101.011\ 111\ 001\ 1\mathbf{00}$

因此由表 1.2-1 查得對應的八進制數目為 3 6 2 5 . 3 7 1 4

所以 $11110010101.01111100110_2 = 3625.3714_8$。

八進制轉換為二進制

　　轉換一個八進制數目為二進制時，由於八進制和二進制之間數字對應的特殊關係，其轉換程序可以使用一個簡單的方式達成，即只需要將每一個八進制數字以相當的二進制位元(參照表 1.2-1)取代即可。例如下列例題。

例題 1.2-12　(八進制轉換為二進制)

　　轉換 472_8 為二進制。

解：$4\ 7\ 2_8 = 100\ 111\ 010_2$

所以相當的二進制數目為 100111010。

例題 1.2-13　(八進制轉換為二進制)

　　轉換 54.31_8 為二進制。

解：$5\ 4.3\ 1_8 = 101\ 100.011\ 001_2$

所以相當的二進制數目為 101100.011001。

八進制轉換為十進制

　　轉換一個八進制的數目為十進制時，只需要將每一個數字乘以該數字所在位置的加權(8^i)後，以十進制的算術運算相加即可。

例題 1.2-14　(八進制轉換為十進制)

　　轉換 372_8 為十進制。

解： $372_8 = 3 \times 8^2 + 7 \times 8^1 + 2 \times 8^0$

$\qquad\quad = 3 \times 64 + 7 \times 8 + 2 \times 1$

$\qquad\quad = 250_{10}$

所以相當的十進制數目為 250。

例題 1.2-15　(八進制轉換為十進制)

　　轉換 24.68_8 為十進制。

解： $24.68_8 = 2 \times 8^1 + 4 \times 8^0 + 6 \times 8^{-1} + 8 \times 8^{-2}$

$\qquad\qquad = 2 \times 8 + 4 \times 1 + 6 \div 8 + 8 \div 64$

$\qquad\qquad = 20.875_{10}$

所以相當的十進制數目為 20.875。

十進制轉換為八進制

　　十進制對八進制的轉換方法和十進制對二進制的轉換方法相同，只是現在的除數(或乘數)是 8 而不是 2。

例題 1.2-16　(十進制轉換為八進制)

　　轉換 266_{10} 為八進制。

解： 詳細的計算過程如下所示：

$$266 \div 8 = 33 \cdots\cdots 2$$
$$33 \div 8 = 4 \cdots\cdots 1$$
$$4 \div 8 = 0 \cdots\cdots 4$$

（餘數）

所以相當的八進制數目為 412。

例題 1.2-17　(十進制轉換為八進制)

　　轉換 0.38_{10} 為八進制。

解： 詳細的計算過程如下所示：

整數
$$0.38 \times 8 = 3.04 \ = 3 + 0.04$$
$$0.04 \times 8 = 0.32 \ = 0 + 0.32$$
$$0.32 \times 8 = 2.56 \ = 2 + 0.56$$
$$0.56 \times 8 = 4.48 \ = 4 + 0.48$$

由於該轉換的程序是一個無窮盡的動作，所以將它終止而得到：

$$0.38_{10} = 0.3024_8 \ 。$$

有時為了方便，在轉換一個十進制數目為八進制時，常先轉換為二進制後，再轉換為八進制。下列例題說明此一轉換程序。

例題 1.2-18 （十進制轉換為八進制）

轉換 139.43_{10} 為八進制。

解： 首先轉換 139.43_{10} 為二進制：

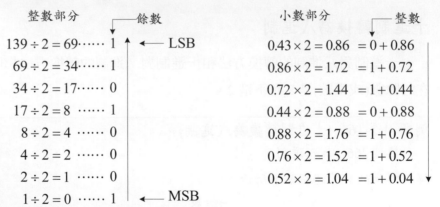

整數部分　　　　餘數　　　　　　　　小數部分　　　　　　整數
$$139 \div 2 = 69 \cdots\cdots 1 \quad \leftarrow \text{LSB}$$
$$69 \div 2 = 34 \cdots\cdots 1$$
$$34 \div 2 = 17 \cdots\cdots 0$$
$$17 \div 2 = 8 \ \cdots\cdots 1$$
$$8 \div 2 = 4 \ \cdots\cdots 0$$
$$4 \div 2 = 2 \ \cdots\cdots 0$$
$$2 \div 2 = 1 \ \cdots\cdots 0$$
$$1 \div 2 = 0 \ \cdots\cdots 1 \quad \leftarrow \text{MSB}$$

$$0.43 \times 2 = 0.86 \ = 0 + 0.86$$
$$0.86 \times 2 = 1.72 \ = 1 + 0.72$$
$$0.72 \times 2 = 1.44 \ = 1 + 0.44$$
$$0.44 \times 2 = 0.88 \ = 0 + 0.88$$
$$0.88 \times 2 = 1.76 \ = 1 + 0.76$$
$$0.76 \times 2 = 1.52 \ = 1 + 0.52$$
$$0.52 \times 2 = 1.04 \ = 1 + 0.04$$

整數部分相當的二進制數目為 10001011；小數部分是個無窮盡的程序，將之終止而得到 0.0110111。所以 $139.43 = 10001011.0110111_2$。

其次，將 10001011.0110111_2 轉換為八進制數目：

$$10001011.0110111_2 = \underline{010} \ \underline{001} \ \underline{011}.\underline{011} \ \underline{011} \ \underline{100}$$
$$= 2 \quad 1 \quad 3. \ 3 \quad 3 \quad 4_8$$

因此 $139.43_{10} = 213.334_8$。

📖 複習問題

1.18. 在八進制數目系統中，代表數目的符號有那些？

1.19. 簡述在轉換一個十進制數目為八進制時，整數部分的轉換規則。

1.20. 簡述在轉換一個十進制數目為八進制時，小數部分的轉換規則。

1.2.3 十六進制數目系統

在數目系統中，當基底 b 為 16 時，稱為十六進制數目系統。在此數目系統中，每一個正數均可以表示為下列多項式：

$$N_{16} = a_{n-1}16^{n-1} + \cdots\cdots + a_0 16^0 + a_{-1}16^{-1} + \cdots\cdots + a_{-m}16^{-m}$$

$$= \sum_{i=-m}^{n-1} a_i 16^i$$

或用數字串表示：

$$(a_{n-1}a_{n-2}\cdots\cdots a_0.a_{-1}a_{-2}\cdots\cdots a_{-m})_{16}$$

其中 a_{q-1} 稱為最大有效數字(most significant digit，MSD)；a_{-p} 稱為最小有效數字(least significant digit，LSD)。a_i ($-m \le i \le n-1$)之值可以為{0, 1, 2, 3, 4, 5, 6, 7, 8, 9, A, B, C, D, E, F}中之任何一個，其中A~F也可以使用小寫的英文字母 a~f 取代。

例題 1.2-19　(十六進制數目表示法)

(a)　$ABCD_{16} = A \times 16^3 + B \times 16^2 + C \times 16^1 + D \times 16^0$

(b)　$123F.E3_{16} = 1 \times 16^3 + 2 \times 16^2 + 3 \times 16^1 + F \times 16^0 + E \times 16^{-1} + 3 \times 16^{-2}$

在十六進制中，代表數目的符號一共有十六個，除了十進制中的十個符號之外，又添加了六個：A (a)、B (b)、C (c)、D (d)、E (e)、F (f)。表 1.2-2 列出了十進制、二進制、十六進制之間的關係。

表1.2-2　十進制、二進制、十六進制之間的關係

十進制	二進制	十六進制	十進制	二進制	十六進制
0	0000	0	8	1000	8
1	0001	1	9	1001	9
2	0010	2	10	1010	A(a)
3	0011	3	11	1011	B(b)
4	0100	4	12	1100	C(c)
5	0101	5	13	1101	D(d)
6	0110	6	14	1110	E(e)
7	0111	7	15	1111	F(f)

十六進制為電腦中常用的數目系統之一，其數目的表示容量最大。例如同樣使用二位數而言，十六進制所能表示的數目範圍為 0 到 255(即 00_{16} 到 FF_{16})；十進制為 0 到 99；二進制則只有 0 到 3 (即 00_2 到 11_2)。

二進制轉換為十六進制

轉換一個二進制數目為十六進制的程序相當簡單，只需要將該二進制數目以小數點分開後，分別向左(整數部分)及向右(小數部分)每四個位元集合成為一組後，再參照表 1.2-2 求取對應的十六進制數字，即可以求得十六進制數目的結果。

例題 1.2-20　(轉換二進制數目為十六進制)

轉換二進制數目 10111011001.10110100111 為十六進制。

解：將該二進制數目以小數點分開後，分別向左(整數部分)及向右(小數部分)每四個位元集合成為一組後，參照表 1.2-2 求取對應的十六進制數字，其結果如下：

```
0101  1101  1001.1011  0100  1110
  ↓     ↓     ↓    ↓     ↓     ↓
  5     D     9  . B     4     E
```

所以 $10111011001.10110100111_2 = 5D9.B4E_{16}$。

十六進制轉換為二進制

轉換一個十六進制數目為二進制的過程相當簡單，只需要將該十六進制

數目中的每一個數字,以表 1.2-2 中對應的 4 個二進制位元取代即可,例如下列例題。

例題 1.2-21　(轉換十六進制數目為二進制)

轉換十六進制數目 9BD 為二進制。

解:將十六進制數目中的每一個數字分別使用對應的二進制數目取代即可,詳細的動作如下:

$$
\begin{array}{ccc}
9 & B & D \\
\downarrow & \downarrow & \downarrow \\
1001 & 1011 & 1101
\end{array}
$$

所以 $9BD_{16} = 100110111101_2$。

例題 1.2-22　(轉換十六進制數目為二進制)

轉換十六進制數目 37C.B86 為二進制。

解:將十六進制數目中的每一個數字分別使用對應的二進制數目取代即可,詳細的動作如下:

$$
\begin{array}{ccccccc}
3 & 7 & C\,. & B & 8 & 6 \\
\downarrow & \downarrow & \downarrow & \downarrow & \downarrow & \downarrow \\
0011 & 0111 & 1100. & 1011 & 1000 & 0110
\end{array}
$$

所以 $37C.B86_{16} = 1101111100.10111000011_2$。

十六進制轉換為十進制

與轉換一個二進制數目為十進制的程序類似,只需要將十六進制數目中的每一個數字乘上其所對應的權重(16^i)後,以十進制的算數運算相加即可,例如下面例題。

例題 1.2-23　(十六進制數目對十進制的轉換)

轉換 $AED.BF_{16}$ 為十進制。

解:如前所述,將係數乘上其所對應的權重(16^i),並且以十進制的算數運算求其總合即可,其結果如下:

$$AED.BF_{16} = A \times 16^2 + E \times 16^1 + D \times 16^0 + B \times 16^{-1} + F \times 16^{-2}$$
$$= 10 \times 256 + 14 \times 16 + 13 \times 1 + 11 \times 0.0625 + 15 \times 0.00390625$$
$$= 2797.74609375_{10}$$

十進制轉換為十六進制

與轉換一個十進制數目為二進制的程序類似,只是現在的除數(或乘數)為 16 而不是 2,例如下列例題。

例題 1.2-24 (十進制數目對十六進制的轉換)

轉換 167.45_{10} 為十六進制。

解:詳細的計算過程如下:

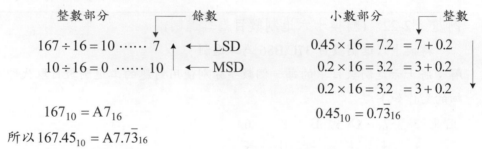

整數部分　　　　　　餘數　　　　　　　　小數部分　　　　　整數

$$167 \div 16 = 10 \cdots\cdots 7 \quad \leftarrow \text{LSD} \qquad 0.45 \times 16 = 7.2 \ = 7 + 0.2$$
$$10 \div 16 = 0 \cdots\cdots 10 \quad \leftarrow \text{MSD} \qquad 0.2 \times 16 = 3.2 \ = 3 + 0.2$$
$$0.2 \times 16 = 3.2 \ = 3 + 0.2$$

$$167_{10} = A7_{16} \qquad\qquad\qquad 0.45_{10} = 0.7\bar{3}_{16}$$

所以 $167.45_{10} = A7.7\bar{3}_{16}$

有時為了方便,在轉換一個十進制數目為十六進制時,常先轉換為二進制數目後,再轉換為十六進制。這種方式雖然較為複雜,但是使用較熟悉的以 2 為除數或是乘數的簡單運算,取代了在上述過程中的以 16 為除數或乘數的繁雜運算。

例題 1.2-25 (十進制轉換為十六進制)

轉換 138.35_{10} 為十六進制。

解:首先轉換 138.35_{10} 為二進制:

整數部分　　　　　　　餘數　　　　　　　　　小數部分　　　　　　　　整數

$$138 \div 2 = 69 \cdots\cdots 0 \leftarrow \text{LSB}$$
$$69 \div 2 = 34 \cdots\cdots 1$$
$$34 \div 2 = 17 \cdots\cdots 0$$
$$17 \div 2 = 8 \cdots\cdots 1$$
$$8 \div 2 = 4 \cdots\cdots 0$$
$$4 \div 2 = 2 \cdots\cdots 0$$
$$2 \div 2 = 1 \cdots\cdots 0$$
$$1 \div 2 = 0 \cdots\cdots 1 \leftarrow \text{MSB}$$

$$138_{10} = 10001010_2$$

$$0.35 \times 2 = 0.70 \quad = 0 + 0.70$$
$$0.70 \times 2 = 1.40 \quad = 1 + 0.40$$
$$0.40 \times 2 = 0.80 \quad = 0 + 0.80$$
$$0.80 \times 2 = 1.60 \quad = 1 + 0.60$$
$$0.60 \times 2 = 1.20 \quad = 1 + 0.20$$
$$0.20 \times 2 = 0.40 \quad = 0 + 0.40$$
$$0.40 \times 2 = 0.80 \quad = 0 + 0.80$$

$$0.35_{10} = 0.0\overline{10110}_2$$

整數部分相當的二進制數目為 10001010；小數部分是個循環的程序，將之終止而得到 $0.0\overline{10110}$。所以 $138.35_{10} = 10001010.0\overline{10110}_2$。

其次，將 $10001010.0\overline{10110}_2$ 轉換為十六進制數目：

$$10001010.0101100110_2 = \underline{1000}\ \underline{1010}.\ \underline{0101}\ \underline{1001}\ \underline{1001}$$
$$= \quad 8 \qquad \text{A}. \quad 5 \qquad 9 \qquad 9_{16}$$

因此 $138.35_{10} = 8\text{A}.5\overline{9}_{16}$。

十六進制轉換為八進制

　　轉換一個十六進制的數目為八進制時，最簡單的方法是先轉換為二進制後，再轉換為八進制。下面兩個例題說明此種轉換程序。

例題 1.2-26　(十六進制轉換為八進制)

　　轉換 AC_{16} 為八進制。

解：先將 AC_{16} 轉換為二進制數目，再由二進制數目轉換為八進制，其詳細的轉換動作如下．

$$\text{AC}_{16} = 1010\ 1100_2 = 010\ 101\ 100_2 = 254_8$$

所以 $\text{AC}_{16} = 254_8$。

例題 1.2-27 (十六進制轉換為八進制)

轉換 $1E43.75_{16}$ 為八進制。

解：先將 $1E43.75_{16}$ 轉換為二進制數目，再由二進制數目轉換為八進制，其詳細的轉換動作如下：

$$1E43.75_{16} = \underline{0001}\ \underline{1110}\ \underline{0100}\ \underline{0011}.\underline{0111}\ \underline{0101}_2$$

$$= \underline{001}\ \underline{111}\ \underline{001}\ \underline{000}\ \underline{011}.\underline{011}\ \underline{101}\ \underline{010}$$

$$= \quad 1 \quad\ 7 \quad\ 1 \quad\ 0 \quad\ 3.\ \ 3 \quad 5 \quad\ 2_8$$

所以 $1E43.75_{16} = 17103.352_8$。

八進制轉換為十六進制

轉換一個八進制的數目為十六進制時，可以依據上述類似的程序，先轉換為二進制後，再轉換為十六進制。

例題 1.2-28 (八進制轉換為十六進制)

轉換 744_8 為十六進制。

解：先將 744_8 轉換為二進制數目，再由二進制數目轉換為十六進制，其詳細的轉換動作如下：

$$744_8 = 111\ 100\ 100_2$$

$$= \underline{0001}\ \underline{1110}\ \underline{0100}$$

$$= \quad 1 \quad\ \ E \quad\ \ 4_{16}$$

所以 $744_8 = 1E4_{16}$。

例題 1.2-29 (八進制轉換為十六進制)

轉換 7536.152_8 為十六進制。

解：先將 7536.152_8 轉換為二進制數目，再由二進制數目轉換為十六進制，其詳細的轉換動作如下：

$$7536.152_8 = 111\ 101\ 011\ 110.\ 001\ 101\ 010_2$$

$$= \underbrace{1111}\ \underbrace{0101}\ \underbrace{1110}.\ \underbrace{0011}\ \underbrace{0101}\ \underbrace{0000}$$

$$= \quad F \qquad 5 \qquad E\ . \quad 3 \qquad 5 \qquad 0_{16}$$

所以 $7536.152_8 = F5E.35_{16}$。

📖 **複習問題**

1.21. 在十六進制數目系統中，代表數目的符號有那些？

1.22. 簡述在轉換一個十進制數目為十六進制時，整數部分的轉換規則。

1.23. 簡述在轉換一個十進制數目為十六進制時，小數部分的轉換規則。

1.2.4　二進制算術運算

　　所謂的四則運算是指算術中的四個基本運算：加、減、乘、除。基本上，二進制的算術運算和十進制是相同的，唯一的差別是在二進制中，若為加法運算，則逢 2 即需要進位；若為減法運算，則由左邊相鄰的數字借位時，所借的值為 2 而不是 10。下面例題分別說明二進制的加法與減法運算過程。

例題 1.2-30　(二進制加法運算)

　　將 1010_2 與 1110_2 相加。

解：詳細的計算過程如下：

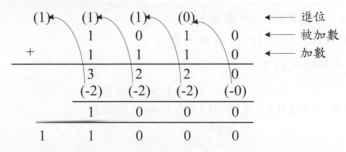

例題 1.2-31　(二進制減法運算)

　　將 1010_2 減去 1110_2。

解：詳細的計算過程如下：

```
        ┌─→(2)  ┌─→(2)  ┌─→(0)  ┌─→(0)   ←── 借位
        │    1  │    0  │    1  │    0   ←── 被減數
   (-1)─┘  (-1)─┘  (-0)─┘  (-0)─┘    0
   ─────────────────────────────────
          2      2      1      0
   -      1      1      1      0        ←── 減數
   ─────────────────────────────────
   (1)    1      1      0      0
```

如同十進制一樣，二進制的乘法運算可以視為加法的連續運算。

例題 1.2-32　(二進制乘法運算)

試求 1101_2 與 1001_2 的乘積。

解：詳細的計算過程如下：

```
                    1    1    0    1   ←── 被乘數
               ×    1    0    0    1   ←── 乘數
          ─────────────────────────
                    1    1    0    1
               0    0    0    0
          0    0    0    0
     +    1    1    0    1
     ──────────────────────────────
     1    1    1    0    1    0    1   ←── 乘積
```

所以乘積為 1110101。

如同十進制一樣，二進制的除法運算可以視為減法的連續運算。

例題 1.2-33　(二進制除法運算)

試求 10001111_2 除以 1011_2 後的商數。

解：詳細的計算過程如下：

```
                        1 1 0 1   ←── 商數
    除數 ──→ 1 0 1 1 ) 1 0 0 0 1 1 1 1   ←── 被除數
                      - 1 0 1 1
                      ─────────
                        1 1 0 1
                      - 1 0 1 1
                      ─────────
                          1 0 1 1
                        - 1 0 1 1
                        ─────────
                                0   ←── 餘數
```

所以商數為 1101 而餘數為 0。

📖 複習問題

1.24. 試簡述二進制算術運算與十進制算術運算之異同。

1.25. 計算 $11011101_2 + 01110011_2$ 的結果。

1.26. 計算 $11011101_2 - 10110100_2$ 的結果。

1.27. 計算 11011011_2 與 10010001_2 的乘積。

1.28. 計算 $11011011_2 \div 1001_2$ 的結果。

1.3 帶號數表示法

在數位系統中，帶號數也是一種常用的數目表示方法。因此，在這一節中，將詳細討論三種在數位系統中常用的帶號數表示方法：帶號大小表示法 (sign-magnitude representation)、基底減一補數表示法 ((b-1)'s-complement representation)、基底補數表示法 (b's-complement representation)。這三種表示法在正數時都相同，在負數時則有些微的差異。

1.3.1 正數表示法

在數位系統中，一般用來表示帶號數的方法是保留最左端的數字做為正數或是負數的指示之用，稱為符號數字 (sign digit)，在二進制中則常稱為符號位元 (sign bit)。在本書中，將使用 $\underline{x}$ 表示符號數字或是符號位元。

對於正的定點數 (fixed-point number) 而言，符號數字設定為 0，而其它數字則表示該數的真正大小。若設 N_b 表示在 b 進制中的一個具有 n 位整數 (包括符號數字) 與 m 位小數的數目，則此正數 (即 $N_b \geq 0$) 可以表示為下列數字串：

$$N_b = (\underline{0}\, a_{n-2} \cdots a_1 a_0 . a_{-1} a_{-2} \cdots a_{-m})_b$$

而 N_b 的大小等於

$$|N_b| = \sum_{i=-m}^{n-2} a_i b^i$$

例題 1.3-1 (正數表示法)

計算下列各數的值：

(a) $\underline{0}319_{10}$ (b) $\underline{0}10110.11_2$

(c) $\underline{0}317_8$ (d) $\underline{0}7EA_{16}$

解：(a) $\underline{0}319_{10} = +319$。   (b) $\underline{0}10110.11_2 = +22.75$。

(c) $\underline{0}317_8 = +207$ (d) $\underline{0}7EA_{16} = +2026$。

📖**複習問題**

1.29. 試定義符號位元與符號數字。

1.30. 在帶號數表示方法中，如何表示一個數目是正數或是負數？

1.3.2 負數表示法

負數的表示方法，通常有三種：帶號大小表示法、基底減一補數表示法、基底補數表示法。設 $\overline{N_b}$ 表示 N_b 的負數。

帶號大小表示法

在帶號大小表示法中，負數的大小部分和正數相同，唯一不同的是符號數字，即：

$$\overline{N_b} = (\underline{b-1}\, a_{n-2}\cdots a_1 a_0 . a_{-1} a_{-2} \cdots a_{-m})_b$$

而 N_b 的大小等於

$$|N_b| = \sum_{i=-m}^{n-2} a_i b^i$$

例題 1.3-2 (帶號大小表示法)

(a) $+713_{10}$ 以帶號大小表示時為 $\underline{0}713_{10}$，而 -713_{10} 則為 $\underline{9}713_{10}$，因為 $b = 10$，$b - 1 = 9$。

(b) $+1011.011_2$ 以帶號大小表示時為 $\underline{0}1011.011_2$，而 -1011.011_2 則為 $\underline{1}1011.011_2$，因為 $b = 2$，$b - 1 = 1$。

(c) $+754_8$ 以帶號大小表示時為 $\underline{0}754_8$，而 -754_8 則為 $\underline{7}754_8$，因為 $b = 8$，$b - 1 = 7$。

(d) $+7E5_{16}$ 以帶號大小表示時為 $\underline{0}7E5_{16}$，而 $-7E5_{16}$ 則為 $\underline{F}7E5_{16}$，因為 $b = 16$，$b - 1 = 15$。

基底減一補數表示法

在基底減一補數表示法中，$-N_b$ 則直接表示為 N_b 的基底減一補數：

$$\overline{N}_b = b^n - b^{-m} - N_b$$

若表示為數字串則為：

$$\overline{N}_b = (\overline{b-1}\ \overline{a}_{n-2}\ \overline{a}_{n-3} \cdots\cdots \overline{a}_1 \overline{a}_0 . \overline{a}_{-1} \overline{a}_{-2} \cdots\cdots \overline{a}_{-m})_b$$

其中每一個數字 $\overline{a}_i$ 定義為

$$\overline{a}_i = b - 1 - a_i$$

當基底 b 為 2 時，則為 1 補數表示法。

例題 1.3-3　(基底減一補數表示法)

(a) $+713_{10}$ 以 9 補數表示時為 $\underline{0}713_{10}$，而 -713_{10} 則為 $\underline{9}286_{10}$，因為 0713_{10} 的 9 補數為 9286_{10}。

(b) $+1011.011_2$ 以 1 補數表示時為 $\underline{0}1011.011_2$，而 -1011.011_2 則為 $\underline{1}0100.100_2$，因為 01011.011_2 的 1 補數為 10100.100_2。

(c) $+754_8$ 以 7 補數表示時為 $\underline{0}754_8$，而 -754_8 則為 $\underline{7}023_8$，因為 0754_8 的 7 補數為 7023_8。

(d) $+7E5_{16}$ 以 15 補數表示時為 $\underline{0}7E5_{16}$，而 $7E5_{16}$ 則為 $\underline{F}81A_{16}$，因為 $07E5_{16}$ 的 15 補數為 $F81A_{16}$。

基底補數表示法

在基底補數表示法中，$-N_b$ 則直接表示為 N_b 的基底補數，即

$$\overline{N}_b = b^n - N_b$$

當基底 b 為 2 時，則為 2 補數表示法。

例題 1.3-4 (基底補數表示法)

(a) $+713_{10}$ 以 10 補數表示時為 $\underline{0}713_{10}$，而 -713_{10} 則為 $\underline{9}287_{10}$，因為 0713_{10} 的 10 補數為 9287_{10}。

(b) $+1011.011_2$ 以 2 補數表示時為 $\underline{0}1011.011_2$，而 -1011.011_2 則為 $\underline{1}0100.101_2$，因為 01011.011_2 的 2 補數為 10100.101_2。

(c) $+754_8$ 以 8 補數表示時為 $\underline{0}754_8$，而 -754_8 則為 $\underline{7}024_8$，因為 0754_8 的 8 補數為 7024_8。

(d) $+7E5_{16}$ 以 16 補數表示時為 $\underline{0}7E5_{16}$，而 $-7E5_{16}$ 則為 $\underline{F}81B_{16}$，因為 $07E5_{16}$ 的 16 補數為 $F81B_{16}$。

📖複習問題

1.31. 試簡述在帶號大小表示法中，如何表示一個負數？

1.32. 試簡述在 1 補數表示法中，如何表示一個負數？

1.33. 試簡述在 2 補數表示法中，如何表示一個負數？

1.34. 試簡述在 9 補數表示法中，如何表示一個負數？

1.3.3 帶號數表示範圍

表 1.3-1 列出 4 位元二進制帶號數表示法在 0000 與 1111 之間的 16 種不同的組合所代表的十進制數目。對於表中所列的所有定點數而言，除了在帶號大小表示法與 1 補數表示法中的 0 (有+0 和-0 的分別)之外，其餘的每一個數目的表示方法均是唯一的，即每一個定點數只對應一個 4 位元的二進制組合。在 4 位元的二進制帶號數中，最大的正整數為+7，而最小的負整數為 -7 (在帶號大小表示法與 1 補數表示法中)或是-8 (2 補數表示法)。

一般而言，對於一個 n 位元的二進制數目系統的帶號數而言，其所能代表的數目範圍為：

帶號大小表示法：$-(2^{n-1}-1)$ 到 $(2^{n-1}-1)$

表1.3-1　4 位元二進制帶號數表示法

十進制	帶號大小	1 補數	2 補數	十進制	帶號大小	1 補數	2 補數
+7	0111	0111	0111	-0	1000	1111	0000
+6	0110	0110	0110	-1	1001	1110	1111
+5	0101	0101	0101	-2	1010	1101	1110
+4	0100	0100	0100	-3	1011	1100	1101
+3	0011	0011	0011	-4	1100	1011	1100
+2	0010	0010	0010	-5	1101	1010	1011
+1	0001	0001	0001	-6	1110	1001	1010
+0	0000	0000	0000	-7	1111	1000	1001
				-8	(不可能)	(不可能)	1000

1 補數表示法：$-(2^{n-1}-1)$ 到 $(2^{n-1}-1)$

2 補數表示法：-2^{n-1} 到 $2^{n-1}-1$

三種二進制帶號數表示法的特性歸納如表 1.3-2 所示。

表1.3-2　三種二進制帶號數表示法的特性

	帶號大小	1 補數	2 補數
正數	$0xyz$	$0xyz$	$0xyz$
負數	$1xyz$	$1x'y'z'$	$1x'y'z'+1$
表示範圍	$-(2^{n-1}-1)$到$2^{n-1}-1$	$-(2^{n-1}-1)$到$2^{n-1}-1$	-2^{n-1} 到 $2^{n-1}-1$
零(以 4 位元為例)	0000 (+0) 1000 (-0)	0000 (+0) 1111 (-0)	0000

　　由於在數位系統中最常用的帶號數表示法為 2 補數，因此將 2 補數表示法的重要特性歸納如下：

1. 只有一個 0 (即 000……0)。

2. MSB 為符號位元，若數目為正，則 MSB 為 0，否則 MSB 為 1。

3. n 位元的 2 補數表示法之表示範圍為 -2^{n-1} 到 $2^{n-1}-1$。

4. 一數取 2 補數後再取 2 補數，將恢復為原來的數。

📖 複習問題

1.35. 在帶號大小表示法中，一個 n 位元的數目所能代表的數目範圍為何？

1.36. 在 1 補數表示法中，一個 n 位元的數目所能代表的數目範圍為何？

1.37. 在 2 補數表示法中，一個 n 位元的數目所能代表的數目範圍為何？

1.4 帶號數算術運算

由於在數位系統中，最常用的數目系統為二進制，因此這小節的討論，將以二進制算術運算為主 (事實上，本節中所述規則亦可以直接使用於其它 b 進制數目系統中，即分別將 1 補數與 2 補數視為$(b\text{-}1)$補數與 b 補數)。

1.4.1 帶號大小表示法

設 A 和 B 分別表示兩個帶號大小的數目，$|A|$和$|B|$分別表示 A 和 B 的大小(去除符號位元後)，而 $|\overline{A}|$ 和 $|\overline{B}|$ 則分別為$|A|$和$|B|$的 1 補數。例如：

$A = 1011\ (\text{-}3)$ $\qquad |A| = 011$ $\qquad |\overline{A}| = 100$

$B = 0101\ (\text{+}5)$ $\qquad |B| = 101$ $\qquad |\overline{B}| = 010$

帶號大小數的加法規則為：

1. A 和 B 同號

規則：當 A 和 B 的符號位元相同時，將$|A|$與$|B|$相加後，結果的符號位元和 A (B)相同。

例題 1.4-1 (試求下列兩個 4 位元帶號大小數之和)

(a) $A = 0100\ (\text{+}4)$ $\qquad\qquad$ (b) $A = 1010\ (\text{-}2)$

$\quad\ \ B = 0010\ (\text{+}2)$ $\qquad\qquad\quad\ B = 1101\ (\text{-}5)$

解：詳細的計算過程如下：

(a) $|A| = 100$ $\qquad\qquad$ (b) $|A| = 010$

$\quad\ \ |B| = 010$ $\qquad\qquad\qquad\ \ |B| = 101$

$$
\begin{array}{rl}
100 & = |A| \\
+\ 010 & = |B| \\
\hline
110 & = |A| + |B|
\end{array}
\qquad\qquad
\begin{array}{rl}
010 & = |A| \\
+\ 101 & = |B| \\
\hline
111 & = |A| + |B|
\end{array}
$$

$\qquad A + B = 0110\ (\text{+}6)$ $\qquad\qquad A + B = 1111\ (\text{-}7)$

當$|A|$和$|B|$兩數相加後，若結果的值超出其所能表示的範圍時，稱為溢位(overflow)。

例題 1.4-2 (試求下列兩個 4 位元帶號大小數之和)

(a)　$A = 0100$ (+4)　　　　　　(b)　$A = 1100$ (-4)

　　$B = 0111$ (+7)　　　　　　　　$B = 1110$ (-6)

解：詳細的運算過程如下：

(a)　$|A| = 100$　　　　　　　(b)　$|A| = 100$

　　$|B| = 111$　　　　　　　　　$|B| = 110$

$$
\begin{array}{rl}
100 & = |A| \\
+ 111 & = |B| \\
\hline
\mathbf{1}011 & = |A| + |B|
\end{array}
$$

溢位 ⤴

$A + B = 1011$ (-3)

$$
\begin{array}{rl}
100 & = |A| \\
+ 110 & = |B| \\
\hline
\mathbf{1}010 & = |A| + |B|
\end{array}
$$

溢位 ⤴

$A + B = 1010$ (-2)

(a)和(b)的結果因為有溢位發生，因此不正確。

---

2. A 和 B 異號

規則：當 A 和 B 兩數的符號位元不相同時，先將其中一數的大小($|A|$或$|B|$)取 1 補數後，再行相加，這時的結果有兩種清況：

(1) 有進位時(稱為端迴進位，end-around carry，EAC)，將 EAC 加到結果(總和)的最小有效位元上，結果的符號位元和未取補數者相同。

(2) 沒有進位發生時，結果需取 1 補數，而其符號位元和取補數者相同。

例題 1.4-3 (兩個異號的帶號大小數之和)

　　試求下列兩個 4 位元帶號大小數之和：

　　　　$A = 0111$ (+7)　　　　　$B = 1110$　(-6)

解：$|A| = 111$　　　　　　$|B| = 110$

(a) 將 $|B|$ 取 1 補數，即 $|\overline{B}| = 001$　　(b) 將 $|A|$ 取 1 補數，即 $|\overline{A}| = 000$

$$
\begin{array}{rl}
111 & = |A| \\
+ 001 & = |\overline{B}| \\
\hline
\text{有EAC} \quad 1000 & = |A| + |\overline{B}| \\
+ \quad\quad 1 & \\
\hline
0001 & \text{(+1) 結果}
\end{array}
$$

符號位元和A相同

$$
\begin{array}{rl}
000 & = |\overline{A}| \\
+ 110 & = |B| \\
\hline
\text{沒有EAC} \quad 110 & = |\overline{A}| + |B| \\
\downarrow\downarrow\downarrow & \\
0001 & \text{(+1) 結果}
\end{array}
$$

沒有EAC發生，結果必須取1補數，而且符號位元和A相同

例題 1.4-4　(兩個異號的帶號大小數之和)

試求下列兩個 4 位元帶號大小數之和：

$$A = 0111 \qquad\qquad B = 1111$$

解： $|A| = 111$　　　$|B| = 111$

(a) 將 $|B|$ 取1補數，即 $|\overline{B}| = 000$　　(b) 將 $|A|$ 取1補數，即 $|\overline{A}| = 000$

$$
\begin{array}{rl}
111 & = |A| \\
+\,000 & = |\overline{B}| \\
\hline
\text{沒有EAC}\quad 111 & = |A| + |\overline{B}| \\
\downarrow\downarrow\downarrow & \\
1000 & \text{(-0) 結果}
\end{array}
\qquad\qquad
\begin{array}{rl}
000 & = |\overline{A}| \\
+\,111 & = |B| \\
\hline
\text{沒有EAC}\quad 111 & = |\overline{A}| + |B| \\
\downarrow\downarrow\downarrow & \\
0000 & \text{(+0) 結果}
\end{array}
$$

符號位元和 B 相同　　　　　　　　　　符號位元和 A 相同

📖 複習問題

1.38. 在帶號大小表示法的加法運算中，當加數與被加數符號位元相同時的加法規則為何？

1.39. 何謂端迴進位？何時會產生端迴進位？當產生端迴進位時，應該如何處理？

1.40. 在帶號大小表示法的加法運算中，當加數與被加數符號位元不相同時的加法規則為何？

1.4.2　1 補數表示法

1 補數的取法相當簡單，但是加法運算卻是相當煩人。1 補數和帶號大小數加法運算的最大差別是在帶號大小數中，加法運算的執行只是針對數的大小而已，符號位元則另外處理；在 1 補數中，符號位元則視為數目的一部分也同樣地參與運算。1 補數的加法規則為：

1. A 和 B 皆為正數

規則：當 A 和 B 皆為正數時，將兩數相加(包括符號位元和大小)，若結果的符號位元為 1，表示溢位發生，結果錯誤；否則沒有溢位發生，結果正確。

例題 1.4-5　(1 補數的加法運算)

　　試求下列兩個 4 位元 1 補數帶號數之和：

(a)　0011 + 0010　　　　　　　　　　(b) 0110 + 0100

解：詳細的運算步驟如下：

```
(a)    0011      +3              (b)    0110      +6
     + 0010    + +2                   + 0100    + +4
      0101      +5                     1010      +10
       ↑                                ↑
   沒有溢位，結果正確              溢位發生，結果錯誤
```

2. *A* 和 *B* 皆為負數

規則：兩負數相加，端迴進位(EAC)總是會發生，它是由兩個都為 1 的符號位元相加所產生的，EAC 必須加到結果的最小有效位元上：

(1)若結果的符號位元是 1，該結果正確；

(2)若結果的符號位元是 0，則有溢位發生，結果錯誤。

例題 1.4-6　(產生溢位的加法運算)

　　試求下列兩個 4 位元 1 補數帶號數之和：

(a) 1101+ 1011　　　　　　　　　　(b) 1000 + 1010

解：詳細的運算步驟如下：

```
(a)     1101      -2           (b)     1000      -7
      + 1011    + -4                 + 1010    + -5
EAC  1 1000      -6           EAC  1 0010      -12
      +    1                        +    1
       1001   結果正確               0011
                                      ↑
                                 溢位發生，結果錯誤
```

3. *A* 和 *B* 異號

規則：在兩個異號數(即一個正數和一個負數)的加法運算中，當正數的絕對值較大時，有 EAC 發生；負數的絕對值較大時，沒有 EAC 發生。產生的 EAC 必須加到結果的最小有效位元上。在這種情況下，不會產生溢位。

例題 1.4-7 (兩個異號數的加法運算)

試求下列各組 4 位元 1 補數帶號數之和：

(a) 0100 + 1000　　　　　(b) 0111 + 1100　　　　　(c) 0101 + 1010

解：詳細的運算步驟如下：

(a)	0100	+4	(b)	0111	+7	(c)	0101	+5
	+ 1000	+ -7		+ 1100	+ -3		+ 1010	+ -5
	1100	-3	EAC	10011	+4		1111	0

(a) 沒有EAC，結果正確

(b) EAC 10011
　　+　　　1
　　　0100
沒有溢位發生，結果正確

(c) 沒有EAC，結果正確(-0)

📖 **複習問題**

1.41. 試簡述兩數均為正數時的 1 補數加法運算規則。

1.42. 試簡述兩數均為負數時的 1 補數加法運算規則。

1.43. 試簡述兩數中一個為正數另一個為負數時的 1 補數加法運算規則。

1.4.3 2 補數表示法

雖然 2 補數的取法較 1 補數麻煩，但是 2 補數的加法規則卻較 1 補數或是帶號大小表示法簡單，同時它的+0 和-0 相同，都為 0，所以廣泛地使用於數位系統中。

2 補數的加法規則為：

1. A 和 B 皆為正數

當 A 和 B 皆為正數時，其規則和 1 補數完全相同，所以從略。

2. A 和 B 皆為負數

規則：兩負數相加時，產生的進位必須摒除(該進位是由符號位元相加而得)。檢查結果的符號位元，若為 1 表示結果正確；若為 0 則表示有溢位發生，結果不正確。

例題 1.4-8 (兩個負數的加法運算)

　　試求下列各組 4 位元 2 補數帶號數之和：

(a) 1101 + 1100   (b) 1100 + 1001

解：詳細的運算步驟如下：

```
(a)    1101        -3              (b)    1100        -4
     + 1100      + -4                   + 1001      + -7
     ──────      ────                   ──────      ────
     1 1001        -7                   1 0101        -11
```
　　　　↑↑← 符號位元為1，　　　　　　　　↑↑← 符號位元為0，表
　　捨除　　 結果正確　　　　　　　捨除　　示溢位，結果錯誤

---

3. *A* 和 *B* 異號

規則：兩異號數(即一個正數和一個負數)相加時，當正數的絕對值較大時，有進位產生；負數的絕對值較大時，沒有進位產生。產生的進位必須捨除而且在這種情形下不會有溢位產生。

例題 1.4-9 (兩個異號數的加法運算)

　　試求下列各組 4 位元 2 補數帶號數之和：

(a) 0111 + 1100   (b) 0110 + 1001

解：詳細的運算步驟如下：

```
(a)    0111        +7              (b)    0110        +6
     + 1100      + -4                   + 1001      + -7
     ──────      ────                   ──────      ────
     1 0011        +3                     1111        -1
```
　　　　↑↑← 符號位元為0，　　　　　　　　　↑↑←符號位元為1，結
　　捨除　　 結果正確　　　　　　沒有進位　　果正確

　　若將上列的規則歸納整理後，可以得到下列兩項較簡捷的規則：

1. 將兩數相加；

2. 觀察符號位元的進位輸入和進位輸出狀況，若符號位元同時有(或是沒有)進位輸入與輸出，則結果正確，否則有溢位發生，結果錯誤。

例題 1.4-10 (2 補數加法運算綜合例)

　　試求下列各組 4 位元 2 補數帶號數之和：

(a) 兩正數：$0011 + 0100$ 與 $0101 + 0100$

(b) 兩負數：$1100 + 1111$ 與 $1001 + 1010$

(c) 兩異號數：$1001 + 0101$ 與 $1100 + 0100$

解：(a) 兩正數相加

0011	+3		0101	+5
+ 0100	+ +4		+ 0100	+ +4
0111	+7		1001	+9

符號位元沒有進位　　　　　　　符號位元只有進位輸入而沒有進
發生，結果正確　　　　　　　　位輸出，溢位發生，結果錯誤

(b) 兩負數相加

1100	-4		1001	-7
+ 1111	+ -1		+ 1010	+ -6
11011	-5		10011	-13

符號位元同時有進位輸入與輸　　符號位元只有進位輸出而沒有進
出，沒有溢位發生，結果正確　　位輸入，溢位發生，結果錯誤

(c) 兩異號數相加

1001	-7		1100	-4
+ 0101	+ +6		+ 0100	+ +4
1110	-2		10000	0

符號位元沒有進位　　　　　　　符號位元同時有進位輸入與輸
發生，結果正確　　　　　　　　出，沒有溢位發生，結果正確

　　2 補數表示法的主要優點是它的加法規則簡單：當兩數相加時，若總和
未超出範圍，得到的即是所需要的結果並不需要其它的額外調整步驟。由於
這種特性，它在數位系統中頗受歡迎。

📖 複習問題

1.44. 試簡述兩數均為正數時的 2 補數加法運算規則。

1.45. 試簡述兩數均為負數時的 2 補數加法運算規則。

1.46. 試簡述兩數中一個為正數另一個為負數時的 2 補數加法運算規則。

1.5 文數字碼與數碼

在電腦中常用的碼(code)可以分成兩大類：一種為用來表示非數字性資料的碼稱為文數字碼(alphanumeric code)，例如 ASCII 碼；另一種則為用來表示數字性資料的碼稱為數碼(numeric code)，例如十進制碼(decimal code)與格雷碼(Gray code)。本節中將依序討論這幾種在電腦中常用的文數字碼與數碼。

1.5.1 文數字碼

在電腦中最常用的文數字碼為一種由美國國家標準協會(American National Standards Institute)所訂定的，稱為 ASCII 碼，如表 1.5-1 所示。這種 ASCII 碼使用 7 個位元代表 128 個字元(character，或稱符號，symbol)。例如：1001001B(49_{16})代表英文字母"I"；而 0111100B($3C_{16}$)則代表符號"<"。

表1.5-1　ASCII 碼

LSD＼MSD		0 000	1 001	2 010	3 011	4 100	5 101	6 110	7 111
0	0000	NUL	DLE	SP	0	@	P	`	p
1	0001	SOH	DC1	!	1	A	Q	a	q
2	0010	STX	DC2	"	2	B	R	b	r
3	0011	ETX	DC3	#	3	C	S	c	s
4	0100	EOT	DC4	$	4	D	T	d	t
5	0101	ENQ	NAK	%	5	E	U	e	u
6	0110	ACK	SYN	&	6	F	V	f	v
7	0111	BEL	ETB	`	7	G	W	g	w
8	1000	BS	CAN	(	8	H	X	h	x
9	1001	HT	EM	)	9	I	Y	i	y
A	1010	LF	SUB	*	:	J	Z	j	z
B	1011	VT	ESC	+	;	K	[	k	{
C	1100	FF	FS	,	<	L	\	l	|
D	1101	CR	GS	-	=	M	]	m	}
E	1110	SO	RS	.	>	N	^	n	~
F	1111	SI	US	/	?	O	_	o	DEL

ASCII 碼與 CCITT(International Telegraph and Telephone Consultative Committee)所訂立的 IA5(International Alphabet Number 5)相同，並且也由

ISO (International Standards Organization)採用而稱為 ISO 645。

大致上 ASCII 碼可以分成可列印字元(printable character)與不可列印字元(non-printable character)兩種。可列印字元為那些可以直接顯示在螢幕上或是直接由列表機列印出來的字元；不可列印字元又稱為控制字元(control character)，其中每一個字元均有各自的特殊定義。

常用的幾種控制字元類型為：

格式控制字元(format control character)：BS、LF、CR、SP、DEL、ESC 與 FF。

資訊分離字元(information separator)：FS、GS、RS 與 US。

傳輸控制字元(transmission control character)：SOH、STX、ETX、ACK、NAK 與 SYN。

例題 1.5-1　(ASCII 碼)

試列出代表字元串"Digital Design"的 ASCII 碼。

解：由表 1.5-1 查得：

D	i	g	i	t	a	l		D	e	s	i	g	n
44	69	67	69	74	61	6C	20	44	65	73	69	67	6E

📖 **複習問題**

1.47. ASCII 碼為那些英文字的縮寫？

1.48. 在 ASCII 碼中，使用多少個位元定義字元與符號？

1.49. 大致上 ASCII 碼可以分成那兩種？

1.50. 何謂可列印字元與不可列印字元？

1.51. 何謂控制字元？

1.5.2　十進制碼

在數位系統中，最常用來代表數目的方式為使用二進制碼，即二進制數目系統。一個 n 位元的二進制碼可以表示 0 到 2^n-1 個不同的數目。另外一種常用的數目系統為十進制數目系統，在此數目系統中，一共有十個數字，其中每一個十進制數字通常使用一群二進制數字(即位元)表示，這一群位元合稱為一個碼語(code word)。將表示十進制中的不同數字而且具有共同性質的碼語集合之後，稱為一個十進制碼。由於每一個碼語均由二進制的數字組成，這種十進制碼也常稱為 BCD 碼(binary-coded-decimal code)。

　　為了區別十進制數目系統中的每一個數字，至少必須使用 4 個(注意也可以多於 4 個位元)二進制的數字(即位元)。由於四個二進制數字一共有 16 種不同的組合，任取其中的 10 個組合均可以唯一的表示十進制數目系統中的每一個數字，因此總共有 C(16,10) = 8,008 種組合。然而，所選取的十種組合通常必須符合某些特定的性質，例如容易記憶、使用、運算與二進制之間的轉換電路簡單，因此只有少數幾種出現在實際的數位系統應用中。

　　在實際的數位系統中，依據碼語中每一個位元所在的位置是否賦有固定的權重(或稱比重)，即該位置的比重值，十進制碼又可以分成權位式數碼(weighted code)與非權位式數碼(non-weighted code)兩種。在權位式數碼中的每一個位元的位置均賦有一個固定的權重；在非權位式數碼中則無。

　　在權位式數碼中，若設 w_{n-1}、w_{n-2}、...、w_1 與 w_0 分別為碼語中每一個位元的權重，而假設 x_{n-1}、x_{n-2}、...、x_1 與 x_0 分別為碼語中的每一個位元，則其相當的十進制數字值 $= x_{n-1}w_{n-1} + \cdots + x_1w_1 + x_0w_0$。

　　常用的數種表示十進制數字的權位式數碼如表 1.5-2 所示，其中(8 4 2 1)碼為最常用的一種，它為數位系統中的 4 位元二進制碼中的最前面 10 種組合，也是一般所慣用的(8 4 2 1)BCD 碼或是簡稱為 BCD 碼。(8 4 2 1)碼也是所有 C(16,10) = 8,008 種 4 位元的 BCD 碼中的一種，它是一種與 4 位元的二進制碼具有相同權重值的權位式數碼。

　　在表 1.5-2 中的每一種數碼，其每一個碼語所代表的十進制數字恰等於該碼語中位元為 1 的加權之和。例如：十進制數字 5

　　在(8, 4, -2, -1)碼中，代表的碼語為 1011，所以其值為：

$$1 \times 8 + 0 \times 4 + 1 \times (-2) + 1 \times (-1) = 5$$

表1.5-2　數種權位式十進制碼

十進制數字	$w_3w_2w_1w_0$															
	8	4	2	1	8	4	-2	-1	2	4	2	1	6	4	2	-3
0	0	0	0	0	0	0	0	0	0	0	0	0	0	0	0	0
1	0	0	0	1	0	1	1	1	0	0	0	1	0	1	0	1
2	0	0	1	0	0	1	1	0	0	0	1	0	0	0	1	0
3	0	0	1	1	0	1	0	1	0	0	1	1	1	0	0	1
4	0	1	0	0	0	1	0	0	0	1	0	0	1	0	0	0
5	0	1	0	1	1	0	1	1	1	0	1	1	1	0	1	1
6	0	1	1	0	1	0	1	0	1	1	0	0	0	1	1	0
7	0	1	1	1	1	0	0	1	1	1	0	1	1	1	0	1
8	1	0	0	0	1	0	0	0	1	1	1	0	1	0	1	0
9	1	0	0	1	1	1	1	1	1	1	1	1	1	1	1	1

在(2, 4, 2, 1)碼中，代表的碼語為 1011，所以其值為：

$$1 \times 2 + 0 \times 4 + 1 \times (2) + 1 \times (1) = 5$$

在(6, 4, 2, -3)碼中，代表的碼語為 1011，所以其值為：

$$1 \times 6 + 0 \times 4 + 1 \times (2) + 1 \times (-3) = 5$$

另外，在(2, 4, 2, 1)與(6, 4, 2, -3)等數碼中，代表某些十進制數字的碼語並不是唯一的。例如：

在(2, 4, 2, 1)碼中，十進制數字 7 可由 1101 與 0111 代表；

在(6, 4, 2, -3)碼中，十進制數字 3 可由 1001 與 0111 代表；

但是在(8, 4, -2, -1)數碼中，每一個十進制數字均有一個唯一的碼語。至於表中所採用的碼語，主要在使該數碼能成為自成補數(self-complementing)的形式。一般而言，若一個十進制碼，其中每一個碼語 N 的 9 補數，即 $9 - N$，可以直接由該碼語 N 的所有位元取補數(即 0 變為 1 而 1 變為 0)而獲得時，該數碼稱為自成補數數碼。例如：

在(8, 4, -2, -1)碼中，十進制數字 3 的碼語為 0101，而數字 6 為 1010；

在(2, 4, 2, 1)碼中，十進制數字 3 的碼語為 0011，而數字 6 為 1100；

在(6, 4, 2, -3)碼中，十進制數字 3 的碼語為 1001，而數字 6 為 0110。

注意：BCD 碼並不是一種自成補數數碼。一般而言，權位式數碼為自成補數數碼的必要條件是其加權的和必須等於 9。可以由表 1.5-2 中得到證實。

例題 1.5-2　(9 補數)

試由表 1.5-2 求 $(57)_{10}$ 的 9 補數。為簡單起見，不考慮符號數字。

解： 結果如下所示：

BCD 碼：$99_{10} - 57_{10} = 42_{10}$，其中 $57_{10} = 0101 0111_{BCD}$，$42_{10} = 0100 0010_{BCD}$。

$(8, 4, -2, -1)$ 碼：$57_{10} = 1011 1001$，將每一個位元取補數 $0100 0110 = 42_{10}$。

$(2, 4, 2, 1)$ 碼：$57_{10} = 1011 1101$，將每一個位元取補數後得 $0100 0010 = 42_{10}$。

$(6, 4, 2, -3)$ 碼：$57_{10} = 1011 1101$，將每一個位元取補數後得 $0100 0010 = 42_{10}$。

與權位式數碼相對應的另一種數碼稱為非權位式數碼，在這種數碼中，每一個十進制數字並不能直接由代表它的碼語中的位元計算出來，因為碼語中的每一個位元並沒有賦予任何固定的加權。

常用的非權位式十進制碼例如加三碼與 5 取 2 碼，如表 1.5-3 所示。由於加三碼的形成是將 BCD 碼中的每一個碼語加上 3 (0011) 而得名。加三碼使用 4 個位元代表數字 0 到 9，當表示兩個數字以上的數目時，必須如同 BCD 碼一樣，每一個數字均分別使用代表該數字的 4 個位元表示，例如 14 必須以 0100 0111 表示。

表1.5-3　常用的非權位式十進制碼

十進制數字	加三碼	5 取 2 碼	十進制數字	加三碼	5 取 2 碼
0	0011	11000	5	1000	01010
1	0100	00011	6	1001	01100
2	0101	00101	7	1010	10001
3	0110	00110	8	1011	10010
4	0111	01001	9	1100	10100

加三碼也是一種自成補數數碼，因為其所代表的十進制數字的 9 補數可以由該數字的碼語取補數後直接獲得。例如：十進制數字 4 (0111)，其 9 補數為 5 (1000)。一個權位式或是非權位式數碼為自成補數數碼的必要條件為其代表十進制數字的碼語及其 9 補數的碼語的二進制和必須等於 1111_2。

另外一種常用的非權位式十進制碼為 5 取 2 碼(2-out-of-5 code)，如表 1.5-3 所示。在 5 取 2 碼中，每一個碼語由 5 個位元組成，其中 3 個位元的值

為 0，而 2 個位元的值為 1，因而得名。這種數碼通常使用在需要做錯誤偵測
(error detecting)的場合，有關錯誤偵測的討論請參考第 1.6.1 節。

📖 **複習問題**

1.52. 試定義權位式數碼與非權位式數碼。

1.53. 試定義 BCD 碼與(8 4 2 1)BCD 碼。

1.54. 試定義自成補數數碼。

1.55. 一個數碼是否為自成補數數碼的必要條件是什麼？

1.56. 為何加三碼也是一種自成補數數碼？

1.5.3 格雷碼

格雷碼(Gray code)使用 n 個位元，代表數字 0 到 $2^n - 1$。它具有循環碼
(cyclic code)的主要特性，即其任何兩個相鄰的碼語之間，均只有一個位元
不同，例如：1000 (15)與 1001 (14)、0000 (0)與 0001 (1)、及 1000 (15)與
0000 (0)。4 位元的格雷碼與二進制碼的關係如表 1.5-4 所示。

表1.5-4　4 位元的格雷碼與二進制碼的關係

十進制數目	格雷碼 $g_3g_2g_1g_0$	二進制碼 $b_3b_2b_1b_0$	十進制數目	格雷碼 $g_3g_2g_1g_0$	二進制碼 $b_3b_2b_1b_0$
0	0000	0000	8	1100	1000
1	0001	0001	9	1101	1001
2	0011	0010	10	1111	1010
3	0010	0011	11	1110	1011
4	0110	0100	12	1010	1100
5	0111	0101	13	1011	1101
6	0101	0110	14	1001	1110
7	0100	0111	15	1000	1111

由於格雷碼具有循環碼的特性，同時它與二進制碼之間的轉換程序又相
當簡單，因此它在數位系統中，頗受歡迎。下面將討論它與二進制碼之間的
轉換。

二進制碼轉換為格雷碼

若設 $b_{n-1}b_{n-2}\ldots\ldots b_2b_1b_0$ 與 $g_{n-1}g_{n-2}\ldots\ldots g_2g_1g_0$ 分別表示一個 n 位元的二

進制數目(亦稱為二進制碼語)與其相對應的格雷碼語，其中註腳 $n-1$ 與 0 分別表示最大有效位元(MSB)與最小有效位元(LSB)的位置，則轉換一個二進制碼語為格雷碼語時，格雷碼語中的每一個位元 g_i 可以直接由二進制碼語的相鄰位元執行一個簡單的運算獲得：

$$g_i = b_i \oplus b_{i+1} \qquad 0 \le i \le n-2$$

$$g_{n-1} = b_{n-1}$$

其中 $\oplus$ 表示"互斥或"(exclusive OR，XOR)運算，即：

$$0 \oplus 0 = 0 \qquad 1 \oplus 1 = 0 \qquad 0 \oplus 1 = 1 \qquad 1 \oplus 0 = 1$$

詳細的轉換程序可以描述如下：

二進制碼對格雷碼的轉換程序

1. 設定輸出的格雷碼語的最大有效位元為輸入的二進制碼語的最大有效位元；

2. 由最大有效位元的次一位元開始，依序計算輸出的格雷碼語中的位元 $g_i = b_i \oplus b_{i+1}$，即輸出的格雷碼語位元值(g_i)等於目前的二進制碼語位元(b_i)與其次高位元(b_{i+1})值 XOR 的結果；

3. 重複執行上述步驟直到完成最小有效位元的計算為止。

例題 1.5-3 （二進制碼轉換為格雷碼）

轉換下列二進制碼語為格雷碼語：

(a) 101101   (b) 101011

解：詳細的運算過程如下所示：

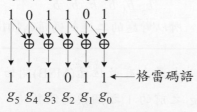

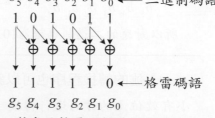

所以對應的格雷碼語為111011。   所以對應的格雷碼語為111110。

格雷碼轉換為二進制碼

轉換格雷碼語為二進制碼語時，可以依據上述相反的程序為之，即：

$$b_{n-1} = g_{n-1}$$

$$b_i = b_{i+1} \oplus g_i \qquad\qquad 0 \le i \le n-2$$

詳細的轉換程序可以描述如下：

格雷碼對二進制碼的轉換程序

1. 設定輸出的二進制碼語的最大有效位元為輸入的格雷語碼的最大有效位元；
2. 由最大有效位元的次一位元開始，依序計算輸出的二進制碼語中的位元 $b_i = b_{i+1} \oplus g_i$，即輸出的二進制碼語位元值(b_i)等於其次高位元(b_{i+1})的值與目前的格雷碼語位元(g_i) XOR 的結果；
3. 重複執行上述步驟直到完成最小有效位元的計算為止。

例題 1.5-4　(格雷碼轉換為二進制碼)

轉換下列格雷碼語為二進制碼語：

(a) 111011　　　　　　　　　　　　(b) 111110

解：詳細的運算過程如下所示：

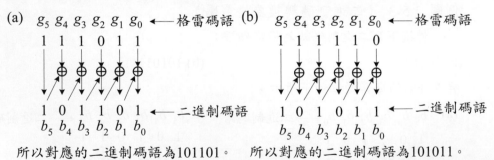

所以對應的二進制碼語為101101。　　所以對應的二進制碼語為101011。

上述的轉換程序也可以敘述為：由最大有效位元(MSB)開始，依序向較小有效位元的方向進行轉換，若在 g_i 之前的 1 之個數為偶數時，則 $b_i = g_i$；否則，$b_i = g'_i$(注意：0 個 1 當作為偶數個 1 處理)。

例題 1.5-5 (格雷碼轉換為二進制碼)

轉換格雷碼語 1001011 為二進制碼語。

解：詳細的運算過程如下所示：

$$g_6\ g_5\ g_4\ g_3\ g_2\ g_1\ g_0 \longleftarrow 格雷碼語$$

$$1\quad 0\quad 0\quad 1\quad 0\quad 1\quad 1$$

$$\downarrow\quad \downarrow\quad \downarrow\quad \downarrow\quad \downarrow\quad \downarrow\quad \downarrow$$

$$1 \to 1 \to 1 \to 0 \to 0 \to 1 \to 0$$

$$b_6\ b_5\ b_4\ b_3\ b_2\ b_1\ b_0 \longleftarrow 二進制碼語$$

$$\|\quad \|\quad \|\quad \|\quad \|\quad \|\quad \|$$

$$g_6\ g'_5\ g'_4\ g'_3\ g_2\ g_1\ g'_0$$

所以相當的二進制碼語為 1110010。

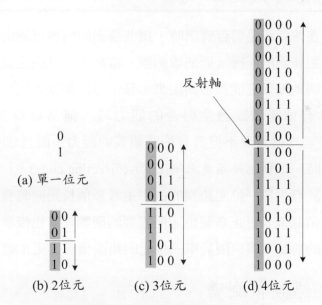

圖1.5-1　格雷碼的反射特性

實際上，n 個位元的格雷碼也是反射數碼(reflected code)的一種。"反射"的特性，說明 n 個位元的數碼可以藉著第 $n-1$ 個位元的反射特性取得。圖 1.5-1(a)為單一位元的格雷碼。兩個位元的格雷碼可以藉著以單一位元的格雷碼的末端為軸，將該位元依此軸反射後，並假設在軸的上方之最大有效位元(MSB)為 0，在軸下方為 1，如圖 1.5-1(b)所示，圖中橫線代表反射軸。3

位元的格雷碼可以依照 2 位元的格雷碼的產生方式取得，以 2 位元格雷碼的末端為反射軸，將該格雷碼反射後，在反射軸的上方之最大有效位元位置填上 0，而軸下方填上 1，如圖 1.5-1(c)所示。以相同的程序即可以取得 4 位元的格雷碼，如圖 1.5-1(d)所示。

📖 複習問題

1.57. 試簡述格雷碼對二進制碼的轉換規則。

1.58. 試簡述二進制碼對格雷碼的轉換規則。

1.59. 試簡述格雷碼的重要特性。

1.6 錯誤偵測與更正碼

當在傳送或是儲存資訊時，這些資訊的內容可能由於傳送的距離太長，並且受到雜訊的干擾，而造成錯誤。當然，一旦發生資訊傳輸錯誤時，我們通常迫切地希望它能被偵測出來，甚至可以加以更正。一般而言，若一個數碼只具有偵測錯誤發生與否的能力時，稱為錯誤偵測碼(error-detecting code)，若一個數碼不但具有偵測錯誤的能力，而且也可以指示出錯誤的位元位置時，則稱為錯誤更正碼(error-correcting code)。

由於發生單一位元錯誤的概率遠較多個位元同時發生錯誤的概率為多，同時欲偵測或是更正多個位元所需要的硬體成本也較單一位元時為高，因此本節中的討論，將只限於單一位元的錯誤偵測與更正碼。

1.6.1 錯誤偵測碼

前面所討論的二進制碼系統，只用了四個位元，雖然它足以代表十進制的所有數字，但是若在其中的一個碼語之中，有一個位元發生錯誤(即應為 1 者變為 0，應為 0 者變為 1)時，該碼語可能轉變為一個不正確但是成立的碼語。例如在 BCD 碼中，若碼語 0111 的最小有效位元發生錯誤，則該碼語變為 0110(即 6)，仍然為一個成立的碼語，因此無法得知有錯誤發生。但若錯誤是發生在最大有效位元上，則該碼語變為 1111，為一個不成立的碼語，因此可以得知已經發生錯誤。

　　一般而言，一個錯誤偵測碼的特性是它能夠將任何錯誤的成立碼語轉變為不成立的碼語。為達到此項特性，對於一個 n 位元的數碼而言，至多只能使用其所有 2^n 個可能的碼語的一半，即 2^{n-1} 個碼語，如此才能夠將一個成立的碼語轉變為另一個成立的碼語時，至少需要將兩個位元取補數。基於這項限制，在 4 位元的二進制碼中，所有的十六個組合中，只能使用其中八個，不足以代表十進制的十個數字。因此，欲獲得十進制的錯誤偵測碼時，至少需要使用 5 個位元。

　　目前，較常用的單一位元的錯誤偵測碼為在原有的數碼中加入另外一個位元，這個位元稱為同位位元(parity bit)。同位位元加入的方式可以依據下列兩種方式之一進行：

1. 偶同位(even parity)：在一個數碼系統中，若每一個碼語與同位位元中的 1 位元總數為偶數時，稱為偶同位。因此，若一個碼語中 1 的總數為奇數時，則同位位元設定為 1；否則清除為 0。

2. 奇同位(odd parity)：在一個數碼系統中，若每一個碼語與同位位元中的 1 位元總數為奇數時，稱為奇同位。因此，若一個碼語中 1 的總數為偶數時，則同位位元設定為 1；否則清除為 0。

加入同位位元後的 BCD 碼如表 1.6-1 所示。

　　藉著同位位元的加入，使得每一個碼語中的 1 位元數目一致為奇數或是偶數，因而便於偵錯。例如：在開始傳送一個碼語之前，先以奇同位(或是偶同位)的方式加入一個同位位元，然後該同位位元連同碼語傳送至接收端。在接收端中，只要檢查該碼語與同位位元中的 1 位元總數是否仍為奇數(或是偶數)，若是則沒有錯誤發生，否則表示已經發生錯誤。使用同位位元的錯誤偵測系統方塊圖如圖 1.6-1 所示。當然，在傳送期間若有偶數個位元發生錯誤，則同位檢查的結果依然正確。此外，一旦發生錯誤時，也無法知道錯誤的位元所在。

表1.6-1 加入同位位元後的 BCD 碼

十進制數字	8421	奇同位 P8421	偶同位 P8421
0	0000	10000	00000
1	0001	00001	10001
2	0010	00010	10010
3	0011	10011	00011
4	0100	00100	10100
5	0101	10101	00101
6	0110	10110	00110
7	0111	00111	10111
8	1000	01000	11000
9	1001	11001	01001

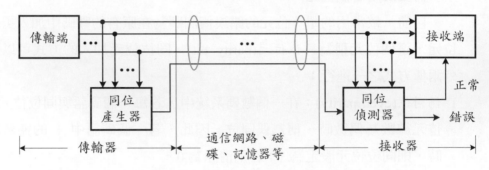

圖1.6-1 同位位元傳送系統方塊圖

　　一般而言，同位檢查只能偵測碼語中奇數個位元的錯誤，但是無法指示出錯誤的位元位置，不過由於它只需要一個額外的同位位元，硬體成本相當低廉，所以廣泛地使用在數位系統(計算機)中。

📖複習問題

1.60. 試簡述一個數碼欲具有錯誤偵測能力時必須具備的重要特性？

1.61. 試定義偶同位與奇同位。

1.62. 試簡述同位檢查如何應用於實際的數位系統中。

1.6.2 錯誤更正碼

　　最基本的單一位元錯誤更正碼為海明碼(Hamming code)，其基本原理為在一個 m 個位元的碼語中，插入 k 個同位檢查位元 $p_{k-1},...,p_1,p_0$ 而形成 $(m+k)$

個位元的碼語。k 個同位檢查位元依序插入第 2^{k-1}、……、4 $(=2^2)$、2 $(=2^1)$、1 $(=2^0)$個位置中。例如當 $m=4$ 而 $k=3$ 時，同位檢查位元分別置於第 4、2、1 個位置內，而其它位置則依序包含原來的碼語位元。在 BCD 碼中加入偶同位的海明碼如表 1.6-2 所示，其中 p_2、p_1、p_0 為同位位元，而 m_3 到 m_0 為 BCD 碼中的位元。

表1.6-2　BCD 碼的海明碼(偶同位)

十進制數字 位置	7 m_3	6 m_2	5 m_1	4 p_2	3 m_0	2 p_1	1 p_0
0	0	0	0	0	0	0	0
1	0	0	0	0	1	1	1
2	0	0	1	1	0	0	1
3	0	0	1	1	1	1	0
4	0	1	0	1	0	1	0
5	0	1	0	1	1	0	1
6	0	1	1	0	0	1	1
7	0	1	1	0	1	0	0
8	1	0	0	1	0	1	1
9	1	0	0	1	1	0	0

　　一般而言，一個 m 位元的碼語，若欲具有偵測與更正單一位元錯誤的能力時，必須加入 k 個額外的同位檢查位元。由於欲更正一個錯誤的位元時，必須先知道該位元的位置，而每一個碼語中一共有 $m+k$ 個位元，此外也必須包括一種都沒有任何位元錯誤發生的情形，因此 k 個同位檢查位元的所有不同的組合方式必須多於 $m+k+1$，即 m 與 k 必須滿足下列不等式：

$2^k \geq m+k+1$

　　在偶同位的 BCD 海明碼中，p_0、p_1、p_2 分別依據下列規則建立其同位值：

1. p_0 選擇在位置 1、3、5、7 建立偶同位；
2. p_1 選擇在位置 2、3、6、7 建立偶同位；
3. p_2 選擇在位置 4、5、6、7 建立偶同位。

例如碼語 0110(6)，其海明碼的產生程序如下：

位置：7　6　5　4　3　2　1
m_3　m_2　m_1　p_2　m_0　p_1　p_0

原來的碼語：　　　　　　　　　　　0　1　1　0
位置1、3、5、7偶同位 所以$p_0 = 1$　　0　1　1　0　　　1
位置2、3、6、7偶同位 所以$p_1 = 1$　　0　1　1　　0　1　1
位置4、5、6、7偶同位 所以$p_2 = 0$　　0　1　1　0　0　1　1

結果的海明碼為 0110011。BCD 碼的其它碼語的海明碼可以依據相同的程序產生，如表 1.6-2 所示。

錯誤位元的位置決定與更正方式如下：假設當傳送的碼語為 0110011 而在傳輸過程中，第 4 個位元因為受到雜音的干擾而發生錯誤，致使接收端接收到的碼語為 0111011。在接收端，該錯誤的位元可以藉著三個同位檢查位元 c_0、c_1、c_2 產生的結果得知，其中 c_i 檢查的位元位置與 p_i 相同，即

位置：7　6　5　4　3　2　1
m_3　m_2　m_1　p_2　m_0　p_1　p_0

接收的碼語：　　　　　　　　　　0　1　1　1　0　1　1
位置1、3、5、7偶同位 所以$c_0 = 0$　　0　　1　　0　　1
位置2、3、6、7偶同位 所以$c_1 = 0$　　0　1　　　0　　1
位置4、5、6、7偶同位 所以$c_2 = 1$　　0　1　1　1

結果($c_2 c_1 c_0$) = 100 為十進制數目的 4，所以得知第 4 個位元發生錯誤，將其取補數後，即獲得正確的碼語 0110011。

一般而言，同位檢查位元所產生的結果 $c_2 c_1 c_0$ 若不為 0 (為 0 時表示沒有錯誤)時，其值即代表錯誤的位元位置，因此也常稱為位置數(position number)，因它直接指示出錯誤的位元位置。事實上，在海明碼中同位位元 $p_{k-1}, ..., p_1, p_0$ 的同位產生組合即是使其當發生單一位元錯誤時，輸出端的同位檢查位元 ($c_{k-1} \cdots c_1 c_0$) 的組合恰好可以表示該位元的位置。例如在二進制碼的碼語 0 到 7 中，MSB 為 1 的有碼語 4 到 7，所以 p_2 的同位產生位元為位元位置 4 到 7；第二個位元為 1 的有碼語 2、3、6、7，所以 p_1 的同位產生位元為位元位置 2、3、6、7；LSB 為 1 的有碼語 1、3、5、7，所以 p_0 的同位產

生位元為位元位置 1、3、5、7。

📖 **複習問題**

1.63. 試簡述海明碼的基本原理。

1.64. 若使用海明碼時,當資訊為 8 個位元時,需要幾個同位檢查位元?

1.65. 在使用海明碼時,在 8 個位元的資訊語句中,k 個同位檢查位元依序插入那些位置中?

1.7　參考資料

1. Z. Kohavi, *Switching and Finite Automata Theory*, 2nd ed., New York: McGraw-Hill, 1978.

2. G. Langhole, A. Kandel, and J. L. Mott, *Digital Logic Design*, Dubuque, Iowa: Wm. C. Brown, 1988.

3. M. B. Lin, *Digital System Designs and Practices: Using Verilog HDL and FPGAs*, Singapore: John Wiley & Sons, 2008.

4. V. P. Nelson, H. T. Nagle, B. D. Carroll, and J. D. Irwin, *Digital Logic Circuit Analysis & Design*, Englewood Cliffs, New Jersey: Prentice-Hall Inc., 1995.

5. C. H. Roth, *Fundamentals of Logic Design*, 4th ed., St. Paul, Minn.: West Publishing, 1992.

1.8　習題

1.1 轉換下列各數為十進制:

   (1) 1101.11011_2 (2) 111011.101101_2

   (3) 4765_8 (4) 365.734_8

   (5) 0.7105_8 (6) $F23AB_{16}$

   (7) $74A1.C8_{16}$ (8) $0.FD34_{16}$

1.2 試分別求出下列各二進制數目的 2 補數與 1 補數:

   (1) 01101101   (2) 101011.0101

(3) 101101101 　　　　　　　　　(4) 0.10101

1.3 試分別求出下列各十進制數目的 10 補數與 9 補數：

(1) 375 　　　　　　　　　　　(2) 3162.23

(3) 0.1234 　　　　　　　　　　(4) 475.897

1.4 試證明將一數取(b-1)補數後再取(b-1)補數，結果所得的數目和原數相同，即恢復原數。

1.5 轉換下列各十進制數目為二進制：

(1) 17 　　　　　　　　　　　(2) 231

(3) 780.75 　　　　　　　　　　(4) 1103.31

1.6 以二進制算術運算計算下列各式：

(1) 1110101+101101 　　　　　　(2) 11010-1101

(3) 110101×1011 　　　　　　　(4) 010111101/1001

1.7 轉換下列各二進制數目為八進制：

(1) 110110110 　　　　　　　　(2) 101101.01101

(3) 10111.0111 　　　　　　　　(4) 11011001.101101

1.8 轉換下列各八進制數目為二進制：

(1) 703 　　　　　　　　　　　(2) 7071

(3) 74.75 　　　　　　　　　　(4) 231.45

1.9 轉換下列各十進制數目為八進制：

(1) 4951 　　　　　　　　　　(2) 4785.23

(3) 0.789 　　　　　　　　　　(4) 31.245

1.10 轉換習題 **1.8** 的各八進制數目為十進制。

1.11 轉換下列各二進制數目為十六進制：

(1) 11011101111 　　　　　　　(2) 110101011000

(3) 1101101101.11101 　　　　　(4) 110100101.00101

1.12 轉換下列各十六進制數目為二進制：

(1) ABCD 　　　　　　　　　　(2) AFED

(3) BCD.03　　　　　　　　　　(4) AEDF.BC

1.13 轉換習題 **1.8** 的各八進制數目為十六進制。

1.14 轉換習題 **1.9** 的各十進制數目為十六進制。

1.15 轉換習題 **1.12** 的各十六進制數目為十進制。

1.16 轉換習題 **1.12** 的各十六進制數目為八進制。

1.17 分別以帶號大小、1 補數、2 補數等三種表示法表示下列各數：

(1)　-497_{10}　　　　　　　　(2)　-10111.011_2

(3)　-6754_8　　　　　　　　(4)　$-89AB_{16}$

1.18 分別使用 1 補數與 2 補數表示法執行下列各正的二進制數目的減法運算：

(1) 11010-1101　　　　　　　　(2) 11010-10000

(3) 1010.011-101.0111　　　　　(4) 11101.01101-1011.01

1.19 使用 2 補數表示法計算下列各小題(假設 8 位元)：

(1) 37 - 45　　　　　　　　　　(2) 75 - 75

(3) 49 - 35　　　　　　　　　　(4) 105 - 96

1.20 使用 2 補數表示法計算下列各小題(假設 8 位元)：

(1) 37 + 45　　　　　　　　　　(2) 75 + 98

(3) 47 + 78　　　　　　　　　　(4) 75 + 23

1.21 使用 2 補數表示法計算下列各小題(假設 8 位元)：

(1) 37 - (-45)　　　　　　　　　(2) 35 + (-36)

(3) (-37) - (-45)　　　　　　　(4) (+75) - (-45)

1.22 轉換下列各數為 BCD 碼：

(1)　10110111011_2　　　　　　(2)　$72AF_{16}$

(3)　1989_{10}　　　　　　　　(4)　3627_8

1.23 試使用下列各加權數碼，列出代表十進制數字的碼語(所建構的數碼必須為自成補數數碼)。

(1) (6,4,2,-3)　　　　　　　　　(2) (5,2,1,1)

(3) (7,3,1,-2)   (4) (4,2,2,1)

1.24 試分別以(8,4,-2,-1)、(2,4,2,1)、(6,4,2,-3)等數碼表示下列各十進制數目。

(1) 729   (2) 931

(3) 635   (4) 1989

1.25 將習題 **1.24** 的各十進制數目分別以加三碼與循環碼表示。

1.26 轉換下列各二進制數目為格雷碼語：

(1) 1011010   (2) 011011

(3) 10110   (4) 1110111

1.27 轉換下列各格雷碼語為二進制數目：

(1) 1101   (2) 11010101

(3) 10110   (4) 010101

1.28 將下列各字元串以 ASCII 文數字碼表示：

(1) character   (2) base-16

(3) 08/20/1989   (4) switching theory

1.29 將表 1.5-3 中的加三碼與表 1.5-4 中的格雷碼分別加上同位位元，使其分別成為奇同位數碼與偶同位數碼。

1.30 為何使用偶同位或是奇同位數碼時，無法偵測偶數個位元的錯誤？

1.31 使用加三碼與偶同位，設計一個代表十進制數字的 7 位元錯誤更正碼 (即海明碼)。

1.32 下列各訊息係經過表 1.6-2 的海明碼編碼，它們在傳送過程中可能引入某些雜音，因而在每一個碼語中(最多)可能有一個位元錯誤，試解譯這些訊息。

(1) 100100101110011110010101011001

(2) 100000100010010011000100010

(3) 0100010000101111000100001100

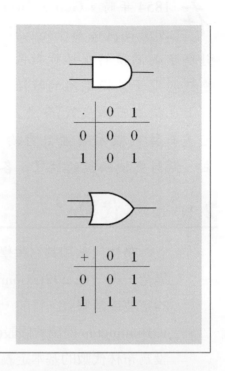

2 交換代數

本章目標

學完本章之後，你將能夠了解：

- 布林代數：布林代數的公理與基本定理
- 交換代數：基本定義、交換函數、邏輯運算子
- 交換函數標準式：最小項與最大項、標準(表示)式、標準式的互換、交換函數性質
- 交換函數與邏輯電路：基本邏輯閘、邏輯閘的基本應用、交換函數的執行

在 1854 年時，George Boole 提出了一套解決邏輯問題的系統性方法，這套方法目前稱為布林代數(Boolean algebra)。到了 1938 年，C. E. Shannon 引進了兩個值的布林代數系統，稱為交換代數(switching algebra)，並且說明雙穩態電子交換電路的特性可以由此代數系統表示。從此之後，交換代數(習慣上也稱為布林代數)即成為所有數位邏輯電路的數學基礎。因此，本章將先定義布林代數系統並且討論一些常用的性質與定理。然後，以交換代數為主，探討交換函數的性質、各種表示形式，與其和數位邏輯電路的關係。

2.1 布林代數

布林代數和其它數學系統一樣，是由一組基本的元素集合，一組運算子集合，與一些公理(axiom)或是公設組成。所謂的公理或是公設是指不用證明的定理或是假設。目前，布林代數有許多種基本定義方式，其中以 1904 年 E. V. Huntington 提出的假設(稱為 Huntington 假設)較為普遍，因此本書將以此假設為布林代數的基本定義。

2.1.1 布林代數的公理

布林代數是由一群元素的集合 B、兩個二元運算子(+)與(·)、一個補數運算子(′)所組成的一個代數結構，同時它滿足下列公理(Huntington 假設)：

Huntington 假設(布林代數公理)

1. 集合 B 至少包含兩個不相等的元素 x 與 y，即 $x \neq y$。

2. 封閉性(closure properties)。

    對於任意兩個元素 x、$y \in B$ 而言

    (a) $x + y \in B$

    (b) $x \cdot y \in B$

3. 交換律(commutative laws)

    對於任意兩個元素 x、$y \in B$ 而言

(a)　$x + y = y + x$

(b)　$x \cdot y = y \cdot x$

4. 單位元素(identity elements)

(a)　對於每一個元素 $x \in B$ 而言，存在一個二元運算子(+)的單位元素 0，使得 $x + 0 = x$。

(b)　對於每一個元素 $x \in B$ 而言，存在一個二元運算子(·)的單位元素 1，使得 $x \cdot 1 = x$。

5. 分配律(distributive laws)

對於任意三個元素 x、y、$z \in B$ 而言

(a)　$x + (y \cdot z) = (x + y) \cdot (x + z)$

(b)　$x \cdot (y + z) = x \cdot y + x \cdot z$

6. 補數元素(complementation)

對於每一個元素 $x \in B$ 而言，存在一個元素 x' (稱為 x 的補數)$\in B$，使得

(a)　$x + x' = 1$

(b)　$x \cdot x' = 0$

上述公理彼此之間都是一致的(consistent)而且獨立的(independent)。換句話說，它們相互之間並沒有矛盾的定義，同時其中的任何一個公理也不能由其它的公理導出或是證明。

在布林代數中，計算任何式子時，括弧內部的式子必須先計算，在同一個沒有括弧的式子中，單元運算子(′)較(·)優先，最後則為(+)。即運算子的優先順序如下：( ) (最高)、′、·、+ (最低)。

例題 2.1-1　(運算元優先順序)

(a) $(x + y)'$ 先計算 $x + y$ 然後將結果取補數。

(b) $x' \cdot y'$ 先將 x 與 y 取補數後，利用二元運算子(·)，計算其結果。

注意：在布林代數的公理中，每一個敘述均可以由交換另一個敘述中的 (+)與(·)和 0 與 1 獲得。讀者不難由上述公理中，獲得証實。因此，得到下列

對偶原理(principle of duality)。

對偶原理(principle of duality)

在布林代數中,將一個成立的敘述當中的二元運算子(+)與(‧)交換,同時 0 與 1 也交換後,得到的敘述也必然是個成立的敘述。即若

$$f(x_{n-1}, \cdots, x_1, x_0, +, \cdot, ', 1, 0)$$

為一個成立的敘述,則

$$f^d(x_{n-1}, \cdots, x_1, x_0, \cdot, +, ', 0, 1)$$

也為一個成立的敘述。

例題 2.1-2 (對偶原理說明例)

(a) 公理 5(b)可以由公理 5(a)得到,反之亦然:

$$x + (y \cdot z) = (x + y) \cdot (x + z)$$
$$\Updownarrow \quad \Updownarrow \quad\quad \Updownarrow \quad \Updownarrow \quad \Updownarrow$$
$$x \cdot (y + z) = (x \cdot y) + (x \cdot z)$$

(b) 公理 6(a)可以由公理 6(b)得到,反之亦然:

$$x + x' = 1$$
$$\Updownarrow \quad \Updownarrow$$
$$x \cdot x' = 0$$

📖 複習問題

2.1. 試定義封閉性。

2.2. 試定義單位元素。

2.3. 試定義分配律。

2.4. 何謂對偶原理?

2.1.2 布林代數基本定理

在本節中,我們將由上述的布林代數公理導出與證明一些常用的定理(theorem)。

定理 2.1-1：等冪性(idempotent laws)

對於每一個元素 $x \in B$ 而言：

(a) $x + x = x$ 而且

(b) $x \cdot x = x$

証明：(a) $x + x = x$ 的證明如下：

$$
\begin{aligned}
x + x &= (x + x) \cdot 1 & \text{公理 4(b)} \\
&= (x + x) \cdot (x + x') & \text{公理 6(a)} \\
&= x + x \cdot x' & \text{公理 5(a)} \\
&= x + 0 & \text{公理 6(b)} \\
&= x & \text{公理 4(a)}
\end{aligned}
$$

(b) $x \cdot x = x$ 可以由對偶原理得証。

定理 2.1-2：邊界定理(boundedness theorems)

對於每一個元素 $x \in B$ 而言：

(a) $x + 1 = 1$ 而且

(b) $x \cdot 0 = 0$

証明：(a) $x + 1 = 1$ 的證明如下：

$$
\begin{aligned}
x + 1 &= (x + 1) \cdot 1 & \text{公理 4(b)} \\
&= (x + 1) \cdot (x + x') & \text{公理 6(a)} \\
&= x + 1 \cdot x' & \text{公理 5(a)} \\
&= x + x' & \text{公理 4(b)與 3(b)} \\
&= 1 & \text{公理 6(a)}
\end{aligned}
$$

(b) $x \cdot 0 = 0$ 可以由對偶原理得証。

定理 2.1-3：補數的唯一性(uniqueness of complement)

在布林代數中，每一個元素 x 的補數 x' 是唯一的。

證明：假設 x 有兩個補數 y 與 z，由公理 6(a)與 6(b)得

$$x + y = 1 \qquad\qquad x \cdot y = 0$$

$$x + z = 1 \qquad\qquad x \cdot z = 0$$

$y = y + 0$	$z = z + 0$	公理 4(a)
$= y + x \cdot z$	$= z + x \cdot y$	公理 6(b)
$= (y + x) \cdot (y + z)$	$= (z + x) \cdot (z + y)$	公理 5(a)
$= (x + y) \cdot (y + z)$	$= (x + z) \cdot (y + z)$	公理 3(a)
$= 1 \cdot (y + z)$	$= 1 \cdot (y + z)$	公理 6(a)
$= y + z$	$= y + z$	公理 3(b)與 4(b)

所以 $y = y + z = z$，所以 x 的補數是唯一的。

定理 2.1-4：補數(complementation)

在布林代數中， (a) $0' = 1$；而且 (b) $1' = 0$。

証明：(a) $0' = 1$

$0' = 0' + 0$	公理 4(a)
$= 0 + 0'$	公理 3(a)
$= 1$	公理 6(a)

(b) $1' = 0$，由對偶原理得証。

接著，利用補數的唯一性，証明雙重否定(double negation)或是稱為累乘性(involution)，即 $(x')' = x$。

定理 2.1-5：累乘性(involution)

對於每一個元素 $x \in B$ 而言， $(x')' = x$。

證明：由公理 6(a)與 6(b)可以得知

$x' + (x')' = 1$	$x' + x = 1$
$x' \cdot (x')' = 0$	$x' \cdot x = 0$

所以 x' 的補數有 $(x')'$ 與 x 兩個，但是由定理 2.1-3 可以得知：x' 的補數是唯一的，因此 $x = (x')'$。

定理 2.1-6：吸收律(absorption laws)

對於任意兩個元素 x、$y \in B$ 而言，則

(a)　$x + x \cdot y = x$ 而且

(b)　$x \cdot (x + y) = x$

證明：(a)　$x + x \cdot y = x$

$$\begin{aligned}
x + x \cdot y &= x \cdot 1 + x \cdot y && \text{公理 4(b)} \\
&= x \cdot (1 + y) && \text{公理 5(b)} \\
&= x \cdot 1 && \text{定理 2.1-2(a)} \\
&= x && \text{公理 4(b)}
\end{aligned}$$

(b)　$x \cdot (x + y) = x$，由對偶原理得證。

定理 2.1-7：結合律(associative laws)

對於任意三個元素 x、y、$z \in B$ 而言，則

(a)　$x + (y + z) = (x + y) + z$ 而且

(b)　$x \cdot (y \cdot z) = (x \cdot y) \cdot z$

證明：(a)　$x + (y + z) = (x + y) + z$（即結果和運算次序無關）

$$\begin{aligned}
設 f &= [(x + y) + z] \cdot [x + (y + z)] \\
&= [(x + y) + z] \cdot x + [(x + y) + z](y + z) \\
&= [(x + y) \cdot x + z \cdot x] + [(x + y) + z](y + z) \\
&= x + [(x + y) + z](y + z) \\
&= x + [(x + y) + z] \cdot y + [(x + y) + z] \cdot z \\
&= x + (y + z)
\end{aligned}$$

$$\begin{aligned}
但是 f &= [(x + y) + z] \cdot [x + (y + z)] \\
&= (x + y) \cdot [x + (y + z)] + z \cdot [x + (y + z)] \\
&= x \cdot [x + (y + z)] + y \cdot [x + (y + z)] + z \\
&= (x + y) + z
\end{aligned}$$

所以 $x + (y + z) = (x + y) + z$

(b)　$x \cdot (y \cdot z) = (x \cdot y) \cdot z$，由對偶原理得証。

定理 2.1-8：笛摩根定理(DeMorgan's theorems)

　　對於任意兩個元素 x、$y \in B$ 而言

(a) $(x + y)' = x' \cdot y'$ 而且

(b) $(x \cdot y)' = x' + y'$

証明：(a) $(x + y)' = x' \cdot y'$

$$(x + y) + (x' \cdot y') = [(x + y) + x'] \cdot [(x + y) + y']$$
$$= [(x + x') + y] \cdot [x + (y + y')]$$
$$= [1 + y] \cdot [x + 1]$$
$$= 1 \cdot 1$$
$$= 1$$

$$\text{而}(x + y) \cdot (x' \cdot y') = [x \cdot (x' \cdot y')] + [y \cdot (x' \cdot y')]$$
$$= [(x \cdot x') \cdot y'] + [x' \cdot (y \cdot y')]$$
$$= [0 \cdot y'] + [x' \cdot 0]$$
$$= 0 + 0$$
$$= 0$$

所以 $x' \cdot y'$ 為 $(x + y)$ 的補數，但是 $(x + y)'$ 亦為 $(x + y)$ 的補數，然而由定理 2.1-3 可以得知，補數是唯一的，所以

$$(x + y)' = x' \cdot y' \text{ 或 } x' \cdot y' = (x + y)' \text{。}$$

(b) $(x \cdot y)' = x' + y'$，由對偶原理得證。

　　有了這些定理與布林代數的公理後，可以輕易地將一個布林表示式轉換成另一種形式，或是証明兩個布林表示式是相等的。下列將舉一些例子，說明上述定理的簡單應用。

例題 2.1-3　(一致等式(consensus equalities))

　　試證明下列兩個等式：

(a) $x \cdot y + x' \cdot z + y \cdot z = x \cdot y + x' \cdot z$

(b) $(x + y) \cdot (x' + z) \cdot (y + z) = (x + y) \cdot (x' + z)$

證明：(a) $x \cdot y + x' \cdot z + y \cdot z = x \cdot y + x' \cdot z$

$$x \cdot y + x' \cdot z + y \cdot z = x \cdot y + x' \cdot z + y \cdot z \cdot 1$$

$$= x \cdot y + x' \cdot z + y \cdot z \, (x' + x)$$

$$= x \cdot y + x' \cdot z + x' \cdot y \cdot z + x \cdot y \cdot z$$

$$= x \cdot y \, (1 + z) + x' \cdot z \, (1 + y)$$

$$= x \cdot y + x' \cdot z$$

(b) $(x + y) \cdot (x' + z) \cdot (y + z) = (x + y) \cdot (x' + z)$ ，由對偶原理得證。

上述定理中被消去的 yz (或 $(y + z)$)項稱為一致項(consensus term)，其求得方法如下：在一對給定的兩個項中，若一個變數以真值形式出現在其中一項而以補數形式出現在另外一項，則一致項為這一對給定的兩個項中去除該變數與其補數之後的· (或+)的結果。

例題 2.1-4 (布林等式証明)

証明下列各等式：

(a) $x + x' \cdot y = x + y$

(b) $x' \cdot y' \cdot z + y \cdot z + x \cdot y' \cdot z = z$

(c) $y + x \cdot y' + x' \cdot y' + y' \cdot z = 1$

證明：(a) $x + x' \cdot y = (x + x') \cdot (x + y)$

$$= 1 \cdot (x + y)$$

$$= x + y$$

(b) $x' \cdot y' \cdot z + y \cdot z + x \cdot y' \cdot z = (x' \cdot y' + y + x \cdot y') \cdot z$

$$= [(x' + y)(y' + y) + x \cdot y'] \cdot z$$

$$= [(x' + y) \cdot 1 + x \cdot y'] \cdot z$$

$$= (x' + y + x \cdot y') \cdot z$$

$$= [x' + (y + x) \cdot (y + y')] \cdot z$$

$$= (x' + y + x) \cdot z$$

$$= [(x' + x) + y] \cdot z$$

$$= (1 + y) \cdot z$$

$$= z$$

(c) $y + x \cdot y' + x' \cdot y' + y' \cdot z = (x + y) \cdot (y + y') + x' \cdot y' + y' \cdot z$

$$= (x + y) \cdot 1 + x' \cdot y' + y' \cdot z$$

$$= x + y + x' \cdot y' + y' \cdot z$$

$$= (x + x')(x + y') + (y + y') \cdot (y + z)$$

$$= 1 \cdot (x + y') + 1 \cdot (y + z)$$

$$= x + y' + y + z$$

$$= x + (y' + y) + z$$

$$= x + 1 + z$$

$$= 1$$

現在將布林代數的公理與定理歸納成表 2.1-1，其中 DeMorgan 定理由兩個元素擴充為 n 個元素。讀者不難由擴充上述兩個元素的 DeMorgan 定理的證明方法，証明這個 n 元素的 DeMorgan 定理是成立的。DeMorgan 定理可以使用文字重新敘述為：任何表式的補數可以由將表式中的每一個變數與元素使用其補數取代，同時將+與·運算子交換獲得。

表2.1-1　常用的布林代數等式

1. (a)	$x + 0 = x$	公理 4	5. (a)	$x + 1 = 1$	定理 2.1-2
(b)	$x \cdot 1 = x$		(b)	$x \cdot 0 = 0$	
2. (a)	$x + y \cdot z = (x + y) \cdot (x + z)$	公理 5	6. (a)	$x + x \cdot y = x$	吸收律
(b)	$x \cdot (y + z) = x \cdot y + x \cdot z$		(b)	$x \cdot (x + y) = x$	
3. (a)	$x + x' = 1$	公理 6	7. (a)	$x \cdot (x' + y) = x \cdot y$	
(b)	$x \cdot x' = 0$		(b)	$x + x' \cdot y = x + y$	
4. (a)	$x + x = x$	定理 2.1-1	8. (a)	$(x + y) \cdot (x + y') = x$	相鄰定理
(b)	$x \cdot x = x$		(b)	$x \cdot y + x \cdot y' = x$	
9. (a)	$(x + y) \cdot (x' + z) \cdot (y + z) = (x + y) \cdot (x' + z)$				一致性
(b)	$x \cdot y + x' \cdot z + y \cdot z = x \cdot y + x' \cdot z$				
10. (a)	$(x_n + x_{n-1} + \cdots + x_1)' = x'_n \cdot x'_{n-1} \cdot \cdots \cdot x'_1$				DeMorgan 定理
(b)	$(x_n \cdot x_{n-1} \cdot \cdots \cdot x_1)' = x'_n + x'_{n-1} + \cdots + x'_1$				

📖 複習問題

2.5. 何謂等冪性？

2.6. 在布林代數中，每一個元素 x 的補數 x' 是否唯一？

2.7. 何謂累乘性？

2.8. 試簡述吸收律的意義。

2.9. 試簡述結合律的意義。

2.10. 試簡述 DeMorgan 定理的意義。

2.2 交換代數

交換代數為一個定義在集合 $B = \{0, 1\}$ 上的一個布林代數系統，因此交換代數本身為一個布林代數，所有布林代數的公理與由此公理導出的定理在交換代數中依然成立。本節中，將先定義交換代數，然後定義交換函數並討論交換函數的一些性質與交換函數內的一些邏輯運算子與其相關的性質。

2.2.1 基本定義

交換代數的基本假設為每一個交換變數(switching variable) x 均存在兩個值 0 與 1，使得當 $x \neq 0$ 時，x 必為 1，而且當 $x \neq 1$ 時，x 必為 0，這兩個值，稱為變數 x 的真值(truth value)。在實際的邏輯電路中，這兩個值分別表示開關的兩個狀態："閉合"(on)與"開路"(off)或是兩個不同的電路狀態，每一個電路狀態代表一個特定範圍的電壓值。

有了這個基本假設後，交換代數定義為：

定義：交換代數

交換代數是一個由集合 $B = \{0, 1\}$、兩個二元運算子 AND 與 OR (分別由符號"·"與"+"表示)、及一個單元運算子 NOT (以符號"′"或是 ¯ 表示)所組成的代數系統，其中 AND、OR 與 NOT 等運算子的定義如下：

AND 運算子			OR 運算子			NOT 運算子
·	0	1	+	0	1	$0' = 1$
0	0	0	0	0	1	$1' = 0$
1	0	1	1	1	1	

由前述討論可以得知：交換代數為一個兩個值的布林代數，因此前節所

討論的所有布林代數的公理與定理在交換代數中，依然適用。

在證明一個交換代數中的等式時，可以和在布林代數中一樣，使用相關的定理，以代數運算的方式求得證明。但是由於在交換代數中，每一個變數只有 0 與 1 兩個值，因此可以將所有變數值的所有可能的二進制組合列舉成為一個真值表(truth table)後，分別計算等式左邊和右邊的值，觀察其結果是否相等，若是則該等式成立，否則該等式不成立。這種方式稱為完全歸納法(perfect induction)。下列例題說明此種方法的應用。

例題 2.2-1　(交換等式證明)

證明下列等式：

$xy' + y = x + y$

證明：(a) 使用代數運算的方式

$$xy' + y = xy' + y(x + x')$$
$$= xy' + xy + x'y$$
$$= (xy' + xy) + (xy + x'y)$$
$$= x(y' + y) + (x + x')y$$
$$= x \cdot 1 + 1 \cdot y = x + y$$

(b) 使用完全歸納法

如表 2.2-1 所示。由於有 x 與 y 兩個變數，並且每一個變數均有 0 與 1 兩個可能的值，因此一共有四種組合：00、01、10、11。其次分別就此四種組合，計算出 y'、xy'、$xy' + y$、$x + y$。最後比較 $xy' + y$ 與 $x + y$ 的值，由於它們在所有四種可能的組合下，都得到相同的值，所以得證。

表2.2-1　例題 2.2-1 的真值表

x	y	y'	xy'	$xy' + y$	$x + y$
0	0	1	0	0	0
0	1	0	0	1	1
1	0	1	1	1	1
1	1	0	0	1	1

雖然布林代數(與交換代數)在某些定義上和一般代數相似，但是仍然有相當多的不同。例如公理 5(a)與 6 (+對 · 的分配律與補數定義)在一般代數上

並不成立。反之,在一般代數中,也有些定理在布林代數中是不適用的。例如:加法運算中的消去律(cancellation law)。在一般代數中,若 $x + y = x + z$,則 $y = z$。但是在布林代數中,則此消去律並不成立。因為若設 $x = 1$、$y = 0$、$z = 1$,則 $x + y = 1 + 0 = 1$ 而 $x + z = 1 + 1 = 1$,但是 $y \neq z$。

例題 2.2-2 (修飾消去律)

對於任意三個元素 x、y、$z \in B$ 而言,

(a) 若 $x + y = x + z$ 而 $x' + y = x' + z$,則 $y = z$;

(b) 若 $xy = xz$ 而且 $x'y = x'z$,則 $y = z$。

證明:(a) 的證明如下:

$$y = y + 0$$
$$= y + x\,x'$$
$$= (y + x) + (y + x') \qquad (因為\ xy = xz\ 而且\ x'y = x'z)$$
$$= (x + z) + (x' + z)$$
$$= z + xx')$$
$$= z + 0$$
$$= z$$

所以得証。(b) 由對偶原理可以得證。

📖**複習問題**

2.11. 何謂交換變數?

2.12. 何謂完全歸納法?

2.13. 完全歸納法是否可以應用在任何布林代數系統中?

2.14. 為何一般代數中的消去律在布林代數中不成立?試舉例說明。

2.2.2 交換函數

在定義交換函數(switching function)之前,先定義交換表(示)式(switching expression)。所謂的交換表式是由一組交換變數、常數 0 與 1、二元運算子 AND 與 OR、及補數運算子 NOT 等所組成的表示式。換言之,一個交換表式

即是任意地使用下列幾個規則所定義的表示式：

交換表式的定義

1. 任何交換變數或常數 0、1 為一個交換表式；
2. 若 E_1 與 E_2 為交換表式，則 E'_1、E'_2、$E_1 + E_2$、$E_1 \cdot E_2$ 也為交換表式；
3. 除了上述規則外，其它方式的變數與常數的組合，都不是交換表式。

例題 2.2-3 (交換表式例)

依據定義，下列皆為交換表式：

(a) $f_1 = [(xy)' + (x + z)]'$

(b) $f_2 = xy' + xz + yz$

(c) $f_3 = x'y(x + y'z) + x'z$

若設 $E(x_{n-1}, \cdots, x_1, x_0)$ 為一個交換表式，則因為每一個變數 x_{n-1}、$\cdots$、x_1、x_0，均可以獨立設定為 0 或是 1 的值，因此一共有 2^n 種可能的二進制組合可以決定 E 的值。在決定一個交換表式的值時，只需要將該交換表式中變數值一一代入該表式中，然後計算其值即可。

例題 2.2-4 (交換表式之值)

試計算下列交換表式在所有輸入變數值的二進制組合下的值：

(a) $E(x, y, z) = xy' + xz + y'z$

(b) $F(x, y, z) = xy' + xz + x'y'z$

解：由於交換表式 E 一共含有 3 個變數：x、y、z，而每一個變數均可以獨立設定為 0 或是 1 的值，因此一共有 8 種不同的組合。在每一種組合中，E 的值直接由該組合中的 x、y、z 的值，代入上述表式中求得。例如：當 $x = 0$、$y = 1$、$z = 0$ 時，$E(x, y, z) = 0 \cdot 1' + 0 \cdot 0 + 1' \cdot 0 = 0$；當 $x = 1$、$y = 0$、$z = 1$ 時，$E(x, y, z) = 1 \cdot 0' + 1 \cdot 1 + 0' \cdot 1 = 1$。在其它組合下，$E$ 表式的值可以使用相同的方式計算求得，如表 2.2-2 所示。F 表式的計算和 E 相同。

由表 2.2-2 可以得知：在三個變數 x、y、z 的所有可能的二進制組合下，

表式 E 和 F 擁有相同的值。因此，不同的交換表式，其真值表可能是相同的。事實上，當兩個交換表式相等時，其真值表即相同。

表2.2-2　例題 2.2-4 的真值表

x	y	z	E	F
0	0	0	0	0
0	0	1	1	1
0	1	0	0	0
0	1	1	0	0
1	0	0	1	1
1	0	1	1	1
1	1	0	0	0
1	1	1	1	1

現在定義交換函數。所謂的交換函數即是一個交換表式在其變數值的所有可能的二進制組合下，所擁有的值，即 $f: B^n \rightarrow B$。換句話說，一個交換函數 $f(x_{n-1}, \cdots, x_1, x_0)$ 即為由其 2^n 個變數值的二進制組合對應到 $\{0, 1\}$ 的一個關係。這個對應關係，通常使用真值表描述。注意：雖然一個交換函數有許多表示方式，但是一個真值表只能定義一個交換函數。因此，若有許多個交換函數都擁有相同的真值表時，這些交換函數皆相等。

例題 2.2-5　(交換函數與真值表)

下列三個交換函數都定義相同的真值表，即它們的函數值除了在(0, 1, 0)、(1, 0, 1)、(1, 1, 0)、(1, 1, 1)等組合為 1 外，其餘組合均為 0：

$$f(x, y, z) = x'yz' + xy'z + xyz' + xyz$$
$$g(x, y, z) = yz' + xz + xy$$
$$h(x, y, z) = yz' + xz$$

設 $f(x_{n-1}, \cdots, x_1, x_0)$ 為一個 n 個變數的交換函數，則其補數函數 $f'(x_{n-1}, \cdots, x_1, x_0)$ 定義為當 f 值為 0 時，f' 為 1，當 f 為 1 時，f' 為 0。兩個交換函數 $f(x_{n-1}, \cdots, x_1, x_0)$ 與 $g(x_{n-1}, \cdots, x_1, x_0)$ 的和(sum，即 OR)定義為當函數 f 或是 g 的值為 1 時，值為 1，否則為 0；f 與 g 的積(product，即 AND)定義為當兩個函數 f 與 g 的值皆為 1 時才為 1，否則為 0。在真值表中，f' 由將 f 的值取補數

(NOT)後獲得；$f + g$ 由 f 與 g 的值經由 OR 運算後取得；$f \cdot g$ 由 f 與 g 的值經 AND 運算後取得。

例題 2.2-6 (交換函數的補數、積、和函數)

兩個交換函數 $f(x, y, z)$ 與 $g(x, y, z)$ 的真值表如表 2.2-3 所示。依據上述定義，可以分別求得 f'、$f + g$、$f \cdot g$ 等函數。結果的函數值亦列於該真值表中。

表2.2-3　交換函數的補數、積與和函數

					補數函數	和函數	積函數
x	y	z	f	g	f'	$f + g$	$f \cdot g$
0	0	0	0	1	1	1	0
0	0	1	1	0	0	1	0
0	1	0	0	0	1	0	0
0	1	1	0	0	1	0	0
1	0	0	1	1	0	1	1
1	0	1	1	1	0	1	1
1	1	0	0	0	1	0	0
1	1	1	0	1	1	1	0

　　一個交換函數 f 的補數函數 f' 除了可以由真值表直接獲得外，也可以由 DeMorgan 定理使用代數運算的方式獲得。兩個交換函數的積與和函數，可以直接將其表式執行積與和的運算求得。

例題 2.2-7 (補數函數)

　　求下列交換函數的補數函數：

(a)　$f(x, y, z) = x'y'z + x'yz'$

(b)　$f(x, y, z) = (x' + y')(x'z + yz')$

解：(a) 利用 DeMorgan 定理

$$f'(x, y, z) = (x'y'z + x'yz')'$$
$$= (x'y'z)'(x'yz')'$$
$$= (x + y + z')(x + y' + z)$$

(b) 和(a)一樣，利用 DeMorgan 定理

$$f'(x, y, z) = [(x' + y')(x'z + yz')]'$$
$$= (x' + y')' + (x'z + yz')'$$

$$= xy + (x'z)'(yz')'$$
$$= xy + (x + z')(y' + z)$$

另外一種求取補數函數的方式為：先求 f 函數的對偶函數 f^d，然後將 f^d 中的每一個變數取補數。注意：依據對偶原理，交換函數 f 的對偶函數 f^d 是將 f 中的 AND 與 OR 運算子交換，並且將常數 0 與 1 交換而獲得的。

例題 2.2-8　(補數函數)

求下列各交換函數的補數函數：

(a) $f(x, y, z) = x'y'z + x'yz'$

(b) $f(x, y, z) = (x' + y')(x'z + yz')$

解：先求交換函數 f 的對偶函數 f^d，然後將 f 中的每一個變數取補數而得。

(a) $f^d(x, y, z) = (x' + y' + z)(x' + y + z')$

所以 $f'(x, y, z) = f^d(x', y', z') = (x + y + z')(x + y' + z)$

(b) $f^d(x, y, z) = x'y' + (x' + z)(y + z')$

所以 $f'(x, y, z) = f^d(x', y', z') = xy + (x + z')(y' + z)$

結果與例題 2.2-7 相同。

📖**複習問題**

2.15. 試定義交換表式。

2.16. 試定義交換函數。

2.17. 試定義兩個交換函數的積函數與和函數。

2.18. 如何求取一個交換函數的補數函數？

2.2.3　邏輯運算子

依據交換代數的定義，AND 與 OR 為兩個基本的二元運算子，即它們均為具有兩個輸入變數的運算子。但是由於 AND 與 OR 兩個運算子具有交換律：

$x + y = y + x$　而且

$$x \cdot y = y \cdot x$$

與結合律

$$x + (y + z) = (x + y) + z = x + y + z \text{ 而且}$$

$$x \cdot (y \cdot z) = (x \cdot y) \cdot z = x \cdot y \cdot z$$

的性質，因此這兩個運算子可以擴展為任意數目的變數。表 2.2-4 列出在三個變數之下，AND 與 OR 運算子的真值表。注意在表 2.2-4 中，實際上是將兩個真值表合併成為一個。

表2.2-4　三個變數的 AND 與 OR 運算子真值表

x	y	z	三變數 AND $x \cdot y \cdot z$	三變數 OR $x + y + z$
0	0	0	0	0
0	0	1	0	1
0	1	0	0	1
0	1	1	0	1
1	0	0	0	1
1	0	1	0	1
1	1	0	0	1
1	1	1	1	1

在交換代數中，另外一些常用的二元運算子為：NAND (not AND)、NOR (not OR)、XOR (exclusive OR)、XNOR (exclusive NOR 或 equivalence) 等。這些運算子的真值表如表 2.2-5 所示。

表2.2-5　交換代數中其它運算子的真值表

x	y	NAND $(x \cdot y)'$	NOR $(x + y)'$	XOR $x \oplus y$	XNOR $x \odot y$
0	0	1	1	0	1
0	1	1	0	1	0
1	0	1	0	1	0
1	1	0	0	0	1

注意在表 2.2-5 中，將四個運算子的真值表合併成為一個。基本上，這些運算子並不是最基本的，因為它們可以由 AND、OR、NOT 組成。即：

NAND：$x \uparrow y = (x \cdot y)'$

NOR：$x \downarrow y = (x + y)'$

XOR：$x \oplus y = x'y + xy'$

XNOR：$x \odot y = xy + x'y'$

NAND 與 NOR 兩個運算子雖然具有交換律，但是並不具有結合律，即對 NAND 而言：

$[(x \uparrow y) \uparrow z] \neq [x \uparrow (y \uparrow z)]$

對 NOR 而言：

$[(x \downarrow y) \downarrow z] \neq [x \downarrow (y \downarrow z)]$

讀者可以使用完全歸納法或是 DeMorgan 定理證明。因此嚴格的說，它們並不能擴展至較多數目的變數。但是若將 NAND 視為先執行 AND 運算再執行 NOT 運算，即當作 not-AND 運算，而將 NOR 視為先執行 OR 運算再執行 NOT 運算，即當作 not-OR 運算，則它們也可以擴展至任何數目的變數：

$(x_1 \cdot x_2 \cdot \cdots \cdot x_n)$　　　　(NAND)

而　　　　$(x_1 + x_2 + \cdots + x_n)$　　　　(NOR)

三個變數的 NAND 與 NOR 運算子的真值表如表 2.2-6 所示。

表2.2-6　三個變數的 NAND 與 NOR 運算子真值表

x	y	z	三變數 NAND $(x \cdot y \cdot z)'$	三變數 NOR $(x + y + z)'$
0	0	0	1	1
0	0	1	1	0
0	1	0	1	0
0	1	1	1	0
1	0	0	1	0
1	0	1	1	0
1	1	0	1	0
1	1	1	0	0

XOR(以 $\oplus$ 表示)與 XNOR(以 $\odot$ 表示)等為二元運算子而且皆具有交換律與結合律(可以由完全歸納法證明)，即

交換律：$x \oplus y = y \oplus x$；$x \odot y = y \odot x$

結合律：$(x \oplus y) \oplus z = x \oplus (y \oplus z) = x \oplus y \oplus z$

$(x \odot y) \odot z = x \odot (y \odot z) = x \odot y \odot z$

因此可以擴展至任何數目的變數。下列兩個例題分別以完全歸納法的方式導出 XOR 與 XNOR 兩個運算子擴展至三個變數與四個變數的情形。

例題 2.2-9 (三個變數的 XOR 與 XNOR 運算子)

試以完全歸納法導出 XOR 與 XNOR 兩個運算子在三個變數下的真值表。

解：如表 2.2-7 所示。注意：在三個變數下，$x \oplus y \oplus z$ 與 $x \odot y \odot z$ 兩個運算子具有相同的值。

表2.2-7 三個變數的 XOR 與 XNOR 真值表

			XOR		XNOR	
x	y	z	$x \oplus y$	$x \oplus y \oplus z$	$x \odot y$	$x \odot y \odot z$
0	0	0	0	0	1	0
0	0	1	0	1	1	1
0	1	0	1	1	0	1
0	1	1	1	0	0	0
1	0	0	1	1	0	1
1	0	1	1	0	0	0
1	1	0	0	0	1	0
1	1	1	0	1	1	1

例題 2.2-10 (四個變數的 XOR 與 XNOR 真值表)

試以完全歸納法導出 XOR 與 XNOR 兩個運算子在四個變數下的真值表。

解：如表 2.2-8 所示。注意：在四個變數下，$w \oplus x \oplus y \oplus z$ 與 $w \odot x \odot y \odot z$ 兩個運算子具有互為補數的值。

基本上，$x \oplus y$ 表示當 x 與 y 不相等時，其值為 1，即 $\oplus$(XOR)運算子為奇數函數。對奇數函數而言，當有奇數個變數的值為 1 時，其值才為 1，否則值為 0。$x \odot y$ 表示當 x 與 y 相等時，其值為 1，即 $\odot$(XNOR)運算子為偶數函數。對偶數函數而言，當有偶數個變數值為 0 時，其值才為 1，否則為 0。因此，在三個變數的真值表中，XOR 與 XNOR 的函數值相同；在四個變數的真值表中，XOR 與 XNOR 的函數值則互為補數。一般而言，當變數的個數為奇數時，XOR 與 XNOR 的函數值相等；當變數的個數為偶數時，XOR 與 XNOR 的函數值則互為補數。

表2.2-8　四個變數的 XOR 與 XNOR 運算子的真值表

				XOR			XNOR		
w	x	y	z	$w \oplus x$	$(w \oplus x) \oplus y$	$(w \oplus x \oplus y) \oplus z$	$w \odot x$	$(w \odot x) \odot y$	$(w \odot x \odot y) \odot z$
0	0	0	0	0	0	0	1	0	1
0	0	0	1	0	0	1	1	0	0
0	0	1	0	0	1	1	1	1	0
0	0	1	1	0	1	0	1	1	1
0	1	0	0	1	1	1	0	1	0
0	1	0	1	1	1	0	0	1	1
0	1	1	0	1	0	0	0	0	1
0	1	1	1	1	0	1	0	0	0
1	0	0	0	1	1	1	0	1	0
1	0	0	1	1	1	0	0	1	1
1	0	1	0	1	0	0	0	0	1
1	0	1	1	1	0	1	0	0	0
1	1	0	0	0	0	0	1	0	1
1	1	0	1	0	0	1	1	0	0
1	1	1	0	0	1	1	1	1	0
1	1	1	1	0	1	0	1	1	1

📖 **複習問題**

2.19. XOR 與 XNOR 兩個運算子是否具有交換律與結合律？

2.20. 在下列四個運算子：AND、OR、NAND、NOR 中，那些具有交換律與結合律？

2.21. 在奇數個變數下，XOR 與 XNOR 的函數值是相等或是互為補數？

2.22. 在偶數個變數下，XOR 與 XNOR 的函數值是相等或是互為補數？

2.2.4　函數完全運算集合

　　若任意一個交換函數都可以由一個集合內的運算子表示時，該集合稱為函數完全(運算)(functionally complete 或 universal)集合。由於交換函數是由 AND、OR、NOT 等運算子形成的，因此 {AND, OR, NOT} 為一個函數完全 (運算)集合。但是依據 DeMorgan 定理，$x + y = (x' \cdot y')'$，即 AND 與 NOT 等運算子組合後可以取代 OR 運算子，因此 {AND, NOT} 也為函數完全(運算)集合。同樣地，$x \cdot y = (x' + y')'$，即 OR 與 NOT 等運算子組合後也可以取代 AND 運算子，因此 {OR, NOT} 也為函數完全(運算)集合。

　　一般用來證明一個運算子的集合是一個函數完全(運算)集合的方法為証明只使用該集合內的運算子即可以產生一個已知為函數完全(運算)集合內的每一個運算子，例如集合{AND, NOT}或是{OR, NOT}。函數完全(運算)集合有很多，並且有可能只包含一個運算子，例如{NOR}與{NAND}兩個集合。

例題 2.2-11 **(函數完全(運算)集合)**

證明{NOR}與{NAND}為函數完全運算集合。

證明：(a) 因為{NOR}集合可以產生函數完全運算集合{OR, NOT}內的每一個運算子，即

$$(x + x)' = x' \qquad\qquad \text{(NOT)}$$
$$[(x + y)']' = x + y \qquad\qquad \text{(OR)}$$

所以{NOR}為一個函數完全運算集合。

(b) 因為{NAND}集合可以產生函數完全運算集合{AND, NOT}內的每一個運算子，即

$$(x \cdot x)' = x' \qquad\qquad \text{(NOT)}$$
$$[(x \cdot y)']' = x \cdot y \qquad\qquad \text{(AND)}$$

所以{NAND}為一個函數完全運算集合。

　　決定一個給定的運算子集合是否為函數完全運算集合的一般程序如下：

1. 考慮 NOT 運算子是否可以由該集合實現。若可以，則進行下一步驟；否則，該集合不是函數完全運算集合。

2. 使用 NOT 運算子與該集合，決定是否 AND 或 OR 可以被實現。若可以，則該集合為函數完全運算集合；否則，不是。

當然若一個運算子集合可以執行NOR或NAND運算，則它為一個函數完全運算集合。下列例題說明若適當的定義一個交換函數，則該交換函數也可以形成一個函數完全運算集合。

例題 2.2-12 **(函數完全運算集合)**

證明下列集合為函數完全運算集合：

(a) 集合$\{f\}$而$f(x, y, z) = xy'z + x'z'$

(b) 集合 {f, 0} 而 $f(x, y) = x' + y$

(c) 集合 {f, 1, 0} 而 $f(x, y, z) = x'y + xz$

証明：(a) $f(x, y, y) = xy'y + x'y'$

$$= x'y' = (x + y)' \qquad \text{(NOR)}$$

所以得證。

(b) $f(x, 0) = x'$ \qquad (NOT)

$f(x', y) = x + y$ \qquad (OR)

所以得証。

(c) $f(x, 1, 0) = x' + 0$

$$= x' \qquad \text{(NOT)}$$

$f(x, 0, z) = xz$ \qquad (AND)

所以得證。

最後值得一提的是 {XOR} 與 {XNOR} 兩個集合並不是函數完全運算集合，但是 {XOR, OR, 1} 與 {XNOR, OR, 0} 等集合則是。

📖 **複習問題**

2.23. 試定義函數完全運算集合。

2.24. 為何 {AND, OR, NOT} 為一個函數完全運算集合？

2.25. 如何證明一個運算子的集合為一個函數完全運算集合？

2.3 交換函數標準式

前面已經討論過如何使用真值表表示一個交換函數，同時也討論到可能有多個交換函數對應到同一個真值表上。在這一節中，將探討如何由真值表獲得對應的交換函數，並且也討論以何種形式表示時，可以從真值表中獲得唯一的交換函數表示式。

2.3.1 最小項與最大項

在交換代數中，當多個變數以 AND 運算子組合而成的項(term)，稱為乘積項(product term)，例如：xy、xy'、$x'y$、$x'y'$、……等。同樣地，以 OR 運算子組合而成的項，則稱為和項(sum term)，例如：$(x + y)$、$(x' + y)$、……等。在一個乘積項或是和項中，每一個變數都有可能以補數或是非補數的形式出現。因此，為了討論方便，現在定義字母變數(literal)為一個補數或是非補數形式的變數。例如：x 與 x' 為相同的一個變數，但是不同的兩個字母變數。

一個交換函數可以有許多不同的表(示)式。在這一些不同的表式中，若一個交換表式只是由乘積項 OR 所組成時，稱為 SOP (sum of products)形式；若只是由和項 AND 所組成時，稱為 POS (product of sums)形式。例如：

$$f(x, y, z) = xy + yz + xz \qquad \text{(SOP 形式)}$$

與

$$f(x, y, z) = (x + y')(x + z)(y + z') \qquad \text{(POS 形式)}$$

當然，SOP 形式與 POS 形式可以互換。將一個 POS 形式的交換表式，使用布林代數中的分配律運算後，即可以得到對應的 SOP 形式；同樣地，重覆地使用分配律運算後，一個 SOP 形式的交換表式也可以表示為 POS 的形式。一般而言，一個交換函數可能有多個不同 SOP 與 POS 形式的交換表式。

例題 2.3-1 (SOP 與 POS 形式互換)

(a) 將 $f(x, y, z) = xy + y'z + xz$ 表示為 POS 形式。

(b) 將 $f(x, y, z) = (x + y')(x + z)(y + z')$ 表示為 SOP 形式。

解：(a) 使用分配律：$x + y \cdot z = (x + y)(x + z)$

$$\begin{aligned}
f(x, y, z) &= xy + y'z + xz \\
&= (xy + y'z + x)(xy + y'z + z) \\
&= (y'z + x)(xy + z) \\
&= (y' + x)(z + x)(x + z)(y + z) \\
&= (x + y')(x + z)(y + z)
\end{aligned}$$

(b) 使用分配律：$x \cdot (y + z) = xy + xz$

$$f(x, y, z) = (x + y')(x + z)y + (x + y')(x + z)z'$$

$$= xy(x + y') + yz(x + y') + x\,z'\,(x + y') + zz'\,(x + y')$$

$$= xy + xy\,y' + xyz + y'\,yz + x\,z' + x\,y'\,z'$$

$$= xy + x\,z'$$

　　一般而言，當一個乘積項包含 n 個不同變數，而每一個變數僅以補數或是非補數形式出現時，稱為 n 個變數的最小項(minterm)；當一個和項包含 n 個不同變數，而每一個變數僅以補數或是非補數形式出現時，稱為 n 個變數的最大項(maxterm)。最大項與最小項實際上是由真值表中獲得交換函數的主要線索。三個變數(x, y, z)的所有最小項與最大項如表 2.3-1 所示。

表2.3-1　三個變數(x, y, z)的所有最小項與最大項

十進制	x	y	z	最小項		最大項	
0	0	0	0	$x'y'z'$	(m_0)	$x + y + z$	(M_0)
1	0	0	1	$x'y'z$	(m_1)	$x + y + z'$	(M_1)
2	0	1	0	$x'yz'$	(m_2)	$x + y' + z$	(M_2)
3	0	1	1	$x'yz$	(m_3)	$x + y' + z'$	(M_3)
4	1	0	0	$xy'z'$	(m_4)	$x' + y + z$	(M_4)
5	1	0	1	$xy'z$	(m_5)	$x' + y + z'$	(M_5)
6	1	1	0	xyz'	(m_6)	$x' + y' + z$	(M_6)
7	1	1	1	xyz	(m_7)	$x' + y' + z'$	(M_7)

　　注意在三個變數中的每一個可能的二進制組合，唯一的定義了一個最小項與最大項，反之亦然，即每一個最小項或是最大項只對應於一個二進制組合。再者，由於二進制組合與其等效的十進制表示方法也是 1 對 1 的對應關係，因此每一個十進制表示與最小項或是最大項的對應關係也是 1 對 1 的，例如：3 唯一對應到二進制 011，即最小項 $x'yz$，與最大項 $x + y' + z'$。

　　一般而言，若有 n 個變數，則一共有 2^n 個不同的二進制組合，因此有 2^n 個最小項與 2^n 個最大項。在由一個二進制組合獲取其對應的最小項時，可以依照下列簡單的規則：將該二進制組合中，所有對應於位元值為 0 的變數取其補數形式，所有對應於位元值為 1 的變數取其非補數形式所形成的乘積項，即為所求的最小項。在求最大項時，可以由最小項取得方式的對偶程序

求得：將二進制組合中所有對應於位元值為 0 的變數取其非補數形式，所有對應於位元值為 1 的變數取其補數形式所形成的和項，即為所求的最大項。若以數學方式描述，可以設 $(i)_{10}$ 表示 n 個變數中的第 i 個二進制組合 $(b_{n-1}b_{n-2}\cdots b_1 b_0)_2$，因此，$i = 0, 1, \cdots, 2^{n-1}$。現在若設 $m_i = x^*_{n-1}\cdots x^*_1 x^*_0$ 表示第 i 個最小項，則

$$x^*_j = x'_j \qquad 若 b_j = 0$$
$$\quad\ = x_j \qquad 若 b_j = 1$$

同樣地，設 $M_i = x^*_{n-1} + \cdots + x^*_1 + x^*_0$ 表示第 i 個最大項，則

$$x^*_j = x_j \qquad 若 b_j = 0$$
$$\quad\ = x'_j \qquad 若 b_j = 1$$

例題 2.3-2　(最大項與最小項的形成)

假設在四個變數中，有一個二進制組合 $(x_3 x_2 x_1 x_0)_2 = 1011_2$，試求該組合的最小項和最大項。

解：由於二進制組合為 1011，即 $(b_3 b_2 b_1 b_0)_2 = (1\ 0\ 1\ 1)_2$，因此最小項為

$$m_{11} = x^*_3 x^*_2 x^*_1 x^*_0$$
$$\quad\ = x_3 x'_2 x_1 x_0$$

因為除了 $b_2 = 0$ 外，其餘的均為 1，所以 $x^*_2 = x'_2$，其餘的變數均取非補數形式。

最大項為

$$M_{11} = x^*_3 + x^*_2 + x^*_1 + x^*_0$$
$$\quad\ = x'_3 + x_2 + x'_1 + x'_0$$

因為除了 $b_2 = 0$ 外，其餘的均為 1，所以除了 $x^*_2 = x_2$ 外，其餘的變數均取補數形式。

注意任何最小項只在它所對應的二進制組合之下，它的值才為 1，在其它的組合下，它的值均為 0；任何最大項只在它所對應的二進制組合下，它的值才為 0，在其它的組合下，它的值均為 1。因此，對於同一個二進制組合

而言，最大項與最小項恰好互成補數，即 $m'_i = M_i$ 或是 $m_i = M'_i$。

例題 2.3-3　(最小項與最大項的關係)

試以三個變數(x, y, z)的最小項 m_3 與最大項 M_3 為例，證明在同一個二進制組合下的最小項與最大項恰好互成補數，即 $m_3 = M'_3$ 而且 $M_3 = m'_3$。

證明： $m_3 = x'yz$ 而 $M_3 = x + y' + z'$

$\quad\quad m'_3 = (x'yz)'$

$\quad\quad\quad = x + y' + z' = M_3$ 　　　　(DeMorgan 定理)

$\quad\quad M'_3 = (x + y' + z')'$

$\quad\quad\quad = x'yz = m_3$ 　　　　(DeMorgan 定理)

所以得證。

在 n 個變數下，最小項與最大項的性質，可以歸納如下：

1.　$m_i m_j = 0$ 　　　　　　若 $i \neq j$

$\quad\quad\quad = m_i$ 　　　　　　若 $i = j$

2.　$M_i + M_j = 1$ 　　　　若 $i \neq j$

$\quad\quad\quad = M_i$ 　　　　　若 $i = j$

3.　$m_i = M'_i$ 而且 $M_i = m'_i$，對每一個 i 而言。

📖**複習問題**

2.26. 試定義在交換代數下的和項與乘積項。

2.27. 試定義 SOP 交換表式與 POS 交換表式。

2.28. 試定義在 n 個變數下的最小項與最大項。

2.29. 在 n 個變數下的最小項與最大項之間有何關係？

2.30. 試問最小項與乘積項、及最大項與和項之間有何關係？

2.3.2 標準(表示)式

利用上述最小項與最大項的基本觀念即可以輕易地求出一個真值表所對應的交換函數的代數表式。一般而言，有下列兩種方法：

1. 為真值表中所有函數值為 1 的最小項的和；

2. 為真值表中所有函數值為 0 的最大項的乘積。

例題 2.3-4　(交換函數)

試求下列真值表所定義的交換函數的代數表式：

十進制值	x	y	z	f		十進制值	x	y	z	f
0	0	0	0	1		4	1	0	0	0
1	0	0	1	0		5	1	0	1	1
2	0	1	0	0		6	1	1	0	1
3	0	1	1	1		7	1	1	1	0

解：(a) 在十進制值為 0、3、5、6 的二進制組合下，f 值為 1，所以

$$f(x, y, z) = m_0 + m_3 + m_5 + m_6$$
$$= x'y'z' + x'yz + xy'z + xyz'$$

(b) 在十進制值為 1、2、4、7 的二進制組合下，f 值為 0，所以

$$f(x, y, z) = M_1 M_2 M_4 M_7$$
$$= (x + y + z')(x + y' + z)(x' + y + z)(x' + y' + z')$$

(c) 事實上(a)與(b)所獲得的函數是相等的。因為若將(b)展開：

$$f(x, y, z) = (x + y + z')(x + y' + z)(x' + y + z)(x' + y' + z')$$
$$= (x + yz + y'z')(x' + yz' + y'z)$$
$$= xyz' + xy'z + x'yz + x'y'z'$$
$$= x'y'z' + x'yz + xy'z + xyz'$$

所以和(a)得到的結果相同。

　　由於二進制組合、最小項(或是最大項)、該二進制組合等效的十進制數目等三者之間的對應是 1 對 1 的關係，因此在表示一個交換函數時，通常使用另外一種較簡潔的方式(或稱為速記法)為之。例如：在例題 2.3-4 中的函數 f 可以表示為：

$$f(x, y, z) = \Sigma(0, 3, 5, 6)$$

其中Σ表示邏輯和(OR)運算，而括弧中的十進制數目則表示最小項。同樣地，函數 f 也可以表示為：

$$f(x, y, z) = \Pi(1, 2, 4, 7)$$

其中Π表示邏輯乘積(AND)運算，而括弧中的十進制數目則表示最大項。

　　一個交換函數，若是由其真值表中的函數值為 1 的最小項之和(即 OR 運算子)組成時，該函數的表示式稱為標準積之和(canonical sum of product)型式，簡稱為標準 SOP 型式；一個交換函數，若是由其真值表中的函數值為 0 的最大項之乘積(即 AND 運算子)組成時，該函數的表示式稱為標準和之積(canonical product of sum)型式，簡稱標準 POS 型式。

　　任何交換函數均可以唯一地表示為標準 SOP 或是標準 POS 的型式。在證明這一敘述之前，先看看下列 Shannon 展開(分解)定理(Shannon's expansion (decomposition) theorem)。

定理 2.3-1：Shannon 展開(分解)定理

　　對任何 n 個變數的交換函數 $f(x_{n-1}, x_{n-2}, \cdots, x_1, x_0)$ 而言，均可以表示為下列兩種形式：

(a) $f(x_{n-1}, x_{n-2}, \cdots, x_i, \cdots, x_1, x_0)$

$\quad = x_i \cdot f(x_{n-1}, x_{n-2}, \cdots, 1, \cdots, x_1, x_0) + x'_i \cdot f(x_{n-1}, x_{n-2}, \cdots, 0, \cdots, x_1, x_0)$

(b) $f(x_{n-1}, x_{n-2}, \cdots, x_i, \cdots, x_1, x_0)$

$\quad = [x_i + f(x_{n-1}, x_{n-2}, \cdots, 0, \cdots, x_1, x_0)] \cdot [x'_i + f(x_{n-1}, x_{n-2}, \cdots, 1, \cdots, x_1, x_0)]$

證明：利用完全歸納法。

(a) 設 $x_i = 1$，則 $x'_i = 0$，得到左邊＝右邊。

　　同樣地，設 $x_i = 0$ 則 $x'_i = 1$，得到左邊＝右邊。

　　所以(a)成立。

(b) 由對偶原理得證。

例題 2.3-5　(Shannon 展開定理驗證)

試使用下列交換函數驗證 Shannon 展開定理的正確性：

$\quad f(x, y, z) = xy + y'z + xz$

驗證：假設對變數 x 展開

$\quad f(x, y, z) = x'f(0, y, z) + xf(1, y, z)$

$$= x'(y'z) + x(y + z + y'z)$$

$$= x'y'z + xy + xz$$

上述表式可以證明與原來的交換表式 $xy + y'z + xz$ 相等。

現在若對(a)中的 x_{n-2} 與 x_{n-1} 應用上述定理展開，則可以得到

$$\begin{aligned}
f(x_{n-1}, x_{n-2}, \cdots, x_1, x_0) &= x_{n-1}x_{n-2} \cdot f(1,1,\cdots,x_1,x_0) \\
&+ x_{n-1}x'_{n-2} \cdot f(1,0,\cdots,x_1,x_0) \\
&+ x'_{n-1}x_{n-2} \cdot f(0,1,\cdots,x_1,x_0) \\
&+ x'_{n-1}x'_{n-2} \cdot f(0,0,\cdots,x_1,x_0)
\end{aligned}$$

將該展開定理應用到每一個變數後

$$\begin{aligned}
f(x_{n-1}, x_{n-2}, \cdots, x_1, x_0) &= x_{n-1}x_{n-2}\cdots x_1 x_0 f(1,1,\cdots,1,1) \\
&+ x_{n-1}x_{n-2}\cdots x_1 x'_0 f(1,1,\cdots,1,0) \\
&+ \cdots \\
&+ x'_{n-1}x'_{n-2}\cdots x'_1 x'_0 f(0,0,\cdots,0,0) \\
&= \sum_{i=0}^{2^n-1} \alpha_i m_i
\end{aligned}$$

其中 $\alpha_i = f(b_{n-1},\cdots,b_1,b_0)$ 為交換函數 f 在第 i 個二進制組合下的函數值，而 $m_i = x^*_{n-1}\cdots x^*_1 x^*_0$ 定義為第 i 個最小項(minterm)，因為僅需最少數目的此種乘積項即可令交換函數 f 的值為 1。同樣地，對 Shannon 展開定理中的(b)展開後，可以得到

$$f(x_{n-1}, x_{n-2}, \cdots, x_1, x_0) = \prod_{i=0}^{2^n-1}(\beta_i + M_i)$$

其中 $\beta_i = f(b_{n-1},\cdots,b_1,b_0)$ 為交換函數 f 在第 i 個二進制組合下的函數值(一般而言，$\alpha_i = \beta_i$，其中 $0 \le i \le 2^n - 1$)，而 $M_i = x^*_{n-1} + \cdots + x^*_1 + x^*_0$ 定義為第 i 個最大項(maxterm)，因為必須最多數目的此種和項方可令交換函數 f 的值為 1。綜合上述結果，得到下列定理：

定理 2.3-2：交換函數標準型式

每一個 n 個變數的交換函數 $f(x_{n-1}, x_{n-2}, \cdots, x_1, x_0)$ 均可以表示為下列兩種

標準型式:

(a) 標準 SOP 型式:

$$f(x_{n-1}, x_{n-2}, \cdots, x_1, x_0) = \sum_{i=0}^{2^n-1} \alpha_i m_i$$

(b) 標準 POS 型式:

$$f(x_{n-1}, x_{n-2}, \cdots, x_1, x_0) = \prod_{i=0}^{2^n-1} (\beta_i + M_i)$$

其中 $\alpha_i = \beta_i = f(b_{n-1}, \cdots, b_1, b_0)$。

由上述定理得知:雖然一個交換函數可能有多個不同 SOP 與 POS 形式的交換表式,但是其標準 SOP 型式與標準 POS 型式是唯一的。定理 2.3-2 的直接應用,即是用來求取一個交換函數的標準 SOP 或是 POS 型式。

例題 2.3-6 (交換函數的標準式)

試利用展開定理(定理 2.3-2),求下列交換函數的標準型式:

$$f(x, y, z) = x'(y' + z)$$

解:(a) 標準 SOP 型式

$$f(x, y, z) = \sum_{i=0}^{7} \alpha_i m_i$$

$\alpha_0 = f(0, 0, 0) = 1(1 + 0) = 1$ $\alpha_4 = f(1, 0, 0) = 0(1 + 0) = 0$

$\alpha_1 = f(0, 0, 1) = 1(1 + 1) = 1$ $\alpha_5 = f(1, 0, 1) = 0(1 + 1) = 0$

$\alpha_2 = f(0, 1, 0) = 1(0 + 0) = 0$ $\alpha_6 = f(1, 1, 0) = 0(0 + 0) = 0$

$\alpha_3 = f(0, 1, 1) = 1(0 + 1) = 1$ $\alpha_7 = f(1, 1, 1) = 0(0 + 1) = 0$

所以

$$f(x, y, z) = m_0 + m_1 + m_3 = x'y'z' + x'y'z + x'yz$$

(b) 標準 POS 型式(因為 $\alpha_i = \beta_i$)

$$f(x, y, z) = \prod_{i=0}^{7} (\beta_i + M_i)$$

$$= (\beta_0 + M_0)(\beta_1 + M_1)(\beta_2 + M_2)(\beta_3 + M_3)(\beta_4 + M_4)(\beta_5 + M_5)$$

$$+ (\beta_6 + M_6)(\beta_7 + M_7)$$
$$= (1 + M_0)(1 + M_1)(0 + M_2)(1 + M_3)(0 + M_4)(0 + M_5)$$
$$+ (0 + M_6)(0 + M_7)$$
$$= M_2 M_4 M_5 M_6 M_7$$
$$= (x + y' + z)(x' + y + z)(x' + y + z')(x' + y' + z)(x' + y' + z')$$

求取一個交換函數的標準 SOP 型式的一個常用的方法為先將該交換函數表示為積之和(即 SOP)的形式,然後進行下列程序:

由 SOP 形式求取標準 SOP 型式的程序

1. 依序檢查每一個乘積項,若為最小項,則保留它,並繼續檢查下一個乘積項。
2. 對於每一個不是最小項的乘積項,檢查未出現的變數,對於每一個未出現的變數 x_i,則乘上 $(x_i + x'_i)$。
3. 將所有乘積項展開並消去重覆項,即為所求。

例題 2.3-7 (標準 SOP 型式)

將 $f(x, y, z) = x + y'z' + yz$ 表示為標準 SOP 型式。

解: $f(x, y, z) = x(y + y')(z + z') + (x + x')\, y'z' + (x + x')\, yz$
$$= xyz + xyz' + xy'z + xy'z' + xy'z' + x'y'z' + xyz + x'yz$$
$$= xyz + xyz' + xy'z + xy'z' + x'yz + x'y'z'$$

在此例子中,乘積項 xyz 與 $xy'z'$ 各出現兩次,因此各消去一項而得到最後的結果。

轉換一個交換函數表式為標準 POS 型式時,可以使用上述程序的對偶程序完成,即先將該交換函數表示為和之積(POS)的形式後,進行下列程序:

由 POS 形式求取標準 POS 型式的程序

1. 依序檢查每一個和項,若為最大項,則保留它,並繼續檢查下一個和項。
2. 對於每一個不是最大項的和項,檢查未出現的變數,對於每一個未出現的變數 x_i,則加上 $x_i x'_i$。

3. 利用分配律將所有和項展開，並消去重覆項即為所求。

例題 2.3-8　(標準 POS 型式)

將 $f(x, y, z) = x(y' + z')$ 表示為標準 POS 型式。

解：
$$
\begin{aligned}
f(x, y, z) &= x(y' + z') \\
&= (x + yy' + zz')(xx' + y' + z') \\
&= (x + y + z)(x + y + z')(x + y' + z)(x + y' + z')(x + y' + z')(x' + y' + z') \\
&= (x + y + z)(x + y + z')(x + y' + z)(x + y' + z')(x' + y' + z')
\end{aligned}
$$

其中最大項 $(x + y' + z')$ 出現兩次，消去其中一項而得到最後的結果。

例題 2.3-9　(標準 SOP 與 POS 型式)

將 $f(x, y, z) = xz' + (x'y' + x'z)'$ 表示為標準 SOP 與 POS 型式。

解： (a) 標準 SOP 型式：

首先將 $f(x, y, z)$ 表示為積之和的形式，即

$$
\begin{aligned}
f(x, y, z) &= xz' + (x'y')'(x'z)' \\
&= xz' + (x + y)(x + z') \\
&= x + xz' + xy + yz' \\
&= x + yz'
\end{aligned}
$$

所以

$$
\begin{aligned}
f(x, y, z) &= x(y + y')(z + z') + (x + x')yz' \\
&= xyz + xyz' + xy'z + xy'z' + x'yz'
\end{aligned}
$$

(b) 標準 POS 型式：

首先將 $f(x, y, z)$ 表示為和之積的形式，即

$$
\begin{aligned}
f(x, y, z) &= x + yz' \\
&= (x + y)(x + z')
\end{aligned}
$$

所以

$$
\begin{aligned}
f(x, y, z) &= (x + y + zz')(x + yy' + z') \\
&= (x + y + z)(x + y + z')(x + y + z')(x + y' + z') \\
&= (x + y + z)(x + y + z')(x + y' + z')
\end{aligned}
$$

其中最大項$(x+y+z')$出現兩次，消去其中一項而得到最後的結果。

📖 複習問題

2.31. 試說明 Shannon 展開定理的意義。

2.32. 每一個 n 個變數的交換函數都可以表示為那兩種標準型式？

2.33. 試簡述由 SOP 形式求取標準 SOP 型式的程序。

2.34. 試簡述由 POS 形式求取標準 POS 型式的程序。

2.3.3 標準式的互換

任何一個交換函數都可以表示為標準 SOP 與標準 POS 等兩種型式，而且這兩種標準型式可以互相轉換。例如：在例題 2.3-4 中：

$$f(x, y, z) = \Sigma(0, 3, 5, 6)$$

其補數函數 $f'(x, y, z)$為

$$f'(x, y, z) = \Sigma(1, 2, 4, 7)$$

若將此補數函數取補數後，並使用 DeMorgan 定理，則得到

$$f(x, y, z) = [\Sigma(1, 2, 4, 7)]' = (m_1 + m_2 + m_4 + m_7)'$$
$$= m'_1 m'_2 m'_4 m'_7 = M_1 M_2 M_4 M_7$$

因此

$$f(x, y, z) = \Sigma(0, 3, 5, 6) = \Pi(1, 2, 4, 7)$$

上述轉換程序可以定義為：設 U 表示一個交換函數中所有變數的所有組合的等效十進制數目之集合，若 A 表示標準 SOP 型式中的所有十進制數目之集合，則 U-A 為標準 POS 型式中的所有十進制數目之集合，反之亦然。

例題 2.3-10 (標準式互換)

在例題 2.3-4 中，因為該交換函數一共有三個變數，所以 $U = \{0, 1, 2, 3, 4, 5, 6, 7\}$，而標準 SOP 型式為：

$$f(x, y, z) = \Sigma(0, 3, 5, 6)$$

所以 $A = \{0, 3, 5, 6\}$，U-$A = \{1, 2, 4, 7\}$，因此標準的 POS 型式為：

$$f(x, y, z) = \Pi(1, 2, 4, 7)$$

若一個 n 變數的交換函數 f 以標準 SOP 型式表示時，則其補數函數 f' 可以表示為：

$$f' = [\sum_{i=0}^{2^n-1} \alpha_i m_i]' = \prod_{i=0}^{2^n-1} (\alpha'_i + m'_i) = \prod_{i=0}^{2^n-1} (\alpha'_i + M_i)$$

若該交換函數 f 表示為標準的 POS 型式時，則其補數函數 f' 可以表示為：

$$f' = [\prod_{i=0}^{2^n-1} (\beta_i + M_i)]' = \sum_{i=0}^{2^n-1} \beta'_i M'_i = \sum_{i=0}^{2^n-1} \beta'_i m_i$$

例題 2.3-11 (標準表式下的補數函數)

設一個三個變數的交換函數

$$f(x, y, z) = \Sigma(0, 2, 3, 4) = \Pi(1, 5, 6, 7)$$

則 f' 在兩種標準表式下各為何？

解：(a) 在標準 SOP 型式中

$$\alpha_1 = \alpha_5 = \alpha_6 = \alpha_7 = 0 \text{，而 } \alpha_0 = \alpha_2 = \alpha_3 = \alpha_4 = 1$$

$$
\begin{aligned}
f' &= \prod_{i=0}^{7} (\alpha'_i + M_i) \\
&= (0 + M_0)(1 + M_1)(0 + M_2)(0 + M_3)(0 + M_4)(1 + M_5)(1 + M_6)(1 + M_7) \\
&= M_0 M_2 M_3 M_4
\end{aligned}
$$

(b) 在標準 POS 型式中

$$\beta_1 = \beta_5 = \beta_6 = \beta_7 = 0 \text{，而 } \beta_0 = \beta_2 = \beta_3 = \beta_4 = 1$$

$$
\begin{aligned}
f' &= \sum_{i=0}^{7} \beta'_i m_i \\
&= 0 \cdot m_0 + 1 \cdot m_1 + 0 \cdot m_2 + 0 \cdot m_3 + 0 \cdot m_4 + 1 \cdot m_5 + 1 \cdot m_6 + 1 \cdot m_7 \\
&= m_1 + m_5 + m_6 + m_7
\end{aligned}
$$

欲求取一個交換函數 f 的對偶函數 f^d 時，仍然可以分成兩種情況：即當 f 表示為標準 SOP 型式時，對偶函數 f^d 可以使用下式求取：

$$f^d = [\sum_{i=0}^{2^n-1} \alpha_i m_i]^d = \prod_{i=0}^{2^n-1} (\alpha_i^d + m_i^d) = \prod_{i=0}^{2^n-1} (\alpha'_i + m_i^d)$$

當 f 表示為標準 POS 型式時，對偶函數 f^d 可以使用下式求取：

$$f^d = [\prod_{i=0}^{2^n-1} (\beta_i + M_i)]^d = \sum_{i=0}^{2^n-1} \beta_i^d M_i^d = \sum_{i=0}^{2^n-1} \beta'_i M_i^d$$

例題 2.3-12 (標準表式下的對偶函數)

設一個三個變數的交換函數

$$f(x, y, z) = \Sigma(0, 2, 3, 4) = \Pi(1, 5, 6, 7)$$

則 f^d 在兩種標準表式下各為何？

解：(a) 在標準 SOP 型式中

$\alpha_1 = \alpha_5 = \alpha_6 = \alpha_7 = 0$ ，而 $\alpha_0 = \alpha_2 = \alpha_3 = \alpha_4 = 1$

$$f^d = \prod_{i=0}^{7} (\alpha'_i + m_i^d)$$

$$= m_0^d m_2^d m_3^d m_4^d = M_7 M_5 M_4 M_3$$

(b) 在標準 POS 型式中

$\beta_1 = \beta_5 = \beta_6 = \beta_7 = 0$ ，而 $\beta_0 = \beta_2 = \beta_3 = \beta_4 = 1$

$$f^d = \sum_{i=0}^{7} \beta'_i M_i^d$$

$$= M_1^d + M_5^d + M_6^d + M_7^d$$

$$= m_6 + m_2 + m_1 + m_0$$

由第 2.1.1 節的對偶原理得知：f^d 為將交換函數 f 中的 "+" (OR)與 "·" (AND)以及常數 1 與 0 互換，因此 $\alpha_i^d = \alpha'_i$ 而 $\beta_i^d = \beta'_i$。若將所有變數取補數，則 $m_i^d \Rightarrow m'_i = M_i$ 而 $M_i^d \Rightarrow M'_i = m_i$。所以，一個交換函數 f 的補數函數 f 可以先求得該函數的對偶函數 f^d 後，將對偶函數 f^d 中的所有變數取補數求得。

例題 2.3-13 $(f'(x_{n-1}, \cdots, x_1, x_0) = f^d(x'_{n-1}, \cdots, x'_1, x'_0)$

在例題 2.3-12 中，試驗証將 f^d 中所有變數取補數後，可以得到補數函數

f'。

解：(a) 在標準 SOP 型式中

$$f^d = M_7 M_5 M_4 M_3$$

$$= (x'+y'+z')(x'+y+z')(x'+y+z)(x+y'+z')$$

將所有變數取補數後

$$f^d(x',y',z') = (x+y+z)(x+y'+z)(x+y'+z')(x'+y+z)$$

$$= M_0 M_2 M_3 M_4 = f'$$

所以得證。

(b) 在標準 POS 型式中

$$f^d = m_6 + m_2 + m_1 + m_0$$

$$= xyz' + x'yz' + x'y'z + x'y'z'$$

將所有變數取補數後

$$f^d(x',y',z') = x'y'z + xy'z + xyz' + xyz$$

$$= m_1 + m_5 + m_6 + m_7 = f'$$

所以得證。

📖 **複習問題**

2.35. 試說明標準 POS 型式與標準 SOP 型式的互換程序。

2.36. 若一個交換函數 f 表示為標準 SOP 型式時，則其補數函數 f' 如何表示？

2.37. 若一個交換函數 f 表示為標準 POS 型式時，則其補數函數 f' 如何表

2.38. 試簡述求取一個交換函數的補數函數的方法。

2.3.4 交換函數性質

　　由前面的討論可以得知：當不考慮最小項與最大項的排列關係時，一個交換函數的標準 SOP 與 POS 型式是唯一的。因為若交換函數 f 有兩種不同的標準 SOP (POS)型式時，則它們至少有一個最小項(最大項)不同，因而至少有一組二進制組合 $(x_{n-1}, \cdots, x_1, x_0)$ 的值使其中一種型式 $f(x_{n-1}, \cdots, x_1, x_0) = 0$，而另一種型式 $f(x_{n-1}, \cdots, x_1, x_0) - 1$。結果與假設"兩個不同的標準 SOP (POS)型

式表示相同的交換函數"互相矛盾。所以對於任意一個交換函數 f 而言,其標準 SOP(或是 POS)型式是唯一的。據此,兩個相等的交換函數可以定義如下:

若兩個交換函數的標準 SOP(或是 POS)型式相等時,則這兩個交換函數為邏輯相等(logically equivalent)或簡稱為相等,反之亦然。

對於 n 個變數而言,一共可以組合出 2^{2^n} 個交換函數。因為任何一個交換函數皆可以表示為下列標準 SOP 的型式:

$$f(x_{n-1}, \cdots\cdots, x_1, x_0) = \sum_{i=0}^{2^n-1} \alpha_i m_i$$
$$= \alpha_{2^n-1} m_{2^n-1} + \ldots + \alpha_1 m_1 + \alpha_0 m_0$$
$$= \underbrace{\alpha_{2^n-1} x_{n-1} \ldots x_1 x_0 + \cdots + \alpha_1 x'_{n-1} \ldots x'_1 x_0 + \alpha_0 x'_{n-1} \ldots x'_1 x'_0}_{\text{共有} 2^n \text{項}}$$

共有 2^n 項,而每一個最小項的係數 α_k 可以為 0 或是 1,所以一共有 2^{2^n} 個組合。例如:對於二個變數而言,一共可以組合出 16 ($=2^{2^2}$)個不同的交換函數;對於四個變數而言,則可以組合出 $2^{2^4} = 2^{16}$ 個交換函數。

例題 2.3-14 (兩個變數的所有交換函數)

列出兩個變數的所有交換函數。

解:對於兩個變數的交換函數而言,其一般標準 SOP 型式為:

$$f(x,y) = \alpha_3 xy + \alpha_2 x y' + \alpha_1 x' y + \alpha_0 x' y'$$

由於係數 $\alpha_3 \alpha_2 \alpha_1 \alpha_0$ 一共有 16 種不同的組合,因此共有 16 種不同的交換函數,如表 2.3-2 所示。

📖 複習問題

2.39. 為何一個交換函數的標準 POS 型式與標準 SOP 型式是唯一的?

2.40. 試定義兩個邏輯相等(或簡稱相等)的交換函數。

表 2.3-2　兩個變數的所有交換函數

α_3	α_2	α_1	α_0	$f(x, y)$	函數名稱	符號
0	0	0	0	0	常數 0	
0	0	0	1	$x'y'$	NOR	$x \downarrow y$
0	0	1	0	$x'y$		
0	0	1	1	x'	NOT	x'
0	1	0	0	xy'		
0	1	0	1	y'	NOT	y'
0	1	1	0	$x'y+xy'$	XOR	$x \oplus y$
0	1	1	1	$x'+y'$	NAND	$x \uparrow y$
1	0	0	0	xy	AND	xy
1	0	0	1	$xy+x'y'$	XNOR	$x \odot y$
1	0	1	0	y		
1	0	1	1	$x'+y$	涵示(implication)	$x \to y$
1	1	0	0	x		
1	1	0	1	$x+y'$	涵示	$y \to x$
1	1	1	0	$x+y$	OR	$x + y$
1	1	1	1	1	常數 1	

2.4 交換函數與邏輯電路

交換代數的主要應用是它可以作為所有數位系統設計的理論基礎。一個數位系統的各個不同的功能單元(或是稱模組)都是由交換電路所組成的，而最基本的交換電路為 AND、OR、NOT 等邏輯閘，複雜的交換電路模組則是由重複的應用這些基本邏輯閘建構而成的，至於如何建構則是本書其後各章的主題。本節中，將介紹一些基本的邏輯閘與簡單的應用。

2.4.1 基本邏輯閘

在介紹基本邏輯閘之前，先定義正邏輯系統(positive logic system)與負邏輯系統(negative logic system)。所謂的正邏輯系統是以高電位代表邏輯 1，而低電位代表邏輯 0；負邏輯系統則以低電位代表邏輯 1，而以高電位代表邏輯 0。本書中，為避免讀者混淆不清，只考慮正邏輯系統。

所謂的邏輯閘(logic gate)為一個可以執行交換代數中的基本運算子函數(例如 AND 或是 OR)或是導出運算子函數(例如 NAND 或是 NOR)的電子電

路。表 2.4-1 所示為基本的邏輯閘,這些邏輯閘直接執行第 2.2.3 節所述的 AND、OR、NOT、NAND、NOR、XOR、XNOR 等邏輯運算子函數。雖然表中只列出兩個邏輯輸入變數的基本閘,但是由第 2.2.3 節的討論可以得知:除了 NOT 閘與 BUF 閘之外,其餘邏輯閘都可以擴充為多個輸入變數。例如:

1. 三個輸入(變數)端的 OR 閘:由兩個 2 個輸入端的 OR 閘組成,因為

$$x + y + z = (x + y) + z$$

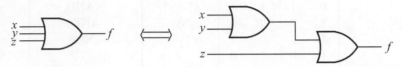

2. 三個輸入(變數)端的 AND 閘:由兩個 2 個輸入端的 AND 閘組成,因為

$$x \cdot y \cdot z = (x \cdot y) \cdot z$$

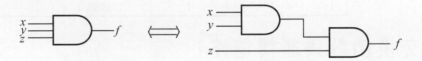

3. 三個輸入(變數)端的 XOR 閘:由兩個 2 個輸入端的 XOR 閘組成,因為

$$x \oplus y \oplus z = (x \oplus y) \oplus z$$

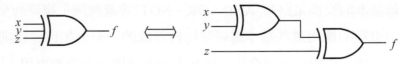

4. 三個輸入(變數)端的 XNOR 閘:由兩個 2 個輸入端的 XNOR 閘組成,因為

$$x \odot y \odot z = (x \odot y) \odot z$$

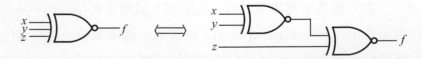

5. 三個輸入(變數)端的 NOR 閘:由一個 2 個輸入端的 OR 閘與一個 2 個輸入端的 NOR 閘組成。注意若使用與組成 3 個輸入端的 OR 閘方式,將兩個 2 個輸入端 NOR 閘組合後,其結果並不等於一個 3 個輸入端的 NOR 閘,因

為 NOR 運算子沒有結合律。

表2.4-1　基本邏輯閘

運算子	符號	交換表式	真值表
AND		$f = xy$	x y $\mid$ f 0　0　$\mid$　0 0　1　$\mid$　0 1　0　$\mid$　0 1　1　$\mid$　1
OR		$f = x + y$	x y $\mid$ f 0　0　$\mid$　0 0　1　$\mid$　1 1　0　$\mid$　1 1　1　$\mid$　1
NOT		$f = x'$	x $\mid$ f 0　$\mid$　1 1　$\mid$　0
BUF		$f = x$	x $\mid$ f 0　$\mid$　0 1　$\mid$　1
NAND		$f = (xy)'$	x y $\mid$ f 0　0　$\mid$　1 0　1　$\mid$　1 1　0　$\mid$　1 1　1　$\mid$　0
NOR		$f = (x + y)'$	x y $\mid$ f 0　0　$\mid$　1 0　1　$\mid$　0 1　0　$\mid$　0 1　1　$\mid$　0
XOR		$f = x \oplus y$	x y $\mid$ f 0　0　$\mid$　0 0　1　$\mid$　1 1　0　$\mid$　1 1　1　$\mid$　0
XNOR		$f = \overline{x \oplus y}$ $= x \odot y$	x y $\mid$ f 0　0　$\mid$　1 0　1　$\mid$　0 1　0　$\mid$　0 1　1　$\mid$　1

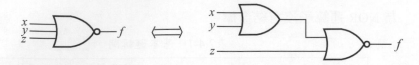

6. 三個輸入(變數)端的 NAND 閘：由一個 2 個輸入端的 AND 閘與一個 2 個輸入端的 NAND 閘組成。和 NOR 閘理由相同，將一個 2 個輸入端的 NAND 閘的輸出串接至另外一個 2 個輸入端的 NAND 閘後，其結果並不等於一個 3 個輸入端的 NAND 閘。

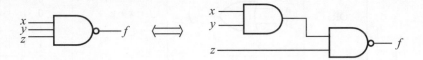

📖 複習問題

2.41. 試定義邏輯閘。

2.42. 為何兩個 2 個輸入端的 NOR 閘不能直接串接成為一個 3 個輸入端的 NOR 閘？

2.43. 為何兩個 2 個輸入端的 NAND 閘不能直接串接成為一個 3 個輸入端的 NAND 閘？

2.4.2 邏輯閘的基本應用

邏輯閘的基本應用為控制數位信號的流向或是改變數位信號的性質(例如取補數)，如圖 2.4-1 所示。將一個或是多個邏輯閘置於兩個數位系統之間，即可以依據控制端的信號，選擇由數位系統 1 送到數位系統 2 的信號的性質，例如：取補數、常數 0、常數 1，或是取真值。

圖2.4-1 邏輯閘的基本應用

依據上述觀念，我們可以重新解釋表 2.4-1 中的 2 個輸入端的基本邏輯閘的行為為控制閘，下列四種為最常用的方式。其中前面三種為直接將表 2.4-1 中的六個 2 個輸入端的邏輯閘依其性質分成三組，然後分別使用一個輸入端當作控制信號端，另外一個輸入端當作資料輸入端，並且將輸出函數表示為控制端與資料端的函數；最後一種為綜合應用例。

1.　控制閘(controlled gate)

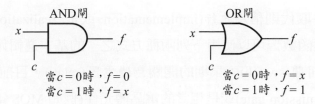

2.　反相控制閘(inverted controlled gate)

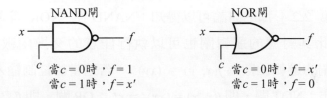

3.　控制補數閘(controlled inverter gate)

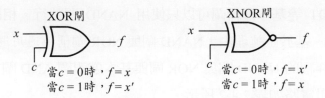

4.　真值/補數一 0/1 元件(truth/complement zero/one element)

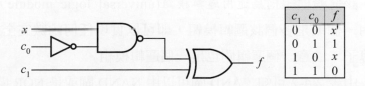

c_1	c_0	f
0	0	x'
0	1	1
1	0	x
1	1	0

📖複習問題

2.44. 有那兩個基本閘可以當作非反相控制閘使用？

2.45. 有那兩個基本閘可以當作反相控制閘使用？

2.46. 有那兩個基本閘可以當作控制補數閘使用？

2.4.3 交換函數的執行

交換代數最重要的應用是用來設計數位系統。當一個交換函數使用邏輯閘取代其運算子後，其結果為一個邏輯閘電路，若該邏輯閘電路使用實際的邏輯元件取代則稱為執行(implementation 或是 realization)。一般而言，任何一個交換函數皆可以使用下列兩種方式之一的基本邏輯元件執行：

1. 使用開關(switch)：早期的開關為繼電器(relay)，目前則為 CMOS 傳輸閘(transmission gate)或是相當的電晶體元件(例如 MOS 電晶體)。

2. 使用基本邏輯閘：使用 AND、OR、NOT 等基本邏輯閘的組合。

依第 2.2.4 節的討論可以得知：NAND 與 NOR 等運算子為函數完全運算，因此其對應的邏輯閘也可以執行任意的交換函數。進而言之，由於 NAND 閘的邏輯函數為 $f(x, y) = (xy)'$，若適當的控制輸入端的變數值，則它可以當作：NOT 閘，即 $f(x, x) = (xx)' = x'$；OR 閘，即 $f(x', y') = (x'y')' = x + y$ (DeMorgan 定理)；AND 閘，即 $f'(x, y) = [(xy)']' = x \cdot y$。因此，AND、OR、NOT 等基本邏輯閘可以只使用 NAND 閘執行。相同的原理可以應用到 NOR 閘。基於上述理由，NAND 閘與 NOR 閘稱為通用邏輯閘(universal logic gate)。詳細的 NAND 閘與 NOR 閘與基本邏輯閘 AND 閘、OR 閘、NOT 閘的等效邏輯電路如表 2.4-2 所示。

一般而言，若一個邏輯模組在適當地組合之下，可以實現任何交換函數，該邏輯模組稱為通用邏輯模組(universal logic module，ULM)；換言之，使用一個或是多個該邏輯模組，即可以實現任何函數完全運算集合中的任何運算子。注意一個邏輯閘也是一個邏輯模組。

由表 2.4-2 可知，AND 閘可以由 NAND 閘或是 NOR 閘實現；OR 閘可以由 NOR 閘或是 NAND 閘實現。在實務上，為了方便，AND 閘與 OR 閘通常表示為各種不同的邏輯符號，如圖 2.4-2 所示。

表2.4-2　NAND 與 NOR 閘執行 NOT、AND、OR 閘

執行方式 基本閘	NAND閘	NOR閘
NOT	x —— f $f = (xx)' = x'$	x —— f $f = (x + x)' = x'$
AND	x y —— f $f = [(xy)']' = xy$	x y —— f $f = [(x + x)' + (y + y)']' = xy$
OR	x y —— f $f = [(xx)'(yy)']' = x + y$	x y —— f $f = [(x + y)']' = x + y$

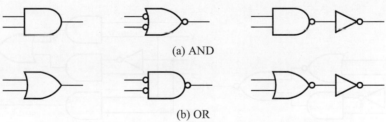

(a) AND

(b) OR

圖2.4-2　AND 與 OR 閘的等效邏輯符號

　　將一個交換函數以基本邏輯閘執行時，只需要將該交換函數中的運算子換以對應的基本邏輯閘即可。

例題 2.4-1　(交換函數的執行)

　　試以基本邏輯閘執行下列交換函數：

(a) $f_1(x, y, z) = xy + xz + y'z$

(b) $f_2(x, y, z) = (x + y)(x' + z)(y + z)$

解：將交換函數中的運算子換以對應的邏輯閘後，得到圖 2.4-3 的數位邏輯電路。

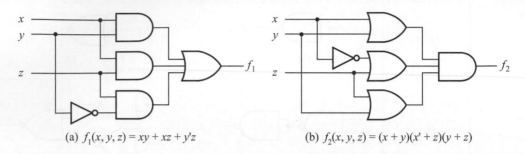

(a) $f_1(x, y, z) = xy + xz + y'z$ (b) $f_2(x, y, z) = (x + y)(x' + z)(y + z)$

圖2.4-3　例題 2.4-1 的電路

例題 2.4-2　(交換函數的執行)

試以基本邏輯閘執行下列交換函數：

(a) $f_1(x, y, z) = [(x + y)' + x'z]'$

(b) $f_2(w, x, y, z) = [(wx + y'z)' xy]'$

解：將交換函數中的運算子換以對應的邏輯閘後，得到圖 2.4-4 的電路。

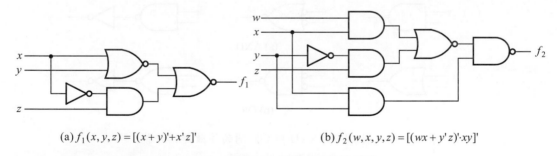

(a) $f_1(x, y, z) = [(x + y)' + x'z]'$ (b) $f_2(w, x, y, z) = [(wx + y'z)' \cdot xy]'$

圖2.4-4 例題 2.4-2 的電路

有關交換函數的其它各種執行方法，請參閱第 5 章與第 6 章。

2.5 參考資料

1. G. Boole, *An Investigation of the Laws of Thought*, New York: Dover, 1854.

2. E. V. Huntington, "Sets of independent postulates for the algebra of logic," *Trans. American Math. Soc.*, No. 5, pp. 288-309, 1904.

3. Z. Kohavi, *Switching and Finite Automata Theory*, 2nd ed., New York: McGraw-Hill, 1978.

4. G. Langhole, A. Kandel, and J. L. Mott, *Digital Logic Design*, Dubuque, Iowa: Wm. C. Brown, 1988.

5. C. H. Roth, *Fundamentals of Logic Design*, 4th ed., St. Paul, Minn: West Publishing, 1992.

6. C. E. Shannon, "A symbolic analysis of relay and switching circuits," *Trans. AIEE*, No. 57, pp. 713-723, 1938.

2.6 習題

2.1 化簡下列各布林表示式：

(1) $x' + y' + xyz'$

(2) $(x' + xyz') + (x' + xy)(x + x'z)$

(3) $xy + y'z' + wxz'$

2.2 證明下列布林等式：

(1) $xy + x'y' + x'yz = xyz' + x'y' + yz$

(2) $xy + x'y' + xy'z = xz + x'y' + xyz'$

2.3 證明下列布林等式：

(1) $(x + y)(x + z)(x'y)' = x$

(2) 若 $xy' = 0$，則 $xy = x$

2.4 在布林代數中，證明下列敘述：

$x + y = y$ 若且唯若 $xy = x$

2.5 使用例題 2.2-2 的修飾消去律，證明定理 2.1-7 的結合律。

2.6 若 XOR 運算了定義為 $x \oplus y = xy' + x'y$，證明 $x \oplus (x + y) = x'y$。

2.7 寫出下列敘述的對偶敘述：

(1) $(x' + y')' = xy$

(2) $xy + x'y' + yz = xy + x'y' + x'z$

2.8 試求下列交換函數的真值表：

(1) $f(x, y, z) = xy + xy' + y'z$

(2) $f(w, x, y, z) = (xy + z)(w + xz)$

2.9 證明下列各等式：

(1) $(x \oplus y \oplus z)' = x \oplus y \odot z$

(2) $(x \odot y \odot z)' = x \odot y \oplus z$

2.10 試求下列各交換函數的補數函數：

(1) $f(w, x, y, z) = (xy' + w'z)(wx' + yz')$

(2) $f(w, x, y, z) = wx' + y'z'$

(3) $f(w, x, y, z) = x'z + w'xy' + wyz + w'xy$

2.11 證明下列各敘述在布林代數中均成立：

(1) $x + x'y = x + y$

(2) 若 $x + y = x + z$ 而且 $x' + y = x' + z$，則 $y = z$

(3) 若 $x + y = x + z$ 而且 $xy = xz$，則 $y = z$

2.12 下列運算子集合，是否為函數完全運算集合：

(1) $\{f, 0\}$ 而 $f(x, y) = x + y'$

(2) $\{f, 1\}$ 而 $f(x, y, z) = x'y' + x'z' + y'z'$

2.13 證明下列兩個運算子集合為函數完全運算集合：

(1) $\{XOR, OR, 1\}$ (2) $\{XNOR, OR, 0\}$

2.14 證明下列兩個運算子集合為函數完全運算集合：

(1) $\{f, 0, 1\}$ 而 $f(x, y, z) = xy + z'$

(2) $\{f, 0\}$ 而 $f(w, x, y, z) = (wx + yz')'$

2.15 證明下列兩個運算子集合為函數完全運算集合：

(1) $\{f, 0\}$ 而 $f(x, y, z) = \Sigma(0, 2, 4)$

(2) $\{f, 0\}$ 而 $f(w, x, y, z) = \Sigma(0, 1, 2, 4, 5, 6, 8, 9, 10)$

2.16 試使用下列各交換函數，驗證 Shannon 展開定理的正確性(假設每一個交換函數對 x 變數展開)：

(1) $f(x, y, z) = xy + xz + yz$

(2) $f(x, y, z) = xz + xy' + y'z$

(3) $f(w, x, y, z) = xy + x'(y'z + yz')$

(4) $f(w, x, y, z) = xyz + (w + x)(z + y')$

2.17 試求下列各交換表式的 SOP 形式：

(1) $(x + y)(x + z')(x + w)(yz'w + x)$

(2) $(w + x' + y)(x' + y + z)(w' + y)$

(3) $(w + x'y + z')(y'z + z' + v)(w + v')(wz + v')$

(4) $(w' + xv')(xv' + z + y)(v + y)$

2.18 試求下列各交換表式的 POS 形式：

(1) $wx + y'z'$ (2) $wx' + wy'z' + wyz$

(3) $w'yz + uv' + xyz$ (4) $wx'z + y'z' + w'z'$

2.19 試求下列各交換表式的 SOP 形式：

(1) $(x' + y)(x' + z)(w + y)(w + z)$

(2) $(x + y' + z)(w + x + z)(y' + z)$

2.20 試求下列各交換表式的 POS 形式：

(1) $wx'y + z$ (2) $w + x'y + vz$

(3) $xy'z + vw'x + tvx$

2.21 試求下列各交換函數的標準 SOP 型式與標準 POS 型式：

(1) $f(w, x, y, z) = z(w' + x) + xz'$

(2) $f(w, x, y, z) = w'x'z + y'z + wxz' + wx'y$

(3) $f(x, y, z) = (y + xz)(x + yz)$

(4) $f(x, y, z) = x + y'z$

2.22 轉換下列各標準 SOP 型式為標準 POS 型式：

(1) $f(w, x, y, z) = \Sigma(1, 2, 4, 6, 11)$

(2) $f(w, x, y, z) = \Sigma(1, 3, 7)$

(3) $f(w, x, y, z) = \Sigma(0, 2, 6, 11, 13, 14)$

(4) $f(w, x, y, z) = \Sigma(0, 3, 6, 7)$

2.23 轉換下列各標準 POS 型式為標準 SOP 型式：

(1) $f(x, y, z) = \Pi(1, 4, 5)$

(2) $f(w, x, y, z) = \Pi(0, 3, 5, 7)$

(3) $f(w, x, y, z) = \Pi(1, 2, 5, 7, 11, 13)$

(4) $f(w, x, y, z) = \Pi(1, 3, 6, 9, 14, 15)$

2.24 利用 f^d 求下列各交換函數的補數函數：

(1) $f(x, y, z) = (xy + z)(y + xz)$

(2) $f(w, x, y, z) = y'z + wxy' + wxz' + x'z$

(3) $f(w, x, y, z) = (w' + x)z + x'z$

(4) $f(w, x, y, z) = (x' + z)(y' + z)$

2.25 證明 XOR 函數的對偶函數等於其補數函數。

2.26 試以基本的 AND、OR、NOT 等邏輯閘執行下列各交換函數：

(1) $f(v, w, x, y, z) = (w + x + z)(v + x + y)(v + z)$

(2) $f(x, y, z) = xz + xy' + y'z$

(3) $f(w, x, y, z) = xy + y(wz' + wz)$

(4) $f(w, x, y, z) = xyz + (x + y)(x + y')$

2.27 試分別以下列各指定的方式，執行下列交換函數：

$$f(x, y, z) = xy' + xy + y'z$$

(1) 使用 AND、OR、NOT 等邏輯閘

(2) 只使用 OR 與 NOT 等邏輯閘

(3) 只使用 AND 與 NOT 等邏輯閘。

2.28 試只使用 XOR 閘執行下列交換函數：

$$f(x, y, z) = xyz' + x'y'z' + xy'z + x'yz$$

2.29 試只使用 NAND 閘執行下列交換函數：

(1) $f(x, y, z) = (x + z)(y' + z)$

(2) $f(w, x, y, z) = xy' + wx + wyz$

2.30 試只使用 NOR 閘執行下列交換函數：

(1) $f(x, y, z) = (x' + z)(y + z)$

(2) $f(w, x, y, z) = (wx + w'y')(xz' + x'z)$

2.31 寫出圖 P2.1 的邏輯電路中的 $f(w, x, y, z)$ 交換表式，並且做化簡。

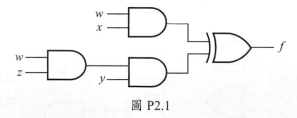

圖 P2.1

2.32 求出圖 P2.2 的邏輯電路中的交換函數 f 與 g 並且做化簡。

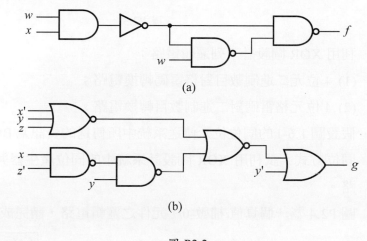

(a)

(b)

圖 P2.2

2.33 對於圖 P2.3 中的每一個邏輯電路，先求出輸出函數後，設計一個具有相同的輸出函數的較簡單之電路。

2.34 試以下列各指定的方式，執行下列交換函數：

$$f(x, y, z) = x'y + x'z + xy'z'$$

(1) 使用 AND、OR、NOT 閘執行，但是每一個 AND 閘與 OR 閘均只有兩個輸入端

(2) 只使用兩個輸入的 NOR 閘執行

(3) 只使用兩個輸入的 NAND 閘執行。

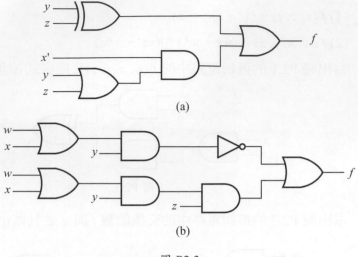

圖 P2.3

2.35 利用 XOR 閘設計下列邏輯電路：

(1) 4 位元二進制數目對格雷碼轉換電路；

(2) 4 位元格雷碼對二進制數目轉換電路。

2.36 假設圖 1.6-1 的同位位元傳送系統中所傳送的資訊為 BCD 碼並且使用奇同位方式，試利用 XOR 閘設計系統中的同位產生器與同位偵測器等電路。

2.37 圖 P2.4 為一個真值/補數-0/1 元件之邏輯電路，請完成其真值表。

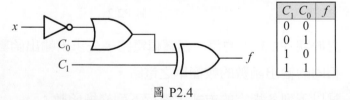

C_1	C_0	f
0	0	
0	1	
1	0	
1	1	

圖 P2.4

2.38 圖 P2.5 為一個真值/補數-0/1 元件之邏輯電路，請完成其真值表。

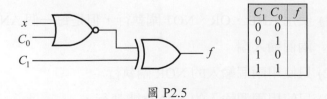

C_1	C_0	f
0	0	
0	1	
1	0	
1	1	

圖 P2.5

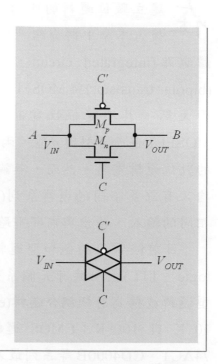

數位積體電路[*]

3

本章目標

學完本章之後，你將能夠了解：

- 邏輯閘相關參數：電壓轉換特性、雜音邊界、扇入與扇出
- TTL邏輯族系：二極體與電晶體、標準TTL NOT閘、TTL基本邏輯閘、TTL邏輯族系的輸出級電路
- CMOS邏輯族系：基本原理、基本邏輯閘、輸出級電路、三態緩衝閘的類型與應用
- ECL邏輯族系：射極耦合邏輯閘電路

---

[*] 本章可以省略。

在建立數位邏輯的理論基礎與定義執行交換代數的基本邏輯閘函數之後，本章中將介紹執行這些基本邏輯閘的實際電路。以目前的數位積體電路(integrated circuit，IC)的製造技術區分，可以分成雙極性電晶體(bipolar transistor)與 MOSFET (metal-oxide semiconductor field-effect transistor)兩大類。其中雙極性電晶體的電路又有飽和型與非飽和型兩大類別；MOSFET 包含 n 型與 p 型，兩種類型組合後成為 CMOS (complementary MOS)的數位邏輯電路。然而，無論是雙極性電晶體或是 CMOS 的數位邏輯電路，均又有許多不同的邏輯系列(logic series)。這裡所謂的邏輯系列為一群具有相同的輸入、輸出與內部電路特性，但是執行不同邏輯函數的積體電路。

目前較常用的飽和型邏輯族稱為電晶體-電晶體邏輯(transistor-transistor logic，TTL)，一共有五個系列：74S、74LS、74F、74AS、74ALS；非飽和型邏輯族稱為射極耦合邏輯(emitter-coupled logic，ECL)，一共有兩個系列：10 K 與 100 K；CMOS 邏輯族中，則以 CMOS 的 74HC/74HCT、74AC/74ACT、CD4000B 等系列最為常用。這些邏輯族的基本電路結構與輸入及輸出特性將於其後各節中介紹。

3.1 邏輯閘相關參數

在任何一個邏輯族中，反相器(inverter)電路(即 NOT 閘)是一個最基本的邏輯閘。因此，這一節將以此為出發點，定義一些數位邏輯電路的基本參數並討論一些重要的基本觀念。

3.1.1 電壓轉換特性

最簡單的反相器電路如圖 3.1-l(a)所示。當輸入電壓為高電位(邏輯 1)時，輸出為低電位(邏輯 0)；當輸入電壓為低電位(邏輯 0)時，輸出為高電位(邏輯 1)。因此在電路上，該電路為一個反相器，在邏輯上則為一個 NOT閘。圖 3.1-l(b)為該電路的輸入與輸出電壓轉換特性曲線圖。

為了允許在一個邏輯族中的任何邏輯閘電路與其它相同或是不同的邏輯

族中的邏輯閘電路界接使用，任何邏輯族中的每一個邏輯閘電路均有一些定義明確的輸入與輸出的電壓及電流特性參數值。圖 3.1-1(b)所示為一個典型的反相器電壓轉換特性曲線，其中定義了四個與輸入及輸出端相關的電壓參數：

V_{IH} (high-level input voltage)：可被邏輯閘認定為高電位的最小輸入電壓；

V_{IL} (low-level input voltage)：可被邏輯閘認定為低電位的最大輸入電壓；

V_{OH} (high-level output voltage)：邏輯閘輸出為高電位時，輸出端的最小輸出電壓；

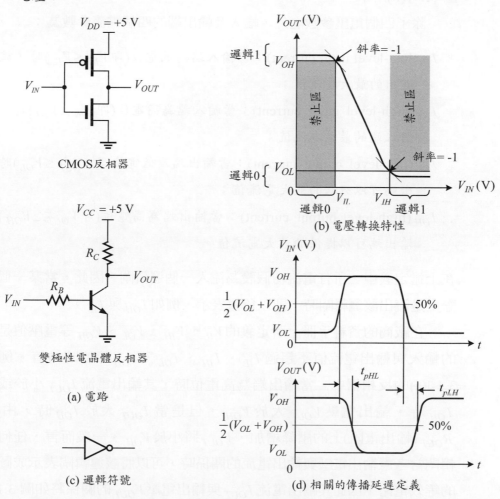

圖3.1-1　基本反相器

V_{OL} (low-level output voltage)：邏輯閘輸出為低電位時，輸出端的最大輸出電壓，

其中 V_{IH} 與 V_{IL} 為輸入端的電壓參數；V_{OH} 與 V_{OL} 則為輸出端的電壓參數。

通常一個 NOT 閘電路必須確保在最壞的情況下，當輸入電壓 V_{IN} 小於或是等於 V_{IL} 時，其輸出為高電位而且電壓值必須大於或是等於 V_{OH}；當輸入電壓 V_{IN} 大於或是等 V_{IH} 時，其輸出為低電位而且電壓值必須小於或是等於 V_{OL}。即保證該邏輯閘不會工作在電壓轉換特性曲線的陰影(禁止)區內，如圖 3.1-1(b)所示。

除了四個電壓參數之外，輸入及輸出端的四個電流參數為：

I_{IL} (low-level input current)：當輸入端為低電位(即 $V_{IN} \leq V_{IL}$)時，該輸入端流出的最大電流值；

I_{IH} (high-level input current)：當輸入端為高電位(即 $V_{IN} \geq V_{IH}$)時，流入該輸入端的最大電流值；

I_{OL} (low-level output current)：當輸出端為低電位(即 $V_{OUT} \leq V_{OL}$)時，該輸出端可以吸取的最大電流值；

I_{OH} (high-level output current)：當輸出端為高電位(即 $V_{OUT} \geq V_{OH}$)時，該輸出端可以提供的最大電流值。

在上述定義中，所有電流均假設為流入一個邏輯閘，因此，當某一個電流實際上是流出該邏輯閘時，則以負值表示，例如 I_{OH} 與 I_{IL}。

在廠商的資料手冊上所定義的 V_{IL}、V_{IH}、V_{OL}、V_{OH} 等電壓值是指對應的輸入與輸出電流值不超過 I_{IL}、I_{IH}、I_{OL}、I_{OH} 等值時的值。例如在圖 3.1-l(a)的反相器中，當輸出端為高電位時，其輸出電流 I_{OUT} 小於或是等於 I_{OH} 時，輸出電壓 V_{OUT} 大於 V_{OH}，但是當 I_{OUT} 大於 I_{OH} 時，由於跨於 R_{OUT} (輸出電阻)上的壓降增加，V_{OUT} 將小於 V_{OH}。一般而言，任何一個邏輯閘當考慮輸出電壓與輸出電流的關係時，可以將該邏輯閘表示成圖 3.1-2(a)的等效電路，因此其輸出電流 I_{OUT} 與輸出電壓 V_{OUT} 的關係將如圖 3.1-2(b)所

示。

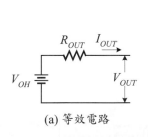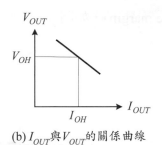

(a) 等效電路　　　　　(b) I_{OUT} 與 V_{OUT} 的關係曲線

圖3.1-2　I_{OUT} 與 V_{OUT} 關係

　　由於電晶體的頻寬是有限的與電路中不可避免的雜散電容與電阻之影響,輸入信號與輸出信號之間有一段時間延遲。當輸出信號由高電位下降為低電位的傳播延遲稱為 t_{pHL},而由低電位上升為高電位時則稱為 t_{pLH},如圖 3.1-l(d)所示。注意 t_{pHL} 與 t_{pLH} 是以輸入信號與輸出信號的電壓轉態值的 50% 為參考點所定義的。將 t_{pHL} 與 t_{pLH} 取算術平均值後,則定義為該邏輯閘的傳播延遲(propagation delay) t_{pd},即

$$t_{pd} = \frac{1}{2}(t_{pHL} + t_{pLH})$$

📖複習問題

3.1.　在一個邏輯閘的四個電壓參數中,那兩個屬於輸入端的電壓參數?

3.2.　在一個邏輯閘的四個電壓參數中,那兩個屬於輸出端的電壓參數?

3.3.　試定義傳播延遲 t_{pLH} 與 t_{pHL}。

3.4.　試定義一個邏輯閘的傳播延遲。

3.1.2　雜音邊界

　　在實際的數位系統中,雜音(即不想要的信號)總是不可避免的。它可能是由電路內部自己產生的,也可能是由電路外部所產生的(例如電源線),或其它高頻電路的輻射等等。若一個雜音脈波的振幅足夠大時,它可能促使邏輯閘電路發生轉態,因而產生不止常的邏輯值輸出。一般為方便描述一個邏

輯閘在低電位與高電位狀態時，所能忍受的雜音量，定義了兩個雜音邊界 (noise margin)，如圖 3.1-3 所示。

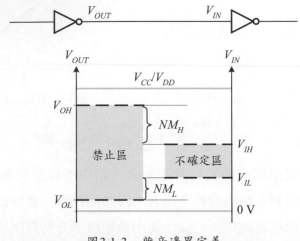

圖3.1-3　雜音邊界定義

低電位雜音邊界(low-voltage noise margin，NM_L)定義為：

$$NM_L = V_{IL} - V_{OL}$$

而高電位雜音邊界(high-voltage noise margin，NM_H)定義為：

$$NM_H = V_{OH} - V_{IH}$$

為能獲得有用的雜音邊界，上述的 NM_L 與 NM_H 都必須大於或是等於 0，即 $V_{IL} \geq V_{OL}$ 而 $V_{OH} \geq V_{IH}$。

低電位雜音邊界(NM_L)定義了最大的正雜音脈波量。因為當有一個超過此量的正雜音脈波加到V_{OUT}後，將使下一級的輸入電壓V_{IN}大於V_{IL}，而產生觸發(若大於V_{IH})或是進入不確定區(若小於V_{IH})，如圖 3.1-3 所示。高電位雜音邊界(NM_H)定義了最大的負雜音脈波量。因為當有一個超過此量的負雜音脈波加到V_{OUT}後，將使下一級的輸入電壓V_{IN}小於V_{IH}，而產生觸發(若小於V_{IL})或是進入不確定區(若大於V_{IL})，如圖 3.1-3 所示。

例題 3.1-1　(雜音邊界)

試計算在下列各邏輯族中，當兩個相同的反相器(NOT 閘)串接時，雜音邊

界 NM_L 與 NM_H 之值。

(a) 在 TTL 邏輯族(74LS 系列)中，$V_{IL}=0.8$ V；$V_{IH}=2.0$ V；$V_{OL}=0.5$ V；$V_{OH}=2.7$ V

(b) 在 CMOS 邏輯族(74HCT 系列)中，$V_{IL}=0.8$ V；$V_{IH}=2.0$ V；$V_{OL}=0.1$ V；$V_{OH}=4.4$ V

解：(a) 在 TTL 邏輯族中：

$$NM_L = V_{IL} - V_{OL} = 0.8 - 0.5 = 0.3 \text{ V}$$

$$NM_H = V_{OH} - V_{IH} = 2.7 - 2.0 = 0.7 \text{ V}$$

(b) 在 CMOS 邏輯族中：

$$NM_L = V_{IL} - V_{OL} = 0.8 - 0.1 = 0.7 \text{ V}$$

$$NM_H = V_{OH} - V_{IH} = 4.4 - 2.0 = 2.4 \text{ V}$$

因此 CMOS 74HCT 系列的雜音邊界較 TTL 74LS 系列為佳。

📖**複習問題**

3.5. 試定義雜音邊界：NM_L 與 NM_H。

3.6. 試解釋雜音邊界：NM_L 與 NM_H 的物理意義。

3.1.3 扇入與扇出

在使用任何一個實際的邏輯閘電路時，有兩個基本的參數必須考慮：扇入(fanin)與扇出(fanout)。扇入為一個邏輯閘電路具有的輸入端數目，此值為固定值，它由該邏輯閘的電路結構決定；扇出則為一個邏輯閘的輸出端在最壞的操作情形之下仍未超出其負載規格時，所能推動(即外接)的其它邏輯閘輸入端的個數。扇出的多寡通常由 V_{IL}、I_{IL}、V_{IH}、I_{IH}、V_{OL}、I_{OL}、V_{OH}、I_{OH} 等八個參數所能容忍的量決定。

一般為方便討論，定義 N_L 為低電位輸出的扇出數目；N_H 為高電位輸出的扇出數目。低電位輸出的扇出數目(N_L)由推動邏輯閘的輸出端在低電位時，能夠吸取的最大電流值(I_{OL})，與負載邏輯閘的輸入端在低電位時，流出該輸入端的最大電流值(I_{IL})決定。所有負載邏輯閘的I_{IL}總合不能超過推動邏輯閘的I_{OL}。低電位輸出的扇出數目(N_L)可以表示為：

$$N_L = -\frac{I_{OL}}{I_{IL}}$$

高電位輸出的扇出數目(N_H)由推動邏輯閘的輸出端在高電位時，能夠提供的最大電流值(I_{OH})，與負載邏輯閘的輸入端在高電位時，流入該輸入端的最大電流值(I_{IH})決定。所有負載邏輯閘的I_{IH}總合不能超過推動邏輯閘的I_{OH}。高電位輸出的扇出數目(N_H)可以表示為：

$$N_H = -\frac{I_{OH}}{I_{IH}}$$

當N_L與N_H不相等時，以較小者為電路實際的扇出數，如圖3.1-4所示。

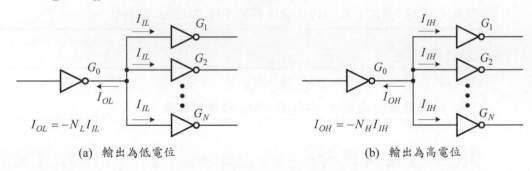

(a) 輸出為低電位　　　　　　　　　　(b) 輸出為高電位

圖3.1-4　扇出定義

例題 3.1-2　(相同系列的扇出)

試計算在 TTL 邏輯族中，74LS 系列對 74LS 系列的扇出數。其電流特性值分別為：I_{OL} = 8 mA；I_{OH} = -0.4 mA；I_{IL} = -0.4 mA；I_{IH} = 20 μA。

解：依據定義

$$N_L = -\frac{I_{OL}}{I_{IL}} = -\frac{8\text{ mA}}{-0.4\text{ mA}} = 20$$

$$N_H = -\frac{I_{OH}}{I_{IH}} = -\frac{-0.4\text{ mA}}{20\text{ μA}} = 20$$

由於N_L與N_H相等，均為 20，所以扇出數目為 20。

例題 3.1-3 (不同系列的扇出計算)

試求在 TTL 邏輯族中，一個 74LS 系列的邏輯閘可以推動幾個 74F 系列的邏輯閘。74LS 與 74F 兩個系列的電流特性如下：

74LS 系列：$I_{OL} = 8$ mA；$I_{OH} = -0.4$ mA；$I_{IL} = -0.4$ mA；$I_{IH} = 20$ μA

74F 系列：$I_{OL} = 20$ mA；$I_{OH} = -1$ mA；$I_{IL} = -0.6$ mA；$I_{IH} = 20$ μA

解：請參考圖 3.1-4：

$$N_L = -\frac{I_{OL}}{I_{IL}} = -\frac{8 \text{ mA}}{-0.6 \text{ mA}} = 13.3$$

$$N_H = -\frac{I_{OH}}{I_{IH}} = -\frac{-0.4 \text{ mA}}{20 \text{ μA}} = 20$$

所以扇出數為 min(N_L，N_H) = 13 個(取整數)。

📖複習問題

3.7. 試定義扇入與扇出。

3.8. 一個邏輯閘的實際扇出數目如何決定？

3.2 TTL 邏輯族

雖然 TTL(電晶體-電晶體邏輯)邏輯族已經逐漸失去風采，然而由於過去幾十年在數位電路中的歷史地位，TTL 邏輯族的邏輯特性依然是大多數數位電路所遵循或是必須考慮匹配的要件之一。因此，在本節中我們首先介紹 TTL 邏輯族的電路結構與相關的重要特性。

目前在 TTL 邏輯族中，依然廣為採用的有下列幾種系列：以一般用途的低功率蕭特基箝位電路(54/74LS 與 54/74ALS)與高速度需求的蕭特基電路(54/74S、54/74AS、74F)等較為普遍。在所有 TTL 邏輯族中，以 54 開頭的系列為軍用規格的產品，其工作溫度範圍較廣，由-55°C 到+125°C；以 74 開頭的系列為商用規格的產品，其工作溫度範圍只由 0°C 到 70°C。此外，其它電氣特性，大致相同。

3.2.1 二極體與電晶體

在早期的雙極性邏輯電路(bipolar logic circuit)中，只使用二極體與電阻器組成，稱為二極體邏輯電路(diode logic circuit)。但是由於此種邏輯電路串接之後，其邏輯值將偏移未串接前的標準值，因此在目前的雙極性邏輯電路中通常在二極體邏輯電路之後，使用電晶體電路放大與恢復信號的邏輯值。這種邏輯電路即為電晶體-電晶體邏輯(TTL)電路。在介紹 TTL 邏輯閘電路之前，先介紹二極體的特性與二極體邏輯電路。

二極體與二極體邏輯電路

一個二極體的物理結構主要由 p-型與 n-型的半導體材質熔接成一個 pn 接面而成，如圖 3.2-1(a)所示。其中在 p-型半導體的外部端點稱為陽極(anode，A)，在 n-型半導體的外部端點稱為陰極(cathode，K)。

在理想的情況下，只要在二極體的兩端：陽極(A)端為正而陰極(K)端為負，加上一個大於 0 V 的電壓，則二極體的陽極(A)與陰極(K)之間將導通而成為一個電阻值為 0 Ω的短路路徑，因此產生一個無限大的電流值，即產生如圖 3.2-1(b)所示的電壓電流轉換特性。令二極體導通而在陽極(A)與陰極(K)之間產生低電阻值路徑的外加電壓稱為二極體的切入電壓(cut-in voltage，V_λ)。在理想二極體中，切入電壓的值為 0 V。

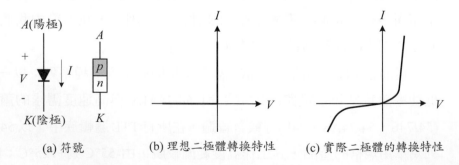

(a) 符號　　　(b) 理想二極體轉換特性　　(c) 實際二極體的轉換特性

圖3.2-1　二極體的符號與轉換特性

實際上的二極體元件，其電壓電流轉換特性如圖 3.2-1(c)所示，與圖 3.2-1(b)的理想二極體的電壓電流轉換特性比較之下，有兩項主要的差異：

一為實際二極體元件的切入電壓(V_λ)值不為 0 V；另一則是當二極體導通時，其陽極(A)與陰極(K)之間的電阻值不為 0 Ω。在實際的二極體元件中，切入電壓(V_λ)值一般約為 0.6 V。

　　實際二極體元件的電路模式如圖 3.2-2 所示。當在二極體的兩端加上電壓，若陽極(A)端為負而陰極(K)端為正時，稱為反向偏壓(reverse bias)；若陽極(A)端為正而陰極(K)端為負時，稱為順向偏壓(forward bias)。在反向偏壓或是電壓值小於切入電壓值(0.6 V)的順向偏壓下，二極體的陽極(A)與陰極(K)兩端呈現一個高電阻值的路徑，此時在電路的應用上形同開路，因此使用如圖 3.2-2(a)所示的開路開關表示。在順向偏壓下，當電壓值大於切入電壓值(0.6 V)時，二極體的陽極(A)與陰極(K)兩端為一個低電阻值的路徑，此時在電路的應用上形同短路，因此使用如圖 3.2-2(b)所示的閉合開關表示。

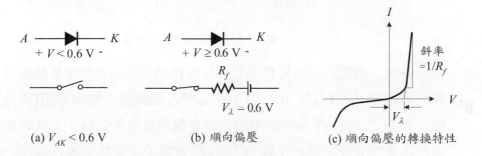

(a) $V_{AK} < 0.6$ V　　　(b) 順向偏壓　　　(c) 順向偏壓的轉換特性

圖3.2-2　實際二極體的電路模式

　　由於二極體導通時，其陽極(A)與陰極(K)兩端的電阻值並不為 0 Ω，實際上的大小為電壓電流轉換特性曲線在順向偏壓時的斜率之倒數，如圖 3.2-2(c)所示，因此在圖 3.2-2(b)中使用一個電阻值為 R_f 的電阻器表示此電阻。R_f 的值一般在 20 Ω到 50 Ω之間。因為流經電阻器 R_f 的電流將在該元件上產生一個電壓降，因此在其後各節中，我們將使用下列數值：二極體的切入電壓為 0.6 V；導通電壓為 0.7 V；深度導通電壓為 0.8 V。

　　在實際應用上，當使用二極體元件時，通常必須使用一個適當電阻值的外加電阻器，限制流經該二極體的電流在其所能承受的電流值極限內，以避免該二極體因為過熱而燒燬。

　　二極體在數位電路中的一個典型應用為如圖 3.2-3 所示,與一個電阻器連接成一個 AND 邏輯閘電路。在此電路中,若假設 V_{LOW} 為 0 V 到 2 V 而 V_{HIGH} 為 3 V 到 5 V,則當輸入端 x 與 y 均為 V_{HIGH} 時,輸出端 V_{OUT} 為 max$\{V_{HIGH} + 0.7$ V,5 V$\}$;當輸入端 x 或是 y 為 V_{LOW} 時,輸出端 V_{OUT} 為 min$\{V_{LOW} + 0.7$ V,5 V$\}$,即為 V_{LOW},因此為一個 AND 閘。

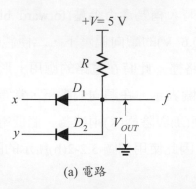

輸入		輸出
x	y	V_{OUT}
V_{LOW}	V_{LOW}	V_{LOW}
V_{LOW}	V_{HIGH}	V_{LOW}
V_{HIGH}	V_{LOW}	V_{LOW}
V_{HIGH}	V_{HIGH}	V_{HIGH}

(a) 電路　　　　　　　(b) 真值表

圖3.2-3　二極體 AND 閘電路

　　使用二極體與電阻器構成的簡單邏輯閘電路的一個主要缺點為二極體的順向電壓降(一般約為 0.7 V),它為切入電壓加上順向電阻(R_f)上的電壓降,如圖 3.2-2(b)所示。此電壓值將令邏輯值產生偏移,尤其將此等邏輯閘串接時更是如此。例如在圖 3.2-3(a)的電路中,雖然定義 V_{LOW} 為 0 V 到 2 V,但是若將一個 1.8 V 的輸入電壓加到輸入端 x 時,其輸出電壓 V_{OUT} 為 1.8 + 0.7 = 2.5 V,為一個不屬於 V_{LOW} 或是 V_{HIGH} 的電壓值。

　　一種解決上述問題的方法為在輸出端加上電晶體緩衝器,以嚴格限制輸出端 V_{OUT} 的電壓落於正確的 V_{LOW} 或是 V_{HIGH} 的電壓值範圍內,這種電路即是其後廣受歡迎的飽和型邏輯電路:電晶體-電晶體邏輯電路。

電晶體

　　電晶體為一個具有三個端點的元件,其基本物理結構如圖 3.2-4 所示,為兩個二極體以背對背方式串接在一起。圖 3.2-4(a)為 *npn* 電晶體;而圖 3.2-4(b)為 *pnp* 電晶體。電晶體的三個端點分別稱為集極(collector,*C*)、射極

(emitter，*E*)與基極(base，*B*)。由於在其後的電路中均使用操作速度較快的 *npn* 電晶體，因此其後的討論將以此種電晶體為主。

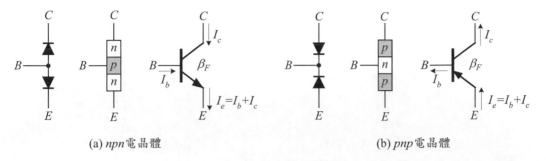

(a) *npn* 電晶體　　　　　　　　　　　(b) *pnp* 電晶體

圖3.2-4　電晶體的結構與符號

依據電晶體中的兩個二極體的接面電壓為順向偏壓或是反向偏壓的組合關係，電晶體的基本工作模式可以分成三種：截止模式(cut-off mode)、活動模式(active mode)與飽和模式(saturation mode)。在截止模式中，電晶體的基-集接面電壓(V_{BC})與基-射極接面電壓(V_{BE})均為反向偏壓；在活動模式中，電晶體的基-集接面電壓(V_{BC})為反向偏壓而基-射極接面電壓(V_{BE})為順向偏壓；在飽和模式中，電晶體的基-集接面電壓(V_{BC})與基-射極接面電壓(V_{BE})均為順向偏壓。

在截止模式中，由於電晶體的基-集接面電壓(V_{BC})與基-射極接面電壓(V_{BE})均為反向偏壓，因此基極與射極端的二極體及基極與集極端的二極體均截止，所以基極電流(I_b)、集極電流(I_c)與射極電流(I_e)均為 0 mA，如圖3.2-5(a)所示。

在活動模式中，由於電晶體的基-射極接面電壓(V_{BE})為順向偏壓，而基-集極接面電壓(V_{BC})為反向偏壓，因此在基-射極的二極體內有一個大電流流動，此電流流經基-射極接面時，一大部分被集極與射極端的高電場吸引而流到集極端成為集極電流(I_c)，一小部分流經基極端成為基極電流(I_b)。一般而言，集極電流等於基極電流(I_b)乘上一個倍數稱為電流增益(current gain，β)，即 $I_c = \beta I_b$；射極電流(I_e)等於基極電流(I_b)與集極電流(I_c)的和，即 $I_e = I_b + I_c = (\beta+1) I_b$。

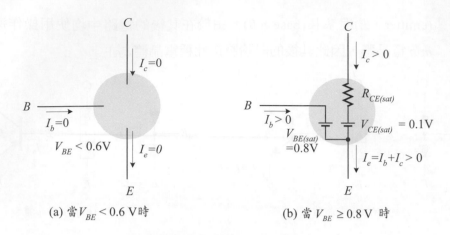

(a) 當V_{BE} < 0.6 V時　　　　　(b) 當$V_{BE} \geq 0.8$ V 時

圖3.2-5　電晶體的開關模式

在飽和模式中，由於電晶體的基-射極接面電壓(V_{BE})與基-集極接面電壓(V_{BC})均為順向偏壓，因此在基-射極的二極體與基-集極的二極體內均有一個大電流流動，此電流促使集極與射極兩個端點間形成一個類似短路的低電阻值路徑，如圖 3.2-5(b)所示。在飽和模式時，V_{BE} 的值稱為基-射極的飽和電壓($V_{BE(sat)}$)，而V_{CE}的值稱為集-射極的飽和電壓($V_{CE(sat)}$)。此時電晶體的集極與射極端的電壓值最小，約為 0.1 V 到 0.3 V 之間，由流經該電晶體的集極電流與集極與射極端的飽和電阻($R_{CE(sat)}$)的值與集極與射極端的飽和電壓($V_{CE(sat)}$)值決定，詳細的電路模式如圖 3.2-5(b)所示。

在數位電路的應用上，電晶體通常工作於截止模式與飽和模式，然而當電晶體由截止模式欲進入飽和模式時，必須經過活動模式，反之亦然。

綜合上述討論得知：當使用電晶體為開關元件時，當V_{BE} 小於基極與射極端的二極體之切入電壓時，該開關元件不導通；當V_{BE} 等於飽和電壓($V_{BE(sat)}$)時，該開關元件的兩端(即集極與射極端)呈現一個約為 0.1 V 到 0.3 V 之間的電壓值。

由於電晶體在進入飽和之後，若欲其離開飽和模式回到不導通的狀態，必須花費相當長的時間，移除在飽和狀態時儲存於基極與射極端的二極體接合面內的大量電荷，因此在改良型的電晶體-電晶體邏輯電路中，使用如圖

3.2-6(b)所示的方式，防止電晶體進入飽和模式。其原理說明如下。

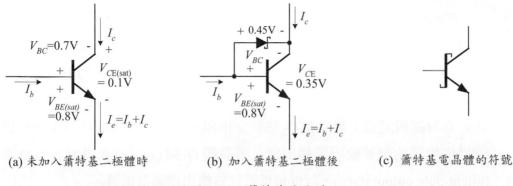

(a) 未加入簫特基二極體時　　(b) 加入簫特基二極體後　　(c) 簫特基電晶體的符號

圖3.2-6　簫特基電晶體

　　當電晶體的基-射極電壓由切入電壓逐漸增加到為飽和電壓 $V_{BE(sat)}$ 時，其集-射極端的電壓由於基-集極端的順向偏壓逐漸增加而下降，因而促使基-集極端的順向偏壓更加增加，最後超過切入電壓而令基-集極端的二極體導通，電晶體因而進入飽和模式。

　　由上述理由可以得知：若希望電晶體在當基-射極電壓增加時，其基-集極端電壓(V_{BC})不會隨之增加而超過切入電壓的方法，可以如圖 3.2-6(b)所示方式在基-集極端並接一個切入電壓小於一般 pn-接面的二極體，稱為簫特基二極體(Schottky diode)。由於簫特基二極體的切入電壓約為 0.3 V 到 0.5 V，小於一般 pn-接面二極體的 0.6 V，當基-射極電壓增加時，其基-集極端電壓(V_{BC})不會隨之增加而被箝位在簫特基二極體的切入電壓 0.3 V 到 0.5 V 上，因此該基-集極端的二極體不會進入導通狀態，而保持電晶體工作在活動模式。圖 3.2-6(c)為圖 3.2-6(b)的電路符號。

📖複習問題

3.9.　試定義二極體的切入電壓。

3.10.　圖 3.2-3 所示的二極體 AND 閘電路有何重大缺點？

3.11.　電晶體的基本工作模式可以分為那三種？

3.12.　何謂簫特基電晶體？

3.13.　與一般的電晶體比較之下，簫特基電晶體有何重要特性？

3.2.2 標準 TTL NOT 閘

標準的 TTL NOT 閘電路與電壓轉換特性曲線如圖 3.2-7(a)所示。它與其它的基本 TTL 邏輯閘電路一樣可以分成三級：輸入級、分相器(phase splitter)與輸出級。圖中輸入端的二極體為箝位二極體，在正常工作時對電路並無影響，其主要作用為防止負雜音脈波(箝位在-0.7 V)。電晶體 Q_1 為輸入級，提供必要的邏輯函數；電晶體 Q_2 稱為分相器，因其分別由射極與集極提供兩個相位相反的信號輸出予輸出級；電晶體 Q_3 與 Q_4 組成圖騰柱輸出級電路 (totem-pole output stage)，以提供低阻抗的輸出推動器電路。

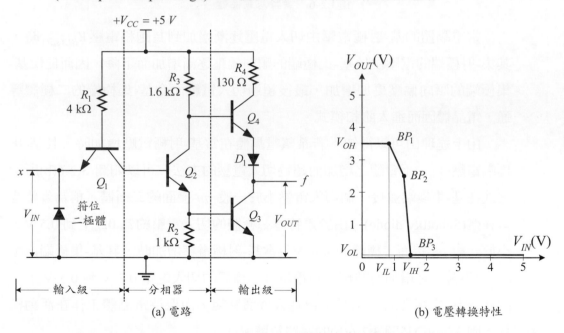

(a) 電路

(b) 電壓轉換特性

圖3.2-7 標準 TTL NOT 閘(74 系列)

電路的工作原理如下：當輸入端 x 為低電位(即 $V_{IN} = 0.1$ V)時，電晶體 Q_1 工作在飽和模式，因為此時電晶體 Q_1 的集極電流只為反向(或是稱為漏電流)電流，其值相當小，$\beta_F I_{B1} \gg I_{C1}$，因此電晶體 Q_1 在飽和狀態。電晶體 Q_2 的基極電壓 $V_{B2} = V_{CE1(sat)} + V_{IN} = 0.1 + 0.1 = 0.2$ V < 1.4 V，因而電晶體 Q_2 與 Q_3 均截止。所以當輸入端 x 為低電位時，輸出端 f 為高電位。輸出端 f 的

電壓 V_{OUT} 為：$V_{OUT} = V_{CC} - 2V_{BE(on)} = 3.6 \text{ V} = V_{OH}$。

當輸入端 x 的電位增加時，電晶體 Q_1 的集級電壓亦隨之增加，即當 $V_{C1} = V_{B2} = 0.7$ V 時，電晶體 Q_2 開始導通，產生特性曲線上的第一個轉折點 (BP1)，如圖 3.2-7(b) 所示。

當輸入端 x 的電位繼續增加時，電晶體 Q_3 開始導通，而發生第二個轉折點 (BP2)。此時電晶體 Q_2 依然工作於活動模式，因此輸出電壓為 $V_{OUT} = V_{C2} - 2V_{BE(on)} = 3.9 - 1.4 = 2.5$ V，因為 $I_{C2} = 0.7$ mA，$V_{C2} = 5 - 0.7 \times 1.6 = 3.9$ V。由於此時電晶體 Q_2 與 Q_3 均導通，而電晶體 Q_1 工作在飽和模式，所以輸入端電壓 V_{IN} 為：$V_{IN} = V_{C1} - V_{CE1(sat)} = 2V_{BE(on)} - V_{CE1(sat)} = 1.4 - 0.1 = 1.3$ V，如圖 3.2-7(b) 所示。

當輸入端 x 的電位繼續增加時，電晶體 Q_3 進入飽和模式，而發生第三個轉折點 (BP3)。此時 $V_{OUT} = V_{CE3(sat)} = 0.1$ V；由於電晶體 Q_2 也進入飽和模式，所以 $V_{C1} = V_{BE2(sat)} + V_{BE3(sat)} = 1.6$ V，$V_{IN} = V_{C1} - V_{CE1(sat)} = 1.6 - 0.1 = 1.5$ V。這時的 V_{IN} 與 V_{OUT} 的值也即是 V_{IH} 與 V_{OL} 的值，如圖 3.2-7(b) 所示。

當 1.5V < V_{IN} < 2.3V 時，電晶體 Q_1 的基極被箝位在：$V_{BC1(on)} + V_{BE2(sat)} + V_{BE3(sat)} = 0.7 + 0.8 + 0.8 = 2.3$ V。注意電晶體 Q_1 工作在反向飽和模式 (reverse saturation mode)。因為電晶體 Q_1 的基-射極與基-集極兩個接面皆為順向偏壓，但是邏輯閘的輸入電流是流向射極。在此模式下，射極與集極的角色互換。

當 $V_{IN} \geq 2.3$ V 時，電晶體 Q_1 將離開反向飽和模式而進入工作在反向活動模式 (reverse active mode)，因為此時基-集極接面為順向偏壓，而基-射極接面為反向偏壓。在此模式下，射極與集極的角色互換。

📖 複習問題

3.14. 基本的 TTL 邏輯閘電路可以分成那三級？

3.15. 試解釋什麼是電晶體的反向飽和模式？

3.16. 試解釋什麼是電晶體的反向活動模式？

3.2.3 TTL 基本邏輯閘

雖然 TTL 邏輯族有各式各樣的邏輯閘電路,包括反相與非反相兩種類型,在本節中我們僅考慮 NAND 與 NOR 兩種通用邏輯閘電路。

標準 NAND 邏輯閘

標準 TTL 的 NAND 邏輯閘電路如圖 3.2-8 所示。基本上,NAND 閘電路和圖 3.2-7(a)的 NOT 閘相同,只是現在多了一個輸入端 y 而已。其工作原理如下:當輸入端 x 與 y 皆為高電位($\geq V_{IH}$)時,電晶體 Q_1 工作在反向活動模式,而電晶體 Q_2 與 Q_3 皆進入飽和模式,此時 $V_{OUT} = V_{CE3(sat)} = V_{OL}$,即為低電位。

當輸入端 x 或是 y 為低電位(即 $\leq V_{IL}$)時,電晶體 Q_1 工作在(順向)飽和模式, $V_{C1} = V_{CE1(sat)} + V_{IN} < 2V_{BE(on)}$,所以電晶體 Q_2 與 Q_3 均截止,電晶體 Q_4 與二極體 D_1 導通, $V_{OUT} = V_{CC} - 2V_{BE(on)} = 3.6$ V,即為高電位(V_{OH})。所以為一個 NAND 邏輯閘電路。

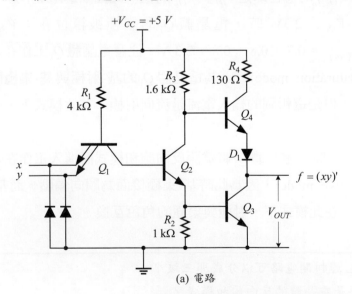

(a) 電路

真值表

輸入		輸出
x	y	V_{OUT}
$\leq V_{IL}$	$\leq V_{IL}$	$\geq V_{OH}$
$\leq V_{IL}$	$\geq V_{IH}$	$\geq V_{OH}$
$\geq V_{IH}$	$\leq V_{IL}$	$\geq V_{OH}$
$\geq V_{IH}$	$\geq V_{IH}$	$\leq V_{OL}$

(b) 真值表

圖3.2-8　標準 TTL NAND 邏輯閘

標準 NOR 邏輯閘

標準 TTL 的 NOR 邏輯閘電路如圖 3.2-9 所示。其動作原理如下：當輸入端 x 與 y 皆為低電位(即$\leq V_{IL}$)時，電晶體 Q_1 與 Q_5 工作在(順向)飽和模式，此時 $V_{C1} = V_{CE1(sat)} + V_{IN} < 2V_{BE(on)}$，而 $V_{C5} = V_{CE5(sat)} + V_{IN} < 2V_{BE(on)}$，因此電晶體 Q_2、Q_6、Q_3 均截止，電晶體 Q_4 與二極體 D_1 導通，$V_{OUT} = V_{CC} - 2V_{BE(on)} = 3.6 \text{ V}$，即為高電位($V_{OH}$)。

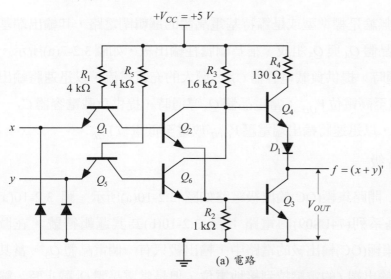

(a) 電路

真值表		
輸入		輸出
x	y	V_{OUT}
$\leq V_{IL}$	$\leq V_{IL}$	$\geq V_{OH}$
$\leq V_{IL}$	$\geq V_{IH}$	$\leq V_{OL}$
$\geq V_{IH}$	$\leq V_{IL}$	$\leq V_{OL}$
$\geq V_{IH}$	$\geq V_{IH}$	$\leq V_{OL}$

(b) 真值表

圖 3.2-9　標準 TTL NOR 邏輯閘

當輸入端 x(或是 y)為高電位(即$\geq V_{IH}$)時，電晶體 Q_1(或是 Q_5)工作在反向活動模式，因而電晶體 Q_2(或是 Q_6)與電晶體 Q_3 均進入飽和模式，此時 $V_{OUT} = V_{CE3(sat)} = V_{OL}$，即為低電位。因此，該電路為 NOR 邏輯閘。

📖 複習問題

3.17. 試解釋為何圖 3.2-8 的電路是一個 NAND 閘？

3.18. 試解釋為何圖 3.2-9 的電路是一個 NOR 閘？

3.2.4　TTL 邏輯族系輸出級電路

當使用一個邏輯閘電路時，其輸出級電路的結構決定了所能提供的負載電流之能力,因而一般又稱為功率推動器。在實際的TTL邏輯族中,除了基本邏輯閘中的圖騰柱輸出級(totem-pole output stage)電路之外,尚有兩種不同的輸出級電路:開路集極輸出(open-collector output,簡稱 OC)與三態輸出(tristate output),以提供不同應用之需要。下列將分別說明這三種輸出級電路的主要特性與基本應用。

圖騰柱輸出級

如前所述,無論是標準型或是蕭特基電晶體的邏輯閘電路,其輸出端基本上是由兩個電晶體 Q_4 與 Q_3 組成,稱為圖騰柱輸出級,如圖 3.2-7(a)所示。當電晶體 Q_4 導通時,提供負載電容器 C_L 一個大的充電電流,以迅速將輸出端電壓 V_{OUT} 充電至高電位 V_{OH};當電晶體 Q_3 導通時,提供負載電容器 C_L 一個大的放電電流,以迅速將輸出端電壓 V_{OUT} 放電至低電位 V_{OL}。

開路集極輸出級

典型的 TTL 開路集極(OC)輸出級電路如圖 3.2-10(a)所示。圖 3.2-10(a)為低功率蕭特基系列(74LS09)的電路;圖 3.2-10(b)為其邏輯符號。在圖 3.2-10(a)的開路集極(OC)輸出級的電路中,輸出級只有一個電晶體 Q_3,當其導通時,可以將輸出端 f 的電壓拉到接地電位,但是當電晶體 Q_3 截止時,輸出端 f 將處於一個不確定的電壓值,因此在使用此種邏輯閘電路時,輸出端 f 必須經由一個提升電阻器(或稱為負載電阻器) R_L 接至電源(V_C)。當然,此電源(V_C)並不需要限制在 V_{CC},它通常可以高達 30 V 左右,由實際上的電路需要及輸出電晶體的額定電壓決定。

圖 3.2-10(a)的電路工作原理如下:當輸入端 x 與 y 皆為高電位(即 $\geq V_{IH}$)時,電晶體 Q_2 導通,而電晶體 Q_6 與 Q_3 皆截止,此時輸出端的電壓 $V_{OUT} = V_C$,即為高電位。當輸入端 x 與 y 中至少有一個為低電位(即 $\leq V_{IL}$)時,蕭特基二極體 D_1 與 D_2 中至少有一個導通,因此電晶體 Q_2 截止,而電晶體 Q_6 與 Q_3 皆導通。此時,輸出端的電壓 $V_{OUT} = V_{CE3(on)} \approx 0.3$ V,即為低電位(V_{OL}),所以為一個 AND 邏輯閘電路。

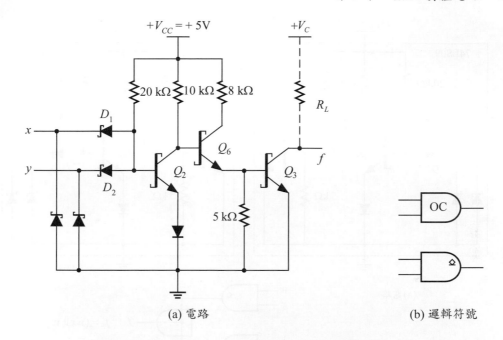

(a) 電路　　　　　　　　　　　(b) 邏輯符號

圖3.2-10　開路集極輸出級電路(74LS09)

　　開路集極輸出級電路的邏輯閘，有兩項基本應用：其一為用來推動較高電壓的外部負載，例如：繼電器、指示燈泡，或其它類型的邏輯電路；其二為可以直接將多個開路集極輸出級電路的邏輯閘之輸出端連接而具有 AND 閘的功能，稱為線接-AND(wired-AND)閘，如圖 3.2-11(a)所示。由於開路集極輸出級電路的邏輯閘電路的功能為一個 AND 閘，因此將兩個相同的邏輯閘線接-AND 後，其輸出交換函數依然為 AND，即 $f = (wx)(yz) = wxyz$，如圖 3.2-11(b)所示。

　　在使用 OC 閘時，不管是單獨使用或是線接-AND 使用，其邏輯閘的輸出端均必須經由一個負載電阻器(R_L)連接至電源。電阻器 R_L 的最大值由輸出端需要的傳播延遲決定，其值越大傳播延遲亦越大；電阻器 R_L 的最小值則由邏輯閘的輸出端在低電位時能吸取的最大電流 $I_{OL\,max}$ 決定，例如在 74LS09 中，$I_{OL\,max}$ 為 8 mA，因此在 $V_C = 5$ V 下，負載電阻器(R_L)的值不能小於 562 Ω，因為 $(V_C - V_{OL\,max}) / I_{OL\,max} = (5 - 0.5) / 8$ mA $= 562$ Ω。

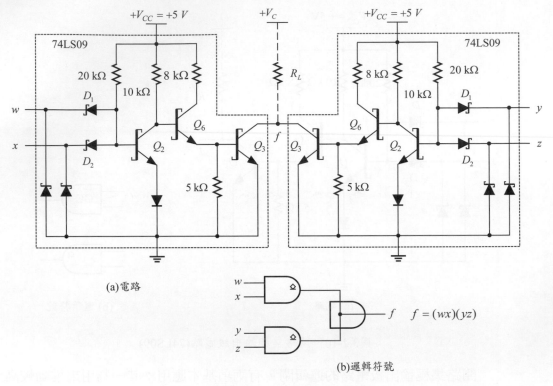

(a)電路

(b)邏輯符號

$$f = (wx)(yz)$$

圖3.2-11 線接 AND 閘

三態輸出級

三態輸出級依然使用圖騰柱輸出級的圖騰柱輸出電路但是輸出級電路中的兩個電晶體可以同時由一個精心設計的控制電路關閉。如圖 3.2-19 所示，這一種具有三態輸出級的邏輯閘稱為三態輸出邏輯閘(tristate-output logic gate)。這種邏輯閘它除了具有正常的高電位(邏輯 1)與低電位(邏輯 0)輸出外，也具有一個當兩個輸出電晶體(Q_{3D} 與 Q_{4D})皆截止時的高阻抗狀態(high-impedance state)輸出。

基本的三態輸出邏輯閘(74LS125)電路如圖 3.2-12 所示，其中陰影部分電路為控制電路，而其餘的電路則組成一個非反相緩衝器電路。在正常工作下，致能輸入端(E)為低電位($\leq V_{IL}$)，控制電路中的反相器的輸出端為高電位，因而電晶體 Q_{7D}、簫特基二極體 D_{2D} 與 D_{5D} 均截止。

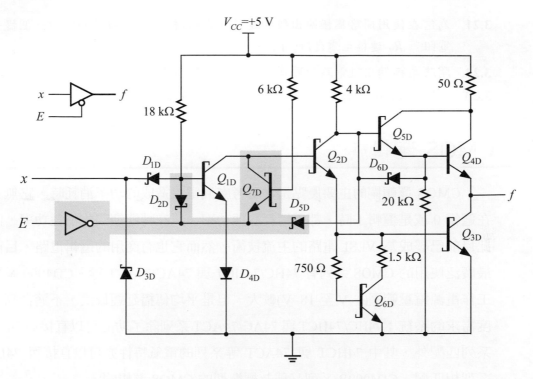

圖3.2-12 基本三態輸出邏輯閘(74LS125)

若資料輸入端 x 為低電位($\leq V_{IL}$)，則簫特基二極體 D_{1D} 導通，電晶體 Q_{1D} 截止，電晶體 Q_{2D} 與 Q_{6D} 經由電晶體 Q_{7D} 的基-集極接面二極體而導通，電晶體 Q_{3D} 也導通，輸出端 f 為低電位(V_{OL})。若資料輸入端 x 為高電位($\geq V_{IH}$)，則簫特基二極體 D_{1D} 截止，電晶體 Q_{1D} 導通，電晶體 Q_{2D} 與 Q_{6D} 均截止，電晶體 Q_{4D} 與 Q_{5D} 導通，輸出端 f 為高電位(V_{OH})。所以電路為一個非反相緩衝器，即 $f = x$。

當致能輸入端(E)為高電位($\geq V_{IH}$)時，控制電路中的反相器的輸出端為低電位，因而電晶體 Q_{7D}、二極體 D_{2D} 與 D_{5D} 均導通，結果促使緩衝器中的所有電晶體均截止。因此輸出端 f 為高阻抗狀態。

📖複習問題

3.19. 在實際的 TTL 邏輯族中，有那三種輸出級電路結構？

3.20. 為何兩個圖騰柱輸出級電路的邏輯閘輸出端不能直接連接使其具有 AND 功能？

3.21. 為何在使用開路集極輸出級的邏輯閘電路時，輸出端 *f* 必須經由一個提升電阻器 R_L 連接至電源(V_C)？

3.22. 開路集極輸出級電路的邏輯閘，有那兩項基本應用？

3.23. 三態輸出級電路的邏輯閘，有何重要特性？

3.3 CMOS 邏輯族

CMOS 邏輯閘的主要優點是當不考慮漏電流造成的功率消耗時，它無論在邏輯 0 或是邏輯 1 時，都不消耗靜態功率，只在轉態期間才消耗功率，因此目前已經成為 VLSI 電路的主流技術，然而它也有商用的邏輯電路。目前最廣泛使用的 CMOS 系列有 74HC/74HCT 與 74AC/74ACT 等。CD4000 系列工作電源電壓範圍(3 V 至 18 V)較大，但是平均傳播延遲較長，不適合高速度需求的系統；74HC/74HCT 與 74AC/74ACT 系列除了功能可以直接與 74LS 系列匹配外，其中 74HCT 與 74ACT 等系列的電氣特性亦可以直接與 74LS 系列相匹配。CD4000B 系列又稱為標準型的 CMOS 邏輯閘。

3.3.1 基本原理

基本上一個 CMOS 邏輯閘主要由兩種不同的 MOSFET 組成，其中一個為 *n* 通道(n-channel)MOSFET，稱為 nMOS 電晶體；另外一個為 *p* 通道(p-channel) MOSFET，稱為 pMOS 電晶體。在數位邏輯電路的設計上，這兩個電晶體(nMOS 與 pMOS)均可以各自視為一個開關，而每一個邏輯電路則由這些開關適當的串聯、並聯，或是串並聯等組合而成，因此這種邏輯電路也稱為開關邏輯(switch logic)。

MOSFET 的物理結構與電路符號如圖 3.3-1 所示。圖 3.3-1(a)為 nMOS 電晶體的物理結構與電路符號；圖 3.3-1(b)為 pMOS 電晶體的物理結構與電路符號。

基本上，一個 MOSFET 主要由一個導體，早期為*鋁*(aluminum)金屬而目前為*多晶矽*(polysilicon)，置於矽半導體之上，而在兩者中間使用一層二氧化矽(silicon dioxide)當作絕緣體，如圖 3.3-1 所示。導體部分稱為閘極(gate)，而矽半導體的兩端分別使用鋁或是銅金屬導體引出，分別稱為源極(source)與吸極(drain)，其中源極提供載子(在 nMOS 電晶體中為電子；在 pMOS 電晶體中為電洞)，而吸極則吸收載子。半導體部分亦稱為基質(substrate 或 bulk)。

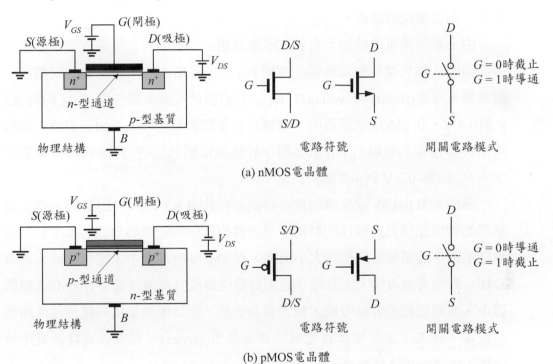

圖3.3-1　MOSFET 物理結構與電路符號

在圖 3.3-1(a)中，當在閘極與源極之間加上一個大於 0 V 的電壓V_{GS} 時，p-型基質中的電子將因為閘極於基質表面建立的正電場之吸引，逐漸往基質表面集中。然而由於閘極與基質表面之間有一層絕緣體(二氧化矽)，這些電子無法越過該絕緣體抵達閘極，而累積於基質表面上。若V_{GS} 的值足夠大時，聚集於基質表面上的電子濃度約略與 p-型基值中的電洞濃度相等，而形成一層 n-型電子層，稱為 n-通道(channel)，因此連接兩端的源極與吸極，形成一個低電阻值路徑。

在圖 3.3-1(b)中，由於基質為 n-型，因此欲在基質表面上形成一個通道時，必須在閘極與源極之間加上一個小於 0 V 的電壓V_{GS}，以建立一個負電場於基質的表面上，因而吸引 n-型基質中的電洞往基質表面集中。若$|V_{GS}|$的值足夠大時，聚集於基質表面上的電洞濃度約略與 n-型基值中的電子濃度相等，而形成一層 p-型電洞層，稱為 p-通道，因此連接兩端的源極與吸極，形成一個低電阻值路徑。

由上述討論可以得知：在 nMOS 電晶體中，欲使其在基質表面上形成一個通道時，加於閘極與源極端的電壓V_{GS}的值必須大於一個特定的電壓值，稱為臨界電壓(threshold voltage) V_{Tn}。在目前的次微米製程中，V_{Tn} 約為 0.3 V 到 0.8 V。在 pMOS 電晶體中，欲使其在基質表面上形成一個通道時，加於閘極與源極端的電壓V_{GS}的值必須小於臨界電壓V_{Tp}。在目前的次微米製程中，V_{Tp} 約為-0.3 V 到-0.8 V。

nMOS 與 pMOS 電晶體的電路符號亦列於圖 3.3-1 中，由於 MOSFET 電晶體的物理結構為對稱性的結構，電晶體的源極與吸極的角色必須由它們在實際電路中的電壓值的相對大小決定。在 nMOS 電晶體中，電壓值較大者為吸極，較小者為源極，因為電子是由低電位端流向高電位端；在 pMOS 電晶體中，電壓值較小者為吸極，較大者為源極，因為電洞是由高電位端流向低電位端。注意：若將電子與電洞均視為載子(carrier)，則源極為提供載子的一端，而吸極則為吸收載子的一端。

nMOS 電晶體當作開關元件

MOSFET 在數位邏輯電路的應用上，與電晶體元件相同，可以視為一個簡單的開關元件。當其閘極電壓超過臨界電壓時，該開關導通；當其閘極電壓小於臨界電壓時，該開關截止。下列將進一步討論 MOS 電晶體當作開關元件時，一些重要的電路特性。

圖 3.3-2 所示為 nMOS 電晶體當作開關元件時的詳細動作。在圖 3.3-2(a)中，當V_{IN}為V_{DD}而V_G (在實際應用上，p-型基質端通常接於地電位)也為

V_{DD} 時，位於源極(S)端的電容器 C (由線路的雜散電容與後級的 nMOS 電晶體之閘極輸入電容組成)開始充電，即 V_{OUT} 持續上昇直到 $V_{OUT} = V_{DD} - V_{Tn}$ 時，因為此時 $V_{GS} = V_G - V_S = V_{DD} - (V_{DD} - V_{Tn}) = V_{Tn}$，nMOS 電晶體截止，$V_{OUT}$ 不再增加而維持於 $V_{DD} - V_{Tn}$ 的電位，如圖 3.3-2(a)所示。

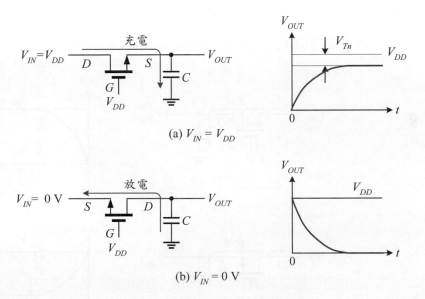

(a) $V_{IN} = V_{DD}$

(b) $V_{IN} = 0$ V

圖3.3-2　nMOS 電晶體的開關動作

圖 3.3-2(b)所示則為 $V_{IN} = 0$ V 而 $V_G = V_{DD}$ 的情形，此時 V_{OUT} 將由 V_{DD} (假設電容器 C 的初始電壓為 V_{DD})經由 nMOS 電晶體放電至 0 V 為止，因為 V_{GS} 始終維持在 V_{DD} 因而永遠大於 V_{Tn}，nMOS 電晶體在整個放電過程中均保持在導通狀態。注意：因為 nMOS 電晶體的對稱性物理結構，其 D 與 S 端必須在加入電壓之後才能確定何者為 D 何者為 S。為幫助讀者了解其動作，在圖 3.3-2 中標示了在上述兩種操作情形下的 D 與 S 極。

pMOS 電晶體當作開關元件

圖 3.3-3 所示為 pMOS 電晶體當作開關元件時的詳細動作。在圖 3.3-3(a) 中，當 V_{IN} 為 V_{DD} 而 V_G (在實際應用上，n-型基質端通常接於 V_{DD})為接地(即 0 V)時，位於吸極(D)端的電容器 C 開始充電，即 V_{OUT} 持續上昇直到 $V_{OUT} =$

V_{DD} 為止，因為 V_{GS} 始終維持在 $-V_{DD}$ 因而永遠小於 V_{Tp} ，pMOS 電晶體在整個充電過程中均保持在導通狀態。

圖 3.3-3(b)所示則為 V_{IN} = 0 V 而 V_G = 0 V 的情形，此時 V_{OUT} 將由 V_{DD} (假設電容器 C 的初始電壓為 V_{DD})經由 pMOS 電晶體放電至 $|V_{Tp}|$ 為止，因為此時 V_{GS} = V_G - V_S = 0 V - $|V_{Tp}|$ = $-|V_{Tp}|$ ，pMOS 電晶體截止，V_{OUT} 不再下降而維持於 $|V_{Tp}|$ 的電位，如圖 3.3-3(b)所示。

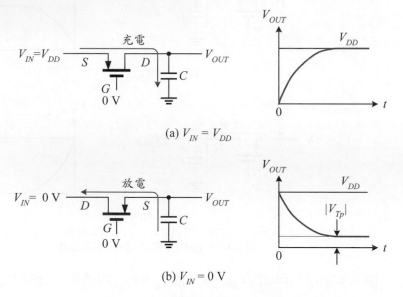

(a) V_{IN} = V_{DD}

(b) V_{IN} = 0 V

圖3.3-3　pMOS 電晶體的開關動作

由以上的討論可以得知：nMOS 電晶體對於"0"信號不產生衰減，而對於"1"信號則產生一個 V_{Tn} 的衰減；pMOS 電晶體則相反，對"0"信號產生一個 $|V_{Tp}|$ 的衰減，而對於"1"信號則不產生任何衰減。若將 pMOS 與 nMOS 兩個電晶體並聯在一起則成為 CMOS 傳輸閘(第 3.3.2 節)，此時對於"0"或是"1"信號均不產生衰減。

複合開關電路

在許多應用中，通常需要將兩個或是多個開關以串聯、並聯，或是串並聯方式連接，形成一個複合開關。例如，圖 3.3-4 所示為將兩個開關以串聯方式連接的複合開關。此複合開關使用 $S1$ 與 $S2$ 為控制信號。當兩條控制信號 $S1$ 與 $S2$ 均啟動時，開關打開(閉合)，否則開關關閉(開路)。

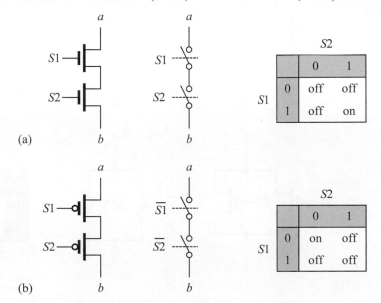

圖3.3-4　串聯開關動作

　　如前所述，欲啟動 nMOS 開關時，必須在其閘極加上高電位；欲啟動 pMOS 開關時，必須在其閘極加上低電位。因此，圖3.3-4(a)的 nMOS 複合開關僅在兩條控制信號 $S1$ 與 $S2$ 均為高電位時才打開(閉合)，其它控制信號的組合均關閉(開路)。圖 3.3-4(b)的 pMOS 複合開關僅在兩條控制信號 $S1$ 與 $S2$ 均為低電位(通常為地電位)時才打開(閉合)，其它控制信號的組合均關閉(開路)。

　　圖 3.3-5 所示為將兩個開關以並聯方式連接的複合開關。此複合開關使用 $S1$ 與 $S2$ 為控制信號。當兩條控制信號 $S1$ 與 $S2$ 均不啟動時，開關關閉(開路)，否則開關打開(閉合)。

　　圖 3.3-4(a)的 nMOS 複合開關在控制信號 $S1$ 或是 $S2$ 為高電位時打開(閉合)，當兩條控制信號均為低電位時為關閉(開路)。圖 3.3-4(b)的 pMOS 複合開關在控制信號 $S1$ 或是 $S2$ 為低電位(通常為地電位)時打開(閉合)，當兩條控制信號均為高電位時為關閉(開路)。

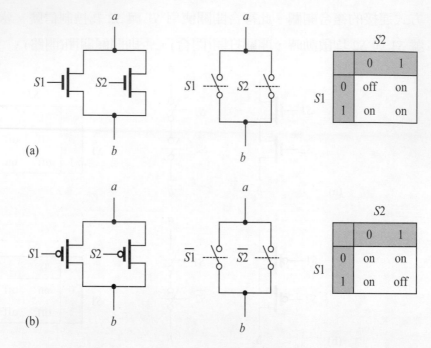

圖3.3-5　並聯開關動作

開關邏輯電路設計

　　在了解 nMOS 與 pMOS 電晶體的開關動作原理之後，接著介紹如何利用這兩種開關元件設計開關邏輯電路。如前所述，一個開關邏輯電路是將開關元件做適當的串聯(相當於 AND 運算)、並聯(相當於 OR 運算)，或是串並聯組合而成，但是為了確保結果的開關邏輯電路能正常的操作，它必須符合下列兩項規則：

　　規則 1：輸出端 f(或是信號匯流點)必須始終連接在 1 或是 0。

　　規則 2：輸出端 f(或是信號匯流點)不能同時連接到 1 與 0。

符合上述規則中，最常用的方法為採用 CMOS 電晶體執行的 f/f' 設計，稱為 FCMOS (fully CMOS)或是簡稱為 CMOS 邏輯，如圖 3.3-6 所示。輸出端的電容 C 表示電路的寄生電容或是負載電容。在此方法中，使用 pMOS 電晶體組成 f 函數的電路，以在當 f 的邏輯值為 1 時，將輸出端 f 提升至 V_{DD}(即邏輯"1")，因為 pMOS 電晶體對於"1"信號不會衰減；使用 nMOS 電晶體組成

f' 函數的電路，以在當 f' 的邏輯值為 1 時，將輸出端 f 拉至 0 V(即邏輯"0")，因為 nMOS 電晶體對於"0"信號不會衰減。

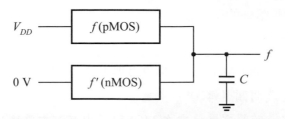

圖3.3-6　f/f' 樣式設計

下列例題說明開關邏輯電路的設計方法，及其對應的 CMOS 邏輯電路。

例題 3.3-1　(NAND 電路)

設計一個開關邏輯電路執行下列交換函數：

$$f(x, y) = (xy)'$$

解：因為 $f(x, y) = (xy)' = x' + y'$ (DeMorgan 定理) 而 $f'(x, y) = xy$，因此 $f(x, y)$ 由兩個 pMOS 電晶體並聯(因它為 OR 運算)而 $f'(x, y)$ 由兩個 nMOS 電晶體串聯 (因它為 AND 運算)，因此完整的開關邏輯電路如圖 3.3-7 所示。

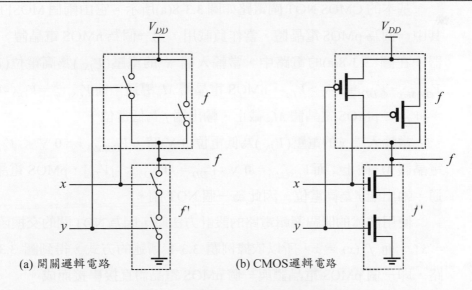

(a) 開關邏輯電路　　　　(b) CMOS邏輯電路

圖3.3-7　例題 3.3-1 的開關邏輯電路

在上述例題的開關邏輯電路中，因為 pMOS 電晶體為低電位啟動，因此在函數 f 部分中的補數型字母變數，可以直接接往 pMOS 電晶體的閘極輸入端，而無需額外的反相器。

📖 複習問題

3.24. 任何一個 CMOS 邏輯閘均由那兩種 MOSFET 組成？
3.25. 試定義開關邏輯。
3.26. 試定義臨界電壓。它在 MOSFET 中有何重要性？
3.27. 使用 nMOS 與 pMOS 電晶體當作開關元件時，其重要特性為何？

3.3.2 CMOS 基本邏輯閘

CMOS 邏輯族與 TTL 邏輯族一樣，具有一些基本的邏輯閘元件。本節中，將依序介紹 CMOS 邏輯族中，最常見的幾種基本邏輯閘電路：NOT 閘、NAND 閘、NOR 閘與傳輸閘(transmission gate)。

NOT 閘

基本的 CMOS NOT 閘電路如圖 3.3-8(a)所示。它由兩個 MOSFET 組成，其中一個為 pMOS 電晶體，當作負載用，另一個為 nMOS 電晶體，當作驅動器。在圖 3.3-8(a)的電路中，當輸入端 x 的電壓(V_{IN})為高電位(V_{DD})時，$V_{GS(Mn)} = V_{DD} = 5$ V $> V_{Tn}$，nMOS 電晶體 M_n 導通；而 $V_{GS(Mp)} = V_{DD} - V_{DD} = 0$ V $> -|V_{Tp}|$，pMOS 電晶體 M_p 截止，輸出端 f 為低電位。

當輸入端 x 的電壓(V_{IN})為低電位(0 V)時，$V_{GS(Mn)} = 0$ V $< V_{Tn}$，nMOS 電晶體 M_n 截止；而 $V_{GS(Mp)} = 0$ V $- V_{DD} = -V_{DD} < -|V_{Tp}|$，pMOS 電晶體 M_p 導通，輸出端 f 為高電位。因此為一個 NOT 閘。

使用前述的開關邏輯電路的設計方法時，因為 NOT 閘的交換函數為 $f(x) = x'$，而 $f'(x) = x$，所以依據例題 3.3-1 所述的方式，得到圖 3.3-8(a)的電路，即一個 pMOS 電晶體與一個 nMOS 電晶體直接串接而成。

CMOS 邏輯族的 NOT 閘之輸入輸出電壓轉換特性曲線如圖 3.3-8(b)所

示,其四個電壓位準參數值通常為電源電壓V_{DD}的函數,即

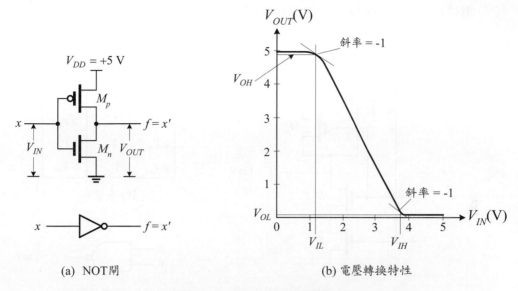

(a) NOT閘   (b) 電壓轉換特性

圖3.3-8   NOT 閘與電壓轉換特性

$V_{OH,\text{min}}$:V_{DD} - 0.1 V;

$V_{IH,\text{min}}$:$0.7V_{DD}$;

$V_{IL,\text{max}}$:$0.3V_{DD}$;

$V_{OL,\text{max}}$:地電位+ 0.1 V。

NAND 閘

由於兩個輸入端的 NAND 閘的交換函數為 $f(x,y) = (xy)' = x' + y'$ 而 $f'(x,y) = xy$,所以 $f(x,y)$ 為 OR 運算,使用兩個 pMOS 電晶體並聯,而 $f'(x,y)$ 為 AND 運算,使用兩個 nMOS 電晶體串聯,完整的開關邏輯電路如圖 3.3-9(a)所示。圖 3.3-9(b)為真值表;圖 3.3-9(c)為邏輯符號。

以電路的觀點而言,圖 3.3-9(a)的電路的工作原理如下:當輸入端 x 與 y 均為高電位($\geq V_{IH}$)時,兩個 nMOS 電晶體 M_{n1} 與 M_{n2} 均導通,而兩個 pMOS 電晶體 M_{p1} 與 M_{p2} 均截止,輸出端 f 為低電位($\leq V_{OL}$);當輸入端 x 與 y 中至少有一個為低電位($\leq V_{IL}$)時,兩個 nMOS 電晶體 M_{n1} 與 M_{n2} 中至少有一個截

止，而兩個 pMOS 電晶體 M_{p1} 與 M_{p2} 中至少有一個導通，因此輸出端 f 為高電位($\geq V_{OH}$)，所以為一個 NAND 閘。

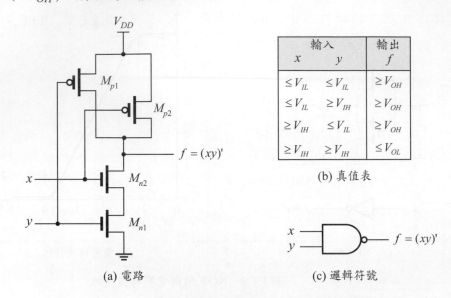

輸入		輸出
x	y	f
$\leq V_{IL}$	$\leq V_{IL}$	$\geq V_{OH}$
$\leq V_{IL}$	$\geq V_{IH}$	$\geq V_{OH}$
$\geq V_{IH}$	$\leq V_{IL}$	$\geq V_{OH}$
$\geq V_{IH}$	$\geq V_{IH}$	$\leq V_{OL}$

(b) 真值表

(a) 電路　　　　　(c) 邏輯符號

圖3.3-9　基本 CMOS 兩個輸入端的 NAND 閘

NOR 閘

由於兩個輸入端的 NOR 閘的交換函數為 $f(x,y) = (x+y)' = x'y'$ 而 $f'(x,y) = x+y$，所以 $f(x,y)$ 為 AND 運算，使用兩個 pMOS 電晶體串聯，而 $f'(x,y)$ 為 OR 運算，使用兩個 nMOS 電晶體並聯，完整的開關邏輯電路如圖 3.3-10(a)所示。圖 3.3-10(b)為真值表；圖 3.3-10(c)為邏輯符號。

以電路的觀點而言，圖 3.3-10(a)的電路的工作原理如下：在圖 3.3-10(a) 的電路中，當輸入端 x 與 y 均為低電位($\leq V_{IL}$)時，兩個 nMOS 電晶體 M_{n1} 與 M_{n2} 均截止，而兩個 pMOS 電晶體 M_{p1} 與 M_{p2} 均導通，輸出端 f 為高電位 ($\geq V_{OH}$)；當輸入端 x 與 y 中至少有一個為高電位($\geq V_{IH}$)時，兩個 nMOS 電晶體 M_{n1} 與 M_{n2} 中至少有一個導通，而兩個 pMOS 電晶體 M_{p1} 與 M_{p2} 中至少有一個截止，因此輸出端 f 為低電位($\leq V_{OL}$)，所以為一個 NOR 閘。

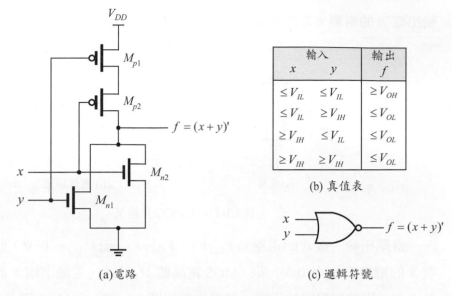

(a)電路

(b) 真值表

輸入		輸出
x	y	f
$\leq V_{IL}$	$\leq V_{IL}$	$\geq V_{OH}$
$\leq V_{IL}$	$\geq V_{IH}$	$\leq V_{OL}$
$\geq V_{IH}$	$\leq V_{IL}$	$\leq V_{OL}$
$\geq V_{IH}$	$\geq V_{IH}$	$\leq V_{OL}$

(c) 邏輯符號

圖3.3-10　NOR 閘

傳輸閘

由前面的討論得知：nMOS 電晶體與 pMOS 電晶體單獨使用為開關元件以傳遞邏輯信號時，都不是一個完美的元件，因為 nMOS 電晶體對於"0"信號不產生衰減，但是對於"1"信號則產生一個 V_{Tn} 的衰減；pMOS 電晶體則相反，對於"0"信號產生一個 $|V_{Tp}|$ 的衰減，而對於"1"信號則不產生任何衰減。若將這兩種不同類型的電晶體並聯在一起，截長補短，則成為一個理想的開關元件，稱為 CMOS 傳輸閘(TG)。

CMOS 傳輸閘(TG)的電路與邏輯符號如圖 3.3-11 所示。由圖 3.3-11(a)的電路可以得知：一個 CMOS 傳輸閘是由一個 nMOS 電晶體與一個 pMOS 電晶體並聯而成，而以閘極為控制端(C)。

圖 3.3-11(a)的電路工作原理如下：當閘極輸入端 C 的電壓為 V_{DD} 時，$V_{Gn} = V_{DD}$ 而 $V_{Gp} = 0$ V，此時若輸入端 A 的電壓值 V_A 為 V_{DD}，則 nMOS 電晶體 M_n 導通，輸出端 B 的電壓開始上升，其情形如同圖 3.3-2(a)；pMOS 電晶體 M_p 也導通，其情形如同圖 3.3-3(a)。雖然 nMOS 電晶體 M_n 在輸出端 B 的電壓上升到 $V_{DD} - V_{Tn}$ 時截止，但是 pMOS 電晶體 M_p 依然繼續導通，直到

輸出端 B 的電壓上升到 V_{DD} 為止，因此 $B = A = V_{DD}$。

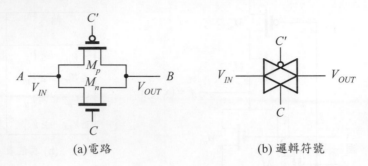

(a)電路　　　　　　　(b) 邏輯符號

圖3.3-11　CMOS 傳輸閘

　　當閘極輸入端 C 的電壓為 V_{DD} 時，$V_{Gn} = V_{DD}$ 而 $V_{Gp} = 0$ V，此時若輸入端 A 的電壓值 V_A 為 0 V，則 nMOS 電晶體 M_n 導通，若輸出端 B 的電壓值不為 0 V，則其電壓開始下降，其情形如同圖 3.3-2(b)；pMOS 電晶體 M_p 也導通，其情形如同圖 3.3-3(b)。雖然 pMOS 電晶體 M_p 在輸出端 B 的電壓下降到 $|V_{Tp}|$ 時截止，但是 nMOS 電晶體 M_n 依然繼續導通，直到輸出端 B 的電壓下降到 0 V 為止，因此 $B = A = 0$ V。

　　當閘極輸入端 C 的電壓為 0 V 時，$V_{Gn} = 0$ V 而 $V_{Gp} = V_{DD}$，此時若輸入端 A 的電壓值 V_A 為 V_{DD}，則 $V_{GSn} = 0$ V $- V_B = 0$ V $- 0$ V $= 0$ V $< V_{Tn}$，所以 nMOS 電晶體 M_n 截止，而 $V_{GSp} = V_{Gp} - V_A = V_{DD} - V_{DD} = 0$ V $> -|V_{Tp}|$，pMOS 電晶體 M_p 也截止。當輸入端 A 的電壓值 V_A 為 0 V 時，$V_{GSn} = 0$ V $- 0$ V $= 0$ V $< V_{Tn}$，所以 nMOS 電晶體 M_n 截止，而 $V_{GSp} = V_{Gp} - V_A = V_{DD} - 0$ V $= V_{DD} > -|V_{Tp}|$，pMOS 電晶體 M_p 也截止。因此，在 $C = 0$ V 時，nMOS 電晶體 M_n 與 pMOS 電晶體 M_p 均截止，因而沒有信號傳輸存在。

　　由於 CMOS 傳輸閘在 $C = V_{DD}$ 時，相當於一個低電阻的類比開關，因此它常做為數位或是類比開關使用。此外，它也常與其它數位電路結合，以形成其它各式各樣的功能，例如 D 型正反器、多工器與解多工器等。

📖複習問題

3.28. 為何 nMOS 電晶體與 pMOS 電晶體都不是一個完美的開關元件？

3.29. nMOS 與 pMOS 電晶體的吸極與源極如何區分？

3.30. CMOS 傳輸閘由那兩種電路元件組成？

3.31. 為何 CMOS 傳輸閘是一個理想的開關元件？

3.3.3 CMOS 邏輯族系輸出級電路

　　當使用一個邏輯閘電路時，其輸出級電路的結構決定了所能提供的負載電流之能力，因而一般又稱為功率推動器。在 CMOS 邏輯族中，除了前面基本邏輯閘中的圖騰柱輸出級(totem-pole output stage)外，尚有兩種不同的輸出級電路：開路吸極輸出(open-drain output，簡稱 OD)與三態輸出(tri-state output)，以提供不同應用之需要。下列將分別說明這三種輸出級電路的主要特性與基本應用。

圖騰柱輸出級

　　在 CMOS 邏輯族中的基本邏輯閘的輸出端基本上是由兩個 MOS 電晶體 M_p 與 M_n 組成，稱為圖騰柱輸出級，如圖 3.3-8 所示。當 pMOS 電晶體 M_p 導通時，提供負載電容器 C_L 一個大的充電電流，以迅速將輸出端電壓 V_{OUT} 充電至高電位 V_{OH}；當 nMOS 電晶體 M_n 導通時，提供負載電容器 C_L 一個大的放電電流，以迅速將輸出端電壓 V_{OUT} 放電至低電位 V_{OL}。

　　兩個圖騰柱輸出級的邏輯閘並不能直接連接使其具有 AND 閘的功能，因為若如此連接，則如圖 3.3-12 所示，當其中一個輸出為高電位(例如 X)，而另外一個為低電位(例如 Y)時，將有一個穩定的電流(I) 經過兩個邏輯閘的輸出級由電源抵達接地端，此電流大小為：

$$I = \frac{V_{DD}}{R_{p(on)} + R_{n(on)}} \approx 20 \text{ mA} \quad (\text{HC 或是 HCT 系列})$$

為一個相當大的電流。

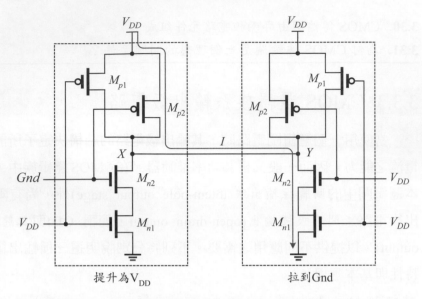

圖3.3-12　兩個圖騰柱輸出級的 NAND 閘直接連接的情形

開路吸極輸出級

　　典型的 CMOS 開路吸極(OD)輸出級電路如圖 3.3-13(a)所示；圖 3.3-13(b) 為電路的功能表；圖 3.3-13(c)為其邏輯符號。在圖 3.3-13 的開路吸極(OD)輸出級的電路中，輸出級為兩個 nMOS 電晶體 M_{n1} 與 M_{n2}，當其均導通時，可以將輸出端 f 的電壓拉到接地電位，但是當其中有一個或是兩個均截止時，輸出端 f 將處於一個不確定的電壓值(即處於高阻抗狀態)，因此在使用此種邏輯閘電路時，輸出端 f 必須經由一個提升電阻器(或稱為負載電阻器) R_L 接至電源(V_D)。雖然電源 V_D 通常為 V_{DD}，但是它並不需要限制為 V_{DD} 的大小，其實際上的值由電路的需要及輸出電晶體的額定電壓決定。

　　圖 3.3-13(a)的電路工作原理如下：當輸入端 x 與 y 皆為高電位(即 $\geq V_{IH}$) 時，nMOS 電晶體 M_{n1} 與 M_{n2} 均導通，輸出端的電壓 V_{OUT} 為低電位(V_{OL})。當有一個或是兩個輸入端為低電位(即 $\leq V_{IL}$)時，nMOS 電晶體 M_{n1} 與 M_{n2} 中至少有一個為截止，所以輸出端在未接提升電阻器時為開路，但是若接有提升電阻器時為 V_{DD}，則為高電位，所以為一個 NAND 邏輯閘電路。

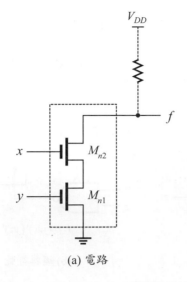

(a) 電路

輸入		電晶體		輸出
x	y	M_{n1}	M_{n2}	f
$\leq V_{IL}$	$\leq V_{IL}$	截止	截止	開路
$\leq V_{IL}$	$\geq V_{IH}$	截止	導通	開路
$\geq V_{IH}$	$\leq V_{IL}$	導通	截止	開路
$\geq V_{IH}$	$\geq V_{IH}$	導通	導通	$\leq V_{OL}$

(b) 功能表

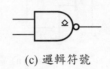

(c) 邏輯符號

圖3.3-13　開路吸極(輸出級電路)

　　由於使用外加的提升電阻器,開路吸極輸出級電路的邏輯閘,其傳播延遲 t_{pLH} 較長,但是在數位系統設計中,至少有下列兩項基本應用:其一為用來推動較高電壓的外部負載,例如:繼電器、指示燈泡,或其它類型的邏輯電路;其二為可以直接將多個開路吸極輸出級電路的邏輯閘之輸出端連接而具有 AND 閘的功能,稱為線接-AND(wired-AND)閘,如圖 3.3-14(a)所示。由於開路吸極輸出級電路的邏輯閘電路的功能為一個 NAND 閘,因此將兩個相同的邏輯閘線接-AND 後,其輸出交換函數為 AOI 函數,即 $f = (wx)'(yz)' = [(wx)+(yz)]'$,如圖 3.3-14(b)所示。

　　在使用 OD 閘時,不管是單獨使用或是線接-AND 使用,其邏輯閘的輸出端均必須經由一個負載電阻器(R_L)連接至電源。電阻器 R_L 的最大值由輸出端需要的傳播延遲決定,其值越大傳播延遲亦越大;電阻器 R_L 的最小值則由邏輯閘的輸出端在低電位時能吸取的最大電流 $I_{OL\max}$ 決定,例如在 74HCT 中, $I_{OL\max}$ 為 4 mA,因此在 $V_C = 5$ V 下,負載電阻器(R_L)的值不能小於 1.125 kΩ。

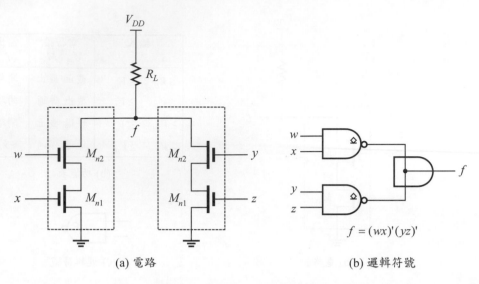

(a) 電路   (b) 邏輯符號

圖3.3-14　線接 AND 邏輯電路

三態輸出級

在 CMOS 邏輯閘電路中,除了基本邏輯閘電路的圖騰柱輸出級與開路吸極輸出級兩種輸出級電路之外,尚有一種具有三種輸出狀態的輸出級電路,稱為三態輸出級,如圖 3.3-15 所示。這種邏輯閘的輸出端電壓除了高電位與低電位兩種電壓值外,也具有一種兩個輸出電晶體皆截止時的高阻抗狀態 (high-impedance state)。

基本的 CMOS 三態輸出邏輯閘電路結構如圖 3.3-15 所示。在正常工作下,致能輸入端(E)為高電位($\geq V_{IH}$),pMOS 電晶體 M_p 與 nMOS 電晶體 M_n 的閘極輸入端的電壓值由資料輸入端 x 的值決定。當資料輸入端 x 的值為高電位($\geq V_{IH}$)時,NOR 閘的輸出端為低電位($\leq V_{OL}$),所以 nMOS 電晶體 M_n 截止;NAND 閘的輸出端亦為低電位($\leq V_{OL}$),所以 pMOS 電晶體 M_p 導通,因而輸出端電壓為高電位($\geq V_{OH}$),即 $f = x$。當資料輸入端 x 的值為低電位($\leq V_{IL}$)時,NOR 閘的輸出端為高電位($\geq V_{OH}$),所以 nMOS 電晶體 M_n 導通;NAND 閘的輸出端亦為高電位($\geq V_{OH}$),所以 pMOS 電晶體 M_p 截止,因而輸出端電壓為低電位($\leq V_{OL}$),即 $f = x$。

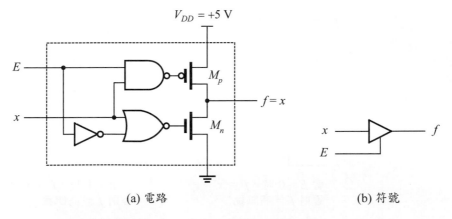

(a) 電路   (b) 符號

圖3.3-15 基本三態輸出邏輯閘電路

　　當致能輸入端(E)為低電位($\leq V_{IL}$)時，NOR 閘的輸出端永遠為低電位($\leq V_{OL}$)，而 NAND 閘的輸出端永遠為高電位($\geq V_{OH}$)，所以 nMOS 電晶體 M_n 與 pMOS 電晶體 M_p 永遠截止，與資料輸入端 x 的值無關，因此輸出端 f 為高阻抗狀態。

📖複習問題

3.32. 為何不能直接將兩個基本的 CMOS 邏輯閘的輸出端連接使用？

3.33. 在使用 OD 閘時，提升電阻器的最小電阻值如何決定？

3.34. 在三態邏輯閘中，輸出端的狀態有那三種？

3.35. 在邏輯電路中的高阻抗狀態是什麼意義？

3.3.4 三態緩衝閘類型與應用

　　三態邏輯閘通常有兩種類型：反相緩衝器(NOT 閘)與非反相緩衝閘。控制端也有兩種型式：高電位致能(enable，或稱啟動 active)與低電位致能。因此組合後，一共有四種類型，如圖 3.3-16 所示。圖 3.3-16(a)所示電路為一個低電位致能的緩衝器，當致能輸入端為邏輯 0 時，輸出端 f 的值與輸入端 x 相同；當致能輸入端為邏輯 1 時，輸出端 f 為高阻抗狀態。圖 3.3-16(b)所示電路為一個高電位致能的緩衝器，當致能輸入端為邏輯 1 時，輸出端 f 的值與輸入端 x 相同；當致能輸入端為邏輯 0 時，輸出端 f 為高阻抗狀態。

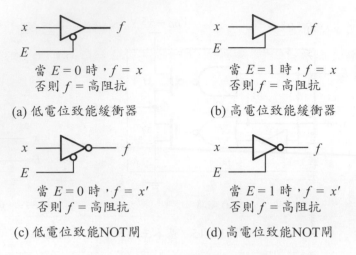

當 $E = 0$ 時，$f = x$
否則 $f =$ 高阻抗

(a) 低電位致能緩衝器

當 $E = 1$ 時，$f = x$
否則 $f =$ 高阻抗

(b) 高電位致能緩衝器

當 $E = 0$ 時，$f = x'$
否則 $f =$ 高阻抗

(c) 低電位致能NOT閘

當 $E = 1$ 時，$f = x'$
否則 $f =$ 高阻抗

(d) 高電位致能NOT閘

圖3.3-16　三態反相器與緩衝器

　　圖 3.3-16(c)所示電路為一個低電位致能的反相緩衝器(NOT 閘)，當致能輸入端為邏輯 0 時，輸出端 f 的值為輸入端 x 的反相值(即 x')；當致能輸入端為邏輯 1 時，輸出端 f 為高阻抗狀態。圖 3.3-16(d)所示電路為一個高電位致能的反相緩衝器，當致能輸入端為邏輯 1 時，輸出端 f 的值為輸入端 x 的反相值(即 x')；當致能輸入端為邏輯 0 時，輸出端 f 為高阻抗狀態。

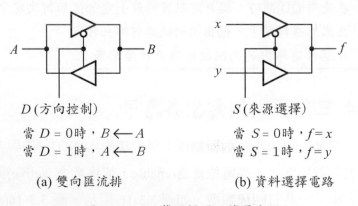

D (方向控制)

當 $D = 0$ 時，$B \leftarrow A$
當 $D = 1$ 時，$A \leftarrow B$

(a) 雙向匯流排

S (來源選擇)

當 $S = 0$ 時，$f = x$
當 $S = 1$ 時，$f = y$

(b) 資料選擇電路

圖3.3-17　三態邏輯閘的簡單應用

　　三態邏輯閘一般使用在匯流排系統中，匯流排為一組同時連接多個推動器(driver)與接收器(receiver)的導線(wire)。例如圖 3.3-17(a)為一個雙向匯流排控制電路，它可以選擇資料的流向，即當 $D = 0$ 時，資料由輸入端 A 流至

輸出端 B，而當 $D = 1$ 時，資料由輸入端 B 流至輸出端 A；圖 3.3-17(b)則為一個匯流排系統，它可以將來自兩個不同地方(x 與 y)的資料分別送至同一輸出端 f 上，即當 $S = 0$ 時，輸出端 $f = x$，而當 $S = 1$ 時，輸出端 $f = y$。

📖 複習問題

3.36. 三態邏輯閘有那些類型？

3.37. 三態邏輯閘的控制端信號有那些類型？

3.4* ECL邏輯族

　　ECL 邏輯族為目前速度最快的數位 IC，其典型的邏輯閘傳播延遲為 1 ns 而時脈頻率可以高達 1 GHz。在 ECL 邏輯族中，有兩種系列：10K 系列與 100K 系列。前者在使用上較普遍，但後者由於電路設計上的改進，具有較優良的電壓轉換特性。本節中，只介紹射極耦合邏輯閘電路的基本電路。

3.4.1 射極耦合邏輯閘電路

　　基本的射極耦合邏輯閘電路如圖 3.4-1 所示，它主要分成兩部分：電流開關(current switch)與電壓位準移位電路(voltage level shifter)，前者提供邏輯電路的功能，而後者將電流開關輸出的邏輯電壓值調整為一個適當的邏輯電壓位準，以提供一個足夠的雜音邊界。

　　設輸入端的電壓參數：$V_{IL} = 3.5$ V 而 $V_{IH} = 3.9$ V；輸出端的電壓參數：$V_{OL} = 3.0$ V 而 $V_{OH} = 4.3$ V。當輸入端 x 與 y 的電壓值均小於 3.5 V 時，電晶體 Q_1 與 Q_3 均截止，而電晶體 Q_2 導通，輸出端 f 的電壓值為 3.0 V，輸出端 f' 的電壓值為 4.3 V。當輸入端 x 或是 y 的電壓值均大於 3.9 V 時，電晶體 Q_1 或是 Q_3 導通，而電晶體 Q_2 截止，輸出端 f 的電壓值為 4.3 V，輸出端 f' 的電壓值為 3.0 V。所以輸出端 f 為 OR 函數，而輸出端 f' 為 NOR 函數。注意：輸出端 f 與 f' 的電壓值永遠是互補的值。

　　在圖 3.4-1 所示的電路中，輸出端狀態的取出方式有兩種：其一為直接

以輸出端 f 或是 f' 的絕對電壓值當作輸出端的狀態，當值為 4.3 V 時為邏輯 1，當值為 3.0 V 時為邏輯 0；其二為使用差動輸出(differential output)的方式，當 f 的電壓值大於 f' 時為邏輯 1，當 f 的電壓值小於 f' 時為邏輯 0。此種差動信號的觀念亦可以使用於輸入端，稱為差動輸入(differential input)，以使整個邏輯電路均使用差動信號，而不是絕對電壓值的信號。

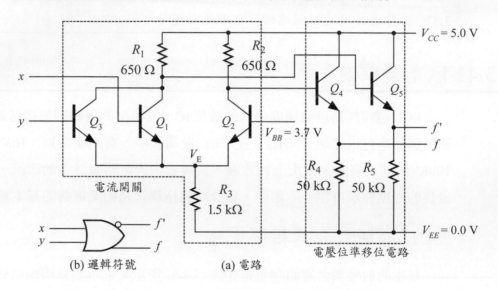

圖3.4-1 基本射極耦合邏輯閘電路

使用差動信號的好處有二：其一為具有較佳的雜訊免疫力，因為雜訊電壓通常是以共模訊號的方式同時出現於差動放大器的輸入端，因而同時影響到兩個輸出端的電壓值，所以當邏輯值是由兩個輸出端的電壓相對值決定時，將較不受雜訊電壓的影響；其二為邏輯值的轉態時序是由輸出端的電壓相對值決定而不是由一個容易受到溫度或是元件特性影響的臨限電壓值決定，因此具有較低的信號歪斜現象。基於這兩項主要的特點，大多數的高頻電路的數位信號傳遞方式通常使用差動信號方式的射極耦合邏輯電路。

📖 複習問題

3.38. 試定義差動輸入與差動輸出。

3.39. 試解釋為何差動信號方式通常使用於高頻電路中？

3.5 參考資料

1. K. G. Gopalan, *Introduction to Digital Microelectronic Circuits*, Chicago: IRWIN, 1996.

2. D. A. Hodges and H. G. Jackson, *Analysis and Design of Digital Integrated Circuits*, 2nd ed., New-York: McGraw-Hill, 1988.

3. M. B. Lin, *Introduction to VLSI Systems: A Logic, Circuit, and System Perspective*, CRC Press, 2012.

4. *MECL Integrated Circuits*, Motorola Inc., Phoenix, Ariz., 1978.

5. Texas Instrument, *The TTL Data Book*, Texas Instrument Inc., Dallas, Texas, 1986.

6. D. Schilling and C. Belove, *Electronic Circuits: Discrete and Integrated Circuits*, 2nd ed., New-York: McGraw-Hill, 1979.

7. J. F. Wakerly, *Digital Design*: *Principles and Practices*, 3rd ed., Upper Saddle River, New Jersey: Prentice-Hall, 2000.

3.6 習題

3.1 74HC 系列的典型電壓轉換特性值為：V_{OH} = 4.4 V；V_{OL} = 0.1 V；V_{IH} = 3.85 V；V_{IL} = 1.35 V，則當兩個相同的反相器串接時，其 NM_L 與 NM_H 分別為多少？

3.2 若某一個 TTL 邏輯閘的規格如下：在 V_{OL} ≤ 0.4 V 時，其 $I_{OL\,max}$ = 12 mA 而在 V_{OH} ≥ 2.4 V 時，$I_{OH\,max}$ = -6 mA；在 V_{IN} = 2.4 V 時，$I_{IH\,max}$ = 100 μA 而在 V_{IN} = 0.4 V 時，$I_{IL\,max}$ = -0.8 mA，則該邏輯閘在低電位與高電位狀態下的扇出數各為多少？

3.3 圖 P3.1 為一個積體電路中的反相器電路，試使用下列資料：

$V_{BE(ON)}$ = 0.7 V、$V_{BE(sat)}$ = 0.8 V、$V_{CE(sat)}$ = 0.1 V、β_F = 20、而 β_R = 0.2

(1) 求出該電路的電壓轉換特性，並求出各個轉折點的電壓值。

(2) 計算在 $NM_H = NM_L$ 的扇出數。

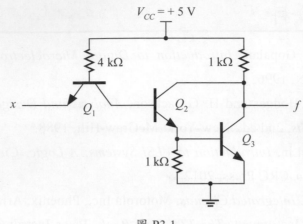

圖 P3.1

3.4 圖 P3.2 的電路為一個線接-AND 電路，試求其輸出交換函數的交換表式，並利用 DeMorgan 定理轉換為 AND 形式。

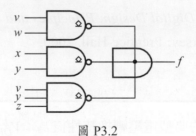

圖 P3.2

3.5 下面為有關於 CMOS 邏輯閘的問題：

(1) 繪出一個 3 個輸入端的 NAND 閘。

(2) 繪出一個 3 個輸入端的 NOR 閘。

3.6 下面為有關於 CMOS 邏輯閘的問題：

(1) 繪出一個 2 個輸入端的 AND 閘。

(2) 繪出一個 2 個輸入端的 OR 閘。

3.7 使用 CMOS 電路，設計圖 P3.3 中的邏輯閘：

(1) 求出圖 P3.3(a)的 AOI21 的交換函數，並執行該邏輯閘。

(2) 求出圖 P3.3(b)的 AOI22 的交換函數，並執行該邏輯閘。

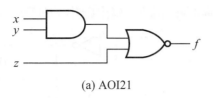
(a) AOI21

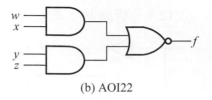
(b) AOI22

圖 P3.3

3.8 使用 CMOS 電路，設計與執行下列各交換函數：

(1) $f(w, x, y, z) = (wxyz)'$

(2) $f(w, x, y, z) = (w + x + y + z)'$

(3) $f(w, x, y, z) = [(w + x)(y + z)]'$

(4) $f(w, x, y, z) = (wxy + z)'$

3.9 使用 CMOS 電路，設計與執行下列各交換函數：

(1) $f(w, x, y, z) = [(w + x)y + wx]'$

(2) $f(w, x, y, z) = [(wx + y)z]'$

(3) $f(w, x, y, z) = (wx + yz)'$

(4) $f(w, x, y, z) = [(w + x)y + x(y + z)]'$

3.10 使用多個 CMOS 電路組合，設計與執行下列各交換函數：

(1) $f(x, y) = xy' + x'y$

(2) $f(x, y) = xy + x'y'$

(3) $f(x, y, z) = xy'z' + x'y'z + x'yz' + xyz$

3.11 分析圖 P3.4 的 CMOS 傳輸閘(TG)邏輯電路，寫出輸出 f 的交換表式。

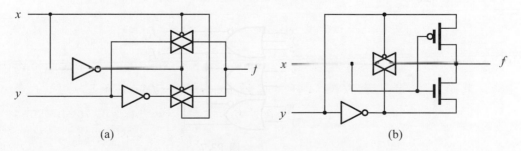
(a)　　　　　　　　　　(b)

圖 P3.4

3.12 分析圖 P3.5 的 CMOS 傳輸閘邏輯電路，寫出輸出 f 的交換表式。

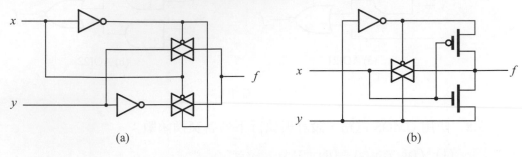

圖 P3.5

3.13 分析圖 P3.6 的 CMOS 傳輸閘邏輯電路，寫出輸出 f_1 與 f_2 的交換表式。

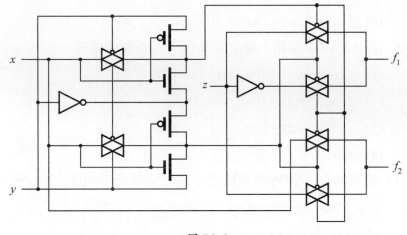

圖 P3.6

3.14 圖 P3.7 為 ECL 的線接-OR 電路，試求其各輸出交換函數 f 的交換表式。

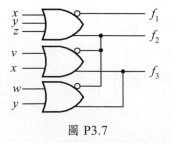

圖 P3.7

4 交換函數化簡

z \ xy	00	01	11	10
0	1 (0)	1 (2)	0 (6)	1 (4)
1	0 (1)	0 (3)	1 (7)	0 (5)

$$f(x,y,z) = \Sigma(0,2,4,7)$$
$$= m_0 + m_2 + m_4 + m_7$$

本章目標

學完本章之後，你將能夠了解：

- 基本概念：簡化準則與代數運算化簡法
- 卡諾圖化簡法：卡諾圖定義、卡諾圖化簡程序
- 列表法化簡程序
- 最簡式：最簡POS表式與最簡SOP表式
- 未完全指定交換函數：未完全指定交換函數定義與最簡表式
- 交換函數的最簡式求取方法：質隱項表、Petrick方法、探索法
- 變數引入圖法：變數引入圖定義與化簡程序
- 交換函數的餘式與餘式圖化簡程序

雖然標準 SOP 與 POS 型式可以唯一的表示一個交換函數，但是使用標準型式執行一個交換函數通常不是最經濟與實用的方式。因為以標準型式(SOP 或是 POS)執行時，執行每一個(乘積或和)項之邏輯閘的扇入數目恰好與該交換函數的交換變數的數目相同，但是實際上的邏輯閘的扇入能力是有限制的，因而不切合實際的情況。其次，若一個交換函數能夠以較少的乘積項或是和項表示時，執行該交換函數所需要的邏輯閘數目將較少，因而成本較低。所以一般在執行一個交換函數之前，皆先依據一些準則(在第 4.1.1 節中介紹)加以簡化。本章中將討論三種最常用的化簡方法：卡諾圖(Karnaugh map)法、列表法(tabular method)、變數引入圖(variable-entered map)法。

4.1 基本概念

在設計數位電路(或系統)時，電路的成本通常由交換函數的表示形式與使用的邏輯元件決定。例如使用基本邏輯閘執行一個交換函數時，該交換函數最好能以最少數目的變數與乘積項(或和項)表示，以減少使用的邏輯閘數目和邏輯閘的扇入數目。如第 3.1.3 節所定義，扇入數目(fan-in)是指一個邏輯閘所能外加的獨立輸入端的數目。若是使用多工器(第 6.3.3 節)執行時，則交換函數最好表示為標準 SOP 型式。因此，在設計一個交換函數的邏輯電路時，該交換函數是否需要化簡，完全由執行該交換函數的邏輯元件決定(邏輯電路的設計與執行，請參閱第 5 章到第 8 章)。

4.1.1 簡化準則

所謂的簡化(minimization)即是將一個交換函數 $f(x_{n-1},......,x_1,x_0)$ 表示為符合某些簡化準則(minimality criteria)之下的另外一個在邏輯值上等效的交換函數 $g(x_{n-1},......,x_1,x_0)$。一般常用的簡化準則如下：

簡化準則

1. 出現的字母變數數目最少；
2. 在 SOP (或是 POS)表式中，出現的字母變數數目最少；

3. 在 SOP (或是 POS)表式中，乘積項(或是和項)的數目最少(假設沒有其它具有相同數目的乘積項(或是和項)但具有較少數目的字母變數的表式存在)。

在本章中，將以第三個準則為所有簡化方法的標準。

　　為說明第三個準則的詳細意義，假設交換函數 $f(x_{n-1}, \ldots, x_1, x_0)$ 表示為 SOP 型式，並且設 q_f 表示交換函數 f 的字母變數數目，p_f 表示交換函數 f 中的乘積項數目。對於交換函數 f 的兩個不同的表示式 f 與 g 而言，當 $q_g \leq q_f$ 而且 $p_g \leq p_f$ 時，若沒有其它和 f 等效的較簡表示式，則 g 為最簡表式(minimal expression)。

例題 4.1-1　(簡化準則)

　　在下列兩個 $f(w, x, y, z) = \Sigma(2, 6, 7, 13, 15)$ 的交換表式中，試依上述簡化準則，說明 g 較 f 為簡化。

$$f(w, x, y, z) = w'x'yz' + w'xyz' + w'xyz + wxy'z + wxyz$$

$$g(w, x, y, z) = w'yz' + w'xy + wxz$$

解：因為 $q_f = 20$ 而 $p_f = 5$ 但是

　　　$q_g = 9$ 而 $p_g = 3$

所以 $q_f > q_g$ 而且 $p_f > p_g$，即 g 較 f 為簡化。

📖**複習問題**

4.1.　一般常用的簡化準則有那些？

4.2.　試定義一個交換函數的最簡表式。

4.1.2 代數運算化簡法

　　一般而言，任何一個交換函數都可以藉著代數(指交換代數)運算而重覆地使用下列定理：邏輯相鄰定理($xy + xy' = x$)、等冪性($x + x = x$)，與一致性定理($xy + x'z + yz = xy + x'z$)(表 2.1-1)，獲得最簡表式。

例題 4.1-2　(最簡表式)

　　試求下列交換函數的最簡 SOP 表式

$$f(x, y, z) = \Sigma(0, 2, 3, 4, 5, 7)$$

解：$f(x, y, z) = \Sigma(0, 2, 3, 4, 5, 7)$

$$= \underbrace{x'y'z'}_{m_0} + \underbrace{x'yz'}_{m_2} + \underbrace{x'yz}_{m_3} + \underbrace{xy'z'}_{m_4} + \underbrace{xy'z}_{m_5} + \underbrace{xyz}_{m_7}$$

現在分三種情況討論

(1) 將 m_0 與 m_7，加入 $f(x, y, z)$ 後

$$f(x, y, z) = \underbrace{x'y'z'}_{m_0} + \underbrace{x'yz'}_{m_2} + \underbrace{x'y'z'}_{m_0} + \underbrace{xy'z'}_{m_4} + \underbrace{x'yz}_{m_3} + \underbrace{xyz}_{m_7} + \underbrace{xy'z}_{m_5} + \underbrace{xyz}_{m_7}$$

將 m_0 與 m_2、m_0 與 m_4、m_3 與 m_7、m_5 與 m_7 組合後得到

$$f(x, y, z) = x'z'(y' + y) + (x' + x)y'z' + (x' + x)yz + xz(y' + y)$$
$$= x'z' + y'z' + yz + xz$$

(2) 將 m_0 與 m_2、m_4 與 m_5、m_3 與 m_7 組合後得到

$$f(x, y, z) = x'z'(y' + y) + xy'(z' + z) + (x' + x)yz$$
$$= x'z' + xy' + yz$$

(3) 將 m_0 與 m_4、m_2 與 m_3、m_5 與 m_7 組合後得到

$$f(x, y, z) = (x' + x)y'z' + x'y(z' + z) + x(y' + y)z$$
$$= y'z' + x'y + xz$$

因此 $f(x, y, z) = \Sigma(0, 2, 3, 4, 5, 7)$ 經由不同的乘積項組合後，得到不同的結果。即

$$f(x, y, z) = x'z' + y'z' + yz + xz$$
$$= x'z' + xy' + yz$$
$$= y'z' + x'y + xz$$

這些表式皆為 $f(x, y, z)$ 的不重覆(irredundant，或 irreducible expression)表式，但是只有最後兩個為最簡式。

一般而言，當一個 SOP 表式(或是 POS 表式)中，將任何一個字母變數或是乘積項(或是和項)刪除後，結果表示式的邏輯值即改變時，該 SOP (或是 POS)表式稱為不重覆表式。由前面例題得知：一個不重覆表式不一定是最簡式，而且最簡式也不一定是唯一的，但是最簡式必定是不重覆表式。

　　若在一個交換函數的表式中，有四個最小項中除了兩個變數不同外，所有變數均相同，而且這四個最小項恰好為這兩個變數的四種不同的組合時，這四個最小項可以合併成一項並且消去該兩個變數。

例題 4.1-3　(四個相鄰的最小項)

化簡下列交換函數：

$$f(w, x, y, z) = \Sigma(0, 1, 4, 5)$$

解： $f(w, x, y, z) = \Sigma(0, 1, 4, 5)$

$$= w'x'y'z' + w'x'y'z + w'xy'z' + w'xy'z$$
$$= w'y'(x'z' + x'z + xz' + xz)$$
$$= w'y'A$$

而 $A = x'z' + x'z + xz' + xz$

$$= (x'z' + x'z) + (xz' + xz)$$
$$= x'(z' + z) + x(z' + z)$$
$$= x' + x = 1$$

所以 $f(w, x, y, z) = w'y'$ 。

　　若在一個交換函數的表式中，有八個最小項除了三個變數不同外，所有變數均相同，而且這八個最小項恰好為這三個變數的八種不同的組合時，這八個最小項可以合併成一項，並且消去該三個變數。

例題 4.1-4　(八個相鄰的最小項)

化簡下列交換函數：

$$f(w, x, y, z) = \Sigma(1, 3, 5, 7, 9, 11, 13, 15)$$

解： $f(w, x, y, z) = \Sigma(1, 3, 5, 7, 9, 11, 13, 15)$

$$= w'x'y'z + w'x'yz + w'xy'z + w'xyz + wx'y'z + wx'yz$$
$$+ wxy'z + wxyz$$
$$= (w'x'y' + w'x'y + w'xy' + w'xy + wx'y' + wx'y$$
$$+ wxy' + wxy)z$$
$$= [(w'x'y' + w'xy' + wx'y' + wxy')$$

$$+(w'x'y + w'xy + wx'y + wxy)]z$$
$$= [(w'x' + w'x + wx' + wx)y' + (w'x' + w'x + wx' + wx)y]z$$
$$= (y' + y)z = z$$

所以 $f(w, x, y, z) = z$。

一般而言，在 n 個變數的交換函數表式中，若有 2^m 個最小項中除了 m 個變數不同外所有其它變數均相同，而且這 2^m 個最小項恰好為這 m 個變數的所有不同的組合時，這些 2^m 個最小項可以合併成一個具有$(n - m)$個字母變數的乘積項。

雖然，任何交換函數表式都可以藉著布林(交換)代數定理加以簡化，但是由前面的三個例題可以得知：

1. 當變數的數目或是最小項的數目增加時，應用布林(交換)代數定理化簡一個交換表式時，困難度隨之增加；
2. 在應用交換代數的運算過程中，沒有特定的規則可以遵循；
3. 無法明確地得知是否已經獲得最簡式(例如例題 4.1-2)。

因此，在下一節中將介紹一種較有系統的化簡方法：卡諾圖(Karnaugh map)。

📖 複習問題

4.3. 試定義不重覆表式。
4.4. 試說明不重覆表式與最簡表式的關係。

4.2 卡諾圖化簡法

卡諾圖其實是一個交換函數真值表的一種圖形表示方法。利用這種圖形表示方法，每一個最小項與其相鄰的最小項，即可以輕易地呈現在相鄰的幾何位置上。這裡所謂的"相鄰"(adjacent)意即兩個最小項僅有一個字母變數不同。當然，利用卡諾圖化簡一個交換表式時，所用的基本原理依然是 $Ax + Ax' = A$ (相鄰定理)。此外，卡諾圖和真值表一樣，原則上可以應用到任意個變數的交換函數中，但是由於多維的幾何圖形很難在平面上展現，一般卡諾圖只應用在六個變數以下的場合。

4.2.1 卡諾圖

每一個 n 個變數的卡諾圖都是由 2^n 個格子(cell)組合而成，其中每一個格子恰好表示 n 個變數中一個可能的組合(即最小項或是最大項)。同時，所有最小項(最大項)與其所有相鄰的最小項(最大項)在圖形中的排列方式，恰好在相鄰的格子上。因此，利用一些基本的圖形，即可以獲得交換函數的最簡式。

交換函數與卡諾圖的對應關係如下：若一個交換函數 f 表示為標準 SOP 型式時，將所有最小項與卡諾圖上對應的格子設定為 1，而卡諾圖上剩餘的格子則全部設定為 0；若一個交換函數 f 表示為標準 POS 型式時，將所有最大項與卡諾圖上對應的格子設定為 0，而卡諾圖上剩餘的格子則全部設定為 1。

在卡諾圖中，值為 1 的格子，稱為 1-格子(1-cell)；值為 0 的格子，稱為 0-格子(0-cell)。兩個格子若其對應的二進制組合恰好只有一個位元的值不相同時，稱為相鄰(adjacency)。當兩個 1-格子(0-格子)相鄰時，表示對應的最小項(最大項)之間有一個變數是重覆的，可以消去。當四個 1-格子(0-格子)相鄰時，表示每一個 1-格子(0-格子)與其它兩個 1-格子(0-格子)相鄰，其對應的最小項(最大項)之間有兩個變數是多餘的，可以消去。一般而言，當 2^m 個 1-格子(0-格子)相鄰時，表示每一個 1-格子(0-格子)均與 m 個 1-格子(0-格子)相鄰，對應的最小項(最大項)之間有 m 個變數是多餘的，可以消去。因此，化簡成一個 $n\text{-}m$ 個變數的乘積項(和項)。

兩個變數卡諾圖

兩個變數的卡諾圖如圖 4.2-1 所示。由於有兩個交換變數，所以一共有四個最小項與四個最大項，這些最小項與最大項在卡諾圖中的對應格子如圖 4.2-1(a)所示。圖 4.2-1(b)說明一個交換函數如何與卡諾圖對應。在兩個變數的卡諾圖中，每一個最小項(最大項)都與另外兩個最小項(最大項)相鄰，如圖 4.2-1(a)中的 "↔" 所示。表 4.2-1 列出兩個變數下，所有最小項(最大項)及與其相鄰的所有最小項(最大項)。

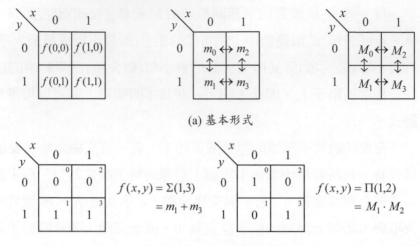

(a) 基本形式

$$f(x,y) = \Sigma(1,3)$$
$$= m_1 + m_3$$

$$f(x,y) = \Pi(1,2)$$
$$= M_1 \cdot M_2$$

(b) 交換函數與卡諾圖的對應例

圖4.2-1　兩個變數的卡諾圖

表4.2-1　兩個變數卡諾圖的相鄰性

最小項	相鄰的最小項	最大項	相鄰的最大項
m_0	m_1、m_2	M_0	M_1、 M_2
m_1	m_0、m_3	M_1	M_0、 M_3
m_2	m_0、m_3	M_2	M_0、 M_3
m_3	m_1、m_2	M_3	M_1、 M_2

三個變數卡諾圖

　　三個變數的卡諾圖如圖 4.2-2 所示。由於有三個交換變數，所以一共有八種不同的組合，即一共有八個最小項與八個最大項。這些最小項與最大項在卡諾圖中的對應格子加圖 4.2-2(a)所示。圖 4.2-2(b)說明一個交換函數如何與卡諾圖對應。在三個變數的卡諾圖中，每一個最小項(最大項)都與另外三個最小項(最大項)相鄰。表 4.2-2 列出三個變數下，所有最小項(最大項)及與其相鄰的所有最小項(最大項)。

z \ xy	00	01	11	10
0	m_0	m_2	m_6	m_4
1	m_1	m_3	m_7	m_5

z \ xy	00	01	11	10
0	M_0	M_2	M_6	M_4
1	M_1	M_3	M_7	M_5

(a) 基本形式

z \ xy	00	01	11	10
0	1 (0)	1 (2)	0 (6)	1 (4)
1	0 (1)	0 (3)	1 (7)	0 (5)

$$f(x,y,z) = \Sigma(0,2,4,7) = m_0 + m_2 + m_4 + m_7$$

z \ xy	00	01	11	10
0	0 (0)	1 (2)	0 (6)	1 (4)
1	0 (1)	0 (3)	1 (7)	1 (5)

$$f(x,y,z) = \Pi(0,1,3,6) = M_0 \cdot M_1 \cdot M_3 \cdot M_6$$

(b) 交換函數與卡諾圖的對應例

圖4.2-2　三個變數的卡諾圖

表4.2-2　三個變數卡諾圖的相鄰性

最小項	相鄰的最小項	最大項	相鄰的最大項
m_0	m_1、m_2、m_4	M_0	M_1、M_2、M_4
m_1	m_0、m_3、m_5	M_1	M_0、M_3、M_5
m_2	m_0、m_3、m_6	M_2	M_0、M_3、M_6
m_3	m_1、m_2、m_7	M_3	M_1、M_2、M_7
m_4	m_0、m_5、m_6	M_4	M_0、M_5、M_6
m_5	m_1、m_4、m_7	M_5	M_1、M_4、M_7
m_6	m_2、m_4、m_7	M_6	M_2、M_4、M_7
m_7	m_3、m_5、m_6	M_7	M_3、M_5、M_6

四個變數卡諾圖

四個變數的卡諾圖如圖 4.2-3 所示。由於有四個交換變數，所以一共有十六種不同的組合，即一共有十六個最小項與十六個最大項。這些最小項與最大項在卡諾圖中的對應格子如圖 4.2-3(a)所示。圖 4.2-3(b)說明一個交換函數如何與卡諾圖對應。在四個變數的卡諾圖中，每一個最小項(最大項)都與另外四個最小項(最大項)相鄰。一般而言,在一個 n 個變數的卡諾圖中,每一個最小項(最大項)恰好與 n 個其它的最小項(最大項)相鄰。

yz \ wx	00	01	11	10
00	m_0	m_4	m_{12}	m_8
01	m_1	m_5	m_{13}	m_9
11	m_3	m_7	m_{15}	m_{11}
10	m_2	m_6	m_{14}	m_{10}

yz \ wx	00	01	11	10
00	M_0	M_4	M_{12}	M_8
01	M_1	M_5	M_{13}	M_9
11	M_3	M_7	M_{15}	M_{11}
10	M_2	M_6	M_{14}	M_{10}

(a) 基本形式

yz \ wx	00	01	11	10
00	0 [0]	0 [4]	1 [12]	0 [8]
01	1 [1]	0 [5]	0 [13]	1 [9]
11	0 [3]	1 [7]	1 [15]	0 [11]
10	0 [2]	1 [6]	1 [14]	0 [10]

yz \ wx	00	01	11	10
00	1 [0]	0 [4]	0 [12]	0 [8]
01	0 [1]	1 [5]	1 [13]	1 [9]
11	1 [3]	1 [7]	0 [15]	1 [11]
10	1 [2]	0 [6]	1 [14]	1 [10]

$f(w,x,y,z) = \Sigma(1,6,7,9,12,14,15)$
$= m_1 + m_6 + m_7 + m_9 + m_{12} + m_{14} + m_{15}$

$f(w,x,y,z) = \Pi(1,4,6,8,12,15)$
$= M_1 \cdot M_4 \cdot M_6 \cdot M_8 \cdot M_{12} \cdot M_{15}$

(b) 交換函數與卡諾圖的對應例

圖4.2-3　四個變數的卡諾圖

交換函數的補數函數、和與積函數

如前所述,由真值表求取一個交換函數 f 的補數函數時,僅需將真值表中的函數值取補數即可。由真值表求取兩個交換函數的積函數與和函數時,只需要將交換函數 f 與 g 的真值表中的值分別做 AND 與 OR 運算即可。因此,若交換函數 $f_1(x_{n-1},\ldots,x_1,x_0)$ 與 $f_2(x_{n-1},\ldots,x_1,x_0)$ 分別表示為:

$$f_1 = \sum_{i=0}^{2^n-1} \alpha_i m_i \quad \text{與} \quad f_2 = \sum_{i=0}^{2^n-1} \beta_i m_i$$

則 f_1 與 f_2 的積函數為：

$$f_1 \cdot f_2 = \sum_{i=0}^{2^n-1} (\alpha_i \cdot \beta_i) m_i \quad \text{(因為當 } i \neq j \text{ 時，} m_i \cdot m_j = 0)$$

而 f_1 與 f_2 的和函數為：

$$f_1 + f_2 = \sum_{i=0}^{2^n-1} (\alpha_i + \beta_i) m_i$$

在變數數目少於六個時，交換函數 f 的補數函數及兩個交換函數 f_1 與 f_2 的積函數與和函數也可以使用卡諾圖表示。在求交換函數 f 的補數函數時，僅需將卡諾圖中的 1-格子以 0-格子而 0-格子以 1-格子取代即可。在求兩個交換函數 f_1 與 f_2 的積函數時，將所有卡諾圖中的格子之值 AND 後，即為所求的積函數 $f_1 \cdot f_2$；求兩個交換函數 f_1 與 f_2 的和函數時，則將卡諾圖中的所有格子之值 OR 後，即為所求的和函數 $f_1 + f_2$。

📖 複習問題

4.5. 試定義 0-格子、1-格子、相鄰格子。

4.6. 在卡諾圖中，當有 2^m 個 1-格子(0-格子)相鄰時，可以消去幾個變數？

4.7. 如何使用卡諾圖，求取兩個交換函數的和函數？

4.8. 如何使用卡諾圖，求取兩個交換函數的積函數？

4.2.2 卡諾圖化簡程序

一旦將一個交換函數 f 對應到卡諾圖後，即可以依照卡諾圖的幾何排列方式，合併所有相鄰的最小項(最大項)。一般而言，若將所有 2^m 個相鄰(即每一個格子均與 m 個格子相鄰)的格子組合後，即可以消去 m 個變數，化簡成一個 $n-m$ 個變數的乘積項(和項)。這些可以組合為一項的 2^m 個格子稱為格子群(cluster，或 subcube)。

例題 4.2-1　(格子群)

　　試說明當將所有 2^m 個相鄰的格子合併後，可以消去 m 個變數。

解：設 $f(w, x, y, z) = \Sigma(2, 3, 4, 5, 12, 13, 14)$ 而其卡諾圖如圖 4.2-4 所示。格子群 A 共有 2 項，即 $2^m = 2$ 所以 $m = 1$，每一個格子均有一個格子與之相鄰，它可消去一個變數：z。格子群 B 共有 4 項，即 $2^m = 4 = 2^2$，所以 $m = 2$，每一個格子均與其它兩個格子相鄰，可消去兩個變數：w 與 z。格子群 C 則和 A 類似，消去一個變數：y。

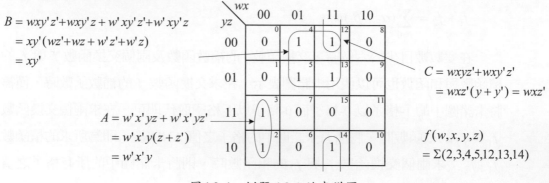

$$B = wxy'z' + wxy'z + w'xy'z' + w'xy'z$$
$$= xy'(wz' + wz + w'z' + w'z)$$
$$= xy'$$

$$C = wxyz' + wxy'z'$$
$$= wxz'(y + y') = wxz'$$

$$A = w'x'yz + w'x'yz'$$
$$= w'x'y(z + z')$$
$$= w'x'y$$

$$f(w, x, y, z)$$
$$= \Sigma(2,3,4,5,12,13,14)$$

圖4.2-4　例題 4.2-1 的卡諾圖

　　在上述例題中，最小項 m_{12} 重覆使用了兩次，這是因為在交換代數中，等冪性($x + x = x$)定理存在的關係。一般而言，在卡諾圖中，任何格子均可以依據實際上的需要，重覆地使用以形成需要的格子群。

　　卡諾圖的化簡程序如下：

卡諾圖化簡程序

1. 依據欲形成的最簡式為 SOP 或是 POS 形式，選擇考慮 1-格子或是 0-格子。

2. 圈起所有只包含一個單一格子的格子群，然後繼續圈起能形成兩個但是不能形成較多個格子的格子群。

3. 接著圈起能組成四個但是不能形成較多個格子的格子群，然後圈起能形成八個但是不能形成較多個格子的格子群等，依此類推。

4. 在形成最簡表式時，在每一個格子至少皆被一個格子群包含的前提下，儘量選取最大的格子群而且格子群的數目最少，將這些格子群集合後，即為所求的最簡式。

下列舉數例說明上述的化簡程序。

例題 4.2-2 （卡諾圖化簡）

試求下列交換函數的最簡表式：

$$f_1(x, y, z) = \Sigma(1, 3, 4, 5)$$
$$f_2(x, y, z) = \Sigma(2, 3, 6, 7)$$

解：交換函數 f_1 與 f_2 的卡諾圖與化簡程序說明如圖 4.2-5 所示。在圖 4.2-5(a) 中，最小項 m_1 與 m_3 相鄰，消去 y 而合併成一項 $x'z$；最小項 m_4 與 m_5 相鄰，消去 z 而合併成一項 xy'。在圖 4.2-5(b) 中，四個最小項 m_2、m_3、m_6、m_7 相鄰，可以消去 x 與 z 而合併成一項 y。交換函數 f_1 與 f_2 的最簡式分別為：

$$f_1(x, y, z) = x'z + xy'$$
$$f_2(x, y, z) = y \text{。}$$

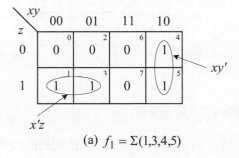
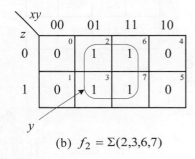

(a) $f_1 = \Sigma(1,3,4,5)$　　(b) $f_2 = \Sigma(2,3,6,7)$

圖4.2-5　例題 4.2-2 的卡諾圖

例題 4.2-3 （卡諾圖化簡）

試求下列交換函數的最簡表式

$$f(w, x, y, z) = \Sigma(2, 5, 6, 7, 10, 11, 13, 15)$$

解：交換函數 f 的卡諾圖如圖 4.2-6 所示。在圖 4.2-6(a) 中，四個最小項 m_5、m_7、m_{13}、m_{15} 相鄰，可以消去 w 與 y 而合併成一項 xz；最小項 m_2 與 m_{10} 相鄰，消去 w 而合併成一項 $x'yz'$；m_6 與 m_7 相鄰，消去 z 而合併成一項 $w'xy$；m_{11} 與 m_{15} 相鄰，消去 x 而合併成一項 wyz。注意：m_2 與 m_6、m_{10} 與 m_{11} 均為相

鄰對,但是這些最小項因為都已經包含於其它合併項中,因此它們不需要再進行合併。綜合化簡的結果,得到簡化後的交換表式為:

$$f = w'xy + x'yz' + wyz + xz$$

在圖 4.2-6(b)中,四個最小項 m_5、m_7、m_{13}、m_{15} 相鄰,可以消去 w 與 y 而合併成一項 xz;最小項 m_2 與 m_6 相鄰,消去 x 而合併成一項 $w'yz'$;m_{10} 與 m_{11} 相鄰,消去 z 而合併成一項 $wx'y$。綜合化簡的結果,得到簡化後的交換表式為:

$$f = wx'y + w'yz' + xz$$

注意:圖 4.2-6(a)的結果並不是最簡式,但是一個不重覆表式;圖 4.2-6(b)的結果則為最簡式。

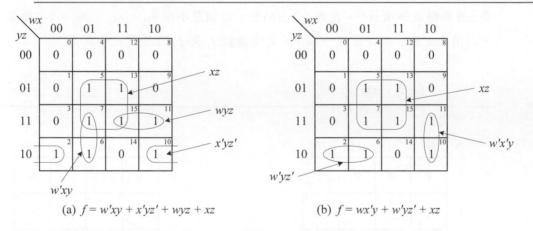

(a) $f = w'xy + x'yz' + wyz + xz$ (b) $f = wx'y + w'yz' + xz$

圖4.2-6　例題 4.2-3 的卡諾圖

在卡諾圖上,任何格子群均為交換函數 f 的隱含項(implicant);任何不被其它較大的隱含項(格子群)所包含的隱含項則為交換函數 f 的質隱項(prime implicant);若一個質隱項所包含的最小項中,至少有一個未被其它質隱項所包含時,該質隱項稱為必要質隱項(essential prime implicant)。由於交換函數中的每一個最小項均必須包含於最簡式中,所以所有必要質隱項皆必須包含於最簡式中。但是所有必要質隱項之集合,往往不能包含一個交換函數的所有最小項。因此,求取一個交換函數的最簡式的方法為先選取必要質隱項,然後選取可以包含未被必要質隱項包含的最小項的最小質隱項集合。

例題 4.2-4　(最簡式)

試求下列交換函數的最簡式：

$$f(w, x, y, z) = \Sigma(7, 8, 12, 13, 15)$$

解：交換函數 f 的卡諾圖如圖 4.2-7 所示。兩個必要質隱項為 $wy'z'$ 與 xyz。選取這兩個必要質隱項後，留下最小項 m_{13} 未被包含，因此交換函數 f 的最簡式 (有兩個)為：

$$f(w, x, y, z) = wy'z' + xyz + \begin{cases} wxz \\ wxy' \end{cases} \quad (二者擇一)$$

其中 wxz 與 wxy' 為包含最小項 m_{13} 的質隱項。

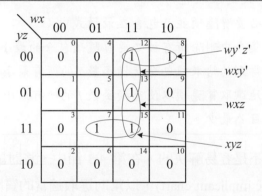

圖4.2-7　例題 4.2-4 的卡諾圖

當然，並不是所有交換函數均含有必要質隱項，例如下列例題中的交換函數。

例題 4.2-5　(沒有必要質隱項的交換函數)

試求下列交換函數的最簡式：

$$f(x, y, z) = \Sigma(1, 2, 3, 4, 5, 6)$$

解：交換函數 f 的卡諾圖如圖 4.2-8 所示。由於每一個最小項均被兩個質隱項包含，所以沒有必要質隱項。這類型的卡諾圖稱為循環質隱項圖 (cyclic prime-implicant map)。兩個最簡式分別為：

$$f(x, y, z) = xz' + x'y + y'z$$
$$f(x, y, z) = yz' + xy' + x'z$$

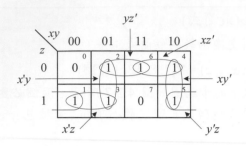

圖4.2-8 例題 4.2-5 的卡諾圖

總之，獲得一個交換函數 f 的最簡 SOP 表式的程序可以歸納如下：

最簡 SOP 表式的求取程序

1. 決定所有必要質隱項並且包含在最簡式中；
2. 由質隱項集合中刪除所有被必要質隱項包含的最小項；
3. 若步驟 1 得到的結果能包含交換函數 f 的所有最小項，該結果即為最簡式，否則適當地選取質隱項以使交換函數 f 的所有最小項皆能完全被包含並且質隱項的數目為最少。

步驟 3 通常不是容易解決的。在第 4.3 節中，將討論一種有系統的方法─質隱項表(prime implicant chart)，以幫助選取適當的質隱項。

📖複習問題

4.9. 試簡述卡諾圖的化簡程序。

4.10. 試說明格子群的意義。

4.11. 試定義隱含項與質隱項。

4.12. 試定義必要質隱項。

4.13. 試簡述最簡 SOP 表式的求取程序。

4.2.3 最簡 POS 表式

到目前為止，所有交換函數均以 SOP 形式的最簡式表示，但是對於某些交換函數而言，若表示為 POS 形式的最簡式時，執行該交換函數時所需要的邏輯閘數目將較少，因而較經濟。例如下列例題中的交換函數。

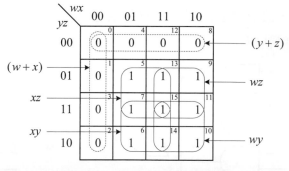

圖4.2-9　例題 4.2-6 的卡諾圖

例題 4.2-6　(最簡 POS 表式)

試求下列交換函數的最簡 POS 表式：

$$f(w, x, y, z) = \Sigma(5, 6, 7, 9, 10, 11, 13, 14, 15)$$

解： 交換函數 f 的卡諾圖與所有質隱項如圖 4.2-9 所示。因為四個質隱項均為必要質隱項，所以交換函數 f 的最簡 SOP 表式為：

$$f(w, x, y, z) = xz + xy + wz + wy$$

執行上述交換函數一共需要四個 2 個輸入端的 AND 閘與一個 4 個輸入端的 OR 閘，如圖 4.2-10(a)所示。若利用分配律，將 f 的最簡式表為 POS 形式，即

$$f(w, x, y, z) = (xz + xy) + (wz + wy)$$
$$= x(y + z) + w(y + z)$$
$$= (x + w)(y + z)$$

則執行該交換函數時，只需要兩個 2 個輸入端的 OR 閘與一個 2 個輸入端的 AND 閘，如圖 4.2-10(b)所示。因此，交換函數 f 以最簡 POS 表式執行時，較為經濟。

獲得一個交換函數的最簡 POS 表式，也可以直接由卡諾圖中讀取。其程序和讀取最簡 SOP 表式的方式是對偶的，即此時所觀察的是 0-格子而不是 1-格子。例如在圖 4.2-9 中，當讀取 0-格子所形成的質隱項時，可以得到下列最簡的 POS 表式：

$$f(w, x, y, z) = (w + x)(y + z)$$

一般而言，並沒有一個已知的方法可以判斷以何種方式執行時，較為經

濟。因此,設計者必須仔細觀察甚至導出兩種形式的最簡式後,選擇其中較
經濟的一種執行。

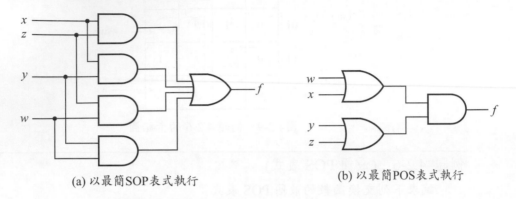

(a) 以最簡SOP表式執行   (b) 以最簡POS表式執行

圖4.2-10　例題 4.2-6 的交換函數的兩種執行方式

📖複習問題

4.14. 是否使用最簡 POS 表式執行時需要的邏輯閘數目都較少?

4.15. 試簡述由卡諾圖中讀取最簡 POS 表式的方法。

4.2.4 未完全指定交換函數

　　前面各節所討論的交換函數,在輸入變數的所有可能的二進制值組合
下,其值均肯定的為 0 或是 1,這種交換函數稱為完全指定交換函數
(completely specified switching function)。在某些交換函數中,有些輸入組合
因為某種原因,可能永遠不會發生,或是即使發生了但是交換函數的值可以
為 0 或是 1,這種交換函數稱為未完全指定交換函數(incompletely specified
switching function)。不可能發生或是發生了也不會影響交換函數值的輸入變
數組合,稱為不在意項(don't care term)。這種不在意項可以幫助簡化交換函
數的表式。

　　因為不在意項的函數值可以為1或是為0,所以在卡諾圖中,所有不在意
項的格子(最小項或是最大項)均以φ(為 0 與 1 重疊的結果,表示其值可以為 1
或是 0)表示。至於該格子是當做 0-格子或是 1-格子,則由實際上在求最簡式

時的需要而定。注意：只有由不在意項形成的格子群不能形成一個質隱項。

例題 4.2-7 (不在意項)

試求下列交換函數的最簡式：
$$f(w, x, y, z) = \Sigma(1, 3, 7, 8, 9, 12, 13, 15) + \Sigma_\phi(4, 5, 10, 11, 14)$$

解：交換函數 f 的卡諾圖如圖 4.2-11 所示。為求取較簡單的表示式，將 ϕ_5, ϕ_{10}, ϕ_{11}, 與 ϕ_{14} 等四個不在意項均設定為 1，因此最簡式為：

$f(w, x, y, z) = w + z$。

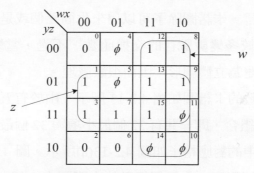

圖4.2-11　例題 4.2-7 的卡諾圖

例題 4.2-8 (不在意項)

試求下列交換函數的最簡式：
$$f(w, x, y, z) = \Pi(1, 2, 3, 4, 9) + \Pi_\phi(10, 11, 12, 13, 14, 15)$$

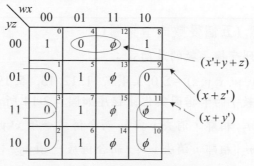

圖4.2-12　例題 4.2-8 的卡諾圖

解：交換函數 f 的卡諾圖如圖 4.2-12 所示。將不在意項 ϕ_{10}, ϕ_{11}, 與 ϕ_{12} 等設定為 0

後，得到最簡式：

$$f(w, x, y, z) = (x + y')(x + z')(x' + y + z)$$

📖 複習問題

4.16. 何謂完全指定交換函數與未完全指定交換函數？

4.17. 試簡述什麼是不在意項。它在交換函數的化簡程序中有何作用？

4.2.5 五個變數卡諾圖

　　一般而言，卡諾圖除了可以用來化簡三個或是四個變數的交換函數外，也可以化簡較多變數數目的交換函數。不過，當變數的數目超過六個以上時，卡諾圖變為立體圖形，因而很難處理。

　　五個變數的卡諾圖如圖 4.2-13 所示。由於有五個交換變數，所以一共有 32 個不同的組合，即一共有 32 個最小項與 32 個最大項。這些最小項與最大項在卡諾圖中的對應格子如圖 4.2-13(a)所示。圖 4.2-13(b)說明一個交換函數如何與卡諾圖對應。在五個變數的卡諾圖中，每一個最小項(最大項)都與另外五個最小項(最大項)相鄰。注意：五個變數的卡諾圖可以視為兩個四個變數的卡諾圖並列而成，其中一個為 $v = 0$，另一個為 $v = 1$。在 $v = 0$ (或是 $v = 1$)中的卡諾圖，每一格子除了和其它四個格子相鄰外，也和 $v = 1$ (或是 $v = 0$)中對應的格子相鄰，因而每一個格子都與其它五個格子相鄰。

例題 4.2-9　(五個變數的卡諾圖)

　　試求下列交換函數的最簡式：

$$f(v, w, x, y, z) = \Sigma(0, 3, 4, 5, 11, 12, 13, 15, 19, 20, 21, 27, 28, 29, 31)$$

解：交換函數 f 的卡諾圖與化簡程序如圖 4.2-14 所示。最小項 m_3 與 m_{11} 相鄰而且和 m_{19} 與 m_{27} 相鄰，消去 v 與 w 而合併成一項 $x'yz$；最小項 m_{11} 與 m_{15} 相鄰而且和 m_{27} 與 m_{31} 相鄰，消去 v 與 x 而合併成一項 wyz；最小項 m_{13} 與 m_{15} 相鄰而且和 m_{29} 與 m_{31} 相鄰，消去 v 與 y 而合併成一項 wxz；最小項 m_4、m_5、m_{12}、m_{13} 相鄰而且和 m_{20}、m_{21}、m_{28}、m_{29} 相鄰，消去 v、w 與 z 而合併成一項 xy'。最小項 m_0 與 m_4 相鄰，可以消去 x 而合併成一項 $v'w'y'z'$。其最簡式為

yz \ wx	$v=0$ 00	01	11	10	$v=1$ 00	01	11	10
00	m_0	m_4	m_{12}	m_8	m_{16}	m_{20}	m_{28}	m_{24}
01	m_1	m_5	m_{13}	m_9	m_{17}	m_{21}	m_{29}	m_{25}
11	m_3	m_7	m_{15}	m_{11}	m_{19}	m_{23}	m_{31}	m_{27}
10	m_2	m_6	m_{14}	m_{10}	m_{18}	m_{22}	m_{30}	m_{26}

yz \ wx	$v=0$ 00	01	11	10	$v=1$ 00	01	11	10
00	M_0	M_4	M_{12}	M_8	M_{16}	M_{20}	M_{28}	M_{24}
01	M_1	M_5	M_{13}	M_9	M_{17}	M_{21}	M_{29}	M_{25}
11	M_3	M_7	M_{15}	M_{11}	M_{19}	M_{23}	M_{31}	M_{27}
10	M_2	M_6	M_{14}	M_{10}	M_{18}	M_{22}	M_{30}	M_{26}

(a) 基本形式

yz \ wx	$v=0$ 00	01	11	10	$v=1$ 00	01	11	10
00	1	1	0	0	1	1	0	0
01	0	0	0	0	0	1	0	0
11	0	0	1	0	1	0	1	0
10	1	1	0	1	0	0	0	0

yz \ wx	$v=0$ 00	01	11	10	$v=1$ 00	01	11	10
00	1	1	1	1	1	0	0	1
01	1	1	1	0	0	1	1	1
11	0	0	1	0	1	1	1	1
10	1	1	0	1	0	1	0	1

$$f(v,w,x,y,z) = \Sigma(0,2,4,6,10,15,16,19,20,21,31)$$
$$= m_0 + m_2 + m_4 + m_6 + m_{10} + m_{15} + m_{16} + m_{19} + m_{20} + m_{21} + m_{31}$$

$$f(v,w,x,y,z) = \Pi(1,3,7,9,14,17,18,20,28,30)$$
$$= M_1 \cdot M_3 \cdot M_7 \cdot M_9 \cdot M_{14} \cdot M_{17} \cdot M_{18} \cdot M_{20} \cdot M_{28} \cdot M_{30}$$

(b) 交換函數與卡諾圖的對應例

圖4.2-13　五個變數的卡諾圖

$$f(v, w, x, y, z) = xy' + v'w'y'z' + x'yz + \begin{cases} wyz \\ wxz \end{cases} \text{（二者擇一）}$$

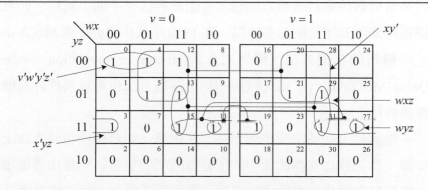

圖4.2-14　例題 4.2-9 的卡諾圖

例題 4.2-10 (五個變數的卡諾圖)

試求下列交換函數的最簡式

$$f(v, w, x, y, z) = \Sigma(0, 1, 4, 5, 12, 15, 16, 17, 21, 25, 27, 30, 31)$$
$$+ \Sigma_\phi(9, 11, 13, 14, 20, 28, 29)$$

解：交換函數 f 的卡諾圖如圖 4.2-15 所示。交換函數 f 的最簡式為：

$$f(v, w, x, y, z) = wx + wz + w'y' 。$$

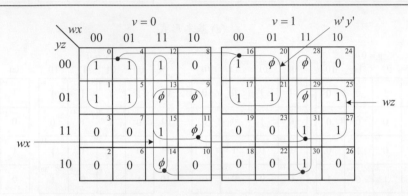

圖4.2-15 例題 4.2-10 的卡諾圖

4.3 列表法化簡法

　　卡諾圖化簡法的主要缺點有二：一、所有質隱項都是以幾何圖形的基本標型(pattern)做判斷而求得的；二、卡諾圖只適用在六個變數以下的情形，因為當變數的數目多於六個時，卡諾圖無法在平面上呈現，而無法使用基本標型化簡。為了克服這些缺點，在 1950 年代由 Quine 與 McCluskey 等人提出了一種新的化簡方法，稱為列表法(tabular or tabulation method)，或稱為Quine-McCluskey 法 (簡稱 QM 法)。這種方法也可以寫成計算機程式，由計算機執行。

　　無論是卡諾圖法或是列表法，在化簡一個交換函數時大致上都分成兩個步驟：首先找出交換函數中的所有質隱項的集合，然後由質隱項集合中找出一組能包含原來的交換函數的最小質隱項子集合，此子集合即為最簡式。

　　欲由所有質隱項集合中找出最簡式的最小子集合的兩個常用方法為：

Petrick 方法與探索法(heuristic method)。Petrick 方法為一個可以由所有質隱項集合中找出一個交換函數最簡式的系統性方法。探索法則重複性的使用一些簡化質隱項表的規則，以簡化質隱項表的大小，然後由此簡化質隱項表中獲取最簡式。

4.3.1 列表法

使用列表法求取一個交換函數的質隱項集合時，交換函數中的所有乘積項(p)均以二進制組合的方式表示，即

$$p = b_{n-1} \ldots b_i \ldots b_1 b_0$$

而 b_i 的值可以為 1、0 或是-，由 b_i 所對應的交數變數是 x_i、x'_i 或是未出現 (即該變數已經由於組合的關係而消去)決定。兩個乘積項 p 與 q 可以組合成一項而消去一個變數的條件為所有"-"的位元位置必須相同，而且只有一個位元位置的值不同(即一個為 0 而另外一個為 1)。假設 p 與 q 分別為：

$$p = b_{n-1} \ldots b_{i+1} b_i b_{i-1} \ldots b_1 b_0$$

與

$$q = b_{n-1} \ldots b_{i+1} b'_i b_{i-1} \ldots b_1 b_0$$

其中 b_j，當 $j \neq i$ 時，$b_j \in \{0, 1, \text{-}\}$，而 $b_i \in \{0, 1\}$，p 與 q 組合成一項後得到：

$$(p, q) = b_{n-1} \ldots b_{i+1} - b_{i-1} \ldots b_1 b_0$$

b_i 的位元位置設定為"-"，因為 b_i 與 b'_i(所對應的變數($x_i + x'_i = 1$)組合後已經消去。在這種情況下，p 與 q 稱為可合併項。

有了上述定義後，列表法的質隱項求取程序可以描述如下：

列表法的質隱項求取程序

1. 將所有最小項分成數個組，在同一組中的最小項當以二進制表示時，其中 1 的個數(稱為指標，index)皆相同，並且將這些組按照指標的次序(由小而大)依序排列。

2. 依序比較指標值為 i 與指標值為 $i + 1$($i = 0, 1, 2, \ldots$)中各項，將所有可合併

項合併成一項，並將合併過的最小項加上檢查符號(√)，重覆此步驟，直到所有最小項都檢查過為止。注意：在此步驟中指標值為 i 與 $i+1$ 所組合的合併項歸納為同一組，其指標值為 i。

3. 在步驟2所得到的合併項中，若有兩個合併項可以再度地合併時，即將它們合併，並加上檢查符號(√)。這一步驟繼續進行直到沒有其它合併項可以合併時為止。

4. 上列步驟中所有未加上檢查符號的最小項或是合併項的集合，即為該交換函數的質隱項集合。(由質隱項集合中選取一組可以包含所有最小項的最小質隱項子集合，即為該交換函數的最簡式。)

例題 4.3-1 (列表法求質隱項集合)

試求下列交換函數的質隱項集合：

$$f(x, y, z) = \Sigma(0, 1, 2, 4, 5, 7)$$

解： 步驟 1：將指標值相同的最小項依序歸納成一組，並依指標值大小排列如圖 4.3-1 所示。這裡所謂的指標值為當最小項表示為二進制時，其中值為 1 的位元個數。例如 $0 = 000_2$，指標值為 0；$2 = 010_2$，指標值為 1。

步驟 2：合併指標值為 i 與 $i+1$ 的各組中的可合併項，例如(0, 1)合併後得到(00-)，因其最小有效位元的值分別為 0 與 1，消去該位元而置上"-"。

步驟 3：合併步驟 2 所得結果中指標值為 i 與 $i+1$ 的各組中的可合併項，其中(0, 1) = (00-)而(4, 5) = (10-)，除了最大有效位元的值不同之外，其餘兩個位元的值均相同，所以可以消去最大有效位元而得到(-0-)。因為沒有其它可合併項可以再合併，化簡程序終止。

步驟 4：在上述步驟中所有未加上檢查符號(√)的最小項或是合併項(在圖中以←標示)即為交換函數 f 的質隱項集合，即

$$P = \{y', xz, x'z'\}$$

使用列表法化簡未完全指定交換函數(即交換函數中含有不在意項)時，所有不在意項均加入化簡程序中，以求得最簡單的質隱項。下面例題說明如何求得未完全指定交換函數的最簡式。

步驟1

指標	十進制	二進制 x y z
0	0	0 0 0 √
1	1	0 0 1 √
	2	0 1 0 √
	4	1 0 0 √
2	5	1 0 1 √
3	7	1 1 1 √

步驟2

指標	十進制	二進制 x y z
0	(0,1)	0 0 - √
	(0,2)	0 - 0 ←
	(0,4)	- 0 0 √
1	(1,5)	- 0 1 √
	(4,5)	1 0 - √
2	(5,7)	1 - 1 ←

步驟3

指標	十進制	二進制 x y z
0	(0,1,4,5)	- 0 - ←

圖4.3-1　例題 4.3-1 的詳細化簡過程

例題 4.3-2 （未完全指定交換函數）

試求下列未完全指定交換函數的最簡式：

$$f(w, x, y, z) = \Sigma(2, 6, 7, 8, 13) + \Sigma_\phi(0, 5, 9, 12, 15)$$

解：詳細的化簡過程如圖 4.3-2 所示。由於在求質隱項時，所有不在意項均必須參與，即假設它們的值均為 1，所以相當於對下列交換函數求取質隱項：

$$f(w, x, y, z) = \Sigma(0, 2, 5, 6, 7, 8, 9, 12, 13, 15)$$

步驟 1：將指標值相同的最小項依序歸納成一組，並依指標值大小排列如圖 4.3-2 所示。

步驟 2：合併指標值為 i 與 $i + 1$ 的各組中的可合併項，例如(0, 2)合併後得到 (00-0)，因其 0 = (0000)與 2 = (0010)的第二個有效位元的值分別為 0 與 1，消去該位元而置上"-"。所有由此合併項包含的最小項均加上檢查符號 (√)。

步驟 3：合併步驟 2 所得結果中指標值為 i 與 $i + 1$ 的各組中的可合併項，其中 (8, 9) = (100-)而(12, 13) = (110-)可以合併，因為除了第三個有效位元的值不同之外，其餘三個位元的值均相同，所以可以消去第三個有效位元而得到(1-0-)。另外(5, 7) = (01-1)而(13, 15) = (11-1)可以合併，因為除了最大有效位元的值不同之外，其餘三個位元的值均相同，所以可以消去最大個有效位元而得到(-1-1)。所有由此合併項包含的最小項均加上檢查符號 (√)。因為沒有其它可合併項可以再合併，化簡程序終止。

步驟4：在上述步驟中所有未加上檢查符號(√)的最小項或是合併項(在圖中以← 標示)即為交換函數 f 的質隱項集合，即

$$P = \{xz, wy', w'xy, w'yz', x'y'z', w'x'z'\}$$

步驟1

指標	十進制	二進制 $w\;x\;y\;z$
0	0	0 0 0 0 √
1	2	0 0 1 0 √
	8	1 0 0 0 √
2	5	0 1 0 1 √
	6	0 1 1 0 √
	9	1 0 0 1 √
	12	1 1 0 0 √
3	7	0 1 1 1 √
	13	1 1 0 1 √
4	15	1 1 1 1 √

步驟2

指標	十進制	二進制 $w\;x\;y\;z$
0	(0,2)	0 0 - 0 F
	(0,8)	- 0 0 0 E
1	(2,6)	0 - 1 0 D
	(8,9)	1 0 0 - √
	(8,12)	1 - 0 0 √
2	(5,7)	0 1 - 1 √
	(5,13)	- 1 0 1 √
	(6,7)	0 1 1 - C
	(9,13)	1 - 0 1 √
	(12,13)	1 1 0 - √
3	(7,15)	- 1 1 1 √
	(13,15)	1 1 - 1 √

步驟3

指標	十進制	二進制 $w\;x\;y\;z$
1	(8,9,12,13)	1 - 0 - B
2	(5,7,13,15)	- 1 - 1 A

圖4.3-2 例題 4.3-2 的詳細化簡過程

📖 複習問題

4.18. 卡諾圖的缺點為何？

4.19. 何謂可合併項？試定義之。

4.20. 試簡述列表法的化簡程序。

4.21. 如何使用列表法化簡一個未完全指定交換函數？

4.3.2 質隱項表

所謂的質隱項表(prime implicant chart)是一個表示一個交換函數中質隱項與最小項之間的包含關係的表格方法。質隱項表的建立方法如下：在表格最上方由左而右依序寫下交換函數 f 的所有最小項；在表格最左邊則由上至下依序寫下該交換函數中所有最小項經過化簡後得到的所有質隱項。在每一個質隱項所在的那一列位置上，依序將該質隱項所包含的最小項位置上加上記號("×")。若一個最小項僅被一個質隱項包含時，將記號("×")加註一個圓圈("⊗")。注意在質隱項表中，若一個最小項只被一個質隱項包含時，該質隱項即為必要質隱項,必須包含於交換函數 f 的最簡式中。

使用質隱項表求取最簡式的程序如下:

由質隱項表求取最簡式的程序

1. 找出必要質隱項:選取一個必要質隱項後,將該必要質隱項所包含的所有最小項上方皆加上檢查符號($\sqrt{}$),表示它們已經被此必要質隱項包含。

2. 找出能包含那些尚未加上檢查符號($\sqrt{}$)的最小項的質隱項子集合,直到所有最小項皆被加上檢查符號($\sqrt{}$)為止。

例題 4.3-3 (最簡式)

試以質隱項表求出下列交換函數的最簡式:

$$f(x, y, z) = \Sigma(0, 1, 2, 4, 5, 7)$$

解:由例題 4.3-1,得到交換函數 f 的三個質隱項:

$$P = \{xz \cdot x'z' \cdot y'\}$$

上述質隱項亦可以使用圖 4.3-3(a)的卡諾圖化簡得到,其質隱項表如圖 4.3-3(b)所示,由於最小項 m_1、m_2、m_4、m_7 均各只被一個質隱項所包含,這些質隱項均為必要質隱項。在選出所有必要質隱項後,交換函數 f 的所有最小項都已經被包含,因此交換函數 f 的最簡式為

$$f(x, y, z) = y' + x'z' + xz$$

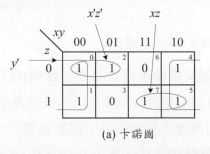

(a) 卡諾圖

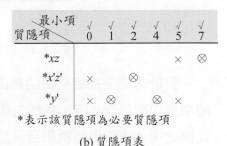

*表示該質隱項為必要質隱項

(b) 質隱項表

圖4.3-3 例題 4.3-3 的質隱項表

例題 4.3-4 (最簡式)

試以質隱項表求出下列交換函數的最簡式:

$$f(w, x, y, z) = \Sigma(0, 1, 2, 5, 7, 8, 9, 10, 15)$$

解： 使用圖 4.3-4(a)的列表法化簡之後得到交換函數 f 的五個質隱項：

$$P = \{x'y' \; 、 \; x'z' \; 、 \; w'y'z \; 、 \; w'xz \; 、 \; xyz \}$$

質隱項表如圖 4.3-4(b)所示，由於最小項 m_2、m_9、m_{10}、m_{15} 均各只被一個質隱項所包含，這些質隱項為必要質隱項。在選出所有必要質隱項後，交換函數 f 只剩最小項 m_5 未被包含，而能包含它的質隱項有兩個 $w'y'z$ 與 $w'xz$。因為這兩個質隱項均為三個字母變數，所以任選一個均可以與必要質隱項組成最簡式。因此其最簡式為：

$$f(w, x, y, z) = x'y' + x'z' + xyz + \begin{cases} w'y'z \\ w'xz \end{cases} \quad (\text{二者擇一})$$

步驟1

指標	十進制	二進制 $w\ x\ y\ z$
0	0	0 0 0 0 √
1	1	0 0 0 1 √
	2	0 0 1 0 √
	8	1 0 0 0 √
2	5	0 1 0 1 √
	9	1 0 0 1 √
	10	1 0 1 0 √
3	7	0 1 1 1 √
4	15	1 1 1 1 √

步驟2

指標	十進制	二進制 $w\ x\ y\ z$
0	(0,1)	0 0 0 - √
	(0,2)	0 0 - 0 √
	(0,8)	- 0 0 0 √
1	(1,5)	0 - 0 1 C
	(1,9)	- 0 0 1 √
	(2,10)	- 0 1 0 √
	(8,9)	1 0 0 - √
	(8,10)	1 0 - 0 √
2	(5,7)	0 1 - 1 D
3	(7,15)	- 1 1 1 E

(a)

步驟3

指標	十進制	二進制 $w\ x\ y\ z$
0	(0,1,8,9)	- 0 0 - A
	(0,2,8,10)	- 0 - 0 B

PI \ m_i	0 √	1 √	2 √	5	7 √	8 √	9 √	10 √	15 √
$A^* = x'y'$	×	×				×	⊗		
$B^* = x'z'$	×		⊗			×		⊗	
$C = w'y'z$		×		×					
$D = w'xz$				×	×				
$E^* = xyz$					×				⊗

(b)

圖4.3-4　例題 4.3-4 的質隱項表

　　對於未完全指定交換函數(即交換函數中含有不在意項)而言，在使用質隱項表求取最簡式時，依然先使用卡諾圖 (第 4.2.4 節)或列表法(第 4.3.1 節)化簡之後，求出質隱項集合，然後建立質隱項表，但是在建立質隱項表時，所有不在意項並不需要出現在質隱項表中，因為它們並未指定交換函數的值。下面例題說明如何求得未完全指定交換函數的最簡式。

例題 4.3-5 (未完全指定交換函數)

試求下列未完全指定交換函數的最簡式：
$$f(w, x, y, z) = \Sigma(2, 5, 6, 8, 15) + \Sigma_\phi(0, 7, 9, 12, 13)$$

解： 由例題 4.3-2，得到下列質隱項集合：

$$P = \{xz, wy', w'xy, w'yz', x'y'z', w'x'z'\}$$

上述質隱項亦可以使用圖 4.3-5(a)的卡諾圖化簡得到，交換函數 f 的質隱項表如圖 4.3-5(b)(注意不在意項不需要列入質隱項表中)所示，其中最小項 m_5 與 m_{15} 僅由質隱項 A 所包含，因此 A 為必要質隱項。不過由表中可以得知：質隱項 D 同時包含最小項 m_2 與 m_6，在選取質隱項 D 之後，只剩最小項 m_8 未被包含，它可以由質隱項 B 與 E 包含，但是 E 較 B 複雜，所以選取 B。交換函數 f 的最簡式為

$$f(w, x, y, z) = A + B + D = xz + wy' + w'yz'$$

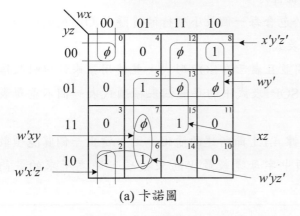

(a) 卡諾圖

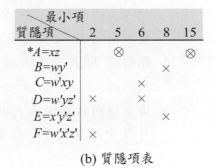

(b) 質隱項表

圖4.3-5　例題 4.3-5 的詳細化簡過程

📖 複習問題

4.22. 何謂質隱項表？試定義之。

4.23. 試簡述質隱項與最簡式的關係。

4.24. 試簡述使用質隱項表求取最簡式的程序。

4.25. 為何在建立質隱項表時，不在意項並不需要出現在表中？

4.3.3 Petrick 方法

Petrick 方法為一個由質隱項表中，求得交換函數的所有最簡式的較有系統的方法。其原理為包含一個最小項的質隱項可以視為一個交換變數，當其被選取時值為 1，不被選取時值為 0。依據此原理，在質隱項表中的每一個最小項行中，可以求取包含該最小項的所有質隱項之和(OR)項，此和項表示該最小項可以由一個或是多個質隱項所包含。由於每一個最小項均必須包含於最簡式中，因此質隱項函數(prime implicant function) p 定義為包含每一個最小項行的質隱項 OR 後的和項之積(AND)，其結果為一個 POS 交換表式。一旦定義了質隱項函數 p 之後，使用 Petrick 方法的最簡式求取程序可以歸納如下：

使用 Petrick 方法的最簡式求取程序

1. 寫出 p 交換表式：p 表式等於包含每一個最小項行的質隱項 OR 後的和項之積，其結果為一個 POS 交換表式。

2. 使用分配律將 p 交換表式展開並且表示為 SOP 形式，並使用累乘性與吸收律化簡該 SOP 表式。結果的 SOP 表式中的每一個乘積項代表一個不重覆表式。

3. 由 2 得到的 SOP 表式中，依據 4.1.1 節所述的簡化準則，選出一個質隱項數目最少而且在每一個質隱項中字母變數最少的乘積項，即為所求的最簡式。

例題 4.3-6 (Petrick 方法求取最簡式)

試利用 Petrick 方法，求取例題 4.3-5 中交換函數 f 的最簡式。

解： 由例題 4.3-5 的質隱項表得到：

$$p = (D+F)A(C+D)(B+E)A$$
$$= A(D+CF)(B+E)$$
$$= A(BD + BCF + DE + CEF)$$
$$= ABD + ADE + ABCF + ACEF$$

因此一共有四個乘積項，其中質隱項數目最少的為前面兩個，但是在這兩個乘積項中，只有第一項 ABD 的字母變數最少，因此交換函數 f 的最簡式為

$$f(w, x, y, z) = A + B + D = xz + wy' + w'yz'$$

和例題 4.3-5 得到的結果相同。

📖 複習問題

4.26. 何謂 Petrick 方法？試解釋之。

4.27. Petrick 方法的主要缺點為何？

4.28. 試簡述 Petrick 方法求取最簡式的程序。

4.3.4 探索法

雖然 Petrick 方法可以求出一個交換函數 f 的所有最簡式，然而其運算過程相當複雜。在實際設計一個邏輯電路時，通常不需要求出交換函數 f 的所有最簡式。在這種情況下，可以利用一些方法簡化一個複雜的質隱項表，然後由其中選取一個最簡式執行需要的邏輯電路。

探索法為一個重複的使用一些簡化質隱項表的規則：消去被含列 (covered row) 與消去包含行 (covering column)，以簡化質隱項表的大小，然後由此簡化質隱項表中獲取最簡式。

在一個質隱項表中，若一個列 (即質隱項) p_j 所包含的最小項均被另一個列 p_i 所包含時，稱為 p_i 包含 p_j。若 p_i 包含 p_j 而且 p_i 的字母變數數目並不較 p_j 為多時，可以消去 p_j，而該質隱項表中至少仍然保留一個最簡式。

例題 4.3-7　(質隱項表的簡化)

以消去被含列的方法，簡化例題 4.3-5 的質隱項表，並求其最簡式。

解：例題 4.3-5 的質隱項表如圖 4.3-6(a) 所示，其中 A 為必要質隱項 (*)，質隱項 C 與 F 被 D 所包含而質隱項 E 與 B 所包含，所以這三個列可以消去而得到圖 4.3-6(b) 的簡化質隱項表。在圖 4.3-6(b) 的簡化質隱項表中，質隱項 B 與 D 為第二必要質隱項 (**)，選出 B 與 D 後，連同必要質隱項 A，即為交換函數 f 的最簡式

$$f(w, x, y, z) = A + B + D = xz + wy' + w'yz'$$

和例題 4.3-5 得到的結果相同。

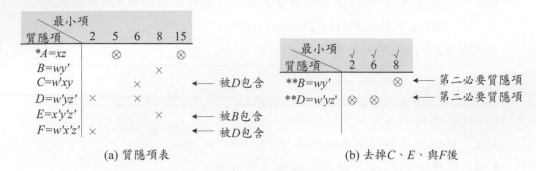

(a) 質隱項表   (b) 去掉 C、E、與 F 後

圖4.3-6　例題 4.3-5 的詳細步驟

在質隱項表中，若一個行 c_j 中的每一個出現記號(×)的地方，c_i 也均有此記號(×)時，稱為 c_i 包含 c_j。若 c_i 包含 c_j，則可以消去 c_i，而不會影響最簡式的求得。事實上，消去包含別行的一行，並不會影響原來交換函數中的所有最簡式的求得，因為最簡式中的質隱項依然留於被包含的行中。注意：當消去一列時，是消去被包含的列；當消去一行時，是消去包含的行。

在實際簡化一個質隱項表時，常常需要重覆地使用消去被包含列與消去包含行的步驟。因此探索法的最簡式求取程序可以歸納如下：

使用探索法的最簡式求取程序

1. 找出必要質隱項：由質隱項表中找出必要質隱項(標示為*)，將它們列入最簡式的集合中，並將必要質隱項及它所包含的最小項自質隱項表中移除。
2. 簡化質隱項表：使用消去被包含列與消去包含行的規則簡化 1 所得到的簡化質隱項表。
3. 重複執行上述步驟，直到簡化的質隱項表為空態為止。注意在簡化的質隱項表中的第二、第三、等必要質隱項依序標示為**、***、等。

例題 4.3-8　(質隱項表的簡化)

試求下列交換函數的最簡式：

$$f(v, w, x, y, z) = \Sigma(4, 6, 7, 10, 11, 14, 18, 19, 22, 26) +$$

$$\Sigma_\phi(3, 5, 15, 20, 21, 23, 27)$$

解：使用卡諾圖或列表法化簡後，交換函數 f 的質隱項表如圖 4.3-7(a)所示。其中質隱項 A 為必要質隱項。在選取這個必要質隱項與移除其包含的最小項後，質隱項表簡化如圖 4.3-7 (b)所示。質隱項 C 包含於質隱項 B 中，而質隱項 G 包含於質隱項 F，它們均可以去掉。另外 C_{10} 與 C_{14} 均被 C_{11} 包含而 C_{18} 被 C_{19} 包含，因此 C_{11} 與 C_{19} 可以去除。簡化的質隱項表如圖 4.3-7 (c)所示。質隱項 B 與 E 為二次必要質隱項，以**標示。在選取必要質隱項 A 與二次必要質隱項 B 與 E 後，交換函數 f 的最簡式為：

$$f(v, w, x, y, z) = A + B + E$$

$$= w'x + vx'z + v'wy$$

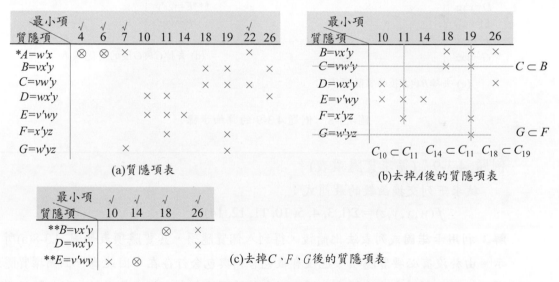

(a)質隱項表

(b)去掉 A 後的質隱項表

(c)去掉 C、F、G 後的質隱項表

圖4.3-7　例題 4.3-8 的詳細步驟

　　有些質隱項表除了沒有必要質隱項外，也沒有被包含列與包含行存在，這種質隱項表稱為循環質隱項表(cyclic prime implicant chart)。在這種情況下有兩種方法可以解決：一個是利用前面提到的 Petrick 方法；另一個則是使用分歧法(branching method)，自質隱項表中，隨意地選取一個字母變數數目最少的質隱項，打破其循環性，然後使用前述的簡化方法，求得該交換函數的最簡式。

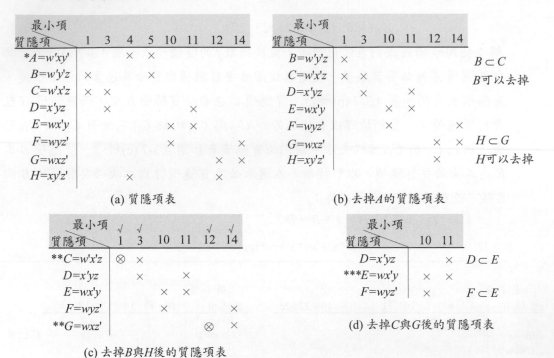

(a) 質隱項表

質隱項 \ 最小項	1	3	4	5	10	11	12	14
*A=w'xy'			×	×				
B=w'y'z	×			×				
C=w'x'z	×	×						
D=x'yz		×				×		
E=wx'y					×	×		
F=wyz'					×			×
G=wxz'							×	×
H=xy'z'			×				×	

(b) 去掉A的質隱項表

質隱項 \ 最小項	1	3	10	11	12	14	
B=w'y'z	×						B⊂C
C=w'x'z	×	×					B可以去掉
D=x'yz		×		×			
E=wx'y			×	×			
F=wyz'			×			×	
G=wxz'					×	×	H⊂G
H=xy'z'					×		H可以去掉

(c) 去掉B與H後的質隱項表

質隱項 \ 最小項	1 √	3 √	10	11	12 √	14 √
**C=w'x'z	⊗	×				
D=x'yz		×		×		
E=wx'y			×	×		
F=wyz'			×			×
**G=wxz'					⊗	×

(d) 去掉C與G後的質隱項表

質隱項 \ 最小項	10	11	
D=x'yz		×	D⊂E
***E=wx'y	×	×	
F=wyz'	×		F⊂E

圖4.3-8　例題 4.3-9 的詳細步驟

例題 4.3-9 (循環質隱項表)

試求下列交換函數的最簡式：

$$f(w,x,y,z) = \Sigma(1, 3, 4, 5, 10, 11, 12, 14)$$

解：利用卡諾圖或列表法化簡後，得到八個質隱項，其質隱項表如圖 4.3-8(a)所示。由於沒有必要質隱項，也沒有被包含列與包含行存在，因此為一個循環質隱項表，所以利用分歧法解決。因為所有質隱項均包含三個字母變數，所以隨便選取一項為必要質隱項，假設選取 A (標示為*)，則其簡化後的質隱項表如圖 4.3-8(b)所示。

在圖 4.3-8(b)的簡化質隱項表中，質隱項 B 與 H 分別為質隱項 C 與 G 所包含，所以它們可以去掉，而得到圖 4.3-8(c)的簡化質隱項表。在圖 4.3-8(c)的簡化質隱項表中，質隱項 C 與 G 為第二必要質隱項(**)，在選取 C 與 G 後的質隱項如圖 4.3-8(d)所示。在圖 4.3-8(d)的簡化質隱項表中，質隱項 D 與 F 均為質隱項 E 所包含，它們可以去掉。質隱項 E 成為第三必要質隱項(***)。所以交換函數 f 的最簡式為：

$$f(w,x,y,z) = A + C + G + E$$
$$= w'xy' + w'x'z + wxz' + wx'y$$

　　當然，最初假定的必要質隱項不同時，所得到的最簡式也不同，因此若希望求取所有可能的最簡式時，必須使用 Petrick 方法(留做習題)。

　　將循環質隱項表的可能性納入考慮之後，使用探索法的交換函數最簡式求取程序可以修改為：

使用探索法的最簡式求取程序

1. 找出必要質隱項：由質隱項表中找出必要質隱項，將它們列入最簡式的集合中，並將必要質隱項及它所包含的最小項自質隱項表中移除。

2. 循環質隱項表：若為循環質隱項表，則隨意地選取一個字母變數數目最少的質隱項，以打破其循環性，直到簡化的質隱項表不再具有循環性或是已經成為空態時為止。

3. 簡化質隱項表：使用消去被包含列與消去包含行的規則簡化 1 與 2 所得到的簡化質隱項表。

4. 重複執行上述步驟，直到簡化的質隱項表為空態為止。

📖複習問題

4.29. 何謂探索法？試解釋之。

4.30. 試簡述探索法求取最簡式的程序。

4.31. 何謂循環質隱項表？如何由此種質隱項表中求取最簡式？

4.4　變數引入圖與餘式圖

　　本節中，我們將研習其它兩個與卡諾圖關係密切的方法：變數引入圖 (variable-entered map)與餘式圖(residue map)。變數引入圖為卡諾圖的一種變形，它允許卡諾圖的格子中置入交換變數或是交換表式。餘式圖亦是卡諾圖的一種變形，它可以用來求取一個交換函數在某些選擇變數組合下的餘式。

4.4.1 變數引入圖法

當一個卡諾圖中的格子的值不是常數 0 或是 1，而是一個外部變數或是交換表式時，稱為變數引入圖。外部變數或是交換表式則稱為引入圖變數或表式(map-entered variable or expression)。變數引入圖通常有兩種功用：

1. 在某些應用中，直接將一個外部變數或是交換表式填入卡諾圖中時較填入常數 0 或是 1 為方便。

2. 可以降低使用的卡諾圖實際大小。例如可以使用四個變數的卡諾圖化簡五個或是六個變數的交換函數。

在利用變數引入圖法化簡一個交換函數時，通常依照下列步驟完成：

變數引入圖法化簡程序

1. 將所有外部變數視為 0，求出結果的最簡式。

2. 取一個外部字母變數(注意 x 與 x' 當作兩個不同的字母變數)或是交換表式(若有時)，並將其它外部字母變數或是交換表式(若有時)設定為 0，而所有 1-格子當作不在意項，求出結果的最簡式。重覆上述步驟，直到所有外部字母變數或是交換表式(若有時)皆處理過為止。

3. 將步驟 1 與 2 所得到的最簡式 OR 後，即為所求。

例題 4.4-1　(變數引入圖法)

試求圖 4.4-1 的變數引入圖的最簡式。

xy z	00	01	11	10
0	B' ⁰	0 ²	0 ⁶	A ⁴
1	1 ¹	B ³	ϕ ⁷	1 ⁵

圖 4.4-1　例題 4.4-1 的變數引入圖

解：依據上述化簡步驟並且參考圖 4.4-2，可以得知：

步驟 1：　將所有外部字母變數設定為 0，因此只有最小項 m_1 與 m_5 的值為 1，
　　　　　化簡後得到 $y'z$；

步驟 2：　因為有三個字母變數：A、B、B'，它們必須各別處理，所以此步驟
　　　　　分成三個小步驟：

　　　步驟 2(a)：考慮字母變數 A，將其它所有外部字母變數的值設定為 0，字
　　　　　　　　母變數 A 的值設定為 1，最小項 m_1 與 m_5 的值設定為 ϕ，化簡之後得
　　　　　　　　到 xy'，與字母變數 A AND 後得到 Axy'。

　　　步驟 2(b)：考慮字母變數 B，將其它所有外部字母變數的值設定為 0，字
　　　　　　　　母變數 B 的值設定為 1，最小項 m_1 與 m_5 的值設定為 ϕ，化簡之後得
　　　　　　　　到 z，與字母變數 B AND 後得到 Bz。

　　　步驟 2(c)：考慮字母變數 B'，將其它所有外部字母變數的值設定為 0，字
　　　　　　　　母變數 B' 的值設定為 1，最小項 m_1 與 m_5 的值設定為 ϕ，化簡之後
　　　　　　　　得到 $x'y'$，與字母變數 B' AND 後得到 $B'x'y'$。

步驟 3：將上述步驟所得到的結果 OR 後，得到最簡式為：

$$f = y'z + Axy' + Bz + B'x'y'$$

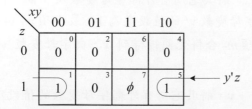

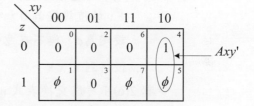

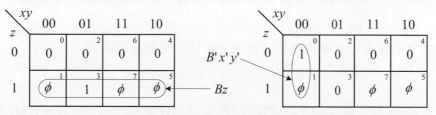

圖 4.4-2　例題 4.4-1 的詳細步驟

例題 4.4-2　(變數引入圖)

　　試求圖 4.4-3 的變數引入圖的最簡式。

解：依據上述化簡步驟可以得知：

步驟 1： 將所有外部字母變數設定為 0，因此只有最小項 m_5 與 m_6 的值為 1，
與不在意項 m_7 合併化簡後得到 $xy + xz$；

z \ xy	00	01	11	10
0	v ⁰	0 ²	1 ⁶	v' ⁴
1	0 ¹	$w+v$ ³	ϕ ⁷	1 ⁵

圖 4.4-3　例題 4.4-2 的變數引入圖

步驟 2： 因為有兩個字母變數 v、v'，與一個交換表式 $w + v$，它們必須各別
處理，所以此步驟分成三個小步驟：

步驟 2(a)：考慮字母變數 v，將其它所有外部字母變數及一個交換表式 $w + v$ 的值設定為 0，字母變數 v 的值設定為 1，最小項 m_5 與 m_6 的值
設定為 ϕ，化簡之後得到 $x'y'z'$，與字母變數 v AND 後得到
$vx'y'z'$。

步驟 2(b)：考慮字母變數 v'，將其它所有外部字母變數及一個交換表式 $w + v$ 的值設定為 0，字母變數 v' 的值設定為 1，最小項 m_5 與 m_6 的值
設定為 ϕ，與不在意項 m_7 合併化簡後得到 x，與字母變數 v' AND
後得到 $v'x$。

步驟 2(c)：考慮交換表式 $w + v$，將其它所有外部字母變數的值設定為 0，
交換表式 $w + v$ 的值設定為 1，最小項 m_5 與 m_6 的值設定為 ϕ，與不
在意項 m_7 合併化簡之後得到 yz，與交換表式 $w + v$ AND 後得到 $(w + v)yz$。

步驟 3：將上述步驟所得到的結果 OR 後，得到最簡式為：

$$f = xy + xz + vx'y'z' + v'x + (v + w)yz。$$

變數引入圖的另外一個功用為降低卡諾圖的大小(即維度)以化簡較多變
數的交換函數，因此它也常稱為 RDM (reduced-dimension map)。

例題 4.4-3　(變數引入圖法)

試用三個變數的卡諾圖，求下列交換函數的最簡式：

$$f(w, x, y, z) = w'x'y + w'xy + w'xy'z + wxyz + (wx'y)$$

其中$(wx'y)$為不在意項。

解：因為交換函數 f 中，z 只出現在兩個乘積項中，因此以 z 為外部變數而得到圖 4.4-4 (a) 的變數引入圖。化簡之後，得到最簡式：

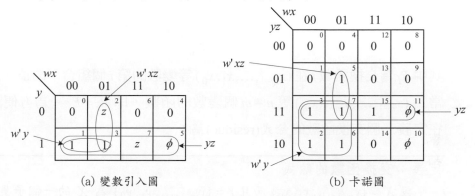

(a) 變數引入圖　　　　　　　(b) 卡諾圖

圖 4.4-4　例題 4.4-3 的變數引入圖

$$f(w, x, y, z) = w'y + yz + w'xz$$

圖 4.4-4(b)為交換函數 f 的卡諾圖，化簡後得到與圖 4.4-4(a)相同的結果。

4.4.2　交換函數的餘式

　　一般而言，對應於一個 m 個變數引入圖的交換函數 f 可以表示為下列交換函數：

$$f(x_{n-1}, \ldots, x_1, x_0) = \sum_{i=0}^{2^m - 1} E_i m_i$$

其中 E_i 為$(x_{n-1}, \ldots, x_m)$的交換函數而 m_i 為在 m 個變數中的第 i 個最小項，即交換函數 f 只在 E_i 與 m_i 同時為 1 時才為 1。若 $n = m$，則 E_i 的值不是 0 就是 1，因而該變數引入圖退化為 n 個變數的卡諾圖。但是由 Shannon 展開定理可以得知：n 個變數的交換函數 $f(x_{n-1}, \ldots, x_m, x_{m-1}, \ldots, x_1, x_0)$ 可以對 $(x_{m-1}, \ldots, x_1, x_0)$ 等 m 個變數展開，即

$$f(x_{n-1},\ldots,x_m,x_{m-1},\ldots,x_1,x_0) = x_{m-1}\ldots x_1 x_0 f(x_{n-1},\ldots,x_m,1,\ldots,1,1)$$
$$+\ldots$$
$$+ x'_{m-1}\ldots x'_1 x_0 f(x_{n-1},\ldots,x_m,0,\ldots,0,1)$$
$$+ x'_{m-1}\ldots x'_1 x'_0 f(x_{n-1},\ldots,x_m,0,\ldots,0,0)$$

$$= \sum_{i=0}^{2^m-1} m_i R_i$$

其中 R_i 為交換函數 f 在 $(x_{m-1},\ldots,x_1,x_0)$ 等變數的第 i 個組合下的值,這個值通常為 $(x_{n-1},\ldots,x_{m+1},x_m)$ 等 $n-m$ 個變數的函數,即 $R_i = E_i$。為方便討論,現在定義一個交換函數的餘式(residue)為:

定義:交換函數的餘式

設 $X = \{x_{n-1},\ldots,x_1,x_0\}$ 而且 $Y = \{y_{m-1},\ldots,y_1,y_0\}$ 為 X 的一個子集合,交換函數 $f(X)$ 的餘式 $f_Y(X)$ 定義為將交換函數 $f(X)$ 中,所有對應於 Y 中非補數形式的字母變數均設定為 1,而所有對應於 Y 中補數形式的字母變數均設定為 0 後,所得到的交換函數。

因此上述討論中的 R_i 即為交換函數 $f(x_{n-1},\ldots,x_1,x_0)$ 在 $(x_{m-1},\ldots,x_1,x_0)$ 等 m 個變數的第 i 個二進制組合下的餘式。

例題 4.4-4 (交換函數的餘式)

試求下列交換函數在 $ux'z$,與 $vy'z'$ 下的餘式:
$$f(u, v, w, x, y, z) = uvw + x'y'z'$$

解:(a)欲求在 $ux'z$ 下的餘式,設 $u = 1$、$x = 0$、$z = 1$ 得
$$f_{ux'z} = (1, v, w, 0, y, 1) = 1 \cdot v \cdot w + 0' \cdot y' \cdot 1' = v \cdot w$$

(b) 欲求在 $vy'z'$ 下的餘式,設 $v = 1$、$y = 0$、$z = 0$ 得
$$f_{vy'z'} = (u, 1, w, x, 0, 0) = u \cdot 1 \cdot w + x' \cdot 0' \cdot 0' = u \cdot w + x'$$

例題 4.4-5 (交換函數的餘式)

試求下列交換函數在 (w, x, y) 三個變數的所有八個可能的組合下的餘式:
$$f(w, x, y, z) = w'x'y + w'xy + w'xy'z + wxyz + (wx'y)$$

其中$(wx'y)$為不在意項。

解：依上述例題的方法，設定適當的字母變數值後，可以得到下列各個餘數：

$f_{w'x'y'}(0, 0, 0, z) = 0$　　(m_0)　　　$f_{wx'y'}(1, 0, 0, z) = 0$　　(m_4)

$f_{w'x'y}(0, 0, 1, z) = 1$　　(m_1)　　　$f_{wx'y}(1, 0, 1, z) = \phi$　　(m_5)

$f_{w'xy'}(0, 1, 0, z) = z$　　(m_2)　　　$f_{wxy'}(1, 1, 0, z) = 0$　　(m_6)

$f_{w'xy}(0, 1, 1, z) = 1$　　(m_3)　　　$f_{wxy}(1, 1, 1, z) = z$　　(m_7)

在計算餘式時，不在意項的值仍須保持為ϕ。所以

$$f(w, x, y, z) = \sum_{i=0}^{7} m_i R_i$$
$$= 0 \cdot m_0 + 1 \cdot m_1 + z \cdot m_2 + 1 \cdot m_3 + 0 \cdot m_4 + \phi \cdot m_5 + 0 \cdot m_6 + z \cdot m_7$$

得到圖 4.4-4(a)的變數引入圖。

餘式圖

在計算一個交換函數的餘式時，除了直接使用代數運算方式計算交換函數的值之外，也可以使用一種類似卡諾圖的圖形方式，稱為餘式圖(residue map)。對於一個 n 個變數的交換函數 $f(x_{n-1},...,x_1,x_0)$ 而言，它在 m 個變數 $Y = \{x_{m-1},...,x_1,x_0\}$ 下的餘式圖，一共有 2^m 行與 2^{n-m} 列，其中每一行相當於變數 $(x_{m-1},...,x_1,x_0)$ 的一個二進制組合，而每一個列則相當於變數 $(x_{n-1},...,x_{m+1},x_m)$ 的一個二進制組合，行與列的交點則置入相當於 n 個變數 $(x_{n-1},...,x_1,x_0)$ 的二進制組合的等效十進制數目值，如圖 4.4-5(a)所示。注意 2^{n-m} 列的二進制組合通常以格雷碼方式排列，以方便求餘式時的化簡。

欲求一個交換函數 $f(x_{n-1},...,x_1,x_0)$ 在變數 $(x_{m-1},...,x_1,x_0)$ 下的各個二進制組合的餘式時，將該交換函數 f 中所有為 1 的最小項依序標示(加上圓圈)在餘式圖中對應的行與列的交點(即相當的十進制數目)上，並將所有个在意項也標示(加上星號)在圖中，然後使用類似卡諾圖的方法求取每一行的最簡式，該最簡式即為在該行的二進制組合下的餘式。圖 4.4-5(b)為兩個餘式圖的實例。

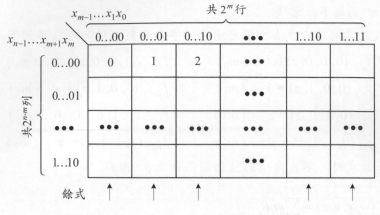

(a) 一般形式

$$f(w, x, y, z) = \Sigma(0,1,3,5,6,10,14)$$

$$f(w, x, y, z) = \Sigma(1,9,11,13,25,26,27) + \Sigma_\phi(17,19)$$

(b) 兩個餘式圖例

圖 4.4-5　餘式圖的一般形式與實例

餘式圖求餘式程序

1. 由左而右依序檢查餘式圖中的每一行。若一行中所有格子均未加圈,則該
   行的餘式為 0;若一行中至少有一個格子加圈,而其餘格子亦加圈或是加星
   號,則該行的餘式為 1。

2. 若一行中所有格子均加星號,則該行的餘式為 ϕ。

3. 若一行中僅有部分格子加圈,則該行的餘式為變數(不屬於 Y 集合的變數)的
   函數。在該行中的星號格子可以用來幫助化簡。

例題 4.4-6 (餘式圖的使用)

　　試用餘式圖的方法，求取例題 4.4-5 的交換函數在(w, x, y)三個變數下的所有可能的二進制組合的餘式。

解：交換函數 f 可以表示為

$$f(w, x, y, z) = w'x'y + w'xy + w'xy'z + wxyz + (wx'y)$$
$$= w'x'y(z + z') + w'xy(z + z') + w'xy'z + wxyz + [wx'y(z + z')]$$
$$= \Sigma(2, 3, 5, 6, 7, 15) + \Sigma_\phi(10, 11)$$

其餘式圖與餘式如圖 4.4-6 所示。結果與例題 4.4-5 相同。

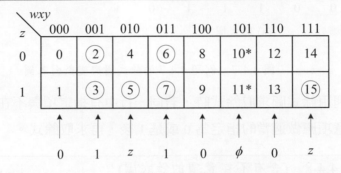

圖 4.4-6　例題 4.4-6 的餘式圖

　　有了餘式圖後，就可以利用變數引入圖做較多變數數目的交換函數化簡。然而所得到的結果可能不是最簡式，因為某些最小(大)項與最小(大)項的相鄰關係已在求餘式時被消除(習題 4.28)。儘管如此，對於使用多工器或是相似電路實現交換函數(第 6.3.3 節)時，餘式圖仍不失為一個有用的方法。

例題 4.4-7 (交換函數化簡)

　　利用三個變數的變數引入圖化簡例題 4.2-9 中的五個變數的交換函數。

解：假設提出兩個變數 v 與 w 當作外部變數，接著利用餘式圖求出交換函數 $f(v, w, x, y, z)$ 在變數(x, y, z)上的各個餘式，然後建立變數引入圖，如圖 4.4-7 所示。最後由變數引入圖求得下列簡化交換表式(恰好亦為最簡式)：

$$f(v, w, x, y, z) = xy' + v'w'y'z' + x'yz + \begin{cases} wyz \\ wxz \end{cases} \text{(二者擇一)}$$

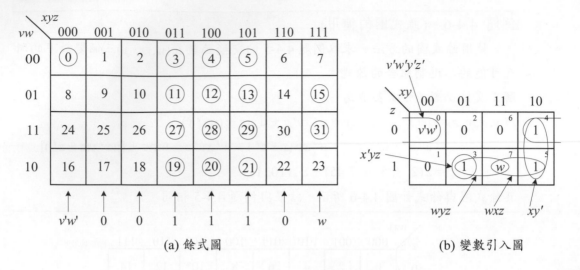

(a) 餘式圖   (b) 變數引入圖

圖 4.4-7   例題 4.4-7 的餘式圖與變數引入圖

利用餘式圖求取餘式時,若同一行中有指定項與不在意項同時並存時,不在意項應做適當的指定為 0 或是 1 後,再求取餘式。

例題 4.4-8 (含有不在意項的餘式圖)

利用三個變數的變數引入圖化簡例題 4.2-10 中的五個變數的交換函數。

解:首先利用餘式圖求出交換函數 $f(v,w,x,y,z)$ 在變數 (x,y,z) 上的各個餘式,然後建立變數引入圖,如圖 4.4-8(b)所示。在此例題中,假設所有不在意項均設定為 1。最後由變數引入圖求得下列簡化交換表式(恰好亦為最簡式):

$$f(v,w,x,y,z) = wx + wz + w'y' + (xy' + y'z)。$$

其中 xy' 與 $y'z$ 兩項分別為 wx 與 $w'y'$ 以及 $w'y'$ 與 wz 的一致項,因此它們可以消去。然而,在使用餘式圖與變數引入圖化簡時,它們會出現在簡化表式中。

📖複習問題

4.32. 何謂變數引入圖?

4.33. 試簡述變數引入圖的化簡程序。

4.34. 何謂一個交換函數的餘式?試定義之。

4.35. 試簡述餘式圖的意義與其在交換函數化簡上的應用。

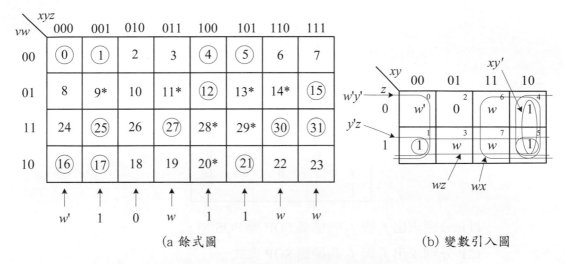

圖 4.4-8　例題 4.4-8 的餘式圖與變數引入圖

4.5　參考資料

1. F. J. Hill and G. R. Peterson, *Introduction to Switching Theory and Logical Design*, 3rd ed., New-York: John Wiley & Sons, 1981.

2. M. Karnaugh, ``The map method for synthesis of combinational logic circuits,'' *Trans. AIEE*, pp. 593-599, No. 11, 1953.

3. Z. Kohavi, *Switching and Finite Automata Theory*, 2nd ed. New-York: McGraw-Hill, 1978.

4. E. J. McCluskey, Jr., ``Minimization of Boolean Functions,'' *The Bell System Technical Journal*, pp. 1417-1444, No. 11, 1956.

5. E. J. McCluskey, Jr., *Logic Design Principles: with Emphasis on Testable Semicustom Circuits,* Englewood Cliffs, New Jersey: Prentice-Hall, 1986.

6. C. H. Roth, *Fundamentals of Logic Design*, 4th ed. St. Paul, Minn West Publishing, 1992.

4.6　習題

4.1　在表 P4.1 的真值表中：

表 P4.1

x	y	z	f_1	f_2
0	0	0	1	1
0	0	1	1	0
0	1	0	0	0
0	1	1	0	0
1	0	0	1	1
1	0	1	1	0
1	1	0	0	0
1	1	1	1	1

(1) 分別求出 f_1 與 f_2 的標準 SOP 與 POS 型式

(2) 分別求出 f_1 與 f_2 的最簡 SOP 表式

(3) 分別求出 f_1 與 f_2 的最簡 POS 表式。

4.2 以代數運算的方式，分別求出下列各交換函數的最簡 SOP 表式：

(1) $f(x, y, z) = \Sigma(2, 3, 6, 7)$

(2) $f(w, x, y, z) = \Sigma(7, 13, 14, 15)$

(3) $f(w, x, y, z) = \Sigma(4, 6, 7, 15)$

(4) $f(w, x, y, z) = \Sigma(2, 3, 12, 13, 14, 15)$

4.3 以代數運算的方式，分別求出下列各交換函數的最簡 SOP 表式：

(1) $f(x, y, z) = xy + x'y'z' + x'yz'$

(2) $f(x, y, z) = x'y + yz' + y'z'$

(3) $f(x, y, z) = x'y' + yz + x'yz'$

(4) $f(x, y, z) = xy'z + xyz' + x'yz + xyz$

4.4 以代數運算的方式，分別求出下列各交換函數的最簡 SOP 表式：

(1) $f(w, x, y, z) = z(w' + x) + x'(y + wz)$

(2) $f(w, x, y, z) = w'xy' + w'y'z + wxy'z' + xyz'$

(3) $f(w, x, y, z) = x'z + w(x'y + xy') + w'xy'$

4.5 以代數運算的方式，分別求出下列各交換函數的最簡 SOP 表式：

(1) $f(v, w, x, y, z) = \Sigma(0, 1, 4, 5, 16, 17, 21, 25, 29)$

(2) $f(v, w, x, y, z) = wyz + w'x'y + xyz + v'w'xz + v'w'x + w'x'y'z'$

(3) $f(v, w, x, y, z) = v'w'xz' + v'w'x'y' + w'y'z' + w'xy' + xyz' + wyz'$

4.6 使用一致性定理，分別求出下列各交換函數的最簡表式：

(1) $f(w, x, y, z) = x'y + yz + xz + xy' + y'z'$

(2) $f(w, x, y, z) = (x' + y + z)(w' + y + z)(w + x' + z)$

(3) $f(w, x, y, z) = wy'z + wxz + xyz + w'xy + w'yz'$

4.7 畫出下列各交換函數的卡諾圖：

(1) $f_1(x, y, z) = \Sigma(1, 4, 6, 7)$

(2) $f_2(x, y) = \Sigma(0, 2)$

(3) $f_3(w, x, y, z) = \Sigma(0, 2, 5, 6, 9, 11, 15)$

(4) $f_4(w, x, y, z) = \Pi(4, 6, 10, 11, 12, 13, 15)$

4.8 使用卡諾圖化簡下列各交換函數：

(1) $f(x, y, z) = \Sigma(0, 2, 3)$

(2) $f(x, y, z) = \Sigma(4, 5, 6, 7)$

(3) $f(x, y, z) = \Pi(0, 1, 2, 3)$

(4) $f(x, y, z) = \Pi(1, 2, 3, 6)$

4.9 使用卡諾圖化簡下列各交換函數：

(1) $f(x, y, z) = m_1 + m_3 + m_4 + m_6$

(2) $f(x, y, z) = \Sigma(1, 4, 5, 7)$

(3) $f(x, y, z) = M_1 \cdot M_6$

(4) $f(x, y, z) = \Pi(1, 3, 4, 7)$

4.10 畫出下列各交換函數的卡諾圖：

(1) $f(w, x, y, z) = w'yz + xy'z' + xz + w'z'$

(2) $f(w, x, y, z) = wyz + w'x + z'$

(3) $f(w, x, y, z) = (w' + y + z')(w + x' + y)(x + y')(y' + z')$

4.11 使用卡諾圖分別求出下列交換函數的最簡 SOP 與 POS 表式：

$$f(w, x, y, z) = x'y' + w'xz + wxyz' + x'y$$

4.12 使用卡諾圖分別求出下列各交換函數的最簡 SOP 表式：

(1) $f(w, x, y, z) = \Sigma(0, 1, 2, 4, 6, 7, 8, 9, 13, 15)$

(2) $f(w, x, y, z) = \Sigma(0, 1, 2, 5, 8, 10, 11, 12, 14, 15)$

(3) $f(w, x, y, z) = \Sigma(7, 13, 14, 15)$

(4) $f(w, x, y, z) = \Sigma(2, 3, 4, 5, 6, 7, 10, 11, 12)$

4.13 使用卡諾圖化簡下列各交換函數，並指出所有質隱項與必要質隱項，然後求出各交換函數的所有最簡 SOP 表式：

(1) $f(x, y, z) = \Sigma(0, 2, 4, 5, 6)$

(2) $f(x, y, z) = \Sigma(3, 4, 6, 7)$

(3) $f(w, x, y, z) = \Sigma(1, 3, 4, 5, 7, 8, 9, 11, 15)$

(4) $f(w, x, y, z) = \Sigma(2, 6, 7, 8, 10)$

4.14 使用卡諾圖分別求出下列各交換函數的最簡 SOP 表式：

(1) $f(v, w, x, y, z) = \Sigma(0, 1, 4, 5, 16, 17, 21, 25, 29)$

(2) $f(v, w, x, y, z) = \Sigma(0, 2, 4, 6, 9, 11, 13, 15, 17, 21, 25, 27, 29, 31)$

(3) $f(v, w, x, y, z) = \Pi(5, 7, 13, 15, 29, 31)$

(4) $f(v, w, x, y, z) = \Pi(9, 11, 13, 15, 21, 23, 24, 31)$

4.15 使用卡諾圖化簡下列交換函數，指出所有質隱項與必要質隱項，並求出最簡的 SOP 表式：

$$f(v, w, x, y, z) = \Sigma(0, 3, 4, 5, 6, 7, 8, 12, 13, 14, 16, 21, 23, 24, 29, 31)$$

4.16 試求下列各交換函數的最簡 SOP 表式：

(1) $f(x, y, z) = \Sigma(0, 2, 3, 4, 5, 7)$

(2) $f(w, x, y, z) = \Sigma(0, 4, 5, 7, 8, 9, 13, 15)$

4.17 使用卡諾圖化簡下列交換函數，指出所有質隱項與必要質隱項，並求出最簡的 POS 表式：

$$f(v, w, x, y, z) = \Pi(3, 6, 7, 8, 9, 10, 18, 20, 21, 22, 23, 25, 26, 28, 29, 30)$$

4.18 使用卡諾圖分別求出下列各交換函數的最簡 SOP 表式：

(1) $f(w, x, y, z) = \Sigma(1, 4, 5, 6, 13, 14, 15) + \Sigma_{\phi}(8, 9)$

(2) $f(w, x, y, z) = \Sigma(2, 4, 6, 10) + \Sigma_\phi(1, 3, 5, 7, 8, 9, 12, 13)$

(3) $f(w, x, y, z) = \Sigma(0, 3, 6, 9) + \Sigma_\phi(10, 11, 12, 13, 14, 15)$

(4) $f(w, x, y, z) = \Sigma(2, 3, 7, 11, 13) + \Sigma_\phi(1, 10, 15)$

4.19 使用卡諾圖分別求出下列各交換函數的最簡 POS 表式：

(1) $f(w, x, y, z) = \Pi(1, 5, 6, 12, 13, 14) + \Pi_\phi(2, 4)$

(2) $f(w, x, y, z) = \Pi(0, 1, 4, 6, 7, 11, 15) + \Pi_\phi(5, 9, 10, 14)$

(3) $f(w, x, y, z) = \Pi(2, 3, 7, 10, 11) + \Pi_\phi(1, 5, 14, 15)$

(4) $f(w, x, y, z) = \Pi(0, 1, 4, 7, 13) + \Pi_\phi(5, 8, 14, 15)$

4.20 使用列表法，求出下列各交換函數的最簡 SOP 表式：

(1) $f(w, x, y, z) = \Sigma(1, 2, 3, 4, 5, 6, 7, 10, 12, 13) + \Sigma_\phi(8, 9, 15)$

(2) $f(u, v, w, x, y, z) = \Sigma(1, 2, 3, 16, 17, 18, 19, 26, 32, 39, 48, 63) +$
$$\Sigma_\phi(15, 28, 29, 30)$$

4.21 使用列表法，求出下列各交換函數的最簡 SOP 表式：

(1) $f(t, u, v, w, x, y, z) = \Sigma(20, 28, 52, 60)$

(2) $f(t, u, v, w, x, y, z) = \Sigma(20, 28, 38, 39, 52, 60, 102, 103, 127)$

(3) $f(u, v, w, x, y, z) = \Sigma(6, 9, 13, 18, 19, 25, 29, 45, 57) + \Sigma_\phi(27, 41, 67)$

4.22 設 $g(x, y, z) = y'z' + yz$ 而 $h(x, y, z) = x'yz' + y'z$。若 $g = f'$ 而 $h = fs'$，則交換函數 f 與 s 的最簡 SOP 表式分別為何？

4.23 設 $f(w, x, y, z) = \Sigma(1, 5, 9, 10, 15) + \Sigma_\phi(4, 6, 8)$　而

$\quad g(w, x, y, z) = \Sigma(0, 2, 3, 4, 7, 15) + \Sigma_\phi(9, 14)$，則

(1) f 與 g 的積函數之最簡 SOP 表式為何？

(2) f 與 g 的和函數之最簡 SOP 表式為何？

4.24 使用卡諾圖求出下列交換函數的最簡 SOP 表式：

$f(v, w, x, y, z) = \Sigma(0, 2, 7, 8, 10, 12, 13, 14, 16, 18, 19, 29, 30) +$
$$\Sigma_\phi(4, 6, 9, 11, 21)$$

4.25 若一個邏輯電路的輸出交換函數為：

$\quad f(w, x, y, z) = y'z' + w'xz + wx'yz'$

而且已經知道該電路的輸入組合 $w = z = 1$ 永遠不會發生,試求一個較簡單的 f 表式。

4.26 使用分歧法,求出下列交換函數的一個最簡 SOP 表式:

$$f(v, w, x, y, z) = \Sigma(0, 4, 12, 16, 19, 24, 27, 28, 29, 31)$$

並將結果與使用三個變數$(x, y,$ 及 $z)$的變數引入圖及餘式的方法比較。

4.27 使用 Petrick 方法與探索法,求出下列各交換函數的最簡 SOP 表式:

(1) $f(w, x, y, z) = \Sigma(0, 1, 3, 6, 7, 14, 15)$

(2) $f(w, x, y, z) = \Sigma(2, 6, 7, 8, 13) + \Sigma_\phi(0, 5, 9, 12, 15)$

4.28 試求圖 P4.1 中各變數引入圖所代表的交換函數之最簡 SOP 表式。

z \ xy	00	01	11	10
0	1 ^{0}	AB ^{2}	1 ^{6}	AB ^{4}
1	B' ^{1}	0 ^{3}	C ^{7}	0 ^{5}

f_1

z \ xy	00	01	11	10
0	$w+v$ ^{0}	v' ^{2}	1 ^{6}	1 ^{4}
1	w ^{1}	0 ^{3}	v ^{7}	0 ^{5}

f_2

圖 P4.1

4.29 利用三個變數的變數引入圖化簡下列各交換函數:

(1) $f(w, x, y, z) = \Sigma(1, 3, 6, 7, 11, 12, 13, 15)$

(2) $f(w, x, y, z) = \Sigma(0, 2, 3, 6, 7) + \Sigma_\phi(5, 8, 10, 11, 15)$

(3) $f(v, w, x, y, z) = \Sigma(0, 3, 5, 7, 10, 15, 16, 18, 24, 29, 31) +$

$$\Sigma_\phi(2, 8, 13, 21, 23, 26)$$

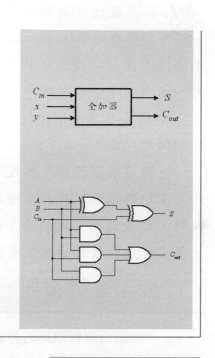

5

邏輯閘層次電路
設計

本章目標

學完本章之後，你將能夠了解：

- 組合邏輯電路：設計與分析方法
- 邏輯閘電路執行方法：兩層邏輯閘電路、多層邏輯閘電路、多層NAND閘電路、多層NOR閘電路
- 邏輯突波：靜態與動態邏輯突波的起因與避免方法

數位系統通常由兩種基本邏輯電路組成：組合邏輯(combinational logic)與循序邏輯(sequential logic)電路。前者的輸出只由目前的外部輸入變數決定；後者的輸出則由目前的輸入變數與先前的輸出交換函數的值共同決定。本章和下一章將依序討論組合邏輯電路的設計、分析與各種執行方法；第 6 章到第 9 章則依序討論循序邏輯電路的設計、分析與各種執行方法和一些相關的問題。

無論是組合邏輯電路或是循序邏輯電路都是由基本邏輯閘電路組成，因此本章中將依序考慮組合邏輯電路的設計與分析、兩層與多層邏輯閘電路的設計、組合邏輯電路的時序分析、邏輯突波(logic hazard)的偵測與如何設計一個沒有邏輯突波的組合邏輯電路。

5.1 組合邏輯電路設計與分析

組合邏輯電路的設計與分析是兩個相反的程序。前者是將每一個輸出交換函數轉換為邏輯電路；後者則是由一個已知的組合邏輯電路依照設計時的相反程序，找出輸出與輸入變數的函數關係。在描述一個組合邏輯電路時，通常有下列兩種方式：功能描述(functional description)與結構描述(structural description)。功能描述也稱為行為描述(behavioral description)，它只定義出輸出與輸入變數的函數關係而未指出詳細的邏輯電路的連接情形；結構描述則詳細地列出邏輯電路的內部連接關係，即各個邏輯閘之間的輸入端與輸出端的實際連接情形。因此，上述所謂的設計即是將功能描述轉換為結構描述的程序，而分析則是將結構描述轉換為功能描述的程序。

5.1.1 組合邏輯電路設計

組合邏輯的基本電路如圖 5.1-1 所示，其中 $x_{n-1},\ldots\ldots,x_1,x_0$ 為 n 個輸入變數，而 $f_1(x_{n-1},\ldots,x_1,x_0)$、$\cdots$、$f_m(x_{n-1},\ldots,x_1,x_0)$ 為 m 個輸出交換函數。每一個輸出交換函數均只為輸入變數 $x_{n-1},\ldots\ldots,x_1,x_0$ 的函數。一般所謂的組合邏輯電路設計其實就是以最低的成本，包括硬體成本、設計人力成本、維護成本，執行每一個輸出交換函數。

圖5.1-1　組合邏輯基本電路

組合邏輯電路的設計步驟通常由文字的規格描述開始，而最後以實際的邏輯電路結束。整個設計過程可以描述如下：

組合邏輯電路的設計程序

1. 設計規格的描述(即輸出交換函數與輸入變數關係的文字描述)；
2. 由設計規格導出輸出交換函數的真值表(或是交換表式)；
3. 簡化所有輸出交換函數；
4. 畫出組合邏輯電路(即執行輸出交換函數)。

現在舉一些實例，說明組合邏輯電路的設計程序。

例題 5.1-1　(警鈴電路)

某一個警鈴系統，其鈴聲會響的條件為當警鈴開關 ON 而且房門未關時，或者在下午 5:30 分以後而且窗戶未關妥時。試設計此一組合邏輯控制電路。

解：假設　$f=$ 鈴聲會響　　　　　$W=$ 窗戶關妥

$S=$ 警鈴開關 ON　　　$T=$ 下午 5:30 分以後

$D=$ 房門關妥

上述變數值表示當該變數所代表的狀態成立時為 1，否則為 0。依據題意得

$$f = SD' + TW'$$

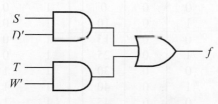

圖5.1-2　例題 5.1-1 的電路

執行 f 的邏輯電路如圖 5.1-2 所示。

___

有些問題必須先依據題意，列出真值表後，再由真值表導出輸出交換函數，例如下列例題。

例題 5.1-2 (投票表決機)

在某一個商業團體中，其各個股東所擁有的股份分配如下：

A 擁有 45%　　　　　C 擁有 15%

B 擁有 30%　　　　　D 擁有 10%

每一位股東的投票表決權相當於其所擁有的股份。今在每一位股東的會議桌上皆設置一個按鈕(即開關)以選擇對一個提案的"通過"(邏輯值為 1)或是"否決"(邏輯值為 0)，當所有股票分配額的總和超過半數(50%)時，即表示該提案通過，同時點亮一個指示燈。試設計此一控制電路。

解：假設"否決"以邏輯 0 代表，"通過"以邏輯 1 代表。依據題意，一共有四個輸入變數 A、B、C、D 及一個輸出交換函數 L。當贊成者的股票分配總額超過 50% 時，L 的輸出為 1，否則為 0。依據 A、B、C、D 四個輸入變數的組合與其相當的股票分配額，得到 L 的真值表如表 5.1-1 所示。

利用圖 5.1-3(a) 的卡諾圖化簡後，得到 L 的最簡式為

$$L = BCD + AB + AC + AD$$
$$= BCD + A(B + C + D)$$

執行 L 輸出交換函數的邏輯電路如圖 5.1-3(b) 所示。

___

表5.1-1　例題 5.1-2 的真值表

A (45%)	B (30%)	C (15%)	D (10%)	L	%	A (45%)	B (30%)	C (15%)	D (10%)	L	%
0	0	0	0	0	0	1	0	0	0	0	45
0	0	0	1	0	10	1	0	0	1	1	55
0	0	1	0	0	15	1	0	1	0	1	60
0	0	1	1	0	25	1	0	1	1	1	70
0	1	0	0	0	30	1	1	0	0	1	75
0	1	0	1	0	40	1	1	0	1	1	85
0	1	1	0	0	45	1	1	1	0	1	90
0	1	1	1	1	55	1	1	1	1	1	100

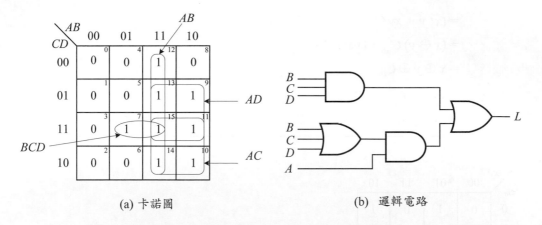

(a) 卡諾圖　　　　　　　　　　(b) 邏輯電路

圖5.1-3　例題 5.1-2 的卡諾圖與邏輯電路

有些問題則需要多個輸出交換函數，即為一個多輸出交換函數系統。

例題 5.1-3　(全加器電路)

全加器(full adder)是一個每次都能夠執行三個位元相加的組合邏輯電路，它具有三個輸入端與兩個輸出端，如下圖所示：

試設計此一電路。

解：依據二進制加法運算規則，全加器的真值表如表 5.1-2 所示。由圖 5.1-4(a) 的卡諾圖化簡後，分別得到 S 與 C_{out} 的最簡式為：

$$S = x'y\,C_{in} + xy'\,C_{in} + x'y'\,C_{in} + xy\,C_{in}$$

表5.1-2　例題 5.1-3 的真值表

x	y	C_{in}	S	C_{out}
0	0	0	0	0
0	0	1	1	0
0	1	0	1	0
0	1	1	0	1
1	0	0	1	0
1	0	1	0	1
1	1	0	0	1
1	1	1	1	1

$$= (x' y + xy') C'_{in} + (x'y' + xy) C_{in}$$

$$= (x \oplus y) C'_{in} + (x \oplus y)' C_{in}$$

$$= x \oplus y \oplus C_{in}$$

$$C_{out} = xy + x C_{in} + y C_{in}$$

執行 S 與 C_{out} 兩個輸出交換函數的邏輯電路如圖 5.1-4(b)所示。

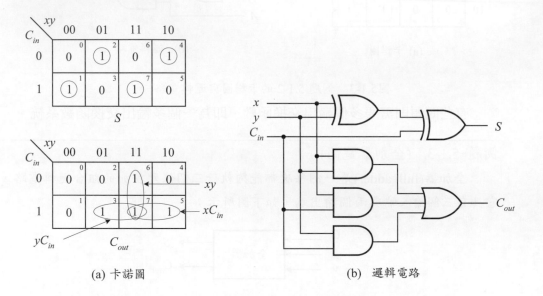

(a) 卡諾圖　　　　　　　　　　(b) 邏輯電路

圖5.1-4　例題 5.1-3 的卡諾圖與邏輯電路

📖 複習問題

5.1. 試簡述功能描述與結構描述的區別。

5.2. 試簡述組合邏輯電路設計的含意。

5.3. 試簡述組合邏輯電路的設計程序。

5.4. 試簡述組合邏輯電路設計與組合邏輯電路分析的區別。

5.1.2 組合邏輯電路分析

　　分析一個組合邏輯電路的方法是連續地標示每一個邏輯閘的輸出端，然後依照該邏輯閘的功能與輸入變數，導出輸出端的交換函數。一般而言，組合邏輯電路的分析程序如下：

組合邏輯電路的分析程序

1. 標示所有只為(外部)輸入變數的函數的邏輯閘輸出端，並導出其交換表式；

2. 以不同的符號標示所有為(外部)輸入變數或是先前標示過的邏輯閘輸出的交換函數之邏輯閘輸出端，並導出其交換表式；

3. 重覆步驟 2，直到導出電路的輸出交換函數表式為止；

4. 將先前定義的交換函數依序代入輸出交換函數表式中，直到該輸出交換函數表式只為輸入變數的函數為止。

例題 5.1-4　(組合邏輯電路分析)

試分析圖 5.1-5 組合邏輯電路。

解： 將每一個邏輯閘的輸出端依序標示為 a、b、c、d、e、f、g，如圖 5.1-5 所示。其次依序計算出每一個邏輯閘輸出端的交換函數，並且表示為輸入變數 x、y、z 的交換函數。即

$$a = xy \qquad\qquad b = x + y$$

$$c = b \cdot z = z(x + y) \qquad d = b + z = z + (x + y)$$

$$e = a \cdot z = xyz \qquad\qquad f = a + c = xy + z(x + y)$$

$$g = f' d = [xy + z(x + y)]' (z + x + y)$$

$$f_1 = f = xy + z(x + y)$$

$$f_2 = g + e$$

$$\quad = [xy + z(x + y)]' (z + x + y) + xyz$$

$$\quad = (xy)' [z(x + y)]' (z + x + y) + xyz$$

$$\quad = (x' + y') (z' + x')(z' + y')(z + x + y) + xyz$$

$$\quad = xy'z' + x'yz' + x'y'z + xyz$$

所以由例題 5.1-3 可以得知，圖 5.1-5 的電路為全加器，其中 f_1 為 C_{out} 而 f_2 為 S。相關的其真值表如表 5.1-2 所示。

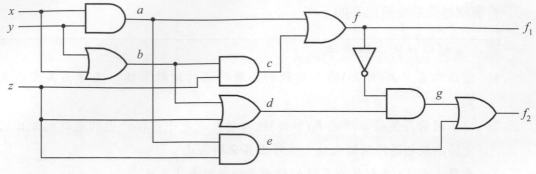

圖5.1-5 例題 5.1-4 的電路

📖 複習問題

5.5. 試簡述分析一個組合邏輯電路的方法。

5.6. 試簡述組合邏輯電路的分析程序。

5.1.3 組合邏輯電路的執行

在完成一個組合邏輯電路的設計之後，其次的工作為使用實際的邏輯電路元件執行(或是稱為實現)該組合邏輯電路。目前可以用來執行一個組合邏輯電路或是循序邏輯電路的元件，若依據元件的包裝密度來區分，有下列四種：

1. 小型積體電路(small-scale integration，SSI)：每一個晶片或是包裝中含有的邏輯閘數目少於 10 個的 IC。典型的元件為 AND、OR、NOT、NAND、NOR、XOR 等基本邏輯閘電路。這類 IC 的製造技術為 CMOS、ECL、TTL。

2. 中型積體電路(medium-scale integration，MSI)：每一個晶片或是包裝中含有的邏輯閘數目介於 10 與 100 之間的 IC。典型的 IC 晶片為加法器(adder)、多工器(multiplexer，MUX)、解多工器(demultiplexer，DeMUX)、計數器(counter)等電路。這類 IC 的製造技術為 CMOS、ECL、TTL。

3. 大型積體電路(large-scale integration，LSI)：每一個晶片中含有的邏輯閘數目介於 100 與 1000 之間的 IC。典型的 IC 晶片為記憶器、低階微處理器與周邊裝置(peripherals)。這類 IC 的製造技術為 CMOS 或是 BiCMOS。

4. 超大型積體電路(very large-scale integration，VLSI)：每一個晶片中含有的邏輯閘數目在 1000 個以上的 IC。典型的 IC 晶片為微處理器、微算機、大的計算機組件等。這類 IC 的主要製造技術為 CMOS 或是 BiCMOS。

　若以 IC 晶片的規格定義方式區分，則可以分為下列三類：

1. 標準規格 IC (standard IC 或稱 catalog IC)：這類 IC 的規格由 IC 製造商依據實際上的可能應用需求，預先定義，並具以設計及生產相關的 IC 元件供使用者使用。例如 74xx 系列中的 SSI 與 MSI 等屬之。

2. 應用規格 IC(application specific IC，簡稱 ASIC)或是稱為 user specific IC (USIC)：這類 IC 的規格由系統設計者依據實際上的應用系統需求，定義符合該需求的特定規格，並且完成的設計必須由 IC 製程工廠製造其雛型或是最終產品。常用的實現方式有全訂製(full custom)、標準元件庫(standard-cell library)與邏輯閘陣列(gate array)[3]。

3. 現場可規劃元件(field-programmable devices)：此類元件可以由使用者直接在現場或實驗室定義其最終規格，包括可規劃邏輯元件(programmable logic device，PLD)、現場可規劃邏輯閘陣列(field programmable gate array，FPGA)等。它們的結構與應用請參考[8，9]。

　在設計一個數位電路(或是系統)時，應儘量使用具有較大功能的 IC，以減少 IC 元件的數目，因而可以減少外加接線數目、降低成本、增加可靠度。例如一個 MSI 晶片通常可以取代數個 SSI 晶片，而能執行相同的功能。因此在設計一個數位系統時，應該儘可能的使用 VLSI、LSI，或是 MSI 電路，而 SSI 電路則只用來當做這些電路之間的界面或是"膠合"邏輯電路。

📖 複習問題

5.7. 若依據元件的包裝密度來區分，邏輯電路元件可以分成那四種？
5.8. 試定義小型積體電路(SSI)與中型積體電路(MSI)。
5.9. 試定義大型積體電路(LSI)與超大型積體電路(VLSI)。
5.10. 若依據元件的規格定義方式區分，邏輯電路元件可以分成那兩種？

5.2 邏輯閘層次組合邏輯電路

利用基本邏輯閘執行一個交換函數時，通常先將欲執行的交換函數依據第 4 章的化簡方法，化簡成最簡的 SOP 或是 POS 形式後，使用基本邏輯閘 (AND、OR、NOR、NAND、NOT)執行。本節中，將討論如何使用兩層邏輯閘電路(two-level logic gate circuit)與多層邏輯閘電路(multilevel logic gate circuit)執行一個交換函數。

5.2.1 兩層邏輯閘電路

執行一個交換函數的最簡單之組合邏輯電路為兩層的邏輯閘電路，其基本形式為 AND-OR(即 SOP 表式的形式)與 OR-AND (即 POS 表式的形式)。但是除了 AND 與 OR 邏輯閘外，NAND 與 NOR 兩個邏輯閘也常用來執行交換函數。因此，對於兩層邏輯閘電路的執行方式而言，由於第一層與第二層的邏輯閘電路均有四種邏輯閘，AND、OR、NAND、NOR 可以選用，因此一共有十六種不同的組合，如表 5.2-1 所示。其中八種組合退化成單一運算，不足以執行任何交換函數，未退化的八種組合依其性質可以分成兩組：對應於 SOP 形式的 AND-OR 組與對應於 POS 形式的 OR-AND 組。

表5.2-1 兩層邏輯閘電路的十六種組合

組合方式	執行的函數	組合方式	執行的函數
AND-AND	AND*	NAND-AND	AND-OR-INVERT
AND-OR	AND-OR	NAND-OR	NAND*
AND-NAND	NAND*	NAND-NAND	AND-OR
AND-NOR	AND-OR-INVERT	NAND-NOR	AND*
OR-AND	OR-AND	NOR-AND	NOR*
OR-OR	OR*	NOR-OR	OR-AND-INVERT
OR-NAND	OR-AND-INVERT	NOR-NAND	OR*
OR-NOR	NOR*	NOR-NOR	OR-AND

在 AND-OR 一組中，一共有 AND-OR、NAND-NAND、OR-NAND、NOR-OR 等四種不同的形式；在 OR-AND 一組中，一共有 OR-AND、NOR-NOR、AND-NOR、NAND-AND 等四種不同的形式。在同一組中，四

種不同的形式可以直接依據下列順序轉換，不同組之間的轉換通常是回到原
來的真值表或是 SOP(或是 POS)表式，然後轉換為 POS (或是 SOP)表式，再
轉換為需要的形式。

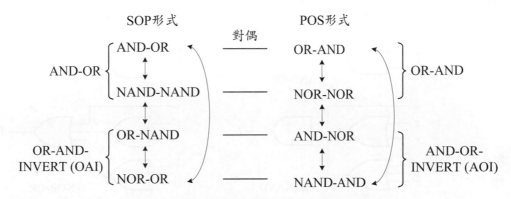

注意兩組表式中水平位置對應的兩種形式，互為對偶關係。

例題 5.2-1　(交換函數的八種兩層邏輯閘電路形式)

　　將下列交換函數的最簡式表示為兩層邏輯閘電路的八種形式：

$$f(w, x, y, z) = \Sigma\,(3, 5, 8, 10, 12, 14, 15) + \Sigma_\phi\,(4, 9, 11, 13)$$

解：利用卡諾圖化簡後得到交換函數 f 的最簡 SOP 表式為：

$$f = w + xy' + x'yz \qquad\qquad \text{(AND-OR)(最簡 SOP 表式)}$$
$$= [w'\,(xy')'\,(x'yz)']' \qquad\qquad \text{(NAND-NAND)}$$
$$= [w'\,(x'+y)(x+y'+z')]' \qquad\qquad \text{(OR-NAND)}$$
$$= w + (x'+y)' + (x+y'+z')' \qquad\qquad \text{(NOR-OR)}$$

交換函數 f 的最簡 POS 表式為

$$f = (w+x+y)(w+x'+y')(w+y'+z) \qquad \text{(OR-AND)(最簡 POS 表式)}$$
$$= [(w+x+y)' + (w+x'+y')' + (w+y'+z)']' \qquad \text{(NOR-NOR)}$$
$$= (w'x'y' + w'xy + w'yz')' \qquad\qquad \text{(AND-NOR)}$$
$$= (w'x'y')'(w'xy)'(w'yz')' \qquad\qquad \text{(NAND-AND)}$$

注意上述最簡 POS 表式可以由卡諾圖直接求得或是利用分配律對最簡 SOP 表式
運算後，使用一致性定理，消去重覆項 $(w + x + z)$ 而得。其它各種形式的表式
則分別使用 DeMorgan 定理對最簡 SOP 表式與最簡 POS 表式運算求得。交換函

數 f 的八種表式的邏輯閘電路如圖 5.2-1 所示。

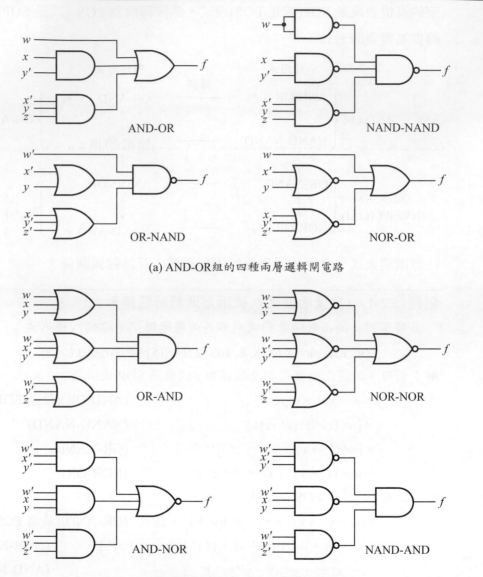

(a) AND-OR組的四種兩層邏輯閘電路

(b) OR-AND組的四種兩層邏輯閘電路

圖5.2-1　例題 5.2-1 的八種兩層邏輯閘電路

NAND-NAND 兩層邏輯閘電路

由於 NAND 與 NOR 邏輯閘為通用邏輯閘，每個邏輯閘族系均有此類型

邏輯閘。因此常常將一個兩層 AND-OR 邏輯閘電路轉換為一個只由 NAND
閘或是 NOR 閘組成的電路。一般而言，最簡 SOP 表式具有下列基本表式：

$$f(x_{n-1},\ldots,x_1,x_0) = l_1 + l_2 +\ldots+ l_m + P_1 + P_2 +\ldots+ P_k \qquad \text{(AND-OR 電路)}$$

其中 l_i 為 m 個字母變數，而 P_i 為 k 個乘積項。依據 DeMorgan 定理，上式可
以表示為：

$$f(x_{n-1},\ldots,x_1,x_0) = (l'_1 \cdot l'_2 \cdot\cdots\cdot l'_m \cdot P'_1 \cdot P'_2 \cdot\cdots\cdot P'_k)' \quad \text{(NAND-NAND 電路)}$$

因此可以只使用 NAND 邏輯閘執行，上述的轉換如圖 5.2-2 所示。

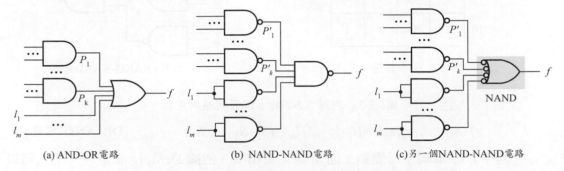

圖5.2-2　AND-OR 電路對 NAND-NAND 電路的轉換

例題 5.2-2　(NAND 閘執行組合邏輯電路)

　　試以兩層的 NAND 閘執行下列交換函數的最簡式

$$f(w, x, y, z) = \Sigma(0, 1, 2, 3, 7, 8, 9, 10, 11, 12)$$

解：依圖 5.2-3(a)的卡諾圖化簡後得到交換函數 f 的最簡式為

$$f(w, x, y, z) = x' + wy'z' + w'yz$$
$$= [(x')'(wy'z')'(w'yz)']'$$

依據圖 5.2-2 的轉換關係轉換後，得到圖 5.2-3(c)的 NAND-NAND 電路。

NOR-NOR 兩層邏輯閘電路

　　NOR 運算子為 NAND 運算子的對偶形式。欲只使用 NOR 閘執行一個交
換函數的最簡式時，通常將最簡式表示為 POS 的形式：

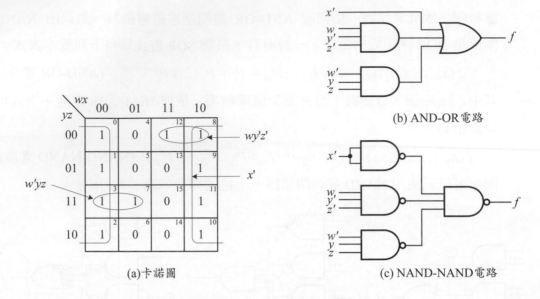

(a)卡諾圖

(b) AND-OR 電路

(c) NAND-NAND 電路

圖5.2-3　例題 5.2-2 的卡諾圖與邏輯電路

$$f(x_{n-1},\ldots,x_1,x_0) = (l_1 \cdot l_2 \cdot \ldots \cdot l_m) \cdot (S_1 \cdot S_2 \cdot \ldots \cdot S_k) \qquad \text{(OR-AND 電路)}$$

其中 l_i 為 m 個字母變數，而 S_i 為 k 個和項。依據 DeMorgan 定理，上式可以表示為：

$$f(x_{n-1},\ldots,x_1,x_0) = (l'_1 + l'_2 + \cdots + l'_m + S'_1 + S'_2 + \cdots + S'_k)'$$

(NOR-NOR 電路)

因此可以只使用 NOR 邏輯閘執行，上述的轉換如圖 5.2-4 所示。

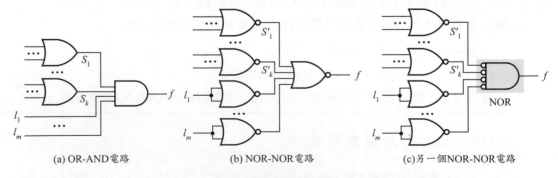

(a) OR-AND 電路

(b) NOR-NOR 電路

(c)另一個NOR-NOR電路

圖5.2-4　OR-AND 電路對 NOR-NOR 電路的轉換

例題 5.2-3　(NOR 閘執行組合邏輯電路)

試以兩層的 NOR 閘執行下列交換函數的最簡式：

$$f(w, x, y, z) = \Pi(0, 1, 4, 5, 7, 8, 9, 10, 11, 15)$$

解：依據圖 5.2-5(a)的卡諾圖化簡後得到 f 的最簡 POS 表式為

$$f(w, x, y, z) = (w + y)(w' + x)(x' + y' + z')$$

$$= [(w + y)' + (w' + x)' + (x' + y' + z')']'$$

執行上式的 NOR-NOR 電路如圖 5.2-5(c)所示。

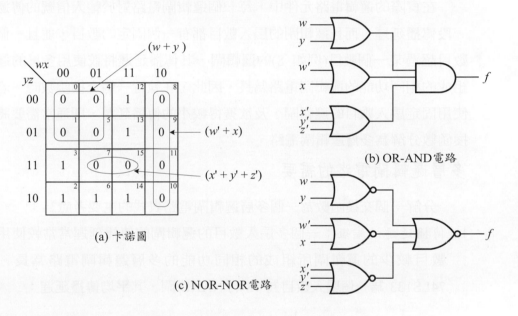

(a) 卡諾圖

(b) OR-AND電路

(c) NOR-NOR電路

圖5.2-5　例題 5.2-3 的卡諾圖與邏輯電路

📖 **複習問題**

5.11. 那一種兩層邏輯閘電路直接對應於 SOP 表式？

5.12. 那一種兩層邏輯閘電路直接對應於 POS 表式？

5.13. NAND-NAND 兩層邏輯閘電路對應於 SOP 表式或是 POS 表式？

5.14. NOR-NOR 兩層邏輯閘電路對應於 SOP 表式或是 POS 表式？

5.15. 為何 OR-AND 邏輯閘電路可以使用 NOR-NOR 邏輯閘電路取代？

5.2.2 多層邏輯閘電路

如前所述，任何一個交換函數都可以表示為 SOP 或是 POS 形式，然後以兩層的邏輯閘電路執行(若需要的補數形式之字母變數亦可以當作輸入時)。若邏輯閘的扇入數目沒有上限，而且每一個邏輯閘的傳播延遲都與該邏輯閘的扇入數目無關時，則任何交換函數均可以使用兩層邏輯閘電路執行，而且其傳播延遲在所有執行方式中為最小。

在實際的邏輯電路元件中，每一個邏輯閘電路對於輸入信號的傳遞都有一段傳播延遲，而且邏輯閘的扇入數目都有一個固定的數目，並且一個扇入數目超過某一個數目(例如 8)的邏輯閘，其傳播延遲將較使用多層的邏輯閘組成的相同功能的邏輯閘電路為長。因此，在執行一個交換函數時，若希望使用固定扇入數目的邏輯閘，及欲獲得較小的傳播延遲，則通常需要將該交換函數分解為多層邏輯閘電路。

多層邏輯閘電路的需要

分解一個交換函數為一個多層邏輯閘電路表式的主要考慮為：

1. *傳播延遲的縮短*：一個多扇入數目的邏輯閘的傳播延遲常常較使用扇入數目較少的邏輯閘所組成的相同功能的多層邏輯閘電路為長。例如 74LS133 為一個扇入數目為 13 的 NAND 閘，其平均傳播延遲：

$$t_{pd} = \frac{1}{2}(t_{pLH} + t_{pHL}) = \frac{1}{2}(10 + 40) = 25 \text{ ns}$$

但若使用 74LS21(具有兩個 4 輸入端的 AND 閘元件)與 74LS20(具有兩個 4 輸入端的 NAND 閘元件)等組成的兩層邏輯閘電路，則只需要：

$$t_{pd} = \frac{1}{2}(t_{pLH} + t_{pHL})(74\text{LS}21) + \frac{1}{2}(t_{pLH} + t_{pHL})(74\text{LS}20)$$

$$= \frac{1}{2}(8.0 + 10)(74\text{LS}21) + \frac{1}{2}(9.0 + 10)(74\text{LS}20) = 18.5 \text{ ns}$$

小於 74LS133 的 25 ns。

2. *欲使用具有固定扇入數目的邏輯電路元件時*：在執行一個交換函數時，

若需要的輸入端的數目超過實際上使用的邏輯元件的扇入數目時，必須將該交換表式必須分解成可以置入該邏輯元件的形式，使其能夠使用該邏輯元件的多層邏輯閘電路執行。例如使用 2 個輸入端的基本邏輯閘元件執行一個交換函數時，必須將該交換函數分解成每一個乘積項或是和項最多僅包含兩個字母變數。此外，在使用 FPGA 或是 PLD/CPLD 邏輯元件(第 11 章)時，由於每一個基本建造單元的輸入數目與功能均有某一個程度的限制，因此也常常必須將一個交換函數分解成多層邏輯閘電路後才能夠執行。

例題 5.2-4　(多層邏輯電路執行)

試以兩個輸入端的 AND 與 OR 閘，執行下列交換函數的最簡式：

$$f(w, x, y, z) = \Sigma(0, 1, 8, 9, 10, 11, 15)$$

解： 由圖 5.2-6(a)的卡諾圖得到交換函數 f 的最簡 SOP 表式為

$$f(w, x, y, z) = wx' + x'y' + wyz$$
$$= w(x' + yz) + x'y' \qquad (\text{一共需要五個邏輯閘})$$
$$= wx' + x'y' + wyz + yy'z$$
$$= x'(w + y') + yz(w + y')$$
$$= (x' + yz)(w + y') \qquad (\text{只需要四個邏輯閘})$$

結果的邏輯電路如圖 5.2-6(b)所示。

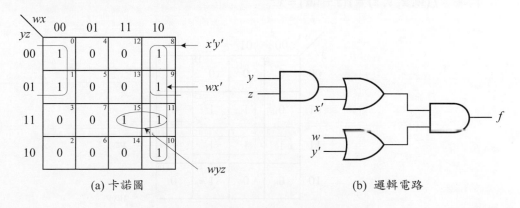

(a) 卡諾圖　　　　　　(b) 邏輯電路

圖5.2-6　例題 5.2-4 的卡諾圖與邏輯電路

多層 NAND 閘邏輯電路

在多層邏輯閘電路中也可以只使用 NAND 閘或是 NOR 閘執行。設計一個多層 NAND 邏輯閘電路的一般程序如下：

多層 NAND 邏輯閘電路的設計程序

1. 求得交換函數的最簡 SOP 表式；
2. 分解該 SOP 表式，以符合最大的邏輯閘扇入數目要求；
3. 以多層 AND 閘與 OR 閘電路執行步驟 2 的 SOP 表式；
4. 將每一個 AND 閘與 OR 閘分別使用等效的 NAND 閘電路(表 2.4-2)取代；
5. 消去電路中所有連續的兩個 NOT 閘電路(NOT 閘與 NAND 閘的等效電路請參考表 2.4-2)；
6. 結果的電路即為所求。

例題 5.2-5 (多層 NAND 邏輯閘電路)

試以兩個輸入端的 NAND 閘，執行下列交換函數 f 的最簡式：

$$f(w, x, y, z) = \Sigma(3, 5, 7, 11, 13, 14, 15)$$

解： 由圖 5.2-7 的卡諾圖得交換函數 f 的最簡 SOP 表式為：

$$f(w, x, y, z) = xz + yz + wxy$$

分解成兩個輸入端的 AND 與 OR 閘的邏輯電路形式後，得到

$$f(w, x, y, z) = y(z + wx) + xz$$

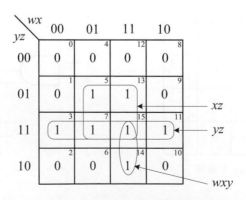

圖 5.2-7 　例題 5.2-5 的卡諾圖

執行交換函數 f 的 AND 與 OR 閘邏輯電路如圖 5.2-8(a)所示。將 AND 閘與 OR 閘分別以等效的 NAND 閘取代後得到圖 5.2-8(b)所示的電路，消去連續的兩個 NOT 閘後，得到最後的 NAND 閘電路，如圖 5.2-8(c)所示。

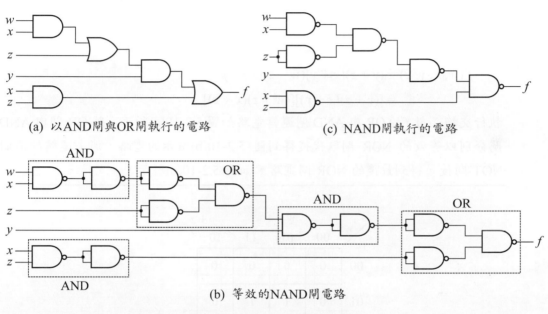

(a) 以AND閘與OR閘執行的電路　　　(c) NAND閘執行的電路

(b) 等效的NAND閘電路

圖5.2-8　例題 5.2-5 的邏輯電路

多層 NOR 閘邏輯電路

　　由於 NOR 閘的輸出交換函數為 NAND 閘的對偶函數，因此由設計多層 NAND 閘電路的對偶程序，可以得到下列多層 NOR 閘電路的設計程序：

多層 NOR 邏輯閘電路的設計程序

1. 求得交換函數的最簡 POS 表式；
2. 分解該 POS 表式，以符合最大的邏輯閘扇入數目要求；
3. 以多層 OR 閘與 AND 閘電路執行步驟 2 的 POS 表式；
4. 將每一個 OR 閘與 AND 閘分別以等效的 NOR 閘電路(表 2.4-2)取代；
5. 消去電路中所有連續的兩個 NOT 閘電路(NOT 閘與 NOR 閘的等效電路請參考表 2.4-2)；

6. 結果的電路即為所求。

例題 5.2-6 (多層 NOR 邏輯閘電路)

試以兩個輸入端的 NOR 閘，執行下列交換函數 f 的最簡式：

$$f(w, x, y, z) = \Pi(0, 1, 2, 4, 6, 8, 9, 10, 12)$$

解： 由圖 5.2-9 的卡諾圖得到交換函數 f 的最簡 POS 表式為：

$$f(w, x, y, z) = (y + z)(x + y)(w + z)(x + z)$$

$$= [(y + z)(x + y)][(w + z)(x + z)]$$

執行交換函數 f 的 OR 與 AND 閘邏輯電路如圖 5.2-10(a)所示。將 OR 閘與 AND 閘分別以等效的 NOR 閘取代後得到圖 5.2-10(b)所示的電路，消去連續的兩個 NOT 閘後，得到最後的 NOR 閘電路，如圖 5.2-10(c)所示。

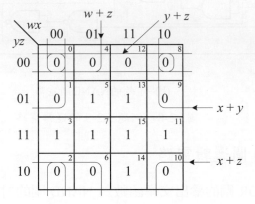

圖5.2-9 例題 5.2-6 的卡諾圖

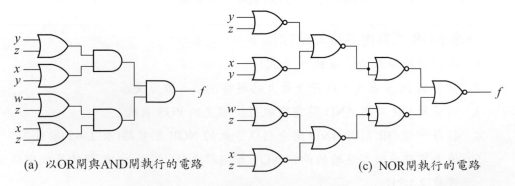

(a) 以OR閘與AND閘執行的電路   (c) NOR閘執行的電路

圖5.2-10 例題 5.2-6 的邏輯電路

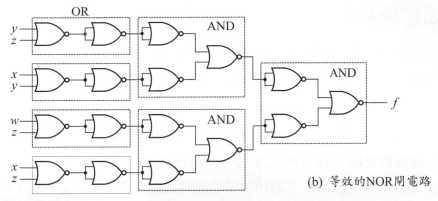

(b) 等效的NOR閘電路

圖5.2-10(續)　例題5.2-6 的邏輯電路

📖 複習問題

5.16. 在何種條件下，兩層邏輯閘電路為最快的交換函數執行方式？

5.17. 為何在使用實際的邏輯元件執行一個交換函數時，通常都需要分解該交換函數為多層的邏輯閘電路？

5.18. 試簡述多層 NAND 邏輯閘電路的設計程序。

5.19. 試簡述多層 NOR 邏輯閘電路的設計程序。

5.3 組合邏輯電路時序分析

　　在分析組合邏輯電路的時序時，每一個邏輯閘均當作一個黑盒子(black box)，即僅考慮邏輯閘的功能與傳播延遲，其內部詳細的電路則不予考慮。當組合邏輯電路的輸入信號改變時，由於電路對於該輸入信號可能有許多具有不同傳播延遲的信號傳遞路徑存在，結果造成暫時性的錯誤信號出現在輸出端，這種現象稱為突波(hazard)。依據輸出交換函數與邏輯電路的關係可以將突波分為邏輯突波(logic hazard)與函數突波(function hazard)兩種。但是無論是那一類，突波在邏輯電路中出現的現象又可以分成靜態與動態兩種。不管是那一類的突波，其發生都是暫時性的，因此可以視為邏輯電路的一種暫態響應(transient response)。本節中，將依序討論突波發生的原因、突波的種類、如何偵測電路是否含有突波，與如何設計無邏輯突波(logic hazard free)的邏輯電路。

5.3.1 邏輯突波

所謂的邏輯突波是由於執行一個交換函數的邏輯電路所引起的，因此對於執行同一個交換函數的各個不同的邏輯電路而言，有些會產生邏輯突波，而有些則不會。邏輯突波可以分成靜態與動態兩種。

一般而言，若一個邏輯電路當其輸入變數的值改變時，其輸出信號值會暫時離開穩定值 1 而下降為 0 時，該電路稱為含有靜態-1 邏輯突波(static-1 logic hazard)。相反地，若輸出信號值暫時離開穩定值 0 而上升為 1 時，該電路稱為含有靜態-0 邏輯突波(static-0 logic hazard)。

另外一種突波發生在當輸出信號值應該由 0 變為 1 或是由 1 變為 0，但是實際上卻改變了三次或是三次以上(奇數次)時，稱為動態邏輯突波(dynamic logic hazard)。上述的三種邏輯突波的示意圖如圖 5.3-1 所示。注意在上述三種邏輯突波發生時，電路的穩態值依然是正確的。

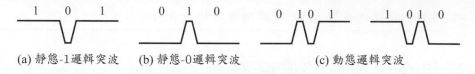

(a) 靜態-1邏輯突波　　(b) 靜態-0邏輯突波　　(c) 動態邏輯突波

圖5.3-1　邏輯突波的種類

現在使用在圖 5.3-2(a)的電路說明靜態邏輯突波發生的原因，假設圖中的每一個邏輯閘的傳播延遲均為 t_{pd}，將每一個邏輯閘的傳播延遲列入考慮之後，電路的時序如圖 5.3-2(b)所示。依據圖中所得到的輸出信號 f 可以得知：在輸入的變數 $y = z = 1$ 的情況下，當變數 x 的信號由 1 變為 0 時，f 會暫時性的輸出 0 一個 t_{pd} 的時間，然後回到穩定值 1。因此，圖 5.3-2(a)的邏輯電路含有靜態-1 邏輯突波。

為了解圖 5.3-2(a)的電路會發生邏輯突波的原因，現在將該電路的卡諾圖列於圖 5.3-3(a)。由圖 5.3-2(b)的時序得知，靜態-1 邏輯突波是發生在當變數 $y = z = 1$ 而變數 x 由 1 變為 0 時，即相當於由乘積項 xy 轉移到乘積項 $x'z$。因此，可以得知：當兩個相鄰的 1-格子(即最小項)屬於同一個質隱項時，若輸入變數的值在相當於這兩個格子的組合下改變時，都不會引起邏輯突波，例如輸入變數 *xyz* 的值由 110 變為 111；相反地，當兩個相鄰的 1-格子(即最小項)不屬於同一個質隱項時，若輸入變數的值在相當於這兩個 1-格子的組合下改變時，將會引起邏輯突波，例如輸入變數 *xyz* 的值由 111 變為 011 時。

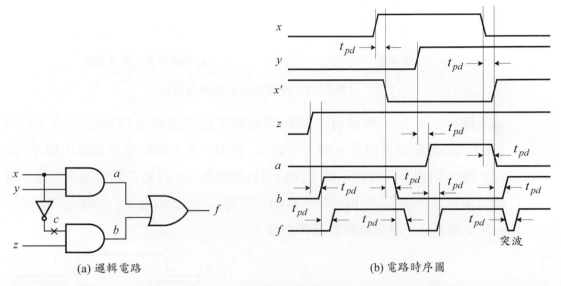

(a) 邏輯電路　　　　　　　　　(b) 電路時序圖

圖5.3-2　組合邏輯電路時序分析

　　由上述討論可以得知：靜態邏輯突波發生的原因是因為當輸入變數的值改變時，由於質隱項更換，因而 AND 閘更換，然而由於傳播延遲的關係，兩個 AND 閘的輸出信號值有一段時間可能同時處於 1 或是 0，因而造成邏輯突波。因此為防止靜態邏輯突波的發生，必須如圖 5.3-3(a)所示，多加入一個質隱項 *yz*，以使輸入變數 *xyz* 的值由 111 變為 011 或是由 011 變為 111 時，有一個質隱項可以包含這兩個相鄰的 1-格子的輸入變數的組合值。無邏輯突波的邏輯電路如圖 5.3-3(b)所示。

　　由於動態邏輯突波至少涉及三次的輸出信號改變，輸入信號至少必須經過三個不同的時間抵達輸出端，即輸入信號與輸出之間至少有兩條(或是更多)不同的路徑。因此，一個沒有靜態邏輯突波的邏輯電路仍然有可能含有動態邏輯突波。

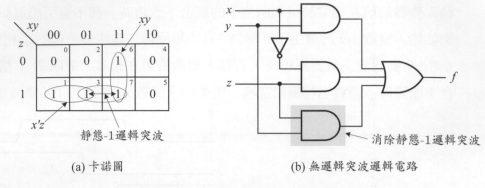

(a) 卡諾圖　　　　　　　(b) 無邏輯突波邏輯電路

圖5.3-3　邏輯突波的偵測與消除

　　圖 5.3-4 為一個具有一個動態邏輯突波的邏輯電路與時序圖。如圖 5.3-4(a)的邏輯電路所示，輸入信號 w 經由三條不同路徑抵達輸出端 f。因此，輸入信號 w 可能在三個不同時間抵達輸出端 f 而造成動態邏輯突波。詳細情形可以由圖 5.3-4(b)說明，當輸入信號 x、y、z 均為 1，而輸入信號 w 由 1 改變為 0 時，將造成動態邏輯突波。

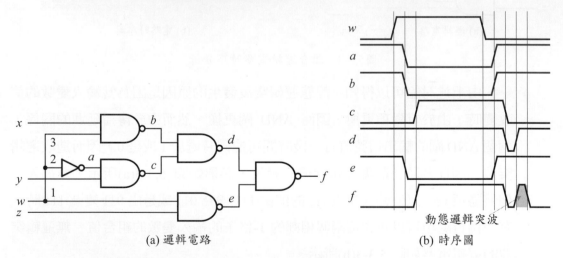

(a) 邏輯電路　　　　　　(b) 時序圖

圖5.3-4　動態邏輯突波例

📖 複習問題

5.20. 試定義靜態-0 邏輯突波。

5.21. 試定義靜態-1 邏輯突波。

5.22. 試定義動態邏輯突波。

5.3.2 函數突波

　　函數突波是由於交換函數本身所引起的，這類型的突波只出現在當有多個(兩個或以上)輸入信號的值必須同時改變的情況。函數突波也有靜態與動態兩種。由於函數突波是由於交換函數本身所引起的，它和執行該交換函數的邏輯電路無關。下列兩個例題，將說明此一事實。

例題 5.3-1　(靜態函數突波)

討論圖 5.3-5(a)所示的邏輯電路的函數突波。

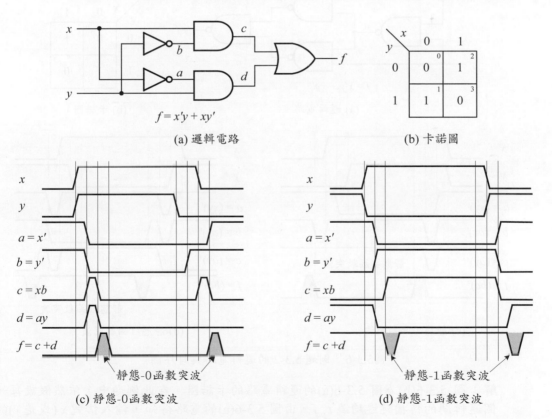

$f = x'y + xy'$

(a) 邏輯電路　　　　　　　　　　(b) 卡諾圖

(c) 靜態-0函數突波　　　　　　　(d) 靜態-1函數突波

圖 5.3-5　例題 5.3-1 的電路與時序圖

解：圖 5.3-5(b)列出圖 5.3-5(a)所示邏輯電路的卡諾圖。若假設圖中每一個邏輯

閘的傳播延遲均為 t_{pd}，則輸入信號 x（或是 y）與輸出 f 之間最長的路徑為三個邏輯閘，因而需要 $3t_{pd}$ 的時間延遲，因此若輸入信號 x 與 y 在此 $3t_{pd}$ 內改變狀態，均可以視為同時發生。據此，得到圖 5.3-5(c) 與圖 5.3-5(d) 的靜態-0 函數突波與靜態-1 函數突波的時序圖。

下列例題為交換函數 $f = x'y + xy'$ 的另一種執行方式。它依然會發生函數突波。

例題 5.3-2 (靜態函數突波)

討論圖 5.3-6(a) 邏輯電路的函數突波。

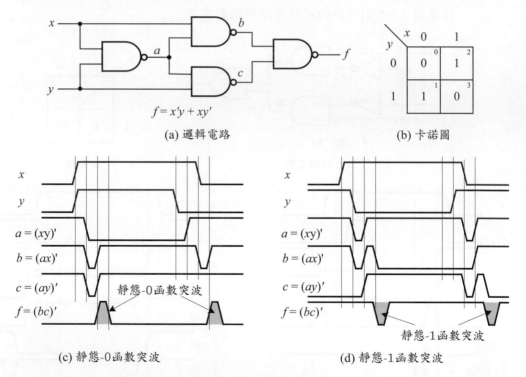

圖5.3-6 例題 5.3-2 的邏輯電路與時序圖

解：圖 5.3-6(b) 為圖 5.3-6(a) 的邏輯電路的卡諾圖。在此例題中，依然假設每一個邏輯閘的傳播延遲均為 t_{pd}。由圖 5.3-6(a) 的電路得知，輸入信號 x（或是 y）的最長路徑為三個邏輯閘，即需要 $3t_{pd}$ 的時間才能由輸入端傳播到輸出端 f。因此，當輸入信號 x 與 y 在 $3\,t_{pd}$ 的時間內發生狀態改變時，即可以認為是同時改變。據此，得到圖 5.3-6(c)與圖 5.3-6(d)的時序圖。注意在圖 5.3-6(d)的時序圖中，b 與 c 兩個信號的時序圖中均有動態邏輯突波的發生，這是因為輸入信號 x 與 y 分別由兩個不同的傳輸路徑抵達 b 與 c 端使然。

　　由上述例題可以得知：靜態函數突波是由於在一個交換函數中，當有兩個輸入變數的值必須同時改變時，但是由於邏輯閘電路固有的傳播延遲特性，輸入變數的狀態改變並無法立即反應於輸出端，因而相當於經過一個輸出值不同的輸入變數狀態所造成的。

　　除了有靜態函數突波外，一個輸出交換函數也可能含有動態函數突波。這種突波發生的原因為當輸出交換函數中有三個輸入變數的值必須同時改變狀態時，但是由於實際上的邏輯閘電路無法立即反應此狀態變化於輸出端，而必須歷經多個中間狀態之後才抵達最後狀態所造成的。

例題 5.3-3　(動態函數突波)

討論圖 5.3-7 的卡諾圖中的動態函數突波。

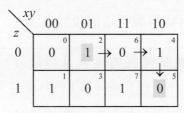

圖5.3-7　例題 5.3-3 的卡諾圖

解：由(010)轉態到(101)時，會發生動態函數突波。在這情形下，三個輸入變數，x、y、z 皆必須改變狀態。除非它們能夠真正地同時改變並且在相同的時間內抵達輸出端，否則，必然會發生動態函數突波。即

$$輸入狀態：\quad 010 \quad \rightarrow \quad 110 \quad \rightarrow \quad 100 \quad \rightarrow \quad 101$$
$$\downarrow \qquad\qquad \downarrow \qquad\qquad \downarrow \qquad\qquad \downarrow$$
$$輸\quad 出：\quad 1 \qquad\qquad 0 \qquad\qquad 1 \qquad\qquad 0$$

所以輸出波形和圖 5.3-1(c)相同，因而為一個動態函數突波。其它動態函數突

波，可以依據類似的方式找出。

複習問題

5.23. 試定義靜態-0 函數突波。

5.24. 試定義靜態-1 函數突波。

5.25. 試定義動態函數突波。

5.3.3 無邏輯突波邏輯電路設計

邏輯突波由於它的發生原因與執行交換函數的邏輯電路有關，因此它可以使用延遲元件控制或是由適當的邏輯電路設計方式消除。由邏輯電路的設計方式，消除邏輯突波的方法為在兩層的 SOP 形式的邏輯電路中，必須同時滿足下列兩個條件：

1. 在兩層的 SOP 邏輯電路中，不能有一個 AND 閘的輸入變數中含有一對互為補數的字母變數；

2. 任何相鄰的最小項都必須至少被一個質隱項包含。

下列將舉數個實例說明這個設計方法。

例題 5.3-4 (無邏輯突波的邏輯電路設計)

設計一個相當於下列交換函數 f 的無邏輯突波的邏輯電路：

$$f(w, x, y, z) = \Sigma(1, 5, 6, 7, 9, 10, 13)$$

解：利用如圖 5.3-8(a)所示的卡諾圖化簡後得到：

$$f(w, x, y, z) = \underbrace{wx'yz' + w'xy + y'z}_{\text{最簡式}} + \underset{\underset{\text{滿足條件2}}{\uparrow}}{w'xz}$$

上述最簡式也可以利用圖 5.3-8(b)所示的無突波質隱項表(hazard-free prime implicant chart)求取最簡式。無突波質隱項表和質隱項表的差別在於前者以兩個相鄰的最小項取代原先質隱項表中的最小項的位置，此外所有特性與簡化方法均和質隱項表相同。由於所有質隱項均為必要質隱項，所以最簡式為：

$$f(w, x, y, z) = wx' yz' + w' xy + y' z + w' xz$$

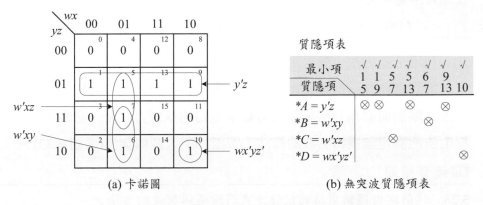

(a) 卡諾圖　　　　　　　(b) 無突波質隱項表

圖5.3-8　例題 5.3-4 的卡諾圖與無突波質隱項表

當然並不是所有質隱項都必須包含於最簡式中，但是若將所有質隱項皆包含於最簡式中，則對應於該最簡式的兩層 SOP 電路必定是一個無邏輯突波的邏輯電路。

例題 5.3-5 (無邏輯突波的邏輯電路設計)

設計一個相當於下列交換函數的無邏輯突波的邏輯電路：

$$f(w, x, y, z) = \Sigma(1, 2, 3, 4, 5, 6, 7, 9, 11, 13)$$

解：利用圖 5.3-9(a)所示的卡諾圖化簡後得到所有質隱項集合為：

$$P = \{w'x, w'y, y'z, x'z, w'z\}$$

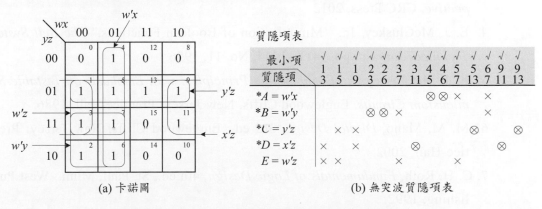

(a) 卡諾圖　　　　　　　(b) 無突波質隱項表

圖5.3-9　例題 5.3-5 的卡諾圖與無突波質隱項表

經由圖 5.3-9(b)所示的無突波質隱項表選取一組包含所有的相鄰的最小項集合後得到無邏輯突波最簡式為：

$$f(w, x, y, z) = w'x + w'y + y'z + x'z$$

利用上述方法化簡得到的最簡SOP表式，若直接以兩層的邏輯閘電路執行，則該電路為一個無邏輯突波的邏輯電路，但是若由於使用的邏輯閘的扇入因素限制而必須分解成多層邏輯閘電路的執行方式時，必須注意在分解過程中依然滿足無邏輯突波的條件，否則將引入邏輯突波(習題 5.33)。

📖 複習問題

5.26. 試簡述由邏輯電路的設計方式消除邏輯突波的方法。

5.27. 試定義無突波質隱項表。

5.28. 試簡述如何由無突波質隱項表中求取無突波邏輯電路的最簡式。

5.4 參考資料

1. Kohavi, *Switching and Finite Automata Theory*, 2nd ed., New York: McGraw-Hill, 1978.

2. G. Langhole, A. Kandel, and J. L. Mott, *Digital Logic Design*, Dubuque, Iowa: Wm. C. Brown, 1988.

3. M. B. Lin, *Introduction to VLSI Systems: A Logic, Circuit, and System Perspective*, CRC Press, 2012.

4. E. J. McCluskey, Jr., ``Minimization of Boolean Functions,'' *The Bell System Technical Journal*, pp. 1417--1444, No. 11, 1956.

5. E. J. McCluskey, Jr., *Logic Design Principles: with Emphasis on Testable Semicustom Circuits*, Englewood Cliffs, New Jersey: Prentice-Hall, 1986.

6. M. M. Mano, *Digital Design*, 3rd ed., Englewood Cliffs, New Jersey: Prentice-Hall, 2002.

7. C. H. Roth, *Fundamentals of Logic Design*, 4th ed., St. Paul, Minn.: West Publishing, 1992.

8. 林銘波，數位邏輯設計：使用 Verilog HDL，第六版，全華圖書股份有限公司，2017。

9 林銘波，數位系統設計：原理、實務與應用，第五版，全華圖書股份有限公司，2017。

5.5 習題

5.1 某一間教室的電燈分別由三個入口處的開關獨立控制，當改變這些開關的狀態時，均會改變電燈的狀態(on → off, off → on)。試導出該控制電路的交換表式。

5.2 某一個組合邏輯電路具有兩個控制輸入端(C_0, C_1)，兩個資料輸入端 x 與 y，一個輸出端 z，如圖 P5.1 所示。當 $C_0 = C_1 = 0$ 時，輸出端 $z = 0$；當 $C_0 = C_1 = 1$ 時，輸出 $z = 1$；當 $C_0 = 1$ 而 $C_1 = 0$ 時，輸出端 $z = x$；當 $C_0 = 0$ 而 $C_1 = 1$ 時，輸出端 $z = y$。試導出輸出交換函數 z 的真值表，並求其最簡的 SOP 表式。

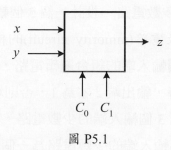

圖 P5.1

5.3 某一個組合邏輯電路具有四個輸入端(w, x, y, z)與三個輸出端(f, g, h)。其中 fgh 代表一個相當於輸入端的 1 總數的二進制值。例如，當 $wxyz = 0100$ 時，$fgh = 001$；當 $wxyz = 0101$ 時，$fgh = 010$。

(1) 求輸出交換函數 f、g、h 的最簡 SOP 表式；

(2) 求輸出交換函數 f、g、h 的最簡 POS 表式。

5.4 設計一個組合邏輯電路，將一個 3 位元的輸入取平方後輸出於輸出端上。

5.5 設 $X = x_1 x_0$ 而 $Y = y_1 y_0$ 各為 2 個位元的二進制數目，設計一個組合邏輯電路,當其輸入端 X 與 Y 的值相等時,其輸出端 z 的值才為 1,否則均為 0。

5.6 設 $X = x_3 x_2 x_1 x_0$ 為一個 4 位元的二進制數目,其中 x_0 為 LSB,設計一個組合邏輯電路,當輸入端 X 的值大於 9 時,輸出端 z 的值才為 1,否則均為 0。

5.7 設計一個 2×2 個位元的乘法器電路。輸入的兩個數分別為 $X = x_1 x_0$ 與 $Y = y_1 y_0$,輸出的數為 $Z = z_3 z_2 z_1 z_0$,其中 x_0、y_0、z_0 為 LSB。

5.8 設計一個組合邏輯電路,當其四個輸入端 (x_3, x_2, x_1, x_0) 的值為一個代表十進制數字的加三碼時,輸出端 z 的值才為 1,否則均為 0。

5.9 本習題為多數電路(majority circuit)的相關問題。所謂的多數電路為一個具有奇數個輸入端的組合邏輯電路,當其為 1 的輸入端的數目較為 0 的輸入端多時,輸出端 z 才為 1,否則均為 0。

(1) 設計一個具有 3 個輸入端的多數電路。

(2) 利用上述多數電路,設計一個 5 個輸入端的多數電路。

5.10 本習題為少數電路(minority circuit)的相關問題。所謂的少數電路為一個具有奇數個輸入端的組合邏輯電路,當其為 1 的輸入端的數目較為 0 的輸入端少時,輸出端 z 才為 1,否則均為 0。

(1) 設計一個 3 個輸入端的少數電路。

(2) 證明 3 個輸入端的少數電路為一個函數完全運算集合電路。

5.11 設計下列數碼轉換電路:

(1) 轉換(8, 4, -2, -1)碼為 BCD 碼;

(2) 轉換 4 位元的二進制數目為格雷碼;

(3) 轉換 4 位元的格雷碼為二進制數目。

將每一個輸出交換函數各別化簡。

5.12 設計一個二進制數目對 BCD 碼的轉換電路。假設輸入的二進制數目為 4 位元。

5.13 圖 P5.2 為一個具有四個輸入端的組合邏輯電路,其中 $X = x_1 x_0$ 而 Y

$= y_1 y_0$，x_0 與 y_0 為 LSB，當 X 與 Y 的乘積大於 2 時，輸出端 z 的值才為 1，否則均為 0。

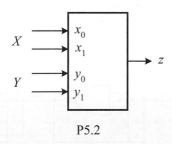

P5.2

(1)　求輸出交換函數 z 的最簡 SOP 表式；

(2)　求輸出交換函數 z 的最簡 POS 表式。

5.14　求圖 P5.3 中各組合邏輯電路的輸出交換函數 f。

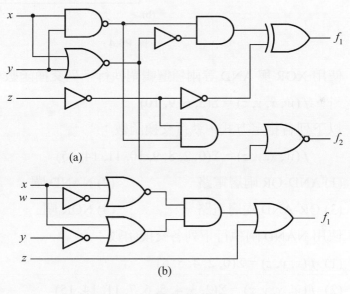

圖 P5.3

5.15　求圖 P5.4 中各組合邏輯電路的輸出交換函數 f。

5.16　求出下列各交換函數的八種兩層邏輯閘電路形式：

(1) $f(w, x, y, z) = \Sigma(0, 1, 2, 10, 11)$

(2) $f(w, x, y, z) = \Sigma(7, 10, 11, 13, 14, 15)$

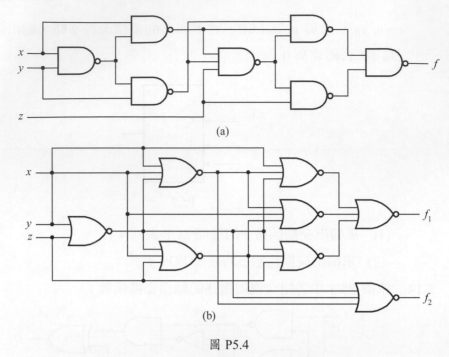

(a)

(b)

圖 P5.4

5.17 使用 XOR 與 AND 等兩種邏輯閘執行下列交換函數：

$$f(w, x, y, z) = \Sigma(5, 6, 9, 10)$$

5.18 以下列各指定方式，執行交換函數：

$$f(w, x, y, z) = \Sigma(0, 2, 8, 9, 10, 11, 14, 15)$$

(1) AND-OR 兩層電路　　　　　(2) NAND 閘

(3) OR-AND 兩層電路　　　　　(4) NOR 閘

5.19 使用 NAND 閘執行下列各交換函數：

(1) $f(x, y, z) = \Sigma(0, 2, 4, 5, 6)$

(2) $f(w, x, y, z) = \Sigma(2, 3, 4, 5, 6, 7, 11, 14, 15)$

5.20 使用下列各指定方式，執行交換函數：

$$f(w, x, y, z) = \Sigma(1, 3, 6, 7, 11, 12, 13, 15)$$

(1) AND-NOR 兩層電路　　　　(2) OR-NAND 兩層電路

5.21 假設交換函數 $f(x, y, z) = \Sigma(3, 5, 6)$ 定義為一個邏輯閘，稱為 T 邏輯閘，則：

(1) 證明$\{T, 1\}$為一個函數完全運算集合。

(2) 試使用兩個 T 邏輯閘分別執行下列每一個交換函數：

(a) $f(w, x, y, z) = \Sigma(0, 1, 2, 4, 7, 8, 9, 10, 12, 15)$

(b) $f(w, x, y, z) = \Sigma(\,(0, 1, 2, 3, 4, 8, 10, 11, 12, 15)$

5.22 假設交換函數 $f(w, x, y, z) = xy(w + z)$定義為一個邏輯閘，稱為 L 邏輯閘。假設輸入信號同時具有補數與非補數兩種形式，試使用三個 L 邏輯閘與一個 OR 閘，分別執行下列每一個交換函數：

(1) $f(w, x, y, z) = \Sigma(0, 1, 6, 9, 10, 11, 14, 15)$

(2) $f(w, x, y, z) = \Sigma(1, 2, 3, 6, 7, 8, 12, 14)$

5.23 設計一個具有四個信號輸入端(m_3 , m_2 , m_1 , m_0)與七個信號輸出端($m_3\ m_2\ m_1\ p_2\ m_0\ p_1\ p_0$)的組合邏輯電路，它能接收 BCD 碼的輸入，然後產生對應的海明碼(表 1.6-2)輸出。

5.24 設計一個海明碼的錯誤偵測與更正電路，它能偵測與更正七個輸入端($m_{i3}\ m_{i2}\ m_{i1}\ p_{i2}\ m_{i0}\ p_{i1}\ p_{i0}$)中任何一個單一位元的錯誤，然後產生正確的碼語於輸出端($m_{o3}\ m_{o2}\ m_{o1}\ p_{o2}\ m_{o0}\ p_{o1}\ p_{o0}$)。

5.25 假設只有非補數形式的字母變數可以當作輸入信號，設計一個只使用一個 NOT 閘與多個 AND 閘或是 OR 閘的邏輯電路，分別執行下列每一個交換函數：

(1) $f(w, x, y, z) = w'x + x'y + xz'$

(2) $f(w, x, y, z) = xy' + x'z + xz'$

5.26 設計下列各指定的兩層邏輯閘數碼轉換電路：

(1) 設計一個 BCD 碼對 5 取 2 碼的轉換電路；

(2) 設計一個 5 取 2 碼對 BCD 碼的轉換電路。

5 取 2 碼與十進制數字的關係如表 P5.1 所示。

5.27 設計一個組合邏輯電路，當其四個輸入端所代表的二進制值為一個質數或是 0 時，其輸出端 z 的值才為 1，否則均為 0。試以下列指定方式，執行此電路：

表 P5.1

十進制	5 取 2 碼	十進制	5 取 2 碼
0	11000	5	01010
1	00011	6	01100
2	00101	7	10001
3	00110	8	10010
4	01001	9	10100

(1) 使用兩層 NAND 閘電路；

(2) 只使用兩個輸入端的 NAND 閘；

(3) 使用兩層 NOR 閘電路；

(4) 只使用兩個輸入端的 NOR 閘。

5.28 分別以下列各指定方式，執行交換函數：

$$f(w, x, y, z) = w'\,xy' + xz + wy + x'\,yz'$$

(1) 兩個輸入端的 NAND 閘   (2) 兩個輸入端的 NOR 閘

5.29 使用 AND、OR、NOT 等邏輯閘，重新執行圖 P5.5 的邏輯電路。

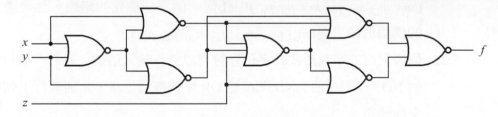

圖 P5.5

5.30 使用 NAND 閘，重新執行圖 P5.6 的邏輯電路。

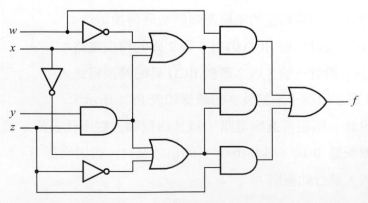

圖 P5.6

5.31　只使用兩個輸入端的 NOR 閘，執行下列交換函數：

$$f(w, x, y, z) = w'\,x'\,z' + x'\,y'\,z'$$

5.32　設計相當於下列各交換函數的無邏輯突波邏輯電路：

(1) $f(w, x, y, z) = \Sigma(0, 3, 7, 11, 12, 13, 15)$

(2) $f(w, x, y, z) = \Sigma(3, 4, 5, 6, 7, 10, 11, 12, 14, 15)$

5.33　參考圖 P5.7 的邏輯電路：

(1) 證明圖 P5.7(a)與(b)為邏輯相等。

(2) 說明圖 P5.7(a)的邏輯電路不會產生邏輯突波。

(3) 試繪出圖 P5.7(b)的時序圖，說明輸出交換函數 c 在輸入變數 A 的
值為 1 而與 B 的值由 0 變為 1 時將產生靜態-1 邏輯突波。

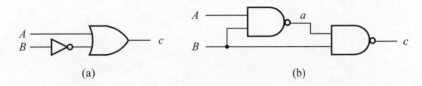

圖 P5.7

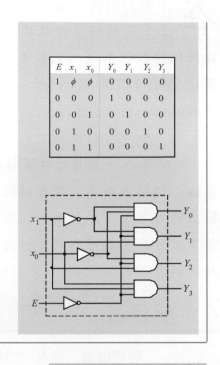

E	x_1	x_0	Y_0	Y_1	Y_2	Y_3
1	ϕ	ϕ	0	0	0	0
0	0	0	1	0	0	0
0	0	1	0	1	0	0
0	1	0	0	0	1	0
0	1	1	0	0	0	1

6

組合邏輯電路
模組設計

本章目標

學完本章之後，你將能夠了解：

- 解碼器：解碼器的電路設計、擴充，與執行交換函數
- 編碼器：編碼器(優先權編碼器)的電路設計與擴充
- 多工器：多工器的電路設計、擴充，與執行交換函數
- 解多工器：解多工器的電路設計、擴充，與執行交換函數
- 比較器：大小比較器的電路設計與擴充
- 算術電路設計：加/減法運算電路、BCD加法運算電路、乘法運算電路

在 了解如何使用基本邏輯閘執行任意的交換函數之後，本章中將討論一些常用的標準組合邏輯電路模組的功能與設計方法，這些電路模組為設計任何數位系統的基本建構單元。常用的標準組合邏輯電路模組為：解碼器 (decoder) 與編碼器 (encoder)；多工器 (multiplexer，MUX) 與解多工器 (demultiplexer，DeMUX)；比較器 (comparator)；算術運算電路：包括加、減、乘、除等四則運算。

解碼器為一個可以自資料輸入端信號的二進制組合中識別出特定組合的電路；編碼器則為一個可以依據資料輸入端的信號位置產生相當的二進制值輸出的電路。多工器為一個能自多個資料輸入來源中選取其中一個的電路；解多工器為一個可以將資料放置於指定標的中的電路。比較器用以比較兩個數目的大小。

6.1 解碼器

解碼器是一個常用的組合邏輯電路模組。因此，本小節將依序討論解碼器電路、解碼器的擴充，與如何使用解碼器執行交換函數。

6.1.1 解碼器電路設計

解碼器是一個具有 n 個資料輸入端而最多有 m $(=2^n)$ 個資料輸出端的組合邏輯電路，其主要特性是在每一個資料輸入端信號的二進制組合中，只有一個資料輸出端啟動，至於其值是為 1 或是 0，由電路的設計方式決定。

典型的 n 對 m (或是稱為 $n \times m$) 解碼器方塊圖如圖 6.1-1 所示。圖 6.1-1(a) 的輸出為非反相輸出；圖 6.1-1(b) 的輸出為反相輸出。圖 6.1-1(a) 與 (b) 的解碼器方塊圖中的致能 (enable，E) 控制線控制解碼器的動作，當它啟動 (或是稱為致能) (即值設定為 0) 時，解碼器正常工作；當它不啟動 (即值設定為 1) 時，解碼器的所有輸出端將固定輸出一個特定的值：低電位、高電位、高阻抗，由電路的設計方式決定。上述解碼器電路的致能控制方式為低電位啟動；有些解碼器電路則為高電位啟動的方式。在電路符號的表示方式中，以一個圓圈表示低電位的啟動方式；未加圓圈時則表示為高電位的啟動方式。當然有些解碼器電路並未具有致能(E)控制輸入線。

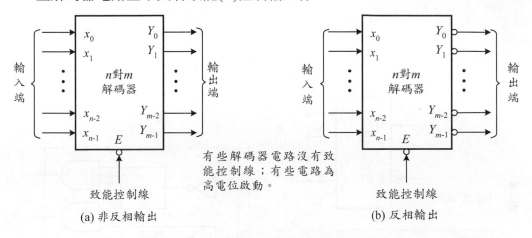

(a) 非反相輸出　　　(b) 反相輸出

圖6.1-1 解碼器方塊圖

當 n 個位元的資料輸入端的所有二進制組合皆使用時，即 $m = 2^n$，稱為完全解碼(totally decoding)；當 n 個位元的資料輸入端的二進制組合有部分未使用時，即 $m < 2^n$，稱為部分解碼(partially decoding)。為了能夠唯一的對資料輸入端的二進制資訊做解碼，每一個資料輸出端的交換函數定義為：

$$Y_i = m_i$$

其中 m_i 為 n 個資料輸入端變數的第 i 個最小項。因此只在相當於 m_i 的二進制組合的資料輸入端變數出現在資料輸入端時，Y_i 的值才為 1；否則為 0。在 $m < 2^n$ 的情況，解碼器只產生 n 個資料輸入端變數中的前面 m 個最小項；在 $m = 2^n$ 時，則產生所有的最小項。

例題 6.1-1 (具有致能控制的 2 對 4 解碼器)

一個低電位致能(也稱為啟動)的 2 對 4 非反相輸出解碼器電路為一個具有兩個資料輸入端(x_1 與 x_0)、四個資料輸出端(Y_3 到 Y_0)，與一個致能控制信號輸入端(E)的邏輯電路。在致能控制信號(E)為 0 時，當資料輸入端(x_1 與 x_0)的信號組合為 i 時，資料輸出端(Y_i)啟動為 1，否則為 0；在致能控制信號(E)為 1 時，所有資料輸出端的值均為 0。試設計此電路。

解：依據題意，2 對 4 非反相輸出解碼器電路的方塊圖與功能表分別如圖 6.1-2(a)與(b)所示。利用卡諾圖化簡後，得到：

$$Y_0 = E' x'_1 x'_0 \qquad\qquad Y_1 = E' x'_1 x_0$$
$$Y_2 = E' x_1 x'_0 \qquad\qquad Y_3 = E' x_1 x_0$$

其邏輯電路如圖 6.1-2(c)所示。

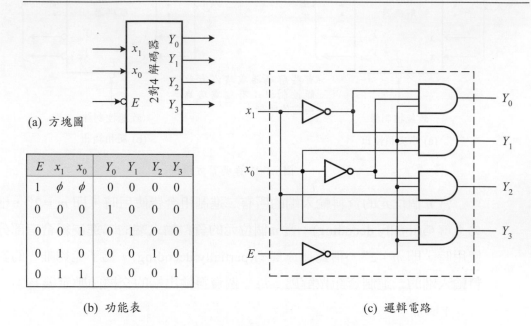

(a) 方塊圖

E	x_1	x_0	Y_0	Y_1	Y_2	Y_3
1	ϕ	ϕ	0	0	0	0
0	0	0	1	0	0	0
0	0	1	0	1	0	0
0	1	0	0	0	1	0
0	1	1	0	0	0	1

(b) 功能表

(c) 邏輯電路

圖6.1-2 具有致能控制的 2 對 4 非反相輸出解碼器

例題 6.1-2 (具有致能控制的 2 對 4 解碼器)

若將例題 6.1-1 電路的輸出端信號位準更改為：啟動時為 0，不啟動時為 1。此種電路亦稱為 2 對 4 反相輸出解碼器。試設計此電路。

解：依據題意，2 對 4 反相輸出解碼器的方塊圖與功能表分別如圖 6.1-3(a)與(b)所示。利用卡諾圖化簡得：

$$Y'_0 = E' x'_1 x'_0 \qquad\qquad Y_0 = (E' x'_1 x'_0)'$$
$$Y'_1 = E' x'_1 x_0 \qquad\qquad Y_1 = (E' x'_1 x_0)'$$
$$Y'_2 = E' x_1 x'_0 \qquad\qquad Y_2 = (E' x_1 x'_0)'$$
$$Y'_3 = E' x_1 x_0 \qquad\qquad Y_3 = (E' x_1 x_0)'$$

其邏輯電路如圖 6.1-3(c)所示。

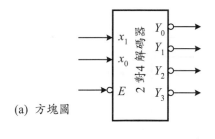

(a) 方塊圖

E	x_1	x_0	Y_0	Y_1	Y_2	Y_3
1	ϕ	ϕ	1	1	1	1
0	0	0	0	1	1	1
0	0	1	1	0	1	1
0	1	0	1	1	0	1
0	1	1	1	1	1	0

(b) 功能表

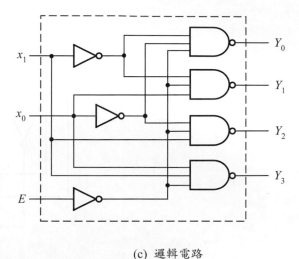

(c) 邏輯電路

圖6.1-3　具有致能控制的 2 對 4 反相輸出解碼器

上述兩個例題均為 $m = 2^n$ 的情況。其它型式的解碼器電路可以依相同的方法設計。

📖 **複習問題**

6.1. 重新設計例題 6.1-1 的解碼器，使其成為高電位啟動方式。

6.2. 重新設計例題 6.1-2 的解碼器，使其成為高電位啟動方式。

6.1.2 解碼器的擴充

　　在實用上，常常將多個解碼器電路組合以形成一個較大(即具有較多輸入端數目)的解碼器。在這種組合中，使用的解碼器電路必須為一個完全解碼的電路(即 $m = 2^n$)而且具有致能控制輸入端。

例題 6.1-3　(解碼器擴充)

　　利用兩個具有致能控制輸入端的 2 對 4 解碼器組成一個 3 對 8 解碼器電路。

解：如圖 6.1-4 所示，當 $x_2 = 0$ 時，解碼器 A 致能；當 $x_2 = 1$ 時，解碼器 B 致能。但是兩者不能同時致能，所以形成一個 3 對 8 解碼器電路。注意反相器可以視為一個 1 對 2 解碼器。

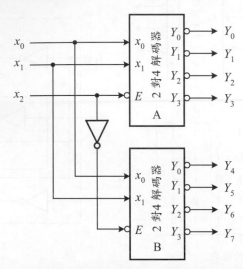

圖6.1-4　兩個 2 對 4 解碼器擴充成為一個 3 對 8 解碼器

📖 **複習問題**

6.3. 若例題 6.1-3 中的解碼器 B 為高電位啟動方式，則圖 6.1-4 中的反相器是否仍然需要？

6.4. 是否可以使用兩個例題 6.1-3 中的 3 對 8 解碼器電路組成一個 4 對 16 解碼器電路？

6.1.3 執行交換函數

由圖 6.1-2 的 1 對 4 解碼器電路可以得知：解碼器電路本身只是一個乘積項(最小項)的產生電路而已，因此欲執行 SOP 型式的交換函數時，必須外加 OR 閘。下列例題說明如何使用解碼器電路與外加的 OR 閘執行交換函數。

例題 6.1-4　(使用解碼器執行交換函數)

利用一個 4 對 16 解碼器與一個 OR 閘，執行下列交換函數：

$$f(w, x, y, z) = \Sigma(1, 5, 9, 15)$$

解：由於 $f(w, x, y, z)$ 在輸入組合為 1、5、9、15 時為 1，所以將解碼器的資料輸出端 1、5、9、15 等連接到 OR 閘的輸入端，得到交換函數 $f(w, x, y, z)$ 的輸出，如圖 6.1-5 所示。

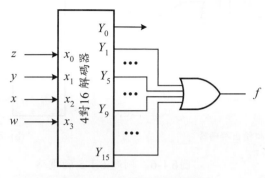

圖6.1-5 例題 6.1-4 電路

　　若解碼器的輸出為反相輸出，則依據 DeMorgan 定理，外加的 OR 閘應改為 NAND 閘。下列例題說明這一原理並說明如何使用一個解碼器執行一個多輸出交換函數。在例題中，首先使用 OR 閘然後使用 NAND 閘。

例題 6.1-5 (多輸出交換函數的執行)

　　利用一個 3 對 8 解碼器與兩個 OR 閘執行下列兩個交換函數(注意：此電路為全加器)：

$$S(x, y, z) = \Sigma(1, 2, 4, 7)$$
$$C_{out}(x, y, z) = \Sigma(3, 5, 6, 7)$$

解：由於解碼器的每一個輸出端都相當於資料輸入端的一個最小項，因此只需要分別使用一個 OR 閘將交換函數 S 與 C_{out} 中的最小項 OR 在一起即可。完整的電路如圖 6.1-6(a)所示。圖 6.1-6(b)的電路為使用反相輸出的解碼器與 NAND 閘。

📖 複習問題

6.5. 為何解碼器電路可以執行交換函數？

6.6. 欲執行一個 4 個變數的交換函數時，必須使用多少個輸入端的解碼器電路 (外加的 OR 閘假設必須使用)？

6.7. 欲執行一個 n 個變數的交換函數時，必須使用何種解碼器電路？

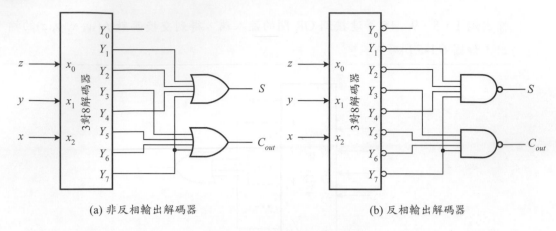

(a) 非反相輸出解碼器　　　　　　(b) 反相輸出解碼器

圖6.1-6　例題 6.1-5 的電路

6.2 編碼器

編碼器的動作與解碼器相反，它也是最常用的組合邏輯電路模組之一。解碼器為一個可以自資料輸入端信號的二進制組合中識別出特定組合的電路；編碼器則為一個可以依據資料輸入端的信號位置產生相當的二進制值輸出的電路。本小節將依序討論編碼器、優先權編碼器電路、優先權編碼器電路的擴充。

6.2.1 編碼器(優先權編碼器)電路設計

一般而言，解碼器相當於 AND 的功能，而編碼器則相當於 OR 的作用。即解碼器是將資料輸入端的信號組合分解成多個各別的最小項輸出；編碼器則是將多個資料輸入端的信號 OR 成一個資料輸出端。因此，編碼器與解碼器的動作是相反的。

一個編碼器為一個具有 m 條資料輸入端與 n 條資料輸出端的邏輯電路，其中 $m \leq 2^n$，其邏輯方塊圖如圖 6.2-1 所示。資料輸出端產生 m 條資料輸入端的信號位置的二進制值(二進制碼)。圖 6.2-1(a)的輸出為非反相輸出；圖 6.2-1(b)的輸出為反相輸出。圖 6.2-1(a)與(b)的編碼器方塊圖中的致能(E)控制線控制編碼器的動作，當它啟動(或是稱為致能)(即值設定為 0)時，編碼器正常工作；當它不啟動(即值設定為 1)時，編碼器的所有輸出端將固定輸出一個特定的值：低電位、高電位、高阻抗，由電路的設計方式決定。上述編碼器電路的致能控制方式為低電位啟動；有些編碼器電路則為高電位啟動的方式。當然有些編碼器電路並未具有致能(E)控制輸入線。

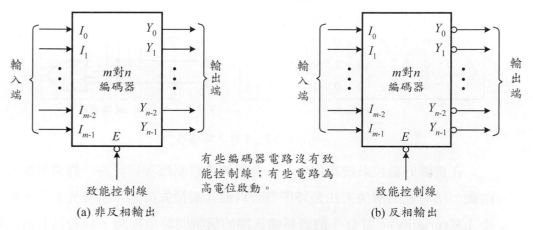

(a) 非反相輸出　　　　　(b) 反相輸出

圖6.2-1　m 對 n 編碼器

例題 6.2-1　(8 對 3 編碼器)

設計一個 8 對 3 編碼器電路，假設八個資料輸入端每次只有一條啟動(為 l)。

解： 因為八個資料輸入端每次只有一條啟動(為 1)，因此其功能表只需要列出八種而非 256 組合，如圖 6.2-2(a)所示。由此功能表得到：

$$Y_0 = I_1 + I_3 + I_5 + I_7$$
$$Y_1 = I_2 + I_3 + I_6 + I_7$$
$$Y_2 = I_4 + I_5 + I_6 + I_7$$

所以其邏輯電路如圖 6.2-2(b)所示。

在(簡單的)編碼器電路中，每次只允許一條資料輸入端啟動，因為若同時有多條資料輸入端啟動時，編碼器的輸出將無法代表任一條資料輸入端。例如在圖 6.2-2(b)的編碼器中，若資料輸入端 I_3 與 I_5 同時啟動，則資料輸出端(Y_2、Y_1、Y_0)將輸出 111，為一個錯誤的輸出碼。

I_0	I_1	I_2	I_3	I_4	I_5	I_6	I_7	Y_2	Y_1	Y_0
1	0	0	0	0	0	0	0	0	0	0
0	1	0	0	0	0	0	0	0	0	1
0	0	1	0	0	0	0	0	0	1	0
0	0	0	1	0	0	0	0	0	1	1
0	0	0	0	1	0	0	0	1	0	0
0	0	0	0	0	1	0	0	1	0	1
0	0	0	0	0	0	1	0	1	1	0
0	0	0	0	0	0	0	1	1	1	1

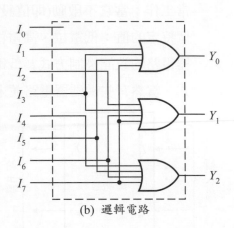

(a) 功能表　　　　　　　　　(b) 邏輯電路

圖6.2-2　8 對 3 編碼器

　　在實際的數位系統應用中，一般都無法限制每次只允許一條資料輸入端啟動，這時候的解決方法是將所有資料輸入端預先排定一個優先順序，稱為優先權(priority)。當有多個資料輸入端的信號同時啟動時，只有具有最高優先權的資料輸入端會被認知而編碼，並輸出於資料輸出端上。這種具有資料輸入端優先順序的編碼器稱為優先權編碼器(priority encoder)。下列例題說明 4 對 2 優先權編碼器電路的設計原理。

例題 6.2-2　(4 對 2 優先權編碼器)

　　設計一個 4 對 2 優先權編碼器，它具有四個資料輸入端 I_3、I_2、I_1、I_0 與三個資料輸出端 A_1、A_0、V。當資料輸入端 I_i 為 1 時，若無其它資料輸入端 I_j 也為 1 而 $j > i$ 時，則資料輸出端 $A_1 A_0 = i$。當任意資料輸入端為 1 時，資料輸出端 V 為 1，否則，V 為 0。

解：依據題意，4 對 2 優先權編碼器的方塊圖與功能表分別如圖 6.2-3 (a)與(b)所示。利用卡諾圖化簡得：

$$A_0 = I_3 + I'_2 I_1$$
$$A_1 = I_3 + I_2$$
$$V = I_3 + I_2 + I_1 + I_0$$

其邏輯電路如圖 6.2-3 (c)所示。

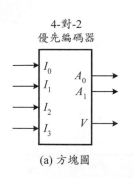

(a) 方塊圖

輸入				輸出		
I_0	I_1	I_2	I_3	A_1	A_0	V
0	0	0	0	0	0	0
1	0	0	0	0	0	1
ϕ	1	0	0	0	1	1
ϕ	ϕ	1	0	1	0	1
ϕ	ϕ	ϕ	1	1	1	1

(b) 功能表

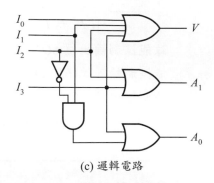

(c) 邏輯電路

圖6.2-3　4 對 2 優先權編碼器

下列例題說明一個典型而常用的 8 對 3 優先權編碼器(74x148)電路的設計原理。

例題 6.2-3　(8 對 3 優先權編碼器)

設計一個 8 對 3 優先權編碼器，其方塊圖與功能表分別如圖 6.2-4(a)與(b)所示。

解：由圖 6.2-4(b)的功能表可以得知：當致能控制輸入(EI)為 1 時，資料輸出端 (A_2、A_1、A_0)均為 1；當致能控制輸入(EI)為 0 時，資料輸出端(A_2、A_1、A_0) 的值由優先權最大的資料輸入端的信號決定，例如當 I_7 與 I_6 的值均為 0 時，資料輸出端的值為 000，當 I_3 與 I_0 的值均為 0 時，資料輸出端的值為 100。

依據功能表，可以直接得到下列輸出交換函數：

$$A'_2 = [\,I'_4\,I_5\,I_6\,I_7 + I'_5\,I_6\,I_7 + I'_6\,I_7 + I'_7\,]EI'$$
$$= [\,I'_4 + I'_5 + I'_6 + I'_7\,]EI'$$

$$A'_1 = [\,I'_2\,I_3\,I_4\,I_5\,I_6\,I_7 + I'_3\,I_4\,I_5\,I_6\,I_7 + I'_6\,I_7 + I'_7\,]EI'$$
$$= [\,I'_2\,I_4\,I_5 + I'_3\,I_4\,I_5 + I'_6 + I'_7\,]EI'$$

$$A'_0 = [\,I'_1\,I_2\,I_3\,I_4\,I_5\,I_6\,I_7 + I'_3\,I_4\,I_5\,I_6\,I_7 + I'_5\,I_6\,I_7 + I'_7\,]EI'$$
$$= [\,I'_1\,I_2\,I_4\,I_6 + I'_3\,I_4\,I_6 + I'_5\,I_6 + I'_7\,]EI'$$

所以

$$A_2 = [(\,I'_4 + I'_5 + I'_6 + I'_7\,)EI'\,]'$$
$$A_1 = [(\,I'_2\,I_4\,I_5 + I'_3\,I_4\,I_5 + I'_6 + I'_7\,)EI'\,]'$$

$$A_0 = [(I'_1 I_2 I_4 I_6 + I'_3 I_4 I_6 + I'_5 I_6 + I'_7)EI']'$$

致能控制輸出端 EO 的值為當所有資料輸入端的值均為 1(即都不啟動)，而且致能控制輸入端(EI)啟動時為 0，否則均為 1；群集選擇(GS)輸出端的值為當致能控制輸出端 EO 的值為 0 時，或是當致能控制輸入端(EI)不啟動時為 1，否則均為 0。因此其交換表式極易導出，所以省略。完整的邏輯電路如圖 6.2-4(c)所示。

📖 複習問題

6.8. 為何使用例題 6.2-1 的 8 對 3 編碼器電路時，必須限制每次只能有一個資料輸入端的信號啟動？

6.9. 為何在圖 6.2-3 中的 4 對 2 優先權編碼器中，必須有 V 輸出端？

6.10. 修改例題 6.2-2 的 4 對 2 優先編碼器電路，使其成為可以串接的電路。

6.11. 為何在優先權編碼器中，不必限制每次只能有一個資料輸入端的信號啟動？

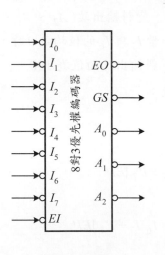

(a) 方塊圖

輸入									輸出				
EI	I_0	I_1	I_2	I_3	I_4	I_5	I_6	I_7	A_2	A_1	A_0	GS	EO
1	ϕ	ϕ	ϕ	ϕ	ϕ	ϕ	ϕ	ϕ	1	1	1	1	1
0	1	1	1	1	1	1	1	1	1	1	1	1	0
0	ϕ	ϕ	ϕ	ϕ	ϕ	ϕ	ϕ	0	0	0	0	0	1
0	ϕ	ϕ	ϕ	ϕ	ϕ	ϕ	0	1	0	0	1	0	1
0	ϕ	ϕ	ϕ	ϕ	ϕ	0	1	1	0	1	0	0	1
0	ϕ	ϕ	ϕ	ϕ	0	1	1	1	0	1	1	0	1
0	ϕ	ϕ	ϕ	0	1	1	1	1	1	0	0	0	1
0	ϕ	ϕ	0	1	1	1	1	1	1	0	1	0	1
0	ϕ	0	1	1	1	1	1	1	1	1	0	0	1
0	0	1	1	1	1	1	1	1	1	1	1	0	1

(b) 功能表

圖6.2-4　8 對 3 優先權編碼器(74x148)

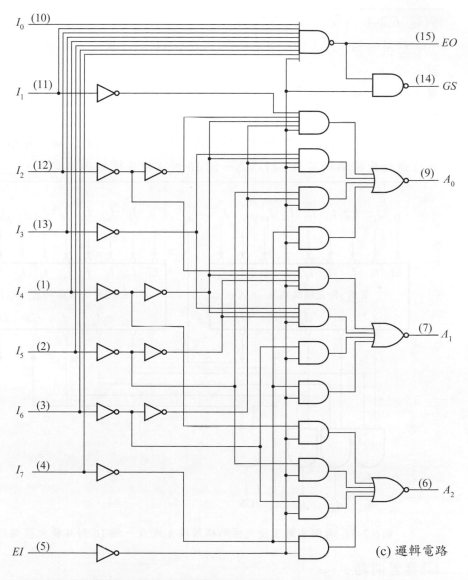

圖 6.2-4 (續)　8 對 3 優先權編碼器(74x148)

6.2.2 編碼器的擴充

　　與解碼器一樣，編碼器(優先權編碼器)也可以多個元件組合以形成一個較多輸入端數目的編碼器電路。下列例題說明如何串接兩個 8 對 3 優先權編碼器為一個 16 對 4 優先權編碼器。

例題 6.2-4 (優先權編碼器擴充)

利用兩個 8 對 3 優先權編碼器(圖 6.2-4)電路,設計一個 16 對 4 優先權編碼器。

解:結果的邏輯電路如圖 6.2-5 所示。當優先權編碼器 A 有任何資料輸入端啟動時,其 EO' 輸出為 1,因此優先權編碼器 B 不啟動;反之,當優先權編碼器 A 沒有任何資料輸入端啟動時,依據圖 6.2-4(b)的功能表得知,其 EO' 為 0,因此致能優先權編碼器 B,所以為一個 16 對 4 優先權編碼器電路。

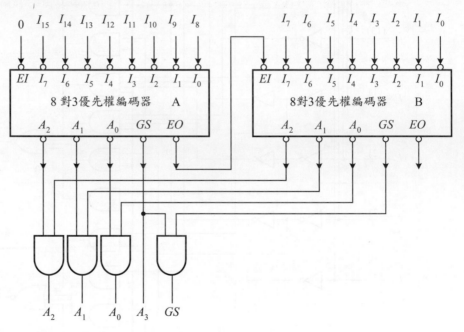

圖6.2-5　兩個 8 對 3 優先權編碼器擴充成為一個 16 對 4 優先權編碼器

📖複習問題

6.12. 在圖 6.2-5 中的 4 個 AND 閘的功能為何?

6.13. 在圖 6.2-5 中,若將優先權編碼器 A 的 EI' 輸入端接於高電位,則電路的功能有何變化?

6.14. 是否可以使用兩個圖 6.2-5 的電路擴充為一個具有 32 個輸入端的 32 對 5 優先權編碼器?

6.3　多工器

在組合邏輯電路中最常用的電路模組之一為多工器，因為它不但可以當作資料選擇器，同時也可以執行任意交換函數。因此本節將討論多工器電路的設計與應用。

6.3.1　多工器電路設計

多工器(簡稱 MUX)為一個組合邏輯電路，它能從多個資料輸入端中選取一條資料輸入端，並將其資訊置於單一的資料輸出端上，如圖 6.3-1(a)所示。它有時也稱為資料選擇器(data selector)。對於特定資料輸入端的指定由一群來源選擇線(source selection lines，有時稱為來源位址線，source address)決定。一般而言，2^n 個資料輸入端必須有 n 條來源選擇線，才能唯一的選取每一條資料輸入端。

(a) 多工器　　　　　　　　　　　　　　　　　　(b) 解多工器

圖6.3-1　多工器(4 對 1)與解多工器(1 對 4)的動作

典型的 2^n 對 1 (或是稱為 $2^n \times 1$)多工器的邏輯電路方塊圖如圖 6.3-2 所示。它具有 n 條來源選擇線($S_{n-1},...,S_1,S_0$)，以自 2^n 條資料輸入端($I_{2^n-1},...,I_1,I_0$)中，選取任一條。被選取的資料輸入端 I_i 由來源選擇線($S_{n-1},...,S_1,S_0$)的二進制組合的等效十進制值 i 決定。例如當選取資料輸入端 I_i 時，其來源選擇線的等效十進制值為 i。因此，資料輸入端的位址完全由來源選擇線 $S_{n-1},...,S_1,S_0$ 決定，其中 S_{n-1} 為 MSB 而 S_0 為 LSB。圖 6.3-2(b)為一個具有致能(低電位啟動)控制的多工器邏輯電路符號。

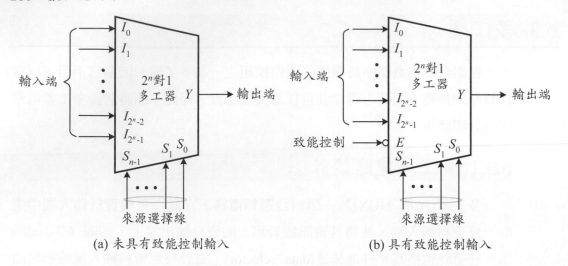

(a) 未具有致能控制輸入　　　　　　(b) 具有致能控制輸入

圖6.3-2　2^n 對 1 多工器方塊圖

下列兩個例題分別說明 2 對 1 與 4 對 1 多工器的設計方法。

例題 6.3-1　(2 對 1 多工器)

2 對 1 多工器為一個具有兩個資料輸入端(I_1 與 I_0)、一個資料輸出端(Y)與一個來源選擇線(S)的邏輯電路。當來源選擇線(S)的值為 0 時,資料輸入端 I_0 連接到資料輸出端(Y);當來源選擇線(S)的值為 1 時,資料輸入端 I_1 連接到資料輸出端(Y)。試設計此 2 對 1 多工器電路。

解: 依據題意,得到 2 對 1 多工器的方塊圖與功能表分別如圖 6.3-3(a)與(b)所示。利用變數引入圖化簡得到:

$$Y = S'I_0 + SI_1$$

所以邏輯電路如圖 6.3.3(c)所示。

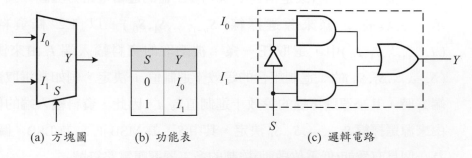

(a) 方塊圖　　　(b) 功能表　　　(c) 邏輯電路

圖6.3-3　2 對 1 多工器電路

例題 6.3-2　(4 對 1 多工器)

　　4 對 1 多工器為一個具有四個資料輸入端(I_3 到 I_0)、一個資料輸出端(Y)與兩條來源選擇線(S_1 到 S_0)的邏輯電路。當來源選擇線($S_1 S_0$)的值為 00 時,資料輸入端 I_0 連接到資料輸出端(Y);當來源選擇線($S_1 S_0$)的值為01時,資料輸入端 I_1 連接到資料輸出端(Y);當來源選擇線($S_1 S_0$)的值為10時,資料輸入端 I_2 連接到資料輸出端(Y);當來源選擇線($S_1 S_0$)的值為 11 時,資料輸入端 I_3 連接到資料輸出端(Y)。試設計此 4 對 1 多工器電路。

解: 4 對 1 多工器的方塊圖與功能表分別如圖 6.3-4(a)與(b)所示。利用變數引入圖化簡得到:

$$Y = S'_1 S'_0 I_0 + S'_1 S_0 I_1 + S_1 S'_0 I_2 + S_1 S_0 I_3$$

所以邏輯電路如圖 6.3-4(c)所示。

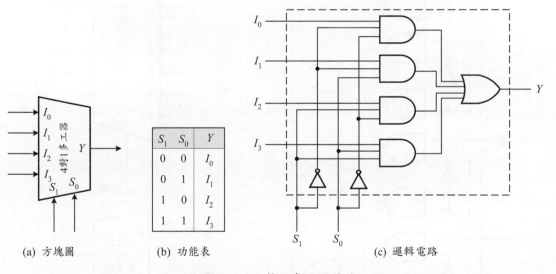

S_1	S_0	Y
0	0	I_0
0	1	I_1
1	0	I_2
1	1	I_3

(a) 方塊圖　　　　(b) 功能表　　　　(c) 邏輯電路

圖6.3-4　4 對 1 多工器電路

　　在實際應用中,多工器元件的組合方式有兩種:其一為將多個多工器元件並接使用,以構成較大的資料寬度;其二為將多個多工器使用樹狀的方式組合,以形成一個具有較多資料輸入端的多工器電路。前者通常使用在計算機中的資料匯流排(data bus)上,因為資料匯流排的寬度通常為 4 條、8 條、16 條、32 條;後者的電路設計方法與應用將於第 6.3.2 節中介紹。

例題 6.3-3　(4 位元 2 對 1 多工器)

利用例題 6.3-1 的 2 對 1 多工器，設計一個 4 位元 2 對 1 多工器。

解：將四個 2 對 1 多工器並列在一起，並將其來源選擇線 S 連接在一起即成為一個 4 位元 2×1 多工器，如圖 6.3-5(a)所示。當來源選擇線 S 值為 0 時，資料輸入端 A_3 到 A_0 分別連接到資料輸出端 Y_3 到 Y_0；當來源選擇線 S 值為 1 時，資料輸入端 B_3 到 B_0 分別連接到資料輸出端 Y_3 到 Y_0。

圖 6.3-5(b)所示為一般在邏輯電路中使用的 4 位元 2 對 1 多工器邏輯方塊圖；圖 6.3-5(c)為圖 6.3-5(b)的簡化方塊圖。

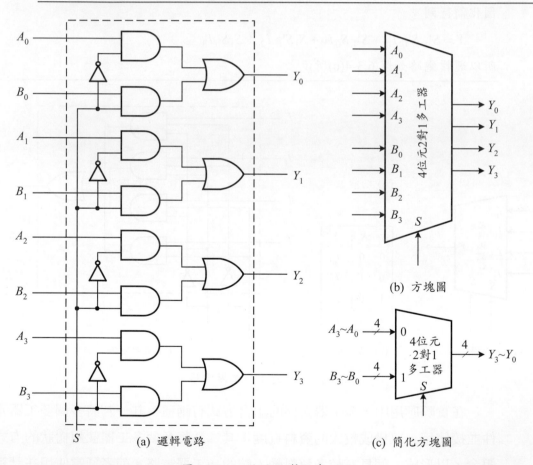

(a) 邏輯電路　　(b) 方塊圖　　(c) 簡化方塊圖

圖6.3-5　4 位元 2 對 1 多工器

與解碼器或是編碼器電路一樣，多工器電路通常也有致能控制線(E)，以控制多工器的動作。致能控制線的控制信號也有兩種：高電位與低電位。

例題 6.3-4　(具有致能控制線的多工器)

設計一個具有高電位啟動的 2 對 1 多工器。假設當致能控制不啟動時，多工器的輸出為低電位。

解： 依據題意，得到圖 6.3-6(a)與(b)所示的方塊圖與功能表。由變數引入圖法化簡得到：

$$Y = ES'\,I_0 + ES\,I_1$$

所以邏輯電路如圖 6.3-6(b)所示。

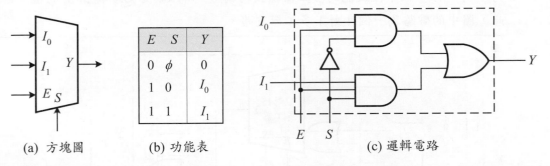

E	S	Y
0	ϕ	0
1	0	I_0
1	1	I_1

(a) 方塊圖　　　　(b) 功能表　　　　(c) 邏輯電路

圖6.3-6　高電位啟動的 2 對 1 多工器

📖 複習問題

6.15. 在一個 m 個資料輸入端的多工器電路中，一共需要幾條來源選擇線？

6.16. 重新設計例題 6.3-1 中的 2 對 1 多工器電路，使其成為高電位啟動方式。

6.17. 重新設計例題 6.3-2 中的 4 對 1 多工器電路，使其成為低電位啟動方式。

6.3.2 多工器的擴充

兩個或是多個多工器通常可以組合成一個具有較多資料輸入端的多工器，利用此種方式構成的多工器電路稱為多工器樹(multiplexer tree)。多工器樹的構成方式，可以使用具有致能資料輸入端的多工器，或是沒有致能資料輸入端的多工器。前者是否僅需要一個解碼器或是也需要一個額外的 OR 閘以組合多工器的輸出，端視多工器是否為三態輸出而定；後者則通常需要使用更多的多工器。

例題 6.3-5 （多工器樹）

利用兩個例題 6.3-4 的 2 對 1 多工器，設計一個 4 對 1 多工器。

解： 由於例題 6.3-4 中的 2 對 1 多工器為高電位致能方式而且當該多工器不啟動時，輸出均為低電位，所以如圖 6.3-7 所示方式組合後，即為一個 4 對 1 多工器。當 $S_1 = 0$ 時，上半部的多工器致能，輸出 Y 為 I_0 或是 I_1 由 S_0 決定；當 $S_1 = 1$ 時，下半部的多工器致能，輸出 Y 為 I_2 或是 I_3 由 S_0 決定。當 S_1 為 0 或是為 1 時，另一個不被致能的多工器輸出均為 0，所以不會影響輸出 Y 的值。因此，圖中的電路為一個 4 對 1 多工器電路。

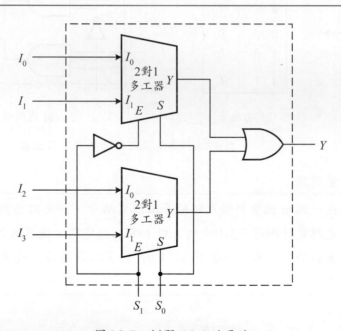

圖6.3-7 例題 6.3-5 的電路

在例題 6.3-5 中，當構成的 4 對 1 多工器也希望具有致能控制時，有許多方法可以完成。其中較簡單的方法是將資料輸出端的 OR 閘改為一個具有致能控制的 2 對 1 多工器，而其來源選擇輸入端 S 接到 S_1。詳細的電路設計，留作習題(習題 6.10)。

例題 6.3-6　(多工器樹)

利用三個不具有致能控制的 2 對 1 多工器，設計一個 4 對 1 多工器。

解：結果的電路如圖 6.3-8 所示。當 $S_1 = 0$ 時，輸出 Y 由上半部的輸入多工器決定，而其為 I_0 或是 I_1 由 S_0 選取；當 $S_1 = 1$ 時，輸出 Y 由下半部的輸入多工器決定，而其為 I_2 或是 I_3，則由 S_0 選取。所以為一個 4 對 1 多工器。

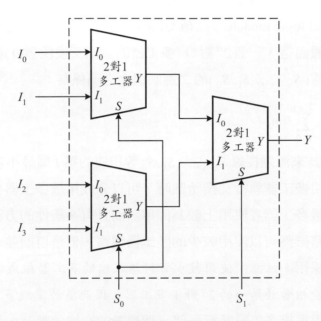

圖6.3-8　例題 6.3-6 的電路

利用類似的方法，可以將多個多工器依適當的方式組成一個具有較多資料輸入端的多工器樹。例如將五個 4 對 1 多工器擴充成一個 16 對 1 多工器，兩個 4 對 1 多工器與一個 2 對 1 多工器組成一個 8 對 1 多工器…等等。由於這些多工器樹的設計方法和上述例題類似，所以不再贅述。

📖複習問題

6.18. 組成一個 16 對 1 多工器，需要使用多少個 4 對 1 多工器？

6.19. 組成一個 64 對 1 多工器，需要使用多少個 2 對 1 多工器？

6.20. 組成一個 256 對 1 多工器，需要使用多少個 4 對 1 多工器？

6.3.3 執行交換函數

一個 2^n 對 1 多工器具有 2^n 個 AND 個邏輯閘與一個 2^n 個輸入端的 OR 或是 NOR 閘，因此它可以執行一個 n 個變數的交換函數，因為每一個 AND 邏輯閘相當於交換函數中的一個最小項。此外，更多輸入端的多工器亦可以使用較少輸入端的多工器擴充而成，因此，2^n 對 1 多工器為一個通用邏輯模組 (universal logic module，簡稱 ULM)，即它可以執行任意的交換函數。

一般而言，一個 2^n 對 1 多工器的輸出交換函數(Y)與資料輸入端 I_i 及來源選擇線($S_{n-1},...,S_1,S_0$)的二進制組合之關係為：

$$Y = \sum_{i=0}^{2^n-1} I_i m_i$$

其中 m_i 為來源選擇線 $S_{n-1},...,S_1,S_0$ 等組成的第 i 個最小項。

使用多工器執行交換函數時，可以分成單級多工器與多級多工器電路兩種。單級多工器在使用上較為簡單，而且有系統性的方法可以遵循；多級多工器電路雖然可以使用較少的多工器電路，但是目前並未有較簡單的設計方法可以採用。注意：使用較少資料輸入端的多工器組成的 2^n 對 1 多工器樹，因其功能相當於單一的 2^n 對 1 多工器，因此屬於單級多工器。

使用單級多工器執行一個 n 個變數的交換函數時，通常可以採用下列三種型式的多工器：

1. 2^n 對 1 多工器；
2. 2^{n-1} 對 1 多工器；
3. 2^{n-m} 對 1 多工器。

現在分別討論與舉例說明這三種多工器的執行方法。

2^n 對 1 多工器

使用第 2.3.2 節的 Shannon 展開定理，對 n 個變數(這些變數均為多工器的來源選擇線變數)展開後，得到：

$$f(x_{n-1},...,x_1,x_0) = x'_{n-1}...x'_1 x'_0\, f(0,...,0,0)$$

$$+ x'_{n-1} \dots x'_1 \, x_0 f(0,\dots,0,1)+\dots+x_{n-1}\dots x_1 x_0 f(1,\dots,1,1)$$

$$= \sum_{i=0}^{2^n-1} \alpha_i m_i \qquad\qquad (\text{標準 SOP 型式})$$

其中 m_i 為變數 $x_{n-1},\dots,x_1,x_0$ 的第 i 個最小項；$\alpha_i = f(b_{n-1},\dots,b_1,b_0)_2$ 為一個常數 0 或是 1，$i=(b_{n-1},\dots,b_1,b_0)_2$，即 i 為相當於 n 個變數 $x_{n-1},\dots,x_1,x_0$ 的二進制組合 $(b_{n-1},\dots,b_1,b_0)_2$ 的十進制值。與 2^n 對 1 多工器的輸出交換函數比較後，可以得到：

$$I_i = \alpha_i \qquad\qquad (i = 0, 1, \dots, 2^n - 1)$$

因此 I_i 為一個常數 0 或是 1。換句話說，若欲執行的交換函數 f 的最小項 m_i 的值為 0，則設定多工器的輸入端 I_i 的值為 0，否則設定 I_i 的值為 1。

例題 6.3-7　(2^n 對 1 多工器執行 n 個變數的交換函數)

使用一個 8 對 1 多工器執行下列交換函數：

$$f(x, y, z) = \Sigma(0, 2, 3, 5, 7)$$

解：$f(x, y, z) = m_0 + m_2 + m_3 + m_5 + m_7$，所以

$$\alpha_0 = \alpha_2 = \alpha_3 = \alpha_5 = \alpha_7 = 1，而 \alpha_1 = \alpha_4 = \alpha_6 = 0$$

而 8 對 1 多工器的輸出交換函數 Y 為：

$$Y = \sum_{i=0}^{7} I_i m_i$$

因此 $I_0 = I_2 = I_3 = I_5 = I_7 = 1$，而 $I_1 = I_4 = I_6 = 0$

結果的邏輯電路如圖 6.3-9 所示。

2^{n-1} 對 1 多工器

依據 Shannon 展開定理，對 $n-1$ 個變數(這些變數為多工器的來源選擇線變數)展開後，得到：

$$f(x_{n-1},\dots,x_1,x_0) = x'_{n-2} \dots x'_1 x'_0 \, f(x_{n-1},0\dots,0,0) +$$
$$+ x'_{n-2} \dots x'_1 x_0 f(x_{n-1},0,\dots,0,1)+\dots+x_{n-2}\dots x_1 x_0 f(x_{n-1},1,\dots,1,1)$$

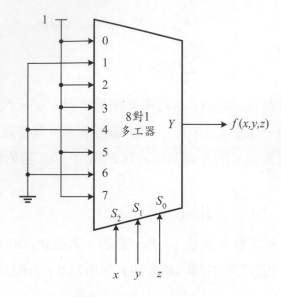

圖6.3-9　例題 6.3-7 的電路

$$= \sum_{i=0}^{2^{n-1}-1} R_i m_i$$

其中 m_i 為變數 $x_{n-2}, \ldots, x_1, x_0$ 的第 i 個最小項；R_i 則為第 i 個二進制組合下的餘式(餘式的定義與餘式圖請參閱第 4.4.2 節)。R_i 為 x_{n-1} 的交換函數，即：

$$R_i = f(x_{n-1}, b_{n-2}, \ldots, b_1, b_0) \qquad i = (b_{n-2}, \ldots, b_1, b_0)_2$$

當然，在對 n - 1 個變數展開時，所選取的 n - 1 個變數是任意的。與 2^{n-1} 對 1 多工器的輸出交換函數比較後可以得到：

$$I_i = R_i \qquad (i = 0, 1, \ldots, 2^{n-1} - 1)$$

因此 I_i 為在變數 $x_{n-1}, \ldots, x_1, x_0$ 中任何一個由 R_i 決定的交換函數。

例題 6.3-8　(2^{n-1} 對 1 多工器執行 n 個變數的交換函數)

使用一個 4 對 1(即 2^{3-1} 對 1)多工器執行下列交換函數：

$$f(x, y, z) = \Sigma(0, 2, 3, 5, 7)$$

解：因為 $f(x, y, z)$ 有三個變數，使用 4 對 1 多工器執行時，只需要兩個來源選擇線變數，所以一共有 $C(3, 2) = 3$ 種展開與執行方式。這些執行方式的餘式圖與邏輯電路如圖 6.3-10 所示。

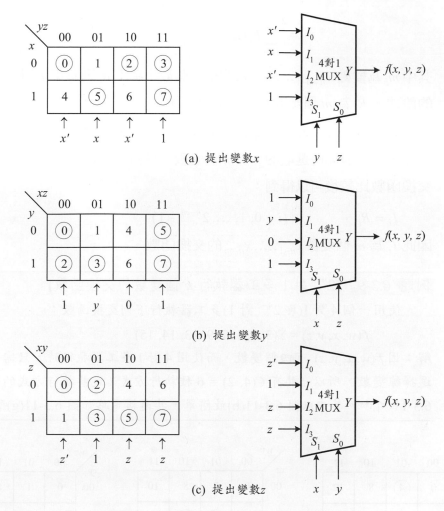

圖6.3-10　例題 6.3-8 的餘式圖與邏輯電路

2^{n-m} 對 1 多工器

使用 2^{n-m} 對 1 多工器執行 n 個變數的交換函數時，必須對 $n - m$ 個變數 (這些變數為多工器的來源選擇線變數)展開，即

$$f(x_{n-1},\ldots,x_1,x_0) = x'_{n-m-1}\ldots x'_1\, x'_0\, f(x_{n-1},\ldots,x_{n-m},0,\ldots,0)$$
$$+\, x'_{n-m-1}\ldots x'_1\, x_0 f(x_{n-1},\ldots,x_{n-m},0,\ldots,0,1)+\ldots$$
$$+\, x_{n-m-1}\ldots x_1 x_0 f(x_{n-1},\ldots,x_{n-m},1,\ldots,1,1)$$

$$= \sum_{i=0}^{2^{n-m}-1} R_i m_i$$

其中 m_i 為變數 $x_{n-m-1}, \ldots, x_1, x_0$ 的第 i 個最小項；R_i 則為第 i 個二進制組合下的餘式。R_i 為 m 個變數的交換函數，即：

$$R_i = f(x_{n-1}, \ldots, x_{n-m}, b_{n-m-1}, \ldots, b_1, b_0) \qquad i = (b_{n-m-1}, \ldots, b_1, b_0)_2$$

當然，上式展開時選取的 $n - m$ 個變數是任意的。與 2^{n-m} 對 1 多工器的輸出交換函數比較後可以得到：

$$I_i = R_i \qquad (i = 0, 1, \ldots, 2^{n-m} - 1)$$

因此 I_i 為 m 個變數 $x_{n-1}, \ldots, x_{n-m}$ 的交換函數。

例題 6.3-9 (2^{n-m} 對 1 多工器執行 n 個變數的交換函數)

使用一個 4 對 1(即 2^{4-2} 對 1)多工器執行下列交換函數：

$$f(w, x, y, z) = \Sigma(3, 4, 5, 7, 9, 13, 14, 15)$$

解：因 $f(w, x, y, z)$ 有四個變數，而使用 4 對 1 多工器執行時，只需要兩個來源選擇線變數，所以一共有 $C(4, 2) = 6$ 種執行方式。這些執行方式的餘式圖如圖 6.3-11 所示。其中以圖 6.3-11(b)最簡單，其邏輯電路如圖 6.3-11(g)所示。

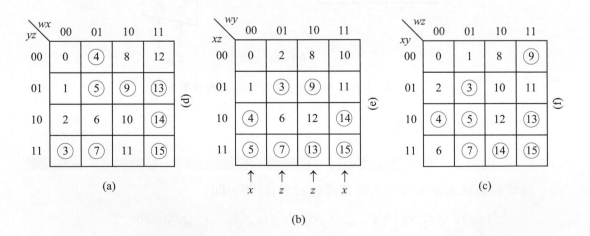

圖6.3-11 例題 6.3-9 的餘式圖與邏輯電路

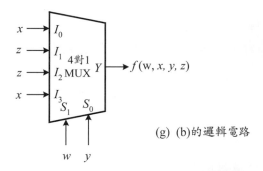

(g) (b)的邏輯電路

圖6.3-11(續)　例題 6.3-9 的餘式圖與邏輯電路

　　總而言之，利用 2^{n-m} 對 1 多工器，執行一個 n 個變數的交換函數時，通常需要外加邏輯閘，例如圖 6.3-11 中除了(b)之外的其它五種執行方式；利用 2^{n-1} 對 1 多工器時則不必外加邏輯閘，然而必須同時有補數形式與非補數形式的變數，否則可能需要一個 NOT 閘；利用 2^n 對 1 多工器時，則每一個多工器資料輸入端均為常數 0 或是 1。因此，一般使用多工器電路執行交換函數時，通常使用 2^{n-1} 對 1 或是 2^n 對 1 多工器的方式。

　　利用多工器執行交換函數時，目前還沒有一個較簡便的方法可以求出最簡單的執行是使用多少個來源選擇線變數的多工器。因此，欲得到最簡單的多工器電路仍然必須使用餘式圖或是使用解析方式，一一求出各種來源選擇線變數的組合情況，然後找出最簡單的一組執行。當然，讀者必須注意對於 n 個變數的交換函數而言，使用 n 個來源選擇線變數(即 2^n 對 1)的多工器必定可以執行該交換函數，這種執行方式為該交換函數最複雜的情況。

　　若使用單級多工器執行一個交換函數時，需要的多工器的資料輸入端數目過多而沒有現成的多工器元件可資使用時，可以將多個多工器元件組成一個較大的多工器樹，然後執行該交換函數。對於某些具有特殊性質的交換函數而言，若仔細分析其最小項彼此之間的關係時，有時候可以得到一個較簡單的多工器電路。

📖 複習問題

6.21. 為何 2^n 對 1 多工器也稱為通用邏輯模組？

6.22. 試簡述 2^n 對 1 多工器的輸出函數與資料輸入端 I_i 及來源選擇線信號的二

進制組合關係。

6.23. 當使用 2^n 對 1 多工器執行一個 n 個變數的交換函數時，是否需要外加的邏輯閘？

6.24. 當使用 2^{n-1} 對 1 多工器執行一個 n 個變數的交換函數時，是否需要外加的邏輯閘？

6.25. 當使用 2^{n-m} 對 1 $(m \neq 1)$ 多工器執行一個 n 個變數的交換函數時，是否需要外加的邏輯閘？

6.4 解多工器

解多工器也是常用的組合邏輯電路模組之一，它執行與多工器相反的動作，即從單一資料輸入端接收資訊，然後傳送到指定的資料輸出端。本小節中，將依序討論解多工器電路的設計原理、解碼器與解多工器的差異、解多工器的擴充、及如何利用它來執行交換函數。

6.4.1 解多工器電路設計

解多工器(簡稱 DeMUX)的動作恰好與多工器相反，如圖 6.3-1(b)所示。解多工器有時也稱為資料分配器(data distributor)。解多工器是一個具有從單一資料輸入端接收資訊，然後傳送到 2^n 個可能資料輸出端中的一個之組合邏輯電路，資料輸出端的指定由 n 條標的選擇線(destination selection lines 或是稱為標的位址線，destination address)決定。

典型的 1 對 2^n (或是稱為 1×2^n)解多工器的方塊圖如圖 6.4-1 所示。它具有 n 條標的選擇線($S_{n-1},...,S_1,S_0$)，以自 2^n 條資料輸出端($Y_{2^n-1},...,Y_1,Y_0$)中，選取一條以接收資料輸入端的資料。被選取的資料輸出端 Y_i 由標的選擇線的二進制組合的等效十進制值決定。例如其等效十進制值為 i 時，即選取資料輸出端 Y_i。因此，資料輸出端的位址完全由標的選擇線 $S_{n-1},...,S_1,S_0$ 決定，其中 S_{n-1} 為 MSB 而 S_0 為 LSB。圖 6.4-1(b)為一個具有致能(低電位啟動)控制的解多工器邏輯電路符號。

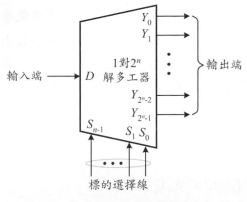

(a) 未具有致能控制輸入　　　　　　　　(b) 具有致能控制輸入

圖6.4-1　1 對 2^n 解多工器方塊圖

例題 6.4-1　(1 對 2 解多工器)

1 對 2 解多工器為一個具有一個資料輸入端(D)、兩個資料輸出端(Y_1 與 Y_0) 與一個標的選擇線(S)的邏輯電路。當標的選擇線(S)的值為 0 時，資料輸入端 D 連接到資料輸出端(Y_0)；當標的選擇線(S)的值為 1 時，資料輸入端 D 連接到資料輸出端(Y_1)。試設計此 1 對 2 解多工器電路。

解：依據題意，1 對 2 解多工器的方塊圖與功能表分別如圖 6.4-2(a)與(b)所示。利用變數引入圖化簡得：

$$Y_0 = S'D ; \qquad Y_1 = SD$$

其邏輯電路如圖 6.4-2(c)所示。

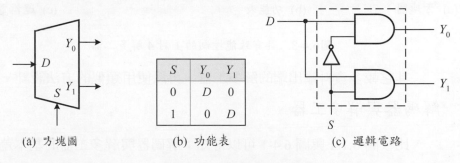

(a) 方塊圖　　　　　(b) 功能表　　　　(c) 邏輯電路

圖6.4-2　1 對 2 解多工器

例題 6.4-2　(具有致能控制的 1 對 4 解多工器)

一個具有致能控制(低電位啟動)的 1 對 4 解多工器為一個具有一個資料輸入

端(D)、四個資料輸出端(Y_3 到 Y_0)、兩條標的選擇線(S_1 到 S_0),與一條致能控制線(E)的邏輯電路。當致能控制線(E)的值為 1 時,解多工器的四個資料輸出端均為低電位;當致能控制線(E)的值為 0 時,解多工器正常工作,其四個資料輸出端的值由標的選擇線決定。當標的選擇線($S_1 S_0$)的值為 i 時,資料輸入端(D)連接到資料輸出端(Y_i)。試設計此 1 對 4 解多工器電路。

解:具有致能控制的 1 對 4 解多工器的方塊圖與功能表分別如圖 6.4-3(a)與(b)所示。利用變數引入圖化簡後得到:

$$Y_0 = E' S'_1 S'_0 D ; \qquad\qquad Y_1 = E' S'_1 S_0 D$$
$$Y_2 = E' S_1 S'_0 D ; \qquad\qquad Y_3 = E' S_1 S_0 D$$

其邏輯電路如圖 6.4-3(c)所示。

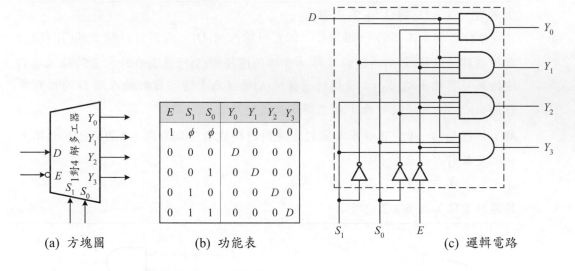

(a) 方塊圖　　　　　(b) 功能表　　　　　(c) 邏輯電路

圖6.4-3　具有致能控制的 1 對 4 解多工器

其它較多資料輸出端的解多工器,可以使用類似的方法設計。

解碼器與解多工器

比較圖 6.1-1 與圖 6.4-1 可以得知:解碼器與解多工器的基本差別在於解多工器多了一個資料輸入端(D),然而比較兩者的功能表(例如圖 6.1-2(b)與圖 6.4-3(b))可以得到下列結論:具有致能控制輸入端的解碼器,若將其致能控制輸入端當做資料輸入端,則可以當作解多工器使用;解多工器若將其資料輸入端當作致能控制線，則其等效電路也為一個解碼器。因此由組合邏輯電路的觀點而言中，解碼器與解多工器的邏輯功能相同。

📖 複習問題

6.26. 在一個 m 個資料輸出端的解多工器電路中，一共需要幾條標的選擇線？

6.27. 重新設計例題 6.4-1 中的 1 對 2 解多工器電路，使其成為高電位啟動方式。

6.28. 重新設計例題 6.4-2 中的 1 對 4 解多工器電路，使其成為高電位啟動方式。

6.4.2 解多工器的擴充

在實際應用中，也常常將多個具有致能控制的解多工器依適當的方式組合，以形成較多資料輸出端的解多工器樹 (demultiplexer tree)。在建構兩層的解多工器樹時，若使用具有致能控制的解多工器時，需要一個外加的解碼器；若使用未具有致能控制的解多工器時，則需要一個額外的解多工器。

例題 6.4-3　(解多工器樹)

利用兩個具有致能控制的 1 對 4 解多工器，設計一個 1 對 8 解多工器電路。

解： 如圖 6.4-4 所示。當 $S_2 = 0$ 時，上半部的解多工器致能，而下半部的解多工器不啟動，輸出均為 0；當 $S_2 = 1$ 時，則下半部的解多工器致能，而上半部的解多工器不啟動，輸出均為 0，所以為一個 1 對 8 解多工器電路。

例題 6.4-4　(解多工器樹)

利用五個 1 對 4 解多工器，設計一個 1 對 16 解多工器電路。

解： 如圖 6.4-5 所示，第一級的解多工器由 S_3 與 S_2 兩個標的選擇線選取資料輸出端，其資料輸出端 (Y_i) 接往第二級的第 i 個解多工器的資料輸入端 (D)。第二級的解多工器由 S_1 與 S_0 兩個標的選擇線選取資料輸出端。讀者不難由圖 6.4-5 證明資料輸入端 (D) 的資料可以正確的傳送到由標的選擇線 (S_3、S_2、S_1、S_0) 所選取的資料輸出端上，因此為一個 1 對 16 解多工器電路。

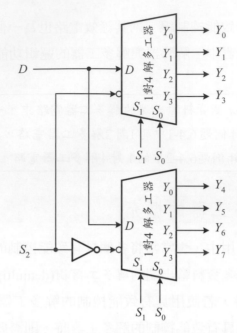

圖6.4-4　例題 6.4-3 的邏輯電路

📖 複習問題

6.29. 組成一個 1 對 8 解多工器，需要使用多少個 1 對 2 解多工器？

6.30. 組成一個 1 對 32 解多工器，需要使用多少個 1 對 4 解多工器？

6.31. 組成一個 1 對 64 解多工器，需要使用多少個 1 對 2 解多工器？

6.32. 組成一個 1 對 256 解多工器，需要使用多少個 1 對 4 解多工器？

6.4.3 執行交換函數

　　基本上具有致能控制輸入端的解碼器與解多工器電路是等效的，因此在執行交換函數時也具有相同的特性：即它們都需要外加的邏輯閘。與解碼器電路一樣，解多工器的每一個資料輸出端也恰好可以執行一個最小項，因此只需要將適當的解多工器資料輸出端連接至一個 OR 閘的輸入端，即可以執行一個需要的交換函數。

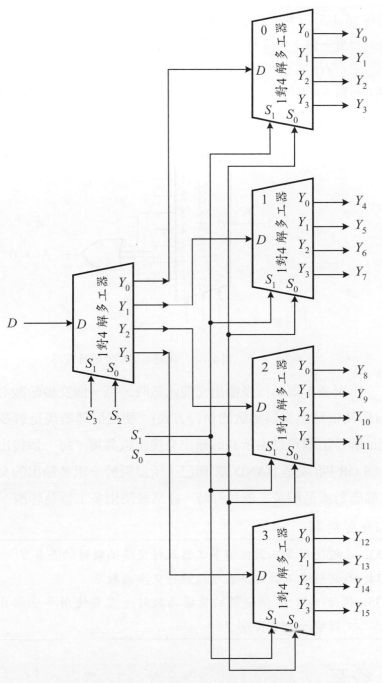

圖6.4-5　例題 6.4-4 的邏輯電路

例題 6.4-5 (執行交換函數)

利用一個 1 對 8 解多工器執行下列交換函數：

$$f(x, y, z) = \Sigma(3, 5, 6, 7)$$

解：如圖 6.4-6 所示。利用一個 4 個輸入端的 OR 閘，將解多工器的資料輸出端 3、5、6、7 等 OR 後即為所求。

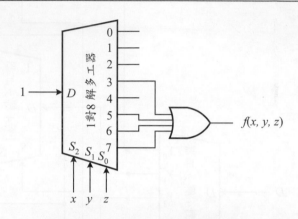

圖6.4-6　例題 6.4-5 的邏輯電路

　　使用多工器執行多輸出交換函數時，每一個交換函數必須使用一個多工器(即為單輸出交換函數的執行方式)；使用解碼器或是解多工器時，解碼器或是解多工器可以由所有的輸出交換函數共用，每一個輸出交換函數只需要一個 OR 閘(或是 NAND 閘)而已。所以對於一組多輸出的交換函數而言，使用解碼器或是解多工器執行時，通常較使用多工器為經濟。

📖複習問題

6.33. 比較使用多工器與解多工器執行交換函數時的差異？

6.34. 為何解多工器元件也可以執行交換函數？

6.35. 執行一個 n 個變數的交換函數時，需要使用多少個資料輸出端的解多工器與一個 OR 閘？

6.5 比較器

　　除了前面各節所討論的解碼器、編碼器、多工器、解多工器等組合邏輯電路模組之外，在數位系統中用以比較兩個數目大小的大小比較器也是一個常用的組合邏輯電路模組。當一個組合邏輯電路僅能比較兩個數是否相等時，稱為比較器(comparator)或是相等偵測器(equality detector)。當一個組合邏輯電路不但能比較兩個數是否相等而且亦可以指示出兩個數之間的算數關係(arithmetic relationship) 時，稱為大小比較器(magnitude comparator)。在本小節中，我們首先討論比較器電路的設計原理，然後敘述大小比較器電路的設計原理與如何將它們擴充成較大的電路。

6.5.1 比較器電路設計

一個能夠比較兩個數的大小，並且指示出它們是否相等的邏輯電路，稱為比較器或是相等偵測器。回顧 XNOR 閘的動作為：當其兩個輸入端邏輯值相等時，其輸出值為 1；不相等時，輸出值為 0。 因此，一個 n 位元的相等偵測器可以由適當地組合一定數量的 XNOR 閘與 AND 閘而獲得。例如下列例題。

例題 6.5-1 (n 位元相等偵測器)

圖 6.5-1 所示為一個 4 位元的相等偵測器，它由四個 XNOR 閘與一個 AND 閘組成。欲建構一個 n 位元的相等偵測器，至少有兩種方法。第一種方法為將 n 個輸入分成 $\lceil n/4 \rceil$ 組，然後使用 4 位元的相等偵測器為基本模組，每一組使用一個。最後，使用一個 AND 樹(AND tree)整合各個模組的比較結果。此種方法需要 n 個 XNOR 閘與 $n\text{-}1$ 個 2-輸入 AND 閘。結果的相等偵測器一共需要($\lceil \log_2 (n\text{-}1) \rceil$+1) t_{pd}，其中 t_{pd} 為 XNOR 與 AND 邏輯閘的傳播延遲時間。

另外一種方法為使用由 n 個 XNOR 閘與 $n\text{-}1$ 個 AND 閘組成的線性結構，以直接比較兩個 n 位元的輸入。然而，此種方法需要 n 級的傳播延遲時間，即 nt_{pd}，其中每一級均由 XNOR 閘與 AND 閘組成。因此，在相同的硬體資源下，這種方法需要較長的傳播延遲時間。

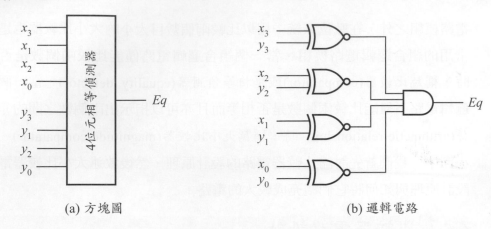

(a) 方塊圖　　　　　　　　(b) 邏輯電路

圖 6.5-1　4 位元相等偵測器

6.5.2 大小比較器電路設計

兩個數目 A 與 B 比較時，有三種結果：$A > B$、$A = B$、$A < B$。一個 n 位元比較器為一個具有比較兩個 n 位元數目的大小，並指示與輸出比較結果：$O_{A>B}$、$O_{A=B}$、$O_{A<B}$ 的組合邏輯電路。

例題 6.5-2　(2 位元大小比較器電路設計)

設計一個 2 位元比較器，其資料輸入端為 $A = A_1 A_0$ 與 $B = B_1 B_0$，而資料輸出端為 $O_{A>B}$、$O_{A=B}$、$O_{A<B}$。

解：依據題意，得到 2 位元比較器的方塊圖與卡諾圖(即真值表)分別如圖 6.5-2 (a)與(b) 所示。化簡後得到：

$$O_{A>B} = A_0 B'_1 + A'_1 A_0 B'_1 B'_0 + A_1 A_0 B_1 B'_0$$
$$= A_0 B'_1 + (A_1 \oplus B_1)' A_0 B'_0$$
$$= A_0 B'_1 + (A_1 \oplus B_1)' A_0 (A_0 B_0)'$$

$$O_{A=B} = A'_1 A'_0 B'_1 B'_0 + A'_1 A_0 B'_1 B_0 + A_1 A_0 B_1 B_0 + A_1 A'_0 B_1 B'_0$$
$$= (A'_1 B'_1 + A_1 B_1)(A'_0 B'_0 + A_0 B_0) = (A_1 \oplus B_1)'(A_0 \oplus B_0)'$$

$$O_{A<B} = B_1 A'_1 + A'_1 A'_0 B'_1 B_0 + A_1 A'_0 B_1 B_0$$
$$= B_1 A'_1 + (A_1 \oplus B_1)' A'_0 B_0$$

$$= B_1(A_1B_1)'+(A_1 \oplus B_1)'B_0(A_0B_0)'$$

其邏輯電路如圖=6.5-2(c)所示。

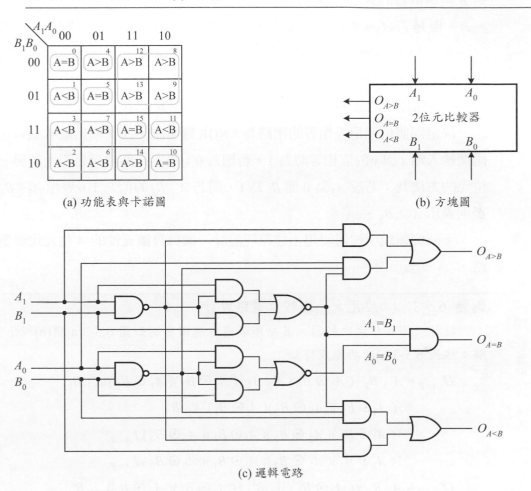

(a) 功能表與卡諾圖　　　　　　　　　　　　(b) 方塊圖

(c) 邏輯電路

圖 6.5-2　2 位元大小比較器

在實際應用上，為了讓比較器電路能夠具有擴充能力，一般在設計比較器電路時，通常還包括三個資料輸入端：$I_{A>B}$、$I_{A=B}$、$I_{A<B}$，以輸入前一個比較器電路級的比較結果。具有擴充能力的 2 位元大小比較器電路設計留予讀者當作習題（習題 6.31）。

接著以 4 位元比較器電路為例，說明比較器電路的設計方法。若設欲比較的兩個 4 位元的數目分別為 $A = A_3A_2A_1A_0$ 與 $B = B_3B_2B_1B_0$，則在比較 A 與

B 兩個數目的大小時，首先由最大有效位元(A_3 與 B_3)開始，若 $A_3 \neq B_3$ ，則 A 與 B 兩個數目的大小已經可以得知，因為當 A_3 為 0 時 $A < B$ ，當 A_3 為 1 時 $A > B$ 。但是若 $A_3 = B_3$ 時，則必須繼續比較其次的位元：A_2 與 B_2 ，若此時 $A_2 \neq B_2$ ，則與比較最大有效位元時相同的理由，A 與 B 兩個數目的大小已經可以得知。如此依序由最大有效位元往低序有效位元一一比較兩個數目 A 與 B 中的對應位元的值，即可以決定兩個數目的相對大小。

決定兩個位元是否相等的電路為 XNOR 邏輯閘，因其輸出端的值只在當兩個輸入端 x 與 y 的值相等時為 1，否則則為 0；決定一個位元是否大於另一個位元的方法為：若設 A_3 為 0 而 B_3 為 1，則若 $A'_3 B_3$ 的值為 1，表示 $A_3 < B_3$ ，否則表示 $A_3 \geq B_3$ 。

下列例題說明如何使用上述原理設計一個具有擴充性的 4 位元比較器電路。

例題 6.5-3　(4 位元大小比較器電路設計)

設計一個 4 位元比較器，其功能表與方塊圖分別如圖 6.5-3(a)與(b)所示。

解：依圖 6.5-3(a)的功能表得知：

$$O'_{A>B} = A'_3 B_3 + (A_3 \odot B_3) A'_2 B_2 + (A_3 \odot B_3)(A_2 \odot B_2) A'_1 B_1$$
$$+ (A_3 \odot B_3)(A_2 \odot B_2)(A_1 \odot B_1) A'_0 B_0$$
$$+ (A_3 \odot B_3)(A_2 \odot B_2)(A_1 \odot B_1)(A_0 \odot B_0) I_{A<B}$$
$$+ (A_3 \odot B_3)(A_2 \odot B_2)(A_1 \odot B_1)(A_0 \odot B_0) I_{A=B}$$

$$O'_{A<B} = A_3 B'_3 + (A_3 \odot B_3) A_2 B'_2 + (A_3 \odot B_3)(A_2 \odot B_2) A_1 B'_1$$
$$+ (A_3 \odot B_3)(A_2 \odot B_2)(A_1 \odot B_1) A_0 B'_0$$
$$+ (A_3 \odot B_3)(A_2 \odot B_2)(A_1 \odot B_1)(A_0 \odot B_0) I_{A>B}$$
$$+ (A_3 \odot B_3)(A_2 \odot B_2)(A_1 \odot B_1)(A_0 \odot B_0) I_{A=B}$$

$$O_{A=B} = (A_3 \odot B_3)(A_2 \odot B_2)(A_1 \odot B_1)(A_0 \odot B_0) I_{A=B}$$

所以其邏輯電路如圖 6.5-3(b)所示。注意圖中電路，$O'_{A>B}$ 與 $O'_{A<B}$ ，為兩級的 A-O-I (AND-OR- INVERT) 電路。

📖複習問題

6.36. 如何使用邏輯電路決定兩個位元的相對大小？

6.37. 試設計一個單一位元的比較器電路。

6.5.3　比較器的擴充

由於在實際的數位系統應用中，通常兩個欲比較大小的數目的長度不只為 4 位元，因此必須將多個比較器串接成一個較多位元的比較器電路，以符合實際上的需求。

例題 6.5-3　(比較器的擴充)

利用兩個 4 位元比較器設計一個 8 位元比較器。

資料輸入				串級輸入			串級輸出		
A_3, B_3	A_2, B_2	A_1, B_1	A_0, B_0	$I_{A>B}$	$I_{A=B}$	$I_{A<B}$	$O_{A>B}$	$O_{A=B}$	$O_{A<B}$
$A_3>B_3$	ϕ	ϕ	ϕ	ϕ	ϕ	ϕ	1	0	0
$A_3<B_3$	ϕ	ϕ	ϕ	ϕ	ϕ	ϕ	0	0	1
$A_3=B_3$	$A_2>B_2$	ϕ	ϕ	ϕ	ϕ	ϕ	1	0	0
$A_3=B_3$	$A_2<B_2$	ϕ	ϕ	ϕ	ϕ	ϕ	0	0	1
$A_3=B_3$	$A_2=B_2$	$A_1>B_1$	ϕ	ϕ	ϕ	ϕ	1	0	0
$A_3=B_3$	$A_2=B_2$	$A_1<B_1$	ϕ	ϕ	ϕ	ϕ	0	0	1
$A_3=B_3$	$A_2=B_2$	$A_1=B_1$	$A_0>B_0$	ϕ	ϕ	ϕ	1	0	0
$A_3=B_3$	$A_2=B_2$	$A_1=B_1$	$A_0<B_0$	ϕ	ϕ	ϕ	0	0	1
$A_3=B_3$	$A_2=B_2$	$A_1=B_1$	$A_0=B_0$	1	0	0	1	0	0
$A_3=B_3$	$A_2=B_2$	$A_1=B_1$	$A_0=B_0$	0	0	1	0	0	1
$A_3=B_3$	$A_2=B_2$	$A_1=B_1$	$A_0=B_0$	ϕ	1	ϕ	0	1	0
$A_3=B_3$	$A_2=B_2$	$A_1=B_1$	$A_0=B_0$	1	0	1	0	0	0
$A_3=B_3$	$A_2=B_2$	$A_1=B_1$	$A_0=B_0$	0	0	0	1	0	1

(a) 功能表

圖6.5-3　4 位元比較器(74x85)

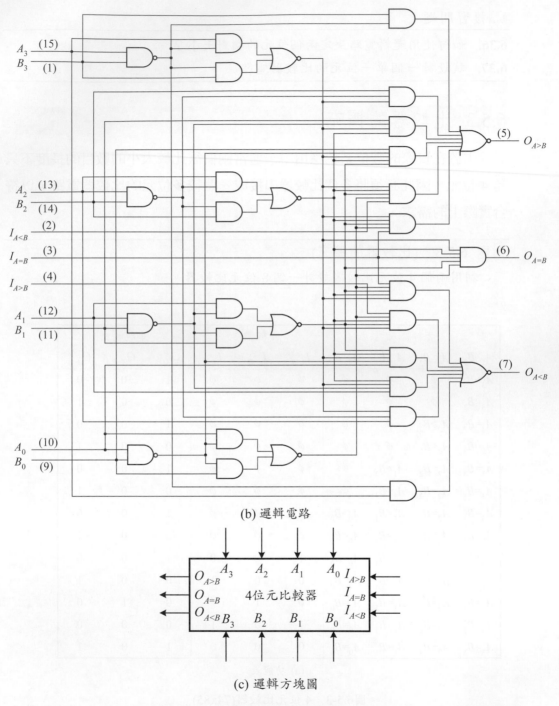

(b) 邏輯電路

(c) 邏輯方塊圖

圖 6.5-3(續)　4 位元比較器(74x85)

解: 如圖 6.5-4 所示方式連接即為一個 8 位元比較器。在比較兩個數目的大小時，我們是依序由最大有效位元(MSB)開始往低序有效位元一一比較兩個數目中的位元值，一次一個位元，若是相等則繼續比較下一個低序位元，直到可以決定它們的大小為止。

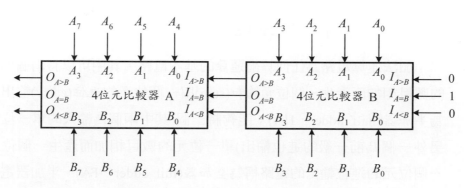

圖6.5-4　例題 6.5-3 的電路(8 位元比較器)

📖 複習問題

6.38. 在圖 6.5-4 中，若將比較器 B 的輸入端($I_{A>B}$ $I_{A=B}$ $I_{A<B}$)設定為 111 時，比較器 A 的輸出端($O_{A>B}$ $O_{A=B}$ $O_{A<B}$)是否可以正確的指示出結果？

6.39. 在圖 6.5-4 中，若將比較器 B 的輸入端($I_{A>B}$ $I_{A=B}$ $I_{A<B}$)設定為 000 時，比較器 A 的輸出端($O_{A>B}$ $O_{A=B}$ $O_{A<B}$)是否可以正確的指示出結果？

6.6 算術運算電路設計

　　加法運算為數位系統中最基本的算術運算。若一個數位系統的硬體能夠執行兩個二進制數目的加法，則其它三種基本的算術運算都可以利用此加法運算硬體完成：減法運算可以藉著加法電路將減數的 2 補數加到被減數上完成；乘法運算可以由連續的執行加法運算而得；除法運算則由連續地執行減法運算完成。

　　在早期的數位系統中，由於硬體成本較高，因而通常只有加法運算的硬體電路，而其它三種算術運算則由適當的重複使用或是規劃加法硬體電路的方式完成。目前，由於 VLSI 技術的成熟與高度發展，促使硬體電路成本顯著的下降，在許多實用的數位系統中，上述四種基本的算術運算通常直接使用各別的硬體電路完成，以提高運算速度。由於除法運算電路較為複雜，因此在本節中將只討論加法、減法、乘法等三種基本的算術運算電路。

6.6.1 二進制加/減法運算電路

加法運算電路為任何算術運算的基本電路，其中可以將兩個單一個位元的數目相加而產生一個位元的和(sum)與一個位元的進位(carry)輸出的電路稱為半加器(half adder，HA)；能夠將三個(其中兩個為輸入的單一位元數目而另外一個為前一級的進位輸出)單一位元的數目相加而產生一個位元的和與一個位元的進位輸出的電路稱為全加器(full adder，FA)。半加器電路之所以如此稱呼是因為使用兩個半加器電路可以構成一個全加器電路。

半加器

半加器(HA)為一個最基本的加法運算電路。由於執行一個完整的加法運算，需要兩個這種電路，因此稱為半加器。如圖 6.6-1(a)所示，它具有兩個資料輸入端(加數，addend 與被加數，augend) x 與 y 和兩個資料輸出端 S (和)與 C (進位輸出，carry out)。當兩個資料輸入端皆為 0 時，和與進位均為 0；當只有一個資料輸入端為 1 時，和為 1 而進位為 0；當兩個資料輸入端均為 1 時，和為 0 而進位為 1。這些關係列於圖 6.6-1(b)的真值表中。利用圖 6.6-1(c)的卡諾圖，得到 S 與 C 的最簡式分別為：

$$S = xy' + x'y = x \oplus y$$

與

$$C = xy$$

其邏輯電路如圖 6.6-1(d)所示。

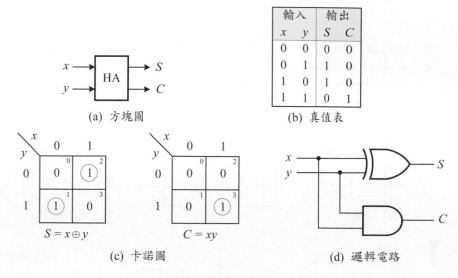

輸入		輸出	
x	y	S	C
0	0	0	0
0	1	1	0
1	0	1	0
1	1	0	1

(a) 方塊圖　　　　　　　　　　(b) 真值表

$S = x \oplus y$　　　　$C = xy$

(c) 卡諾圖　　　　　　　　　　(d) 邏輯電路

圖6.6-1　半加器

全加器

全加器(FA)電路的方塊圖如圖 6.6-2(a)所示。它具有三個資料輸入端 x、y、C_{in}(加數、被加數、進位輸入)和兩個資料輸出端 S (和)與 C_{out} (進位輸出)。其中 C_{in} 為來自前級的進位輸出;C_{out} 為本級產生的進位輸出。全加器的真值表如圖 6.6-2(b)所示。利用圖 6.6-2(c)的卡諾圖化簡後,得到 S 與 C_{out} 的最簡式分別為:

$$S = x \oplus y \oplus C_{in} = (x \oplus y) \oplus C_{in}$$

與

$$C_{out} = xy + x' y C_{in} + xy' C_{in} = xy + C_{in}(x \oplus y)$$

其邏輯電路如圖 6.6-2(d)所示。

比較圖 6.6-1(d)與圖 6.6-2(d)的電路可以得知:全加器電路可以由兩個半加器電路與一個 OR 閘組成。另外值得一提的是圖 6.6-2(d)的電路只是全加器電路的一種執行方式,其它不同的執行方式請參考例題 5.1-3 與例題 5.1-4。

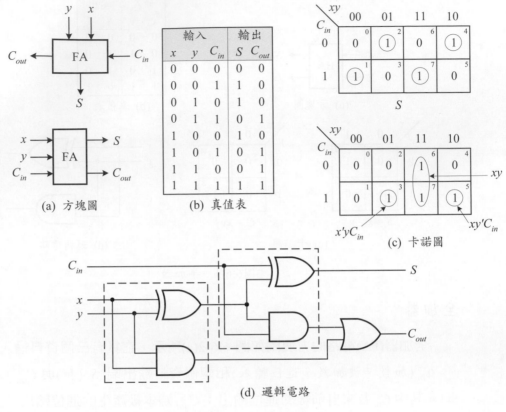

(a) 方塊圖　　(b) 真值表　　(c) 卡諾圖

(d) 邏輯電路

圖6.6-2　全加器

並行加法器

在實際應用上，通常需要一次執行 n 個(n 值通常為 4、8、16、32 或 64)位元的加法運算。這種較多位元的加法運算電路的設計，當然也可以直接列出 n 個位元加法器的真值表，然後設計其邏輯電路。但是這種方法通常不容易處理，例如對於 4 個位元的加法器電路而言，其真值表一共有 2^9(加數與被加數各為 4 位元及一個進位輸入位元 C_{in}) = 512 個組合，其設計程序相當複雜，很難處理。因此，對於一個 n 位元(並行)加法器電路的設計而言，一般均採用模組化設計的方式，即設計一個較少位元的加法器電路，然後將其串接以形成需要的位元數。

例題 6.6-1　(4 位元並行加法器)

利用圖 6.6-2 的全加器電路設計一個 4 位元並行加法器。

解：如圖 6.6-3 所示，使用四個全加器電路，然後將較小有效位元的全加器的進位輸出(C_{out})串接至次一較大有效位元的全加器的進位輸入(C_{in})，並且將 C_0 設定為 0 即可。

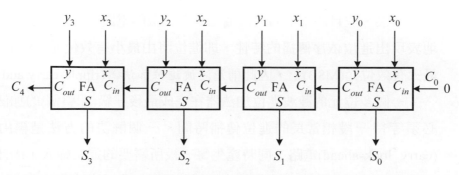

圖6.6-3　4 位元並行加法器

下面例題說明 4 位元並行加法器的一項簡單應用。

例題 6.6-2　(BCD 對加三碼的轉換)

利用 4 位元並行加法器，設計一個 BCD 碼對加三碼的轉換電路。

解：因為加三碼是將每一個對應的 BCD 碼加上 0011 而形成的，因此只需要使用一個 4 位元並行加法器，將每一個輸入的 BCD 碼加上 0011 後，即形成對應的加三碼，如圖 6.6-4 所示。

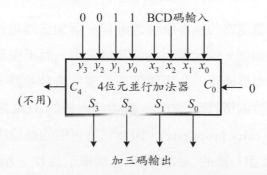

圖6.6-4　使用 4 位元並行加法器的 BCD 碼對加三碼轉換電路

進位前瞻加法器

雖然圖 6.6-3 的並行加法器電路一次可以執行 4 個位元的加法運算，但是若考慮到進位的傳播延遲特性，該電路依然一次只能執行一個位元的加法運算。因為在執行加法運算之前，雖然加數與被加數可以同時取得，但是每一個全加器都必須等到前一級的進位產生(或決定)之後，才能產生與輸出正確的結果，並且將產生的進位輸出到下一級的電路中。這種加法器電路顯然地表現出進位依序傳播的特性，即進位將由最小有效位元(LSB)依序傳播到最大有效位元(MSB)上，因此稱為漣波進位加法器(ripple-carry adder)。

一個多位元的漣波進位加法器在完成最後一級(即整個)的加法運算前，必須等待一段相當長的進位傳播時間。一個解決的方法是經由進位前瞻(carry look-ahead)電路，同時產生每一級所需要的進位輸入，因此消除在漣波進位加法器中的進位必須依序傳播的特性。為方便討論，將圖 6.6-2(d)的全加器電路重新畫於圖 6.6-5 中。

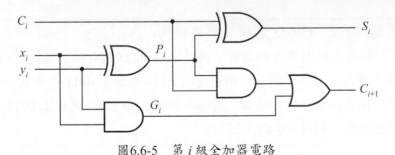

圖6.6-5　第 i 級全加器電路

進位前瞻電路的基本原理是所有 n 個加法器電路的進位輸入，可以直接由欲相加的兩個 n 位元數目的位元值求出，而不需要依序由 n 個加法器電路的進位輸出電路產生。為說明這項原理，請參考圖 6.6-5 的電路，它為 n 位元並行加法器的第 i 級全加器。圖中第一級的 XOR 閘的輸出端標示為 P_i，稱為進位傳播(carry propagate)，因為它將可能的進位由第 i 級(C_i)傳播到第 $i+1$ 級(C_{i+1})；第一級的 AND 閘輸出端標示為 G_i，稱為進位產生(carry gener-ate)，因為當 x_i 與 y_i 皆為 1 時，即產生進位而與進位輸入 C_i 無關。因此

$$P_i = \ x_i \oplus y_i$$

而

$$G_i = x_i \ y_i$$

將 S_i 與 C_{i+1} 以 P_i 與 G_i 表示後，得到：

$$S_i = P_i \oplus C_i$$

而

$$C_{i+1} = G_i + P_i \ C_i$$

利用上式，可以得到每一級的進位輸出：

$$C_1 = G_0 + P_0 \ C_0$$

$$C_2 = G_1 + P_1 \ C_1 \ = G_1 + P_1 \, (G_0 + P_0 \ C_0) = G_1 + P_1 \ G_0 + P_1 \ P_0 \ C_0$$

$$C_3 = G_2 + P_2 \ C_2 \ = G_2 + P_2 \, (G_1 + P_1 \ G_0 + P_1 \ P_0 \ C_0)$$

$$= G_2 + P_2 \ G_1 + P_2 \ P_1 \ G_0 + P_2 \ P_1 \ P_0 \ C_0$$

$$C_4 = G_3 + P_3 \ C_3 = G_3 + P_3 \, (G_2 + P_2 \ G_1 + P_2 \ P_1 \ G_0 + P_2 \ P_1 \ P_0 \ C_0)$$

$$= G_3 + P_3 \ G_2 + P_3 \ P_2 \ G_1 + P_3 \ P_2 \ P_1 \ G_0 + P_3 \ P_2 \ P_1 \ P_0 \ C_0$$

因此，所有的進位輸出皆在兩個邏輯閘的傳播延遲後得到而與級數的多寡無關。產生上述進位輸出的電路稱為進位前瞻產生器(carry look-ahead generator)，如圖 6.6-6 所示。

在產生所有位元需要的進位位元值之後，加法器的總和可以由下列交換表式求得：

$$S_0 = P_0 \oplus C_0 \ ；$$

$$S_1 = P_1 \oplus C_1 \ ；$$

$$S_2 = P_2 \oplus C_2 \ ；$$

$$S_3 = P_3 \oplus C_3 \ ；$$

利用此電路，可以設計一個 4 位元進位前瞻加法器(carry look-ahead adder，CLA)，如圖 6.6-6 所示。整個進位前瞻加法器分成三級：PG 產生邏輯、進位前瞻產生器、和產生邏輯。PG 產生邏輯中的 XOR 閘產生 P_i 變數，而 AND

閘產生 G_i 變數，產生的 P_i 與 G_i 經過兩級的進位前瞻產生器後，經由第三級的和產生邏輯中的 XOR 閘產生最後的總和。典型的 4 位元進位前瞻加法器為 74LS283。

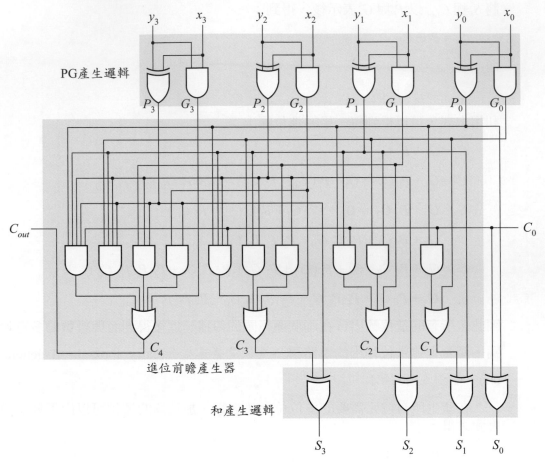

圖6.6-6　4 位元進位前瞻產生器與加法器

減法器

　　減法器電路可以使用與加法器電路類似的方法設計，即先設計一個單一位元的全減器電路(習題 6.39 與 6.40)，然後使用多個全減器電路組成需要的位元數目之並行減法器。然而在數位系統中，減法運算通常伴隨著加法運算而不是單獨存在，因此常常希望設計一個電路不但可以執行加法運算而且也可以執行減法運算。由第1.1.3節的介紹可以得知：減法運算可以使用2補數的加法運算完成，即當欲計算 $A - B$ 時，可以先將 B 取 2 補數後再與 A 相加而得到希望的結果。

　　在設計使用 2 補數方式的減法器電路時，必須有一個 2 補數產生器，以將減數取 2 補數，但是由第 1.1.2 節得知一個數的 2 補數實際上是該數的 1 補數再加上 1，因此只需要設計一個 1 補數產生器即可。

例題 6.6-3　(真值補數產生器)

　　設計一個 4 位元的真值/補數產生器電路。

解：由 XOR 閘的真值表(表 2.4.1)或是第 2.4.2 節可以得知：若以其一個資料輸入端為控制端(c)，另一個資料輸入端為資料輸入端(x)時，則資料輸出端(f)的值為 x 或是 x'，將依 c 的值是 0 或是 1 而定。即：

　　當 $c = 0$ 時，$f = x$；

　　當 $c = 1$ 時，$f = x'$；

若將 4 個 XOR 閘並列並且將 c 端連接在一起，如圖 6.6-7 所示，則成為一個 4 位元真值/補數產生器電路。當 $c = 0$ 時，$B_i = A_i$；當 $c = 1$ 時，$B_i = A'_i$。

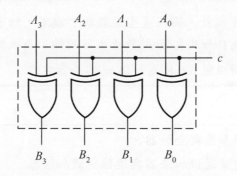

圖6.6-7　4 位元真值/補數產生器

　　有了真值/補數產生器後，前述的 4 位元加法器(漣波進位加法器或是進位前瞻加法器)即可以與之結合成為一個加/減法器電路。

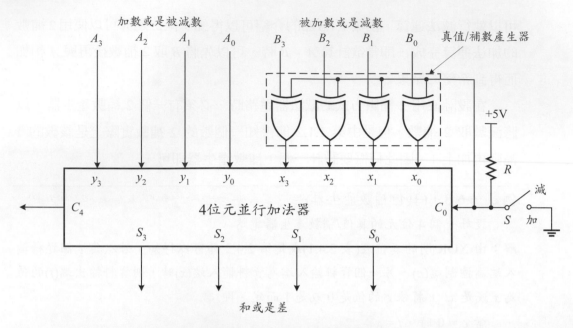

圖6.6-8 4位元加/減法器電路

例題 6.6-4 (加/減法器電路)

利用 4 位元加法器與真值/補數產生器，設計一個 4 位元加/減法器電路。

解：完整的電路如圖 6.6-8 所示。當 S 為 1 時，C_0 為 1 而且真值/補數產生器的輸出為減數的 1 補數，因而產生減數的 2 補數，結果的電路執行減法運算；當 S 為 0 時，C_0 為 0 而且真值/補數產生器的輸出為被加數的真值，結果的電路執行加法運算。所以圖 6.6-8 為一個加/減法器電路。

📖 複習問題

6.40. 試定義半加器與全加器。

6.41. 試定義漣波進位加法器與進位前瞻加法器。

6.42. 試定義進位傳播與進位產生。

6.43. 進位前瞻加法器主要分成那三級，各有何功能？

6.44. 在數位系統中，減法運算通常使用何種方式完成？

6.6.2　BCD 加法運算電路

　　如同在二進制數目系統中一樣,加法運算也可以直接在十進制數目系統中執行。由於在數位系統中,十進制數目系統中的每一個數字皆使用 BCD 碼表示,因此執行十進制數目的加法與減法運算電路也稱為 BCD 加法器與減法器。本節中將介紹如何使用二進制的加法運算電路完成 BCD 加法運算。

　　BCD 加法器為一個執行十進制算術運算的邏輯電路,它能將兩個 BCD 碼的數目相加後,產生 BCD 碼的結果。在 BCD 碼中,每一個數字均使用四個二進制的位元表示,若以 4 位元的並行加法器執行運算時,因為加法運算的執行是以十六進制進行的而其數字則以十進制來代表,因此若不加以調整,則其結果將可能不是所期望的 BCD 碼。例如在表 6.6-1 中,當二進制和超過 1000 時,必須加以調整才能成為成立的 BCD 碼。數目在 0 到 19 之間的二進制數目與 BCD 碼的關係列於表 6.6-1 中。

　　由於 BCD 碼中最大的數字為 9,將兩個 BCD 碼的數字相加後的最大值為 18,若考慮輸入進位(C_0),則總和的最大值為 19。表 6.6-1 中的第一欄為利用二進制加法器求得的總和。因為在 BCD 碼中,最大的數字為 9,因此當總和超過 9 時,必須加以調整,使其產生進位並且產生表 6.6-1 中的第二欄的 BCD 數字。調整的方法相當簡單,簡述如下:

1. 當產生的二進制的總和大於 9 而小於或等於 15 時,將 6 加到此總和上,使其產生進位;

2. 當產生的二進制的總和大於 15 時,表示已經有進位產生,將 6 加到此總和上。

這種調整程序稱為十進制調整(decimal adjust)。

例題 6.6-5　(十進制調整)

　　(a)為兩數相加,其結果大於 9 但是小於 15,將 6 (0110)加於總和上後連同進位為正確的 BCD 結果;(b)為兩數相加,其結果大於 15,因而產生進位的情形，將 6 (0110)加到總和後，連同產生的進位為正確的 BCD 結果。

(a)　 6　　　 0110　　　　　　(b)　 9　　　 1001
　　 + 8　　 +1000　　　　　　　　 + 9　　 +1001
　　 14　　　1110　>9，無進位　　　18　　10010　>9，有進位
　　　　　 +0110　+6　　　　　　　　　 +0110　+6
　　　　　 10100　=14　　　　　　　　　11000　=18

表6.6-1　二進制數目與 BCD 碼的關係

二進制和					BCD和					十進制
C_4	S_3	S_2	S_1	S_0	C_4	S_3	S_2	S_1	S_0	
0	0	0	0	0	0	0	0	0	0	0
0	0	0	0	1	0	0	0	0	1	1
0	0	0	1	0	0	0	0	1	0	2
0	0	0	1	1	0	0	0	1	1	3
0	0	1	0	0	0	0	1	0	0	4
0	0	1	0	1	0	0	1	0	1	5
0	0	1	1	0	0	0	1	1	0	6
0	0	1	1	1	0	0	1	1	1	7
0	1	0	0	0	0	1	0	0	0	8
0	1	0	0	1	0	1	0	0	1	9
0	1	0	1	0	1	0	0	0	0	10
0	1	0	1	1	1	0	0	0	1	11
0	1	1	0	0	1	0	0	1	0	12
0	1	1	0	1	1	0	0	1	1	13
0	1	1	1	0	1	0	1	0	0	14
0	1	1	1	1	1	0	1	0	1	15
1	0	0	0	0	1	0	1	1	0	16
1	0	0	0	1	1	0	1	1	1	17
1	0	0	1	0	1	1	0	0	0	18
1	0	0	1	1	1	1	0	0	1	19

化簡後得：$S_3S_2 + S_3S_1$

C_4

必須調整

　　 由表 6.6-1 與例題 6.6-5 可以得知：當二進制的總和產生下列結果時，就必須做十進制調整：

1. 當 C_4 為 1 時，或

2. 當總和 $S_3S_2S_1S_0$ 大於 1001(9)時。

因此若設 Y 為十進制調整電路的致能控制，即當 Y 為 1 時，該電路將 6(0110)加到二進制的總和 $S_3S_2S_1S_0$ 內，當 Y 為 0 時，加上 0(0000)，則

$$Y = C_4 + S_3 S_2 + S_3 S_1$$

其中 $S_3 S_2$ 與 $S_3 S_1$ 的取得方式如表 6.6-1 中的陰影區所示，並經由卡諾圖化簡而得。事實上，Y 也即是 BCD 總和的進位輸出。完整的 BCD 加法器電路如圖 6.6-9 所示。

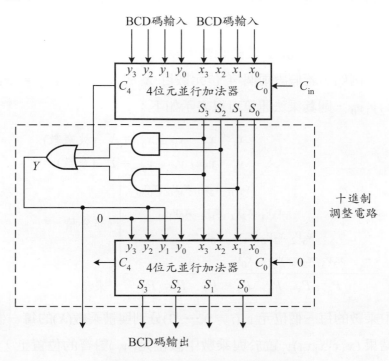

圖6.6-9　4位元 BCD 加法器電路

📖 複習問題

6.49. 試簡述十進制調整的基本方法。

6.50. 若設一個全加器電路與一個基本邏輯閘的傳播延遲分別為 t_{FA} 與 t_{pd}，則圖 6.6-9 中的 BCD 加法器電路的傳播延遲為多少個 t_{FA} 與 t_{pd}？

6.6.3 二進制乘法運算電路

因為二進制算術只使用兩個數字 0 與 1，對於一個多位元對單一位元的乘法運算恰好只有兩項規則：

1. 若乘數位元為 1，則結果為被乘數；

2. 若乘數位元為 0，則結果為 0。

即將乘數(multiplier)的位元與每一個被乘數(multiplicand)的位元 AND 後的結果即為乘積(product)。

利用上述規則，兩個 n 位元(未帶號)數目的乘法運算可以依據下述程序完成：將乘數的每一個位元由 LSB 開始依序與被乘數的每一個位元 AND 後的結果(稱為部分積)置於與乘數中該位元對齊的位置上，然後求其總合即為乘積。例如，若假設兩個 4 位元數目 X 與 Y 分別為 $X = x_3x_2x_1x_0$ 與 $Y = y_3y_2y_1y_0$，則其乘法運算可以表示如下：

$$
\begin{array}{rcccccc}
 & x_3 & x_2 & x_1 & x_0 & = X & \text{(被乘數)} \\
\times & y_3 & y_2 & y_1 & y_0 & = Y & \text{(乘數)} \\
\hline
 & x_3y_0 & x_2y_0 & x_1y_0 & x_0y_0 & & \\
 & x_3y_1 & x_2y_1 & x_1y_1 & x_0y_1 & & \text{部分積} \\
 & x_3y_2 & x_2y_2 & x_1y_2 & x_0y_2 & & \\
+ & x_3y_3 & x_2y_3 & x_1y_3 & x_0y_3 & & \\
\hline
P_6\ P_5 & P_4 & P_3 & P_2 & P_1 & P_0 & \text{乘積}
\end{array}
$$

其中乘數的每一個位元 y_i $(i = 0,\cdots, 3)$分別與被乘數(X)的每一個位元 AND 後的結果 $(x_3x_2x_1x_0)y_i$ 置於與乘數中該位元(y_i)對齊的位置上，然後將所有部分積(partial product)求其總合即為乘積。

上述運算若使用邏輯電路執行時，一共需要十六個 2 個輸入端的 AND 閘與三個 4 位元並行加法器，其完整的電路如圖 6.6-10 所示。

6.7 參考資料

1. K. Hwang, *Computer Arithmetic Principles, Architecture, and Design*, New-York: John Wiley & Sons, 1979.

2. Z. Kohavi, *Switching and Finite Automata Theory*, 2nd ed., New York: McGraw-Hill, 1978.

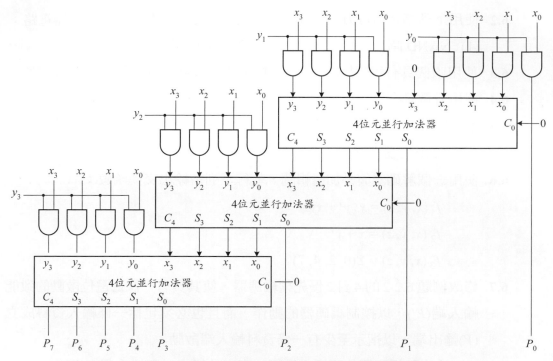

圖6.6-10　4 對 4 位元的二進制乘法器電路

3. G. Langholz, A. Kandel, and J. L. Mott, *Digital Logic Design*, Dubuque, Iowa: Wm C. Brown Publishers, 1988.

4. M. B. Lin, *Digital System Designs and Practices: Using Verilog HDL and FPGAs*, John Wiley & Sons, 2008.

5. M. B. Lin, *Digital System Design: Principles, Practices, and Applications*, 4th ed., Taipei, Taiwan: Chuan Hwa Book Ltd., 2010.

6. M. B. Lin, *Introduction to VLSI Systems: A Logic, Circuit, and System Perspective*, CRC Press, 2012.

6.8 習題

6.1 依下列指定方式設計一個具有致能控制(低電位啟動)的 3 對 8 解碼器電路：

(1)　非反相輸出 　　　　　　(2)　反相輸出

6.2 使用下列指定執行方式，設計一個具有致能控制的 2 對 4 解碼器電路：

(1) NAND 閘   (2) NOR 閘

6.3 使用兩個具有致能控制的 3 對 8 解碼器，設計一個 4 對 16 解碼器電路。

6.4 使用五個具有致能控制的 2 對 4 解碼器，設計一個 4 對 16 解碼器電路。

6.5 使用四個具有致能控制的 3 對 8 解碼器與一個 2 對 4 解碼器，設計一個 5 對 32 解碼器電路。

6.6 使用一個解碼器與外加邏輯閘，執行下列多輸出交換函數：

$$f_1(x, y, z) = x'y' + xyz'$$
$$f_2(x, y, z) = x + y'$$
$$f_3(x, y, z) = \Sigma(0, 2, 4, 7)$$

6.7 修改例題 6.2-2 的 4 對 2 優先權編碼器，使其具有一條低電位啟動的致能輸入端(E')，以控制編碼器的動作，而且也必須包括一條輸入資料成立(V)輸出端，以指示至少有一條資料輸入端啟動。

(1) 繪出該編碼器的邏輯方塊圖、寫出功能表、與繪出邏輯電路。

(2) 使用兩個 4 對 2 優先權編碼器，建構一個 8 對 3 優先權編碼器。繪出其邏輯電路 (提示：需要外加基本邏輯閘)。

6.8 設計一個具有致能控制線的 4 對 1 多工器。假設當致能控制不啟動時，多工器的輸出為高電位而且致能控制為低電位啟動。

6.9 若在習題 6.8 中，當致能控制不啟動時，輸出為高阻抗狀態，則電路該如何設計。

6.10 修改例題 6.3-5 的 4 對 1 多工器，使其具有致能控制。假設致能控制為高電位啟動，而多工器不被致能時輸出為高電位。

6.11 利用兩個 4 對 1 多工器與一個 2 對 1 多工器，組成一個 8 對 1 多工器。

6.12 利用五個 4 對 1 多工器設計一個 16 對 1 多工器。

6.13 以下列指定方式，設計一個 32 對 1 多工器：

(1) 五個 8 對 1 多工器。

(2) 兩個具有致能控制的 16 對 1 多工器。

(3)　兩個 16 對 1 多工器與一個 2 對 1 多工器。

(4)　兩個 16 對 1 多工器與一個 4 對 1 多工器。

6.14　只利用兩個 2 對 1 多工器，設計一個 3 對 1 多工器。

6.15　證明下列各電路均為一個函數完全運算電路。

(1) 2 對 1 多工器

(2) 4 對 1 多工器

6.16　使用多工器執行全加器電路。

6.17　使用一個 8 對 1 多工器執行交換函數：

$$f(w, x, y, z) = \Sigma(0, 1, 3, 4, 9, 15)$$

假設來源選擇線變數(S_2, S_1, S_0)依下列方式指定：

(1) (w, x, y) 　　　　　　　　　　(2) (w, x, z)

(3) (x, y, z) 　　　　　　　　　　(4) (w, y, z)

6.18　使用下列指定電路，執行交換函數：

$$f(w, x, y, z) = \Sigma(2, 7, 9, 10, 11, 12, 14, 15)$$

(1) 8 對 1 多工器　　　　　　　(2) 4 對 1 多工器

6.19　使用 4 對 1 多工器執行下列各交換函數：

(1) $f(v, w, x, y, z) = vwx'y + wx'yz + wxy'z + v'wxy'$

(2) $f(v, w, x, y, z) = \Sigma(1, 2, 3, 4, 5, 6, 7, 10, 14, 20, 22, 28)$

(3) $f(w, x, y, z) = \Sigma(0, 1, 3, 4, 8, 11)$

6.20　使用 4 對 1 多工器(三個)執行下列多輸出交換函數：

$$f_1(x, y, z) = \Sigma(0, 2, 6)$$
$$f_2(x, y, z) = x' + y$$
$$f_3(x, y, z) = \Sigma(0, 1, 6, 7)$$

6.21　使用 8 對 1 多工器執行下列多輸出交換函數：

$$f_1(w, x, y, z) = \Sigma(1, 2, 4, 5, 10, 12, 14)$$
$$f_2(w, x, y, z) = \Sigma(3, 4, 5, 6, 9, 10, 11)$$
$$f_3(w, x, y, z) = \Sigma(2, 3, 4, 10, 11, 12, 15)$$

6.22 使用一個 2 對 1 多工器與一個 4 對 1 多工器，分別執行下列每一個交換函數(提示：第一級使用 4 對 1 多工器)：

(1) $f(w, x, y, z) = \Sigma(2, 3, 4, 6, 7, 10, 11, 15)$

(2) $f(w, x, y, z) = \Sigma(2, 5, 7, 12, 14) + \Sigma_\phi(6, 9, 10, 13, 15)$

6.23 使用一個 2 對 1 多工器與一個 4 對 1 多工器，分別執行下列每一個交換函數(提示：第一級使用 2 對 1 多工器)：

(1) $f(w, x, y, z) = \Sigma(0, 2, 3, 6, 7, 12, 13, 14, 15)$

(2) $f(w, x, y, z) = \Sigma(1, 3, 5, 9, 11, 12) + \Sigma_\phi(4, 6, 8, 13, 14)$

6.24 最多使用兩個 4 對 1 多工器，分別執行下列每一個交換函數：

(1) $f(w, x, y, z) = \Sigma(3, 4, 6, 7, 8, 10, 11, 15)$

(2) $f(w, x, y, z) = \Sigma(2, 3, 4, 9, 14, 15) + \Sigma_\phi(1, 5, 8, 12, 13)$

6.25 最多使用兩個 4 對 1 多工器與兩個 NOT 閘，分別執行下列每一個交換函數：

(1) $f(v, w, x, y, z) = \Sigma(0, 3, 5, 6, 9, 10, 12, 15, 17, 18, 20, 23, 24, 27, 29, 30)$

(2) $f(v, w, x, y, z) = \Sigma(1, 2, 4, 7, 9, 10, 12, 15, 16, 19, 21, 22, 24, 27, 29, 30)$

6.26 設計一個具有致能控制(低電位啟動)的 1 對 8 解多工器電路。當解多工器不啟動時，其所有輸出均為高電位。

6.27 利用兩個具有致能控制(低電位啟動)的 1 對 8 解多工器電路，設計一個 1 對 16 解多工器電路。

6.28 利用 1 對 4 解多工器電路設計下列各種指定資料輸出端數目的解多工器樹電路時，各需要多少個電路：

(1) 1 對 32 解多工器　　　　　(2) 1 對 64 解多工器

(3) 1 對 128 解多工器　　　　 (4) 1 對 256 解多工器

6.29 利用一個 1 對 8 解多工器電路與兩個 OR 閘執行全加器電路。

6.30 利用 4 位元比較器電路，設計下列電路：

(1)　16 位元比較器　　　　(2)　20 位元比較器

(3)　24 位元比較器　　　　(4)　32 位元比較器

6.31　此習題考慮 1 位元大小比較器的設計與實現。試回答下列各問題：

(1)　列出用以比較兩個單位元未帶號數數目 A 與 B 的 1 位元大小比較器之真值表。簡化輸出交換函數，$O_{A>B}$、$O_{A=B}$、$O_{A<B}$，並繪出此 1 位元大小比較器的邏輯電路。

(2)　修改上述 1 位元大小比較器，使成為可以串接的模組。

(3)　串接兩個可串接 1 位元大小比較器成為一個 2 位元大小比較器。

6.32　參考例題 6.5-2 的 2 位元大小比較器電路，回答下列問題：

(1)　修改該 2 位元大小比較器電路，使其具有串接之能力。

(2)　使用修改後的 2 位元大小比較器電路，設計一個 4 位元大小比較器電路。

6.33　下列為半加器的相關問題：

(1)　證明半加器電路為一個函數完全運算電路。

(2)　使用三個半加器電路，執行下列四個交換函數：

$$f_1(x, y, z) = x \oplus y \oplus z$$

$$f_2(x, y, z) = x'yz + xy'z$$

$$f_3(x, y, z) = xyz' + (x' + y')z$$

$$f_4(x, y, z) = xyz$$

6.34　下列為有關於半加器電路的執行方式：

(1)　假設只有非補數形式的輸入變數，試只用一個 NOT 閘、一個 2 個輸入端的 OR 閘，與兩個 2 個輸入端的 AND 閘執行該半加器電路。

(2)　與(1)同樣的假設下，執行一個半加器電路最多只需要五個 NAND 閘，試設計該電路。

(3)　使用 NOR 閘重做(2)。

6.35　參考圖 P6.1 回答下列問題：

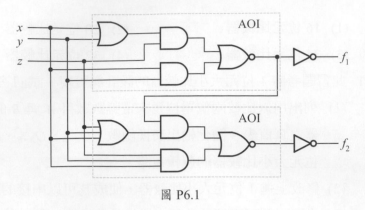

圖 P6.1

(1) 分析電路並列出 f_1 與 f_2 的交換表示式。

(2) 使用最多為兩個輸入端的邏輯閘之多層邏輯電路，重新實現 f_1 與 f_2 的交換表示式。

(3) 比較上述兩者之邏輯閘數目。

6.36 參考圖 P6.2 回答下列問題：

(1) 分析電路並列出 f_1 與 f_2 的交換表示式。

(2) 使用最多為兩個輸入端的邏輯閘之多層邏輯電路，重新實現 f_1 與 f_2 的交換表示式。

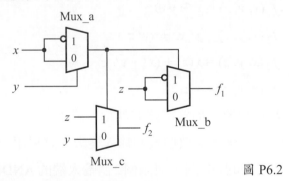

圖 P6.2

(3) 比較上述兩者之邏輯閘數目。

6.37 利用 4 位元並行加法器，設計一個 16 位元並行加法器電路。

6.38 利用 4 位元並行加法器與 NOT 閘，設計一個加三碼對 BCD 碼的轉換電路。

6.39 半減器(half subtractor)為一個具有執行兩個單一位元減法運算的組合邏

輯電路。試使用 AND、OR、NOT 等邏輯閘設計此電路。

6.40 定義全減器(full subtractor)並列出其真值表，導出差(difference，D)與借位(borrow，B)的交換表式後，以 AND、OR、NOT 等邏輯閘執行。

6.41 使用兩個半減器電路與一個 OR 閘，執行全減器電路。

6.42 說明如何將一個全加器電路加上一個 NOT 閘後，轉換為一個全減器電路。

6.43 使用 12 個 AND 閘與兩個 4 位元並行加法器電路，設計一個 4 位元乘以 3 位元的乘法器電路。

6.44 使用四個 AND 閘、OR 閘、NOT 閘和圖 6.6-8 的 4 位元加/減法器電路，設計一個 4 位元的算術邏輯單元(提示：使用多工器適當的選取資料輸入與輸出)。

6.45 本習題為一個與算術運算相關的問題：

(1) 分析圖 P6.3 所示的電路，並將結果填入真值表中。

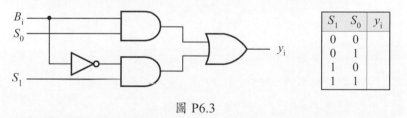

S_1	S_0	y_i
0	0	
0	1	
1	0	
1	1	

圖 P6.3

(2) 使用四個圖 P6.1 的電路與圖 6.6-3 所示的 4 位元並行加法器，設計一個 4 位元算術運算電路執行下列功能：

S_1	S_0	$C_{in} = 0$	$C_{in} = 1$
0	0	$S = A$	$S = A + 1$
0	1	$S = A + B$	$S = A + B + 1$
1	0	$S = A + \overline{B}$	$S = A + \overline{B} + 1$ (減法)
1	1	$S = A - 1$	$S = A$

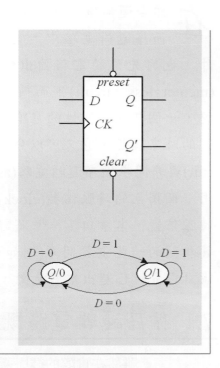

同步循序邏輯 電路

7

本章目標

學完本章之後，你將能夠了解：

• 同步與非同步循序邏輯電路的區別與基本電路模式

• 循序邏輯電路中常用的記憶元件：門閂電路與正反器

• 同步循序邏輯電路的設計、執行方式、分析

• 狀態指定與狀態表的化簡

在 組合邏輯電路中，電路的輸出值只由目前的輸入信號(變數)決定；在循序邏輯電路中，電路的輸出值除了由目前的輸入信號(變數)決定外，也與先前的電路輸出值有關。即組合邏輯電路為一個無記憶性電路(memoryless circuit)，而循序邏輯電路則為一個有記憶性的電路。換句話說，一個具有記憶性的電路稱為循序邏輯電路。依據在循序邏輯電路中，信號的時序關係，它又可以分成同步循序邏輯電路(synchronous sequential circuit)與非同步循序邏輯電路(asynchronous sequential circuit)兩種。前者通常使用一個獨立的時脈信號(clock)以同時改變內部記憶元件的狀態；後者則沒有時脈信號。本章與下一章將詳細地討論同步循序邏輯電路的設計、分析，與其相關的一些重要問題(例如：狀態的簡化與指定)；非同步循序邏輯電路的設計與分析已超出本書範圍，有興趣的讀者請參閱參考資料[8，9]。

7.1 循序邏輯電路概論

雖然在實際的循序邏輯電路設計與應用中，可以分成同步與非同步兩種電路類型，然而它們也有一些相同的特性。在本節中，將依序討論循序邏輯電路的基本電路模式、表示方法、記憶器元件，與其它相關問題。

7.1.1 基本電路模式

目前在循序邏輯電路的設計程序中的一個常用的標準電路模型稱為Huffman 模型，如圖 7.1-1 所示，而其抽象的數學模型則稱為有限狀態機(finite-state machine，FSM)。它由 l 個獨立的輸入變數(簡稱為輸入)、m 個輸出變數(簡稱為輸出)，與 k 個記憶元件組成。記憶元件的輸出組合($y_0,...,y_{k-1}$)稱為該循序邏輯電路的目前狀態(present state，PS)，而其輸入組合($Y_0,...,Y_{k-1}$)稱為下一狀態(next state，NS)。輸入變數的每一個二進制組合稱為一個輸入符號；輸出變數的每一個二進制組合稱為一個輸出符號；目前狀態與輸入(變數)組合後，決定電路的輸出變數的值(即輸出函數)與下一狀態。電路由目前狀態轉移到下一狀態的動作稱為轉態(state transition)。

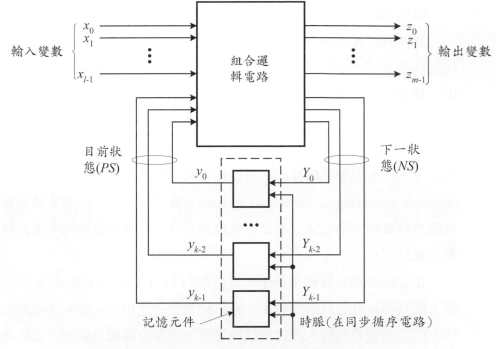

圖7.1-1 循序邏輯電路基本模式

依據電路的輸出變數的值的決定方式,在循序邏輯電路可以分成 Mealy 機(電路)與Moore機(電路)兩種。在Mealy機中,輸出變數的值由目前狀態與輸入(變數)共同決定;在 Moore 機中,輸出變數的值只由目前狀態決定。

由於每一個記憶元件儲存一個狀態變數(state variable)的值,而且有 0 與 1 兩種不同的值,因此具有 k 個記憶元件的循序邏輯電路,最多將有 2^k 個不同的狀態。換句話說,若電路具有 r 個不同的狀態,則該電路至少需要 $2^k \geq r$,即 $k \geq \lceil \log_2 r \rceil$ 個記憶元件,其中 $\lceil x \rceil$ 表示大於或是等於 x 的最小整數。在有限狀態的循序邏輯電路中,k 的值也是有限的。

同步與非同步循序邏輯電路

若一個循序邏輯電路的行為可以由一些特定(或是固定)時間時的信號狀態決定,而與這些信號發生的先後順序無關時,稱為同步循序邏輯電路;若一個循序邏輯電路的行為是由輸入信號的變化與其發生變化的先後順序有關時，稱為非同步循序邏輯電路。

為使同步循序邏輯電路的行為僅由一些特定時間(即時脈信號發生)時的信號狀態決定，而與這些信號發生的先後順序無關，在同步循序邏輯電路中，通常使用一個時脈產生器(clock generator)產生一個週期性(或是非週期性)的脈波系列(簡稱為時脈，clock，以 *CK* 或是 *CLK* (*clk*)、*CP* 表示)，加到記憶元件中，使記憶元件的狀態只在特定時間才改變。這種使用時脈信號驅動記憶元件使其發生轉態的循序邏輯電路，稱為時脈驅動同步循序邏輯電路 (clocked synchronous sequential circuit)。目前絕大部分的同步循序邏輯電路均使用時脈驅動的方式，因此時脈驅動同步循序邏輯電路通常直接稱為同步循序邏輯電路。

在非同步循序邏輯電路中，電路的行為只受輸入(變數)改變的次序的影響，而且可以在任何時刻發生。在這種電路中所用的記憶元件通常為延遲元件，因而當電路的輸入變數的值改變時，內部立即發生轉態。由於電路中沒有時序裝置可以同步電路的狀態改變，非同步循序邏輯電路能否正確的工作完全由輸入變數值的改變順序決定。使非同步循序邏輯電路正確工作的最簡單的方法是限制輸入變數的改變方式，一次只允許一個而且連續的改變，必須等待電路穩定之後才發生。非同步循序邏輯電路的詳細設計、分析，與相關問題等請參閱參考資料[8，9]。

Mealy 與 Moore 機

同步循序邏輯電路可以分成兩種基本類型：Mealy 機與 Moore 機。其基本電路樣式如圖 7.1-2 所示。無論是 Mealy 機或是 Moore 機，它們均具有三種基本元件：計算狀態轉移函數的組合邏輯電路，計算輸出信號(函數)的組合邏輯電路，及儲存狀態的正反器(記憶元件)。它們的主要區別為輸出信號的產生方式不同。在 Mealy 機中，輸出信號的值由目前狀態與目前輸入值決定，而在 Moore 機中，輸出信號的值僅由目前的狀態決定，與目前的輸入值無關。

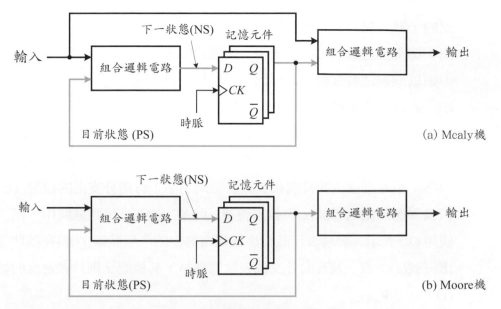

(a) Mcaly 機

(b) Moore 機

圖7.1-2　循序邏輯電路基本模式

📖複習問題

7.1. 試定義 Huffman 模式。

7.2. 試定義輸入符號與輸出符號。

7.3. 試定義同步循序邏輯電路與非同步循序邏輯電路。

7.4. 試定義 Mealy 機與 Moore 機。

7.5. 什麼時機使用 Mealy 機實現同步循序邏輯電路？

7.6. 什麼時機使用 Moore 機實現同步循序邏輯電路？

7.1.2 循序邏輯電路表示方式

　　循序邏輯電路的常用表示方法有：狀態圖(state diagram)、狀態表(state table)、時序序列(timing sequences)、時序圖(timing diagrams)。為方便討論，本節中將以 Mealy 機為主。

狀態圖

　　一般而言，人們較容易處理使用圖形表示而不是以文字表示的資訊；相反的，計算機較容易處理使用文字表示而不是以圖形表示的資訊。例如在化簡一個交換函數時，人們使用卡諾圖遠較使用列表法為簡單，但是在計算機中則以列表法較為簡單。因此，一個循序邏輯電路的行為通常使用圖形的表示方式以方便人們處理，而使用表格(即文字)的表示方式以易於運算。

圖形的表示方式稱為狀態圖。在 Mealy 機狀態圖中，每一個頂點(vertex)代表循序邏輯電路中的一個狀態；每一個有向分支(directed branch)代表狀態轉移；頂點圓圈內的符號代表該狀態的名字；有向分支上的標記 x/z 則分別代表對應的輸入符號(x)與輸出符號(z)。在 Moore 機狀態圖中，每一個頂點使用 Q/z 表示，分別表示該循序邏輯電路中的一個狀態(Q)與在該狀態下的輸出符號(z)；每一個有向分支代表狀態轉移，其標記 x 則代表對應的輸入符號(x)。

例題 7.1-1 (狀態圖)

假設一個同步循序邏輯電路具有一個輸入端 x 與一個輸出端 z，當此電路每次偵測到輸入序列為 0101 時，輸出端 z 即輸出一個值為 1 的脈波，否則輸出端 z 的輸出值為 0。試以狀態圖表示此循序邏輯電路。

解：如圖 7.1-3 所示。狀態 A 為初始狀態；狀態 B 為已經認知"0"；狀態 C 為已經認知"01"；狀態 D 為已經認知"010"。為說明圖 7.1-3 的狀態圖可以表示例題 7.1-1 的循序邏輯電路，假設輸入信號序列為 0101001，則狀態轉移與輸出的值分別如下：

> 輸入： 0 1 0 1 0 0 1
> 狀態： A B C D C D B C
> 輸出： 0 0 0 1 0 0 0

在狀態 A 時，若輸入為 0 則轉移到狀態 B 而輸出為 0；在狀態 B 時，若輸入為 1 則轉移到狀態 C 而輸出為 0；在狀態 C 時，若輸入為 0，則轉態到狀態 D 而輸出為 0。一旦在狀態 D 時，表示已經認知了"010"的輸入序列，在此狀態下，若輸入為 0，則回到狀態 B (即只認知"0")，但是若輸入為 1，則已經偵測到 0101 的輸入序列，所以輸出為 1。因此當輸入序列 0101 加到狀態 A 時，輸出序列為 0001，而且最後的狀態為 C。

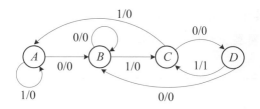

圖7.1-3　例題 7.1-1 的狀態圖

一般而言，一個循序邏輯電路在加入一個輸入序列之前的狀態稱為*初始狀態*(initial state)；在加入該輸入序列之後的狀態稱為*終止狀態*(final state)。例如在例題 7.1-1 中，未加入輸入序列 0101001 的初始狀態為 A，而加入該序列之後的終止狀態為 C。

狀態表

一種與狀態圖相對應的循序邏輯電路表示法為狀態表。在狀態表中，每一個列相當於循序邏輯電路的一個狀態，而每一個行相當於一個(外部)輸入變數的組合。行與列交點的位置則填入在該列所代表的目前狀態，在該行相對應的輸入符號的下一狀態與輸出函數。

PS	x	NS, z		
		0	1	
A		$B,0$	$A,0$	PS：目前狀態
B		$B,0$	$C,0$	NS：下一狀態
C		$D,0$	$A,0$	x：輸入變數
D		$B,0$	$C,1$	z：輸出變數

圖7.1-4　例題 7.1-2 的狀態表

例題 7.1-2　(狀態表)

圖 7.1-4 所示為例題 7.1-1 的狀態圖所對應的狀態表。由狀態圖獲取對應的狀態表的方法為依序先將狀態圖中的所有狀態列於狀態表中的目前狀態(PS)一欄，然後將目前狀態中的每一個狀態在每一個輸入符號下的下一狀態與輸出函數，分別列於該輸入符號之下的一欄中。例如當目前狀態為 A 時，當輸入符號

x 為 0 時，其下一狀態與輸出函數分別為狀態 B 與 0，所以在狀態表中的目前狀態 A 與輸入符號 $x = 0$ 的交點上，填入 $B,0$。使用相同的方式，可以得到圖 7.1-4 的狀態表。

時序圖與時序序列

　　描述一個循序邏輯電路動作的方法除了前面介紹的兩種之外，也可以使用時序圖或是時序序列的方式。在時序圖或是時序序列的方式中，電路的輸出符號與輸入符號的關係皆表示為時間的函數。

例題 7.1-3　(時序圖與時序序列)

　　圖 7.1-5 所示為將輸入序列 010100101010 加入例題 7.1-1 的循序邏輯電路中之後的時序圖與時序序列。加入輸入序列 010100101010 後，產生輸出序列：

　　　000100001010

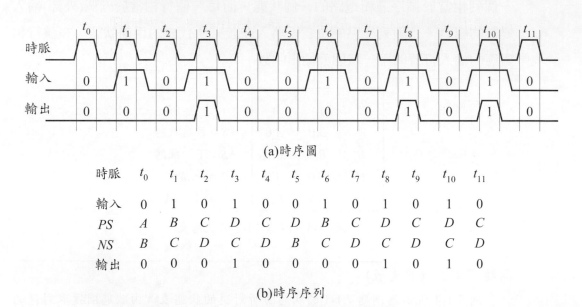

(a)時序圖

時脈	t_0	t_1	t_2	t_3	t_4	t_5	t_6	t_7	t_8	t_9	t_{10}	t_{11}
輸入	0	1	0	1	0	0	1	0	1	0	1	0
PS	A	B	C	D	C	D	B	C	D	C	D	C
NS	B	C	D	C	D	B	C	D	C	D	C	D
輸出	0	0	0	1	0	0	0	0	1	0	1	0

(b)時序序列

圖7.1-5　例題 7.1-3 的時序圖與時序序列

　　一般而言，時序圖與時序序列兩種方法並不是很實用，因為一個循序邏輯電路的可能輸入序列相當多，因而無法完全描述該循序邏輯電路的行為。

但是若希望強調一個循序邏輯電路工作時的時序問題，或是希望得知該循序邏輯電路的輸出符號與輸入序列的對應關係時，這兩種方法則有相當大的幫助。

Mealy 機與 Moore 機

如前所述，同步循序邏輯電路可以分成 Mealy 機與 Moore 機兩種基本模式。它們之間的主要差別在於輸出信號的產生方式不相同，在 Mealy 機中，輸出變數的值由目前狀態與輸入(變數)共同決定；在 Moore 機中，輸出變數的值只由目前狀態決定。

由於 Mealy 機中輸出信號由輸入信號與目前狀態共同決定，因此每當輸入信號改變時，輸出信號即有可能發生改變，即不受時脈信號同步。此外，也有可能暫時性的輸出一個不想要的脈波於輸出信號端。若希望輸出信號的值能夠與時脈信號同步，則輸入信號必須與時脈信號同步。在 Moore 機中，由於輸出信號只由目前狀態(即正反器的輸出值)決定，因此隨時能夠由時脈信號同步。圖 7.1-6(a)與圖 7.1-6(b)分別為 Mealy 機與 Moore 機的狀態表。

PS	x	NS, z 0	1
A		B,1	C,0
B		D,1	B,1
C		A,0	C,0
D		B,1	D,1

(a) Mealy 機

PS	x	NS 0	1	z
A		B	C	0
B		D	B	1
C		A	C	0
D		B	D	1

(b) Moore 機

圖7.1-6　Mealy 機與 Moore 機狀態表

📖 複習問題

7.7. 一個循序邏輯電路的行為有那些方法可以描述？

7.8. 一個循序邏輯電路的行為可以由那兩個函數完全決定？

7.9. 試定義狀態圖與狀態表。

7.10. 何時才會使用時序圖或是時序序列描述一個循序邏輯電路的行為？

7.2 記憶元件

由圖 7.1-1 所示的 Huffman 模式可以得知：一個循序邏輯電路實際上由兩部分組成：組合邏輯電路與記憶元件，其中記憶元件提供一個回授 (feedback)信號，並且與目前的輸入信號共同決定輸出函數與下一狀態的值。因此記憶元件為循序邏輯電路中一個不可或缺的部分。本節中，將討論在循序邏輯電路中常用的記憶元件。在非同步循序邏輯電路中，常用的記憶元件為延遲元件(delay element)與各種類型的門閂(latch)電路；在同步循序邏輯電路中，則為各種類型的正反器(flip-flop)電路。門閂電路也常用以構成正反器電路，包括緣觸發正反器(edge-triggered flip-flop)及主從式正反器 (master-slave flip-flop)電路。

7.2.1 延遲元件

在非同步循序邏輯電路中，常用的記憶元件為延遲元件與 *SR* 門閂(*SR* latch)。基本的延遲元件符號與時序圖如圖 7.2-1 所示，其輸出 y 與輸入 Y 的關係可以由下列方程式表示：

$$y(t + \Delta T) = Y(t)$$

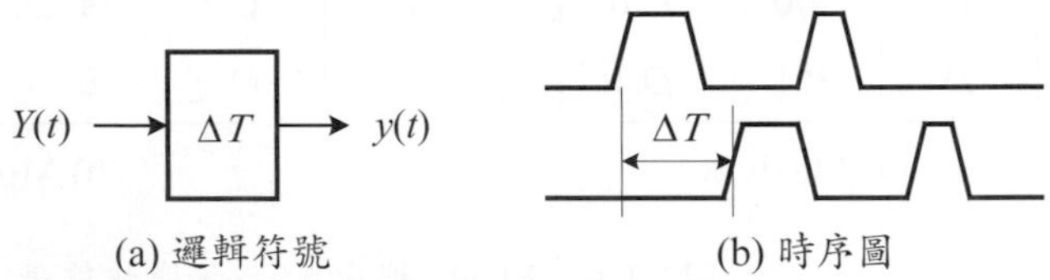

(a) 邏輯符號　　　　　　　(b) 時序圖

圖 7.2-1　延遲元件

延遲元件具有記憶功能的原因是信號經由輸入端抵達輸出端時必須經歷一段時間ΔT。這種延遲元件的觀念在分析非同步循序邏輯電路時，將扮演一個相當重要的角色。在實際的電路設計中，除了欲解決某些問題外，通常並不需要刻意地在電路中加入一個延遲元件，因為電路的組合邏輯部分已經提供了足夠的延遲。

7.2.2 雙穩態與門閂電路

在非同步循序邏輯電路中，另外一種常用的記憶元件為 *SR* 門閂。在討論這種電路之前，先觀察圖 7.2-2 的兩種不同的 NOT 閘電路組態。在圖 7.2-2(a)中，將兩個或是偶數個 NOT 閘串接；在圖 7.2-2(b)中，則將奇數個 NOT 閘串接。不管是那一種組態，均將最後一級的輸出連接到第一級的輸入，形成一個回授路徑。結果圖 7.2-2(a)的電路為一個雙穩態(bistable) (即具有兩個穩定狀態：0 與 1)電路，因為雖然經過了兩個 NOT 閘的延遲，*A* 與 *C* 兩點的信號狀態依然保持在相同的極性上。圖 7.2-2(b)的電路為為一個振盪器(oscillator 或稱非穩態，astable)電路，因為當 *A* 端下降為 0 時，經過 NOT 閘延遲後，*B* 端上升為 1，然而由於 *B* 端與 *A* 端連接在一起，因此這個 1 的信號送回 *A* 端，再經過 NOT 閘延遲後，*B* 端下降為 0，而 *A* 端也下降為 0，如此交替的產生一連串的 0 與 1 信號，所以為一個振盪器電路。

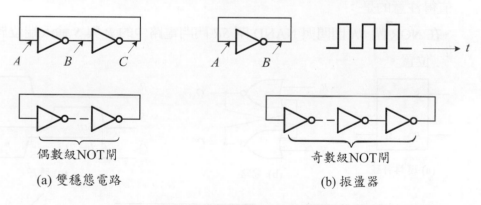

(a) 雙穩態電路　　　　　　　　(b) 振盪器

圖 7.2-2 雙穩態與振盪器電路

SR 門閂

利用的 NOT 閘構成的雙穩態電路，外界並無法改變其狀態。因此，在實用上改用 NOR 閘或是 NAND 閘等反相控制閘(第 2.4.2 節)取代雙穩態電路中的兩個反相器，如圖 7.2-3 所示。當兩個反相器均由 NOR 閘取代後的雙穩態電路,稱為 NOR 閘 *SR* 門閂電路(NOR-based *SR* latch);當兩個反相器均由 NAND 閘取代後的雙穩態電路,稱為 NAND 閘 *SR* 門閂電路(NAND-based *SR* latch)。

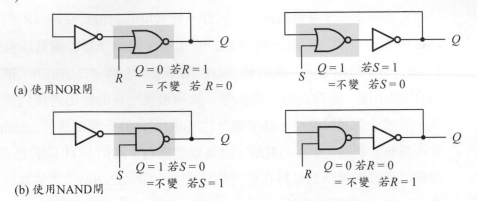

(a) 使用NOR閘

$Q = 0$ 若 $R = 1$
= 不變 若 $R = 0$

$Q = 1$ 若 $S = 1$
= 不變 若 $S = 0$

(b) 使用NAND閘

$Q = 1$ 若 $S = 0$
= 不變 若 $S = 1$

$Q = 0$ 若 $R = 0$
= 不變 若 $R = 1$

圖 7.2-3 使用 NOR 與 NAND 控制閘改變雙穩態電路的狀態

一般而言,一個具有設定(set,*S*)與清除(reset,*R*)兩個控制輸入端的雙穩態電路,稱為 *SR* 門閂。因此圖 7.2-4 與 7.2-5 中的兩種電路均為 *SR* 門閂。值得注意的是:

◆在 NOR 閘 *SR* 門閂與 NAND 閘 *SR* 門閂電路中的 *R* 與 *S* 輸入端位於不同的位置。

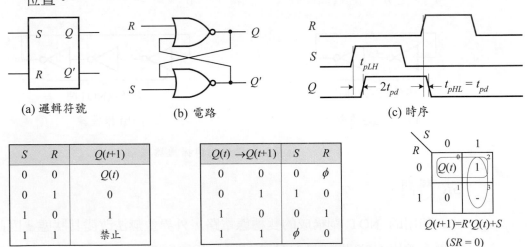

(a) 邏輯符號

(b) 電路

(c) 時序

S	R	$Q(t+1)$
0	0	$Q(t)$
0	1	0
1	0	1
1	1	禁止

(d) 特性表

$Q(t) \rightarrow Q(t+1)$		S	R
0	0	0	ϕ
0	1	1	0
1	0	0	1
1	1	ϕ	0

(e) 激勵表

$Q(t+1) = R'Q(t) + S$
$(SR = 0)$

(f) 特性方程式

圖 7.2-4 NOR 閘 *SR* 門閂

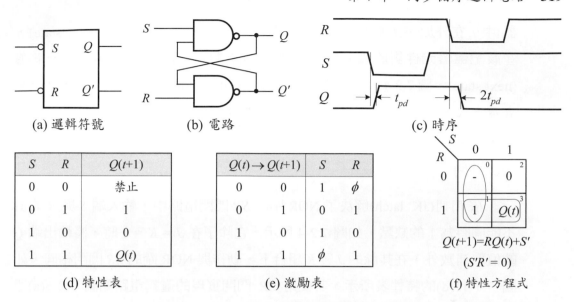

(a) 邏輯符號　　　(b) 電路　　　(c) 時序

S	R	Q(t+1)
0	0	禁止
0	1	1
1	0	0
1	1	Q(t)

(d) 特性表

Q(t) → Q(t+1)	S	R
0	0	1	ϕ
0	1	0	1
1	0	1	0
1	1	ϕ	1

(e) 激勵表

$Q(t+1)=RQ(t)+S'$

$(S'R'=0)$

(f) 特性方程式

圖 7.2-5　NAND 閘 SR 門閂

- 它們的啟動位準也不同，在 NOR 閘 SR 門閂中為高電位，在 NAND 閘 SR 門閂電路中為低電位。

- 不管是哪一種 SR 門閂，由 S 與 R 到輸出 Q 的傳播延遲並不相同，即 t_{pHL} 與 t_{pLH} 不相等。例如，在 NOR 閘 SR 門閂中，$t_{pLH} = 2t_{pd}$ 而 $t_{pHL} = t_{pd}$。與第 5.3.1 節中的邏輯閘相同，假設每一個基本邏輯閘的傳播延遲為 t_{pd}。

- 在 NOR 閘 SR 門閂中，R 與 S 不能同時為 1，而在 NAND 閘 SR 門閂中，R 與 S 不能同時為 0，否則，Q 與 Q'必然為相同的值(在 NOR 閘 SR 門閂中為 0 而在 NAND 閘 SR 門閂中為 1)，導致與 Q 與 Q'必須為相反值的假設衝突。

　　讀者可以由圖中的電路獲得其特性表(characteristic table，一種濃縮的真值表)，由此特性表可以求得電路的特性函數(characteristic function)

$$Q(t+1) = R'Q(t) + S \qquad (SR-0) \text{ --- NOR 閘電路}$$

$$Q(t+1) = RQ(t) + S' \qquad (S+R=1) \text{ --- NAND 閘電路}$$

其中 Q(t)為目前狀態而 Q(t+1)表示 SR 門閂在其任一個輸入端(S 與 R)信號改變一小段時間(t_{pLH} 或是 t_{pHL})之後的狀態。注意：在記憶器元件(門閂或是正反器)中，在外加信號加入之前，其輸出狀態 $Q(t)$ 稱為目前狀態(present state)，在該記憶器元件對於輸入信號反應之後的輸出狀態 $Q(t+1)$ 稱為下一狀態(next state)。圖 7.2-4 與 7.2-5 中的激勵表(excitation table)為特性表的另外一種表示方式，它先假設需要的輸出端值，再由特性表求出必須加到資料輸入端 S 與 R 的值。

JK 閂閂

　　JK 閂閂(JK latch)解決了 NOR 閘的 SR 閂閂電路中，輸入端 S 與 R 的值不能同時為 1 的缺點，如圖 7.2-4 所示。它除了在 $J = K = 1$ 時，將輸出端 Q 的值取補數外，在其餘的 J 與 K 組合下，動作與 NOR 閘的 SR 閂閂相同，如圖 7.1-11(d)的特性表所示。其使用 SR 閂閂實現的邏輯電路如圖 7.2-6(a)所示。JK 閂閂的時序圖、邏輯符號、激勵表分別如圖 7.2-6(b)、(c)、(e) 所示。由圖 7.2-6(f) 的變數引入圖可以求得 JK 閂閂的特性函數

$$Q(t+1) = JQ'(t) + K'Q(t)$$

其中 $Q(t)$ 為目前狀態而 $Q(t+1)$ 表示 JK 閂閂在其任一個輸入端(J 或 K)信號改變一小段時間之後的狀態(習題 7.3)。

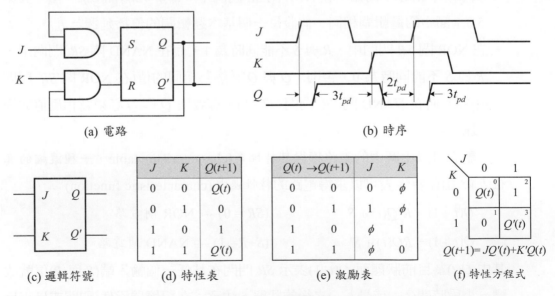

(a) 電路　　　　　　　　　　　　　　　(b) 時序

J	K	$Q(t+1)$
0	0	$Q(t)$
0	1	0
1	0	1
1	1	$Q'(t)$

$Q(t) \rightarrow Q(t+1)$		J	K
0	0	0	ϕ
0	1	1	ϕ
1	0	ϕ	1
1	1	ϕ	0

$$Q(t+1) = JQ'(t) + K'Q(t)$$

(c) 邏輯符號　　(d) 特性表　　(e) 激勵表　　(f) 特性方程式

圖 7.2-6　JK 閂閂

D 型門閂

第三種常用的門閂電路為 D 型門閂(data latch)，如圖 7.2-7 所示。它與 SR 門閂的主要區別在於它只有一個輸入端。一般而言，D 型門閂電路可以由 SR 門閂電路依圖 7.2-7(a)所示方式連接，以強制 SR 門閂的輸入端 S 與 R 在任何時候均互為補數。圖 7.2-7 (b)、(c)、(d)、(e)分別為 D 型門閂的時序圖、邏輯符號、特性表、激勵表。由特性表可以求得 D 型門閂的特性函數

$$Q(t+1) = D$$

其中 $Q(t)$ 為目前狀態而 $Q(t+1)$ 表示 D 型門閂在其輸入端(D)信號改變一小段時間之後的狀態。

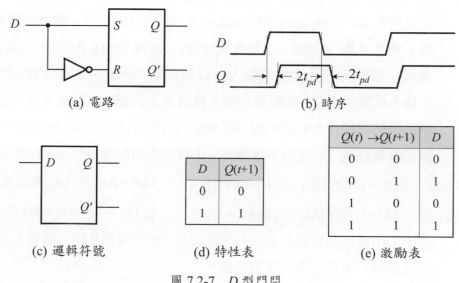

(a) 電路		(b) 時序

D	Q(t+1)
0	0
1	1

Q(t) → Q(t+1)		D
0	0	0
0	1	1
1	0	0
1	1	1

(c) 邏輯符號　　　　(d) 特性表　　　　(e) 激勵表

圖 7.2-7　D 型門閂

在上述三種門閂電路中，每當輸入信號改變時，在經歷一段由該電路輸入端到輸出端的傳播延遲後，輸出端即反應新的輸入值，這種特性稱為穿透性(transparent property)。對於所有的門閂電路而言，皆具有這種穿透性。因此門閂電路可以定義為：一個具有穿透性且能接受輸入信號的雙穩態電路。

7.2.3 閘控門閂電路

在實際應用上，通常需要控制基本門閂電路的穿透性期間。此時，可以

使用一個外加控制輸入端(G)與兩個 AND 邏輯閘來控制輸入資料是否允許進入基本門閂電路。當控制輸入端(G)啟動時,門閂電路將接收外部輸入資料而具有穿透性,因此其輸出將依輸入資料而改變;當控制輸入端(G)不啟動時,門閂電路與外部資料隔絕而持住在當控制輸入端(G)由啟動轉為不啟動時的輸入資料值,意即它將在控制輸入端(G)負緣時取樣輸入資料,並且呈現於其輸出端。工作於此方式的門閂電路稱為閘控門閂(gated latch)。下列將一一介紹上述基本門閂電路的閘控版本。

閘控 SR 門閂

圖 7.1-9 的 NOR 閘 SR 門閂可以藉著在其前加入兩個 AND 閘,修改成為一個閘控 SR 門閂(gated SR latch),如圖 7.2-8(a)所示。當控制輸入端 G 為 1 時,允許 S 與 R 的輸入信號進入後級的 NOR 閘 SR 門閂中,而改變該 NOR 閘 SR 門閂的狀態;當控制輸入端 G 為 0 時,NOR 閘 SR 門閂的狀態不受 S 與 R 輸入信號的影響,而維持不變。換言之,它鎖住控制輸入端 G 由啟動變為不啟動時的輸入資料值。圖 7.2-8(b)、(c)、(d)、(e)分別閘控 SR 門閂的時序圖、邏輯符號、特性表、激勵表。由特性表可以求得閘控 SR 門閂的特性函數

$$Q(t+1) = G'Q(t) + G[R\,Q(t) + S] \qquad (SR = 0) \text{ --- NOR 閘電路}$$

$$Q(t+1) = G'Q(t) + G[RQ(t) + S] \qquad (S+R = 1) \text{ --- NAND 閘電路}$$

其中 $Q(t)$ 為目前狀態而 $Q(t+1)$ 表示閘控 SR 門閂在其任一個輸入端(S、R、G)信號改變一小段時間之後的狀態。

為了確保閘控 SR 門閂能正確地工作,必須仔細地控制輸入信號的相對時序。如圖 7.2-8(b)所示,在控制輸入端 G 變為不啟動前,S 與 R 的信號必須先穩定一段時間,稱為設定時間(setup time,t_{setup});而於控制輸入端 G 變為不啟動後,S 與 R 的信號仍須維持一段穩定的時間,稱為持住時間(hold time,t_{hold})。設定時間(t_{setup})與持住時間(t_{hold})的和稱為取樣窗口(sampling window)。上述時序限制(timing constraint)同樣地適用於其次將介紹的其它兩種閘控門閂:閘控 JK 門閂與閘控 D 型門閂。

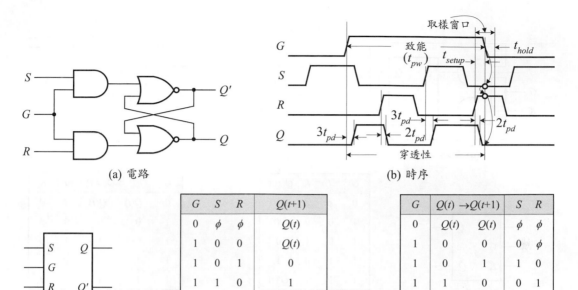

(a) 電路　　　　　　　　　　　　　(b) 時序

(c) 邏輯符號　　　　(d) 特性表　　　　(e) 激勵表

圖 7.2-8　閘控 *SR* 門閂

閘控 *JK* 型門閂

如同 *SR* 門閂，*JK* 門閂亦可以於 *JK* 輸入端加入 AND 控制閘，以控制進入 *J* 與 *K* 輸入端的信號，而成為一個閘控 *JK* 門閂(gated JK latch)。使用 *SR* 門閂實現的閘控 *JK* 門閂如圖 7.2-9(a)所示。當控制輸入端 *G* 為 1 時，允許 *J* 與 *K* 的輸入信號進入後級的 *SR* 門閂中，而改變 *SR* 門閂的狀態；當控制輸入端 *G* 為 0 時，*SR* 門閂的狀態不受 *J* 與 *K* 輸入信號的影響。閘控 *JK* 門閂的時序圖、邏輯符號、特性表、激勵表分別如圖 7.2-9(b)、(c)、(d)、(e)所示。

由特性表可以求得閘控 *JK* 門閂的特性函數

$$Q(t+1) = G'Q(t) + G[JQ'(t) + K'Q(t)]$$

其中 $Q(t)$ 為目前狀態而 $Q(t+1)$ 表示閘控 *JK* 門閂在其任一輸入端(*J*、*K*、*G*)信號改變一小段時間之後的狀態(習題 7.4)。

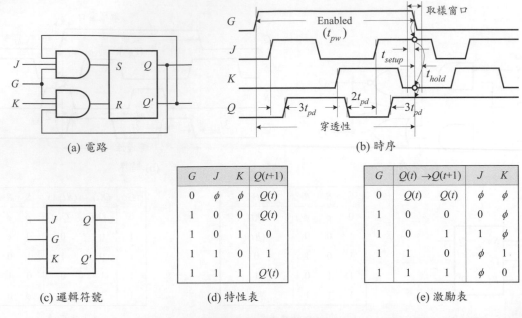

(a) 電路　　　　　　　　　　　　　　(b) 時序

(c) 邏輯符號

G	J	K	$Q(t+1)$
0	ϕ	ϕ	$Q(t)$
1	0	0	$Q(t)$
1	0	1	0
1	1	0	1
1	1	1	$Q'(t)$

(d) 特性表

G	$Q(t) \rightarrow Q(t+1)$		J	K
0	$Q(t)$	$Q(t)$	ϕ	ϕ
1	0	0	0	ϕ
1	0	1	1	ϕ
1	1	0	ϕ	1
1	1	1	ϕ	0

(e) 激勵表

圖 7.2-9 閘控 *JK* 門閂

閘控 *D* 型門閂

　　依據圖 7.2-7(a)所示方式，閘控 *D* 型門閂(gated data latch)可以經由外加一個 NOT 閘於閘控 *SR* 門閂的輸入端而完成，以強制閘控 *SR* 門閂的 *S* 與 *R* 輸入端的資料在閘控輸入信號(*G*)啟動時永遠為互補，如圖 7.2-10(a)所示。閘控 *D* 型門閂的時序圖、邏輯符號、特性表、激勵表分別如圖 7.2-10(b)、(c)、(d)、(e)所示。由特性表可以求得閘控 *D* 型門閂的特性函數

$$Q(t+1) = G'Q(t) + GD$$

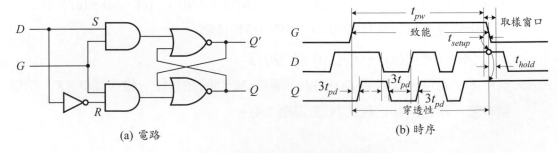

(a) 電路　　　　　　　　　　　　　　(b) 時序

圖 7.2-10 閘控 *D* 型門閂

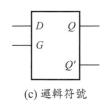

G	D	Q(t+1)
0	φ	Q(t)
1	0	0
1	1	1

G	Q(t) → Q(t+1)		D
0	Q(t)	Q(t)	φ
1	0	0	0
1	0	1	1
1	1	0	0
1	1	1	1

(c) 邏輯符號　　　　　　(d) 特性表　　　　　　(e) 激勵表

圖 7.2-10(續)　閘控 D 型門閂

其中 $Q(t)$ 為目前狀態而 $Q(t+1)$ 表示閘控 D 型門閂在其任一輸入端(D、G)信號改變一小段時間之後的狀態。

7.2.4　正反器

　　如圖 7.2-8(b)、7.2-9 (b)、7.2-10 (b)所示,若控制輸入端 G 啟動的期間恰好等於設定時間,則該門閂電路的穿透性質可以消除,否則電路仍保持有穿透性質。因此,經由適當地控制閘控門閂的閘控輸入端 G 與資料輸入端(例如 S 及 R)信號的相對時序,可以消除閘控門閂電路特有的穿透性。然而這種嚴格限制控制輸入(G)的脈波寬度(t_{pw}),以消除穿透性的方法,在實用上很難實現,因為設定與清除門閂電路的延遲時間並不相同,即可以設定門閂電路的時脈信號未必可以清除門閂電路,反之亦然。不過,組合兩個相同類型但是具有相反控制極性的閘控門閂電路,卻是可以建構一個不具有穿透性的雙穩態電路。這種雙穩態電路稱為正反器(flip-flop),意即一個不具有穿透性的且能接受輸入信號的雙穩態電路。

　　正反器為一個具有外部存取能力而且沒有穿透性的雙穩態電路。目前,大多數商用的元件通常採用下列兩種電路設計方法之一解決:

1. 主從式正反器;

2. 緣觸發正反器

其中主從式正反器通常使用於 CMOS 邏輯族系的電路設計中;而緣觸發正反器則較多使用於 TTL 邏輯族系的電路設計中。這兩種正反器電路的設計方法均屬於非同步循序邏輯電路的範疇,其詳細的討論請參閱[8,9]。

在非同步循序邏輯電路中所用的記憶元件為延遲元件或是門閂電路；在同步循序邏輯電路中則使用正反器。一般常用的正反器有 SR 正反器(SR flip-flop)、JK 正反器(JK flip-flop)、D 型正反器(D-type flip-flop)、T 型正反器(T-type flip-flop)等，其中 JK 與 D 型兩種正反器較具代表性，而且有商用 MSI 元件。下面將扼要討論這些正反器。

SR 正反器

SR 正反器的邏輯符號如圖 7.2-11(a)所示。與 SR 門閂電路一樣，輸入端 S 與 R 用來決定正反器的狀態，但是必須由時脈(clock，CK)同步。在時脈的正緣時，若 S 輸入端啟動(即加入高電位)，正反器的輸出端 Q 將上升為高電位("1")；若 R 輸入端啟動，則正反器的輸出端 Q 將下降為低電位("0")。注意：R 和 S 輸入端不能同時啟動(即 $S(t)R(t) = 0$)。

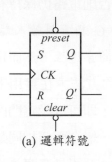

(a) 邏輯符號

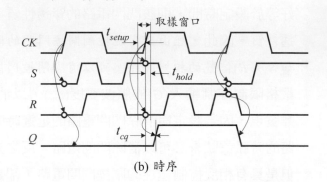

(b) 時序

S	R	Q(t+1)
0	0	Q(t)
0	1	0
1	0	1
1	1	禁止

(c) 特性表

(d) 狀態圖

Q(t) → Q(t+1)	S	R
0 　 0	0	ϕ
0 　 1	1	0
1 　 0	0	1
1 　 1	ϕ	0

(e) 激勵表

圖 7.2-11　SR 正反器

SR 正反器的狀態圖如圖 7.2-11(d)所示；其時序圖、特性表、激勵表分別如圖 7.2-11(b)、(c)、(e)所示。利用變數引入圖對特性表化簡後，得到 SR 正反器

的特性函數

$$Q(t+1) = S + R'Q(t) \qquad (SR = 0)$$

其中 $Q(t)$ 為目前狀態而 $Q(t+1)$ 表示 SR 正反器在其啟動的時脈信號緣一小段時間之後的狀態。

　　一個實用的 SR 正反器通常有另外兩個輔助的輸入端：預置(preset)與清除(clear)，由於這兩個輸入端不受時脈的控制，因此也常稱為非同步預置與清除，而且通常為低電位啟動，但是在 FPGA/CPLD 元件中的正反器，則可能是高電位啟動。當預置端啟動時，正反器的輸出立即上升為"1"態；當清除端啟動時，正反器的輸出立即下降"0"態。若預置與清除兩個輸入端不使用時，必須接於高電位。

　　比較圖 7.2-11 與圖 7.2-8 可知，正反器僅在時脈信號 CK 的正緣時捕捉輸入資料，然後維持該資料於輸出端一個時脈週期，直到下一個時脈信號 CK 的正緣才再度捕捉輸入資料。閘控門閂在控制輸入端 G 為高電位時，則持續地捕捉與輸出輸入資料，然後在控制輸入端 G 的負緣時捕捉此時的輸入資料，並且在控制輸入端 G 的低電位期間，維持該資料不變並且輸出於輸出端。此外，相同類型的正反器與門閂電路具有相同的特性方程式，但是它們的解釋稍有不同。例如在 NOR 閘 SR 門閂電路中，$Q(t+1)$ 表示該門閂電路在輸入信號改變後一小段時間的狀態，而在 SR 正反器中，則表示在啟動的時脈緣後的一小段時間的狀態。

JK 正反器

　　JK 正反器的邏輯符號如圖 7.2-12(a)所示。基本上在 $JK = 0$ 時，JK 正反器的動作和 SR 正反器相同，但是在 $J = K = 1$ 時，正反器將輸出端 Q 的值取補數。圖 7.2-12(b)為利用 SR 正反器執行的 JK 正反器；圖 7.2-12(c)、(d)、(e)、(f)分別為 JK 正反器的時序圖、特性表、狀態圖、激勵表。利用變數引入圖對特性表化簡後，得到 JK 正反器的特性函數

$$Q(t+1) = JQ'(t) + K'Q(t)$$

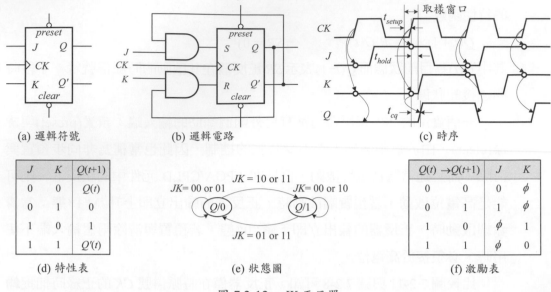

(a) 邏輯符號   (b) 邏輯電路   (c) 時序

J	K	$Q(t+1)$
0	0	$Q(t)$
0	1	0
1	0	1
1	1	$Q'(t)$

$Q(t) \to Q(t+1)$	J	K
0 0	0	ϕ
0 1	1	ϕ
1 0	ϕ	1
1 1	ϕ	0

(d) 特性表   (e) 狀態圖   (f) 激勵表

圖 7.2-12   JK 正反器

其中 $Q(t)$ 為目前狀態而 $Q(t+1)$ 表示 JK 正反器在其啟動的時脈信號緣一小段時間之後的狀態。

與 SR 正反器一樣，JK 正反器也有預置與清除兩個非同步控制輸入端。

D 型正反器

D 型正反器的邏輯符號如圖 7.2-13(c)所示，它僅具有一個資料輸入端 (D)，時脈將資料輸入端的資料取樣後存於正反器中，並呈現在輸出端，如圖 7.2-13(b)的時序圖所示。圖 7.2-13(a)為利用 SR 正反器執行的 D 型正反器；圖 7.2-13 (d)、(e)、(f)分別為 D 型正反器的特性表、狀態圖、激勵表。利用卡諾圖對特性表化簡後，得到 D 型正反器的特性函數

$$Q(t + 1) = D$$

其中 $Q(t)$ 為目前狀態而 $Q(t+1)$ 表示 D 型正反器在其啟動的時脈信號緣一小段時間之後的狀態。

與 SR 正反器一樣，D 型正反器也有預置與清除兩個非同步控制輸入端。

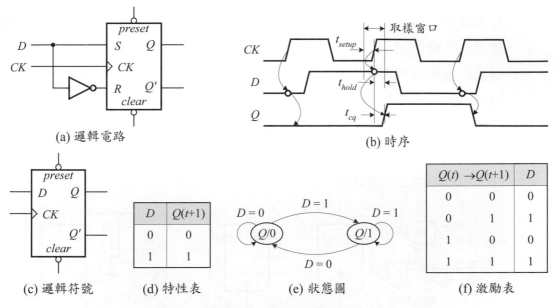

(a) 邏輯電路　　　　　　　　　　(b) 時序

(c) 邏輯符號　　(d) 特性表　　　(e) 狀態圖　　　(f) 激勵表

圖 7.2-13　D 型正反器

　　值得注意的是 D 型正反器並不像其它類型正反器一樣，可以由資料輸入端的組合，讓輸出端持住現有的資料。相反地，D 型正反器在每一個時脈的正緣時，均取樣其輸入端的資料，並且反應新值於其輸出端。若希望一個 D 型正反器保持其輸出端現有資料不變，而不管其輸入端資料是否改變時，下列為兩種常用的方式：

1. 時脈致能(clock enable，CE)方法
2. 載入控制(load control，L)方法

　　在時脈致能方法中，使用一個外加邏輯閘暫停輸入該 D 型正反器的時脈，如圖 7.2-14(a)所示。這種 D 型正反器稱為稱為時脈致能 D 型正反器。此種方式的缺點為加入的邏輯閘之傳播延遲，可能造成該正反器與系統之間的時脈不同步。不過，若能精心地設計時脈致能電路，並且將其嵌入 D 型正反器的電路中，以降低其傳播延遲的效應，則不失為一種成本較低的方法。這種 D 型正反器通常使用於 FPGA 與 CPLD 的裝置中。

　　在載入控制方法中，如圖 7.2-14(b)所示，外加一個 2 對 1 多工器於該正反器的 D 輸入端，以選擇取樣資料的來源。這種 D 型正反器稱為載入控制 D

型正反器。當載入(L)控制為 0 時，D 型正反器在每一個時脈正緣時，均取樣自己的輸出端資料，因此維持現有資料不變；當載入(L)控制為 1 時，D 型正反器則取樣其外部輸入端(D)資料，因此可以更新其輸出端資料。載入控制 D 型正反器的特性函數

$$Q(t+1) = D = L' \cdot Q(t) + L \cdot D_{in}$$

其中 $Q(t)$ 為目前狀態而 $Q(t+1)$ 表示載入控制 D 型正反器在其啟動的時脈信號緣一小段時間之後的狀態。

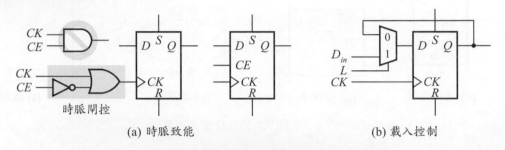

(a) 時脈致能   (b) 載入控制

圖 7.2-14 D 型正反器的資料載入控制

T 型正反器

T 型正反器的邏輯符號如圖 7.2-15(d)所示，它只有一個輸入端(T)。當 T 輸入端為 1 時，每當時脈正緣時，其輸出端 Q 的值即取其補數，如圖 7.2-15(c)的時序圖所示，因此稱為補數型正反器(toggle flip-flop)。圖 7.2-15(a) 與(b)分別為利用 JK 正反器與 D 型正反器執行的 T 型正反器；圖 7.2-15(e)與 (g)分別為 T 型正反器的特性表與激勵表；圖 7.2-15(f)為狀態圖。由圖 7.2-15(e)的特性表，得到 T 型正反器的特性函數

$$Q(t+1) = T'Q(t) + TQ'(t) = T \oplus Q(t)$$

其中 $Q(t)$ 為目前狀態而 $Q(t+1)$ 表示 T 型正反器在其啟動的時脈信號緣一小段時間之後的狀態。

T 型正反器也有預置與清除兩個非同步控制輸入端。

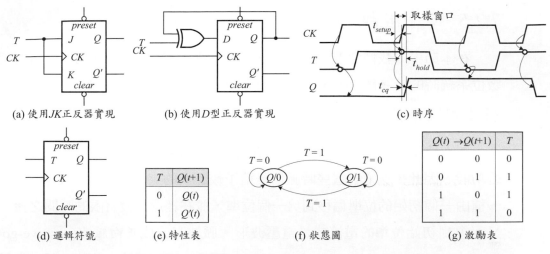

(a) 使用JK正反器實現　　(b) 使用D型正反器實現　　(c) 時序

(d) 邏輯符號　　(e) 特性表　　(f) 狀態圖　　(g) 激勵表

T	$Q(t+1)$
0	$Q(t)$
1	$Q'(t)$

$Q(t)$ → $Q(t+1)$		T
0	0	0
0	1	1
1	0	1
1	1	0

圖 7.2-15　T 型正反器

　　另外一種常用的 T 型正反器如圖 7.2-16(a)所示，稱為非閘控 T 型正反器 (non-gated T flip-flop)，因為它沒有閘控輸入端。圖 7.2-16(b)與圖 7.2-16(c)分別為利用 JK 正反器與 D 型正反器執行的非閘控 T 型正反器；圖 7.2-16(d)則為其動作的時序圖，每當 T 輸入端由低電位("0")上升為高電位("1")時，輸出端 Q 的值即改變狀態一次，因此輸出端(Q)的信號頻率為輸入端(T)信號頻率的一半，即除以 2。

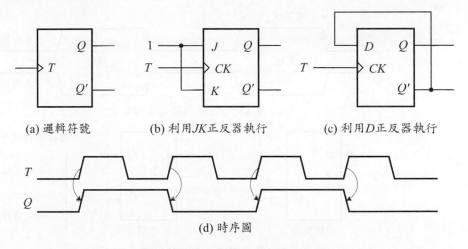

(a) 邏輯符號　　(b) 利用JK正反器執行　　(c) 利用D正反器執行

(d) 時序圖

圖 7.2-16　非閘控 T 型正反器

7.2.5 時序限制

在本節中,我們考慮一些與脈波相關的術語定義,以及使用正反器實現數位系統時的時序限制(timing constraint)。

脈波相關術語定義

在數位系統中,常常需要使用時脈信號驅動正反器,以令系統執行需要的功能。因此,必須對這些時脈信號給予較正式的定義。所謂脈波(pulse)為一種由一個初始的位準偏移到另一個位準,並在經過一段有限的時間之後,又回復到初始位準的電流或是電壓波形。脈波又分成正向脈波(positive-going pulse)與負向脈波(negative-going pulse)兩種。正向脈波定義為一種由低電位開始上升到高電位然後又回到低電位的脈波,如圖 7.2-17(a)所示;負向脈波則定義為一種由高電位開始下降到低電位,然後又回到高電位的脈波,如圖 7.2-17(a)所示。圖中也標示兩種脈波相關的正緣(positive edge)或稱為前緣(leading edge)與負緣(negative edge)或稱為後緣(trailing edge)的位置。所謂的正緣即是由低電位上升到高電位的轉態;而負緣則是由高電位下降到低電位的轉態。圖 7.2-17(b)則為各種觸發方式的正反器符號。

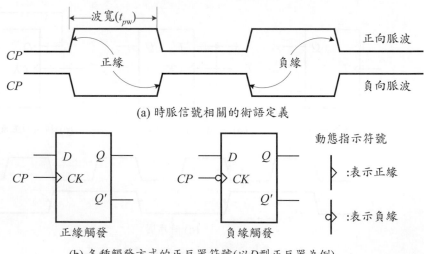

(a) 時脈信號相關的術語定義

(b) 各種觸發方式的正反器符號(以D型正反器為例)

圖 7.2-17 時脈信號術語與正反器觸發方式符號

脈波又分成週期性脈波(periodic pulse)與非週期性脈波(aperiodic pulse)兩種。若一個脈波在每隔一個固定的時間間隔(稱為週期(period，T)之後，又重覆該脈波時稱為週期性脈波，否則為非週期性脈波。依據此定義，時脈為一個週期性脈波。脈波啟動的時間稱為脈波的波寬(pulse width，t_{pw})，如圖 7.2-17(a)所示。週期性脈波的頻率則為週期 T 的倒數，即 $f = 1/T$。

正反器相關時序

正反器取樣輸入資料的方法為使用如圖 7.2-13(b)的方式，使用一個取樣脈波或是時脈信號加於該正反器的時脈輸入端(CK)。正反器在時脈的正緣時，將取樣資料輸入端(D)的資料，存入內部門閂中。為使正反器能正確地取樣資料輸入端(D)的資料，並存入內部門閂中，在取樣發生時，資料輸入端(D)的資料必須已經保持在穩定的值一段設定時間(t_{setup})，在取樣之後，資料輸入端(D)的資料必須繼續保持在穩定的值一段持住時間(t_{hold})。輸出端(Q)在由取樣點開始算起，經過一段稱為時脈到輸出端(clock to Q)的傳播延遲(t_{cq})之後，即為穩定的值。上述各個時間的相對關係如圖 7.2-13(b)所示。

在一個同步循序邏輯電路中，時脈週期(T_{clk})由下列因素決定：正反器元件的設定時間(t_{setup})、時脈到輸出端的傳播延遲(t_{cq})與兩個正反器之間的組合邏輯電路的傳播延遲(t_{pd})，如圖 7.2-18 所示。因此，

$$T_{clk} \geq t_{cq} + t_{pd} + t_{setup}$$

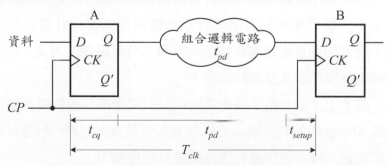

圖 7.2-18 時脈週期限制

即時脈週期(T_{clk})必須大於正反器元件的設定時間(t_{setup})、時脈到輸出端的傳

播延遲(t_{cq})、兩個正反器之間的組合邏輯電路的傳播延遲(t_{pd})等時間的總合。

📖 複習問題

7.11. 在非同步循序邏輯電路中常用的記憶元件有那些？

7.12. 在同步循序邏輯電路中常用的記憶元件有那些？

7.13. 試定義門閂電路與正反器。

7.14. 何謂閘控 *SR* 門閂？

7.15. 為何在正反器電路中的預置與清除輸入端稱為非同步控制輸入端？

7.16. 試簡述使用正反器時，有那三個時序限制必須滿足？

7.3 同步循序邏輯電路設計與分析

同步循序邏輯電路的設計與分析為兩個相反的程序。由第 7.1.1 節中的 Huffman 模式可以得知：在設計一個同步循序邏輯電路時，其實即是由電路的行為描述導出轉態函數(transition function)與輸出函數(output function)；而分析一個同步循序邏輯電路時，則由電路的轉態函數與輸出函數導出電路的行為描述。本節中，將依序討論同步循序邏輯電路的設計方法，由特性函數求激勵函數，與同步循序邏輯電路的分析。

7.3.1 同步循序邏輯電路設計

同步循序邏輯電路的設計方法通常使用圖 7.1-1 所示的 Huffman 模式。本節中，將列舉數例說明如何以此模式為基礎設計需要的同步循序邏輯電路。所有的同步循序邏輯電路均假設為時脈驅動的方式，即使用一個時脈信號同步改變所有正反器的狀態。

基本上，同步循序邏輯電路的設計問題即是由問題的描述求出 Moore 機或是 Mealy 機的狀態圖或是狀態表，然後求出對應的轉態函數與輸出函數。一般而言，同步循序邏輯電路的設計程序如下：

同步循序邏輯電路的設計程序

1. 狀態圖(或是狀態表)：由問題定義導出狀態圖(或是狀態表)，此步驟為整個設計程序中最困難的部分。

2. 狀態化簡：消去狀態表中多餘的狀態(詳見第 7.4.2 節)。

3. 狀態指定：將一個狀態指定為一個記憶元件的輸出組合。一般常用的狀態指定方式為二進碼或是格雷碼(詳見第 7.4.1 節)。。

4. 轉態表(transition table)與輸出表(output table)：依序將步驟 3 的狀態指定一一取代步驟 1 的狀態表中的每一個代表狀態的符號後，得到的結果稱為轉態表；輸出表則是相當於每一個下一狀態(Mealy 機)的輸出值或是在每一個狀態(Moore 機)時的輸出值。

5. 激勵表(excitation table)：選擇正反器(記憶元件)並由正反器的激勵表，將轉態表中每一個由目前狀態轉移到下一狀態時，需要的正反器之輸入值一一代入後所得到的結果稱為激勵表。

6. 求出激勵與輸出函數，並繪出邏輯電路。使用卡諾圖化簡激勵表與步驟 4 的輸出表後，分別得到正反器的激勵函數及同步循序邏輯電路的輸出函數。

現在舉數個實例說明這些設計步驟。

例題 7.3-1　(序列 0101 偵測電路)

設計一個具有一個輸入端 x 與一個輸出端 z 的序列偵測電路。當此電路每次偵測到輸入端的序列為 0101 時，即產生 1 的輸出值於輸出端 z，否則產生 0 的輸出。

解：步驟 1：導出狀態圖，此步驟為整個設計程序中最困難的部分。假設

狀態 $A =$ 初始狀態　　　　　　狀態 $B =$ 已經認知"0"

狀態 $C =$ 已經認知"01"　　　　狀態 $D =$ 已經認知"010"

狀態 $E =$ 已經認知"0101"　　　狀態 $F =$ 已經認知"01010"

則依據題意得到圖 7.3-1(a)所示的狀態圖。

步驟 2：轉換狀態圖為狀態表，如圖 7.3-1(b)所示。由於目前狀態 D 與 F 兩列完全相同，消去 F 並將表中所有 F 改為 D。接著目前狀態 C 與 E 兩列完全相同，消去 E 並將表中所有 E 改為 C。結果的最簡狀態表為四個狀態，如圖 7.3-1(c)所示，其對應的狀態圖如圖 7.1-3 所示。

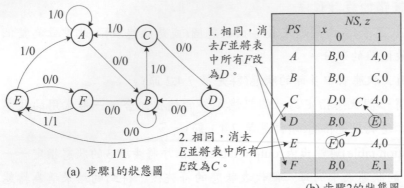

(a) 步驟1的狀態圖

(b) 步驟2的狀態圖　　(c) 簡化後的狀態圖

1. 相同，消去F並將表中所有F改為D。

2. 相同，消去E並將表中所有E改為C。

PS	x＼NS, z 0	1
A	B,0	A,0
B	B,0	C,0
C	D,0	A,0
D	B,0	E,1
E	F,0	A,0
F	B,0	E,1

PS	x＼NS, z 0	1
A	B,0	A,0
B	B,0	C,0
C	D,0	A,0
D	B,0	C,1

PS y_1y_2	x＼NS (Y_1Y_2) 0	1	x＼z 0	1
A(00)	01	00	0	0
B(01)	01	11	0	0
C(11)	10	00	0	0
D(10)	01	11	0	1

狀態指定　轉態表　　輸出表

(d) 狀態指定、轉態表、與輸出表

D型正反器激勵表

$Q(t) \rightarrow Q(t+1)$	D
0　0	0
0　1	1
1　0	0
1　1	1

PS y_1y_2	x＼D_1D_2 0	1	x＼z 0	1
00	01	00	0	0
01	01	11	0	0
11	10	00	0	0
10	01	11	0	1

激勵表

(e) 激勵表與輸出表

圖 7.3-1　例題 7.3-1 步驟 1 與步驟 2 的狀態圖與狀態表

步驟 3：假設使用下列狀態指定：

$$A = 00 \qquad B = 01 \qquad C = 11 \qquad D = 10$$

步驟 4：導出轉態表與輸出表，結果的轉態表與輸出表如圖 7.3-1(d)所示。

步驟 5：導出激勵表。由於有四個狀態，所以需要 $k = \lceil \log_2 4 \rceil = 2$ 個正反器。假設使用 D 型正反器，由圖 7.2-13(f)的 D 型正反器激勵表得到激勵表，如圖 7.3-1(e)所示，它與圖 7.3-1(d)的轉態表相同。

步驟 6：利用圖 7.3-2(a)的卡諾圖化簡後，得到 D 型正反器的激勵函數與電路的輸出函數分別為：

$$D_1 = x\,y_1 y_2 + x y_1 y_2 + x y_1 y_2$$

$$D_2 = y_1 y_2 + x\,y_1 + y_1 y_2$$

$$z = x y_1 y'_2$$

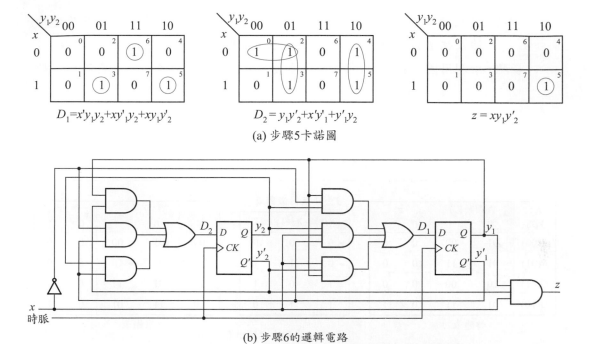

$$D_1 = x'y_1y_2 + xy'_1y_2 + xy_1y'_2$$

$$D_2 = y_1y'_2 + x'y'_1 + y'_1y_2$$

$$z = xy_1y'_2$$

(a) 步驟5卡諾圖

(b) 步驟6的邏輯電路

圖 7.3-2　例題 7.3-1 步驟 5 的卡諾圖與步驟 6 的邏輯電路

執行激勵函數與輸出函數的邏輯電路如圖 7.3-2(b)所示。

由於使用 D 型正反器為記憶元件時，同步循序邏輯電路的激勵表與轉態表相同，因此設計程序較為簡單。此外，大部分類型的 PLD/CPLD 與 FPGA 元件所提供的正反器也均為 D 型正反器。因此，在同步循序邏輯電路的設計中，通常使用 D 型正反器當做記憶元件。當然，也可以使用其它類型的正反器，例如 T 型正反器或是 JK 正反器。下列例題說明使用 T 型正反器當作記憶元件的同步循序邏輯電路執行方法。

例題 7.3-2　(使用 T 型正反器的循序邏輯電路)

使用 T 型正反器，重做例題 7.3-1 的步驟 3 到步驟 6。

解：步驟 3：假設下列狀態指定：

$$A = 00 \qquad B = 01 \qquad C = 11 \qquad D = 10$$

步驟 4：轉態表與輸出表如圖 7.3-1(d)所示。

步驟 5：由圖 7.2-15(g)的 T 型正反器激勵表得知：當其輸出端的值有改變時，輸入端 T 必須加入 1，否則加入 0。因此，得到圖 7.3-3(a)的激勵表。

步驟 6：利用圖 7.3-3(b)的卡諾圖化簡後，分別得到最簡單的激勵與輸出函數：

$$Y_1 = xy_2 + x'y_1y'_2$$

$$Y_2 = y_1 + x'y'_2$$

$$z = xy_1y'_2$$

結果的邏輯電路如圖 7.3-3(c)所示。

PS y_1y_2	NS (Y_1Y_2) $x=0$	NS (Y_1Y_2) $x=1$	z $x=0$	z $x=1$
$A(00)$	01	00	0	0
$B(01)$	01	11	0	0
$C(11)$	10	00	0	0
$D(10)$	01	11	0	1

轉態表

T型正反器激勵表

$Q(t)$	$Q(t+1)$	T
0	0	0
0	1	1
1	0	1
1	1	0

y_1y_2	T_1T_2 $x=0$	T_1T_2 $x=1$	z $x=0$	z $x=1$
00	01	00	0	0
01	00	10	0	0
11	01	11	0	0
10	11	01	0	1

激勵表

(a) 激勵表與輸出表

$x \backslash y_1y_2$	00	01	11	10
0	0	0	0	1
1	0	1	1	0

$T_1 = xy_2 + x'y_1y'_2$

$x \backslash y_1y_2$	00	01	11	10
0	1	0	1	1
1	0	0	1	1

$T_2 = x'y'_2 + y_1$

$x \backslash y_1y_2$	00	01	11	10
0	0	0	0	0
1	0	0	0	1

$z = xy_1y'_2$

(b) 卡諾圖

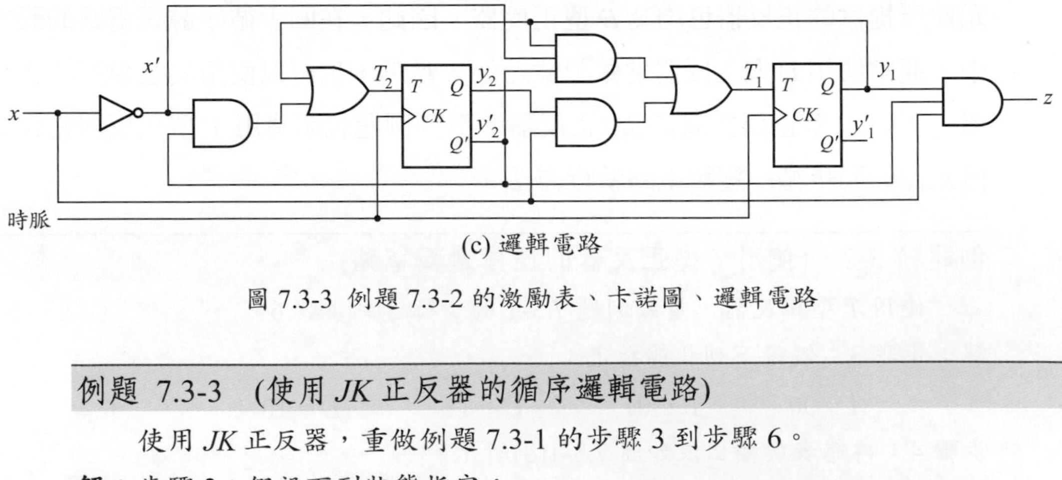

(c) 邏輯電路

圖 7.3-3 例題 7.3-2 的激勵表、卡諾圖、邏輯電路

例題 7.3-3 (使用 JK 正反器的循序邏輯電路)

使用 JK 正反器，重做例題 7.3-1 的步驟 3 到步驟 6。

解：步驟 3：假設下列狀態指定：

$$A = 00 \qquad B = 01 \qquad C = 11 \qquad D = 10$$

步驟 4：轉態表與輸出表如圖 7.3-1(d)所示。

步驟 5：因為使用 *JK* 正反器，由圖 7.2-12(f)的激勵表得到圖 7.3-4(a)的激勵表。

步驟 6：利用圖 7.3-4(b)的卡諾圖化簡後，分別得到最簡單的激勵與輸出函數：

$$J_1 = xy_2 \qquad\qquad K_1 = xy_2 + x'y'_2$$

$$J_2 = x' + y_1 \qquad\qquad K_2 = y_1$$

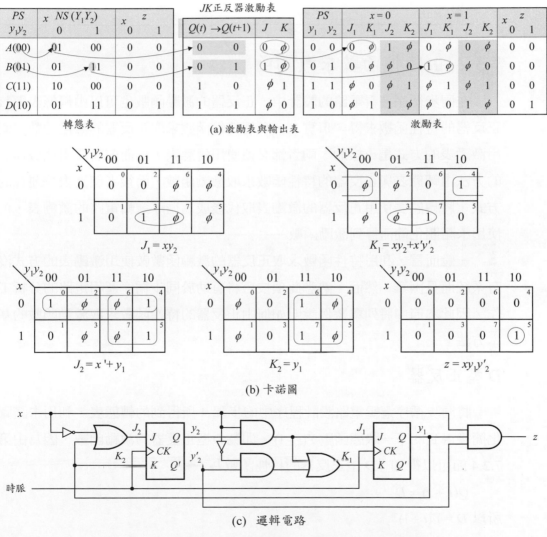

(a) 激勵表與輸出表

(b) 卡諾圖

(c) 邏輯電路

圖 7.3-4　例題 7.3-3 的激勵表、卡諾圖、邏輯電路

$$z = xy_1y'_2$$

邏輯電路如圖 7.3-4(c)所示。

📖 **複習問題**

7.17. 試定義激勵函數與激勵表。

7.18. 試定義轉態表與狀態指定。

7.19. 在設計一個同步循序邏輯電路時，實際上是由行為描述導出那兩個函數？

7.3.2 由特性函數求激勵函數

在同步循序邏輯電路的設計中，正反器的激勵函數也可以由轉態表與該正反器的特性函數求得。事實上，利用特性函數求取正反器的激勵函數與使用激勵表的方式是一樣的，兩者都必須使用轉態表，然而前者使用代數運算的方法由轉態表與正反器的特性函數求取激勵函數，而後者使用表格運算的方式，將轉態表使用正反器的激勵表取代後成為循序邏輯電路的激勵表，再使用卡諾圖化簡而得到激勵函數。

一般而言，利用特性函數求取正反器的激勵函數較使用激勵表的方式沒有系統而且困難。然而，熟悉此項技巧將有助於同步循序邏輯電路的分析工作，因此本節中將列舉數例說明如何由正反器的特性函數求取激勵函數的基本方法。

D 型正反器

將同步循序邏輯電路設計程序中的步驟 4 所得到的轉態表，利用卡諾圖化簡後得到的下一狀態函數 $Y(t+1)$，即為 D 型正反器的激勵函數，因為由第 7.2.4 節可以得知：D 型正反器的特性函數為：

$$Q(t+1) = D$$

所以 $D = Y(t+1)$。

T 型正反器

　　將同步循序邏輯電路設計程序中的步驟 4 所得到的轉態表，利用卡諾圖化簡後得到的下一狀態函數 $Y(t+1)$，表示為 *T* 型正反器的特性函數的形式：

$$Q(t+1) = T'Q(t) + TQ'(t) = T \oplus Q(t)$$

即

$$Y(t+1) = T \oplus y$$

然而由上式並不容易求得 *T* 型正反器輸入端 *T* 的激勵函數，但是若將兩邊均 XOR y 後，則可以得到需要的 *T*：

$$T = Y(t+1) \oplus y$$

例題 7.3-4　(激勵函數---*T* 型正反器)

　　在例題 7.3-2 中，將步驟 4 得到的轉態表使用卡諾圖化簡後得到：

$$Y_1(t+1) = x'y_1y_2 + xy'_1y_2 + xy_1y'_2$$
$$Y_2(t+1) = y_1y'_2 + x'y'_1 + y'_1y_2$$

所以

$$T_1 = Y_1(t+1) \oplus y_1$$
$$= (x'y_1y_2 + xy'_1y_2 + xy_1y'_2) \oplus y_1$$
$$= xy'_1y_2 + x'y_1y'_2 + xy_1y_2$$
$$= xy_2 + x'y_1y'_2$$

$$T_2 = Y_2(t+1) \oplus y_2$$
$$= (y_1y'_2 + x'y'_1 + y'_1y_2) \oplus y_2$$
$$= x'y'_1y'_2 + y_1y'_2 + y_1y_2$$
$$= y_1 + x'y'_2$$

結果與例題 7.3-2 相同。

JK 正反器

　　將同步循序邏輯電路設計程序中的步驟 4 所得到的轉態表，利用卡諾圖化簡後得到的的下一狀態函數 $Y(t+1)$，表示為 *JK* 正反器的特性函數的形式：

$$Q(t+1) = JQ'(t) + K'Q(t)$$

即

$$Y(t+1) = Jy' + K'y$$

因此可以求出 JK 正反器輸入端 J 與 K 的激勵函數。

例題 7.3-5　(激勵函數---JK 正反器)

在例題 7.3-3 中，將步驟 4 得到的轉態表使用卡諾圖化簡後得到：

$$Y_1 = x' y_1 y_2 + x y'_1 y_2 + x y_1 y'_2$$

$$Y_2 = y_1 y'_2 + x' y'_1 + y'_1 y_2$$

然而 JK 正反器的特性函數為：

$$Q(t+1) = JQ'(t) + K'Q(t)$$

因此分別將上述兩個函數表示為各自正反器輸出端 y_i 的函數後得到：

$$Y_1 = (x y_2) y'_1 + (x' y_2 + x y'_2) y_1$$

所以 $J_1 = x y_2$ 而 $K_1 = x y_2 + x' y'_2$

$$Y_2 = y_1 y'_2 + x' y'_1 (y'_2 + y_2) + y'_1 y_2$$

$$= (x' + y_1) y'_2 + y'_1 y_2$$

所以 $J_2 = x' + y_1$ 而 $K_2 = y_1$

得到與例題 7.3-3 相同的結果。

📖 **複習問題**

7.20. 使用激勵表與特性函數求取正反器的激勵函數時的主要差異為何？

7.21. 試簡述使用特性函數求取 D 型正反器的激勵函數的方法。

7.22. 試簡述使用特性函數求取 T 型正反器的激勵函數的方法。

7.23. 試簡述使用特性函數求取 JK 正反器的激勵函數的方法。

7.3.3 同步循序邏輯電路分析

設計問題是由問題的行為描述求出 Moore 機或 Mealy 機的狀態圖或是狀態表，然後求出對應的轉態函數與輸出函數，最後繪出邏輯電路；分析問題是由邏輯電路求出相關的轉態函數與輸出函數,然後求出 Moore 機或是 Mealy 機的狀態圖或是狀態表,最後描述問題的行為。因此,同步循序邏輯電路的分析程序如下:

同步循序邏輯電路的分析程序

1. 由邏輯電路圖導出記憶元件的激勵函數與輸出函數。

2. 求出激勵表。

3. 求出轉態表與輸出表(轉態表可以直接由正反器的激勵函數與特性函數求得)。

4. 狀態指定:將轉態表中每一個目前狀態均指定一個唯一的英文符號,並將每一個下一狀態均使用適當的英文字母(目前狀態)取代。

5. 導出狀態表與狀態圖。

現在舉一些實例說明同步循序邏輯電路的分析步驟。

例題 7.3-6 (同步循序邏輯電路分析---*JK* 正反器)

分析圖 7.3-7 的同步循序邏輯電路。

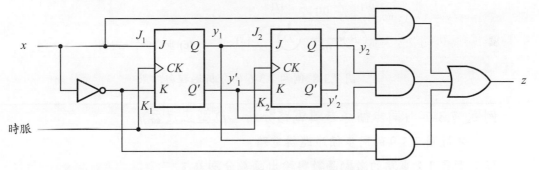

圖 7.3-7　例題 7.3-6 的邏輯電路

解:步驟 1:電路的激勵函數與輸出函數分別為:

$$J_1 = x \qquad\qquad K_1 = x'$$
$$J_2 = y_1 \qquad\qquad K_2 = y'_1$$
$$z = x'y_1 + y'_1 y_2 + xy'_2$$

步驟 2 與 3:利用 *JK* 正反器的特性函數:

$$Q(t+1) = JQ'(t) + K'Q(t)$$

與步驟 1 的激勵函數求得正反器的下一狀態函數：

$$Y_1(t+1) = J_1 y'_1(t) + K'_1 y_1(t) = xy'_1 + xy_1 = x$$
$$Y_2(t+1) = J_2 y'_2(t) + K'_2 y_2(t) = y_1 y'_2 + y_1 y_2 = y_1$$

所以電路的轉態表與輸出表如圖 7.3-8(a)所示。

步驟 4：假設使用下列狀態指定：

$$A = 00 \qquad B = 01 \qquad C = 10 \qquad D = 11$$

步驟 5：電路的狀態表與狀態圖分別如圖 7.3-8(b)與(c)所示。

PS y_1 y_2	x Y_1 Y_2 0	1	x z 0	1
0 0	0 0	1 0	0	1
0 1	0 0	1 0	1	1
1 0	0 1	1 1	1	1
1 1	0 1	1 1	1	0

(a) 步驟3的轉態表與輸出表

PS	x	NS, z 0	1
A		A,0	C,1
B		A,1	C,1
C		B,1	D,1
D		B,1	D,0

(b) 步驟5的狀態表

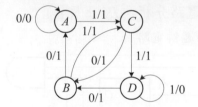

(c) 步驟5的狀態圖

圖 7.3-8 例題 7.3-6 的分析過程與結果

例題 7.3-7 (同步循序邏輯電路分析---D 型正反器)

分析圖 7.3-9 的同步循序邏輯電路。

解：步驟 1：電路的激勵函數與輸出函數分別為：

$$D_1 = x' y_1 + x y_2 \qquad\qquad D_2 = x' y_2 + x y'_1$$
$$z = x y_1 y'_2$$

步驟 2 與 3：利用 D 型正反器的特性函數：

$$Q(t+1) = D(t)$$

與步驟 1 的激勵函數求得正反器的下一狀態函數：

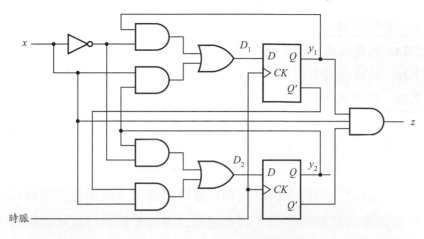

圖 7.3-9 例題 7.3-7 的邏輯電路

$$Y_1(t+1) = D_1 = x'y_1 + xy_2$$

$$Y_2(t+1) = D_2 = x'y_2 + xy'_1$$

所以電路的轉態表與輸出表如圖 7.3-10(a)所示。

步驟 4：假設使用下列狀態指定：

$$A = 00 \qquad B = 01 \qquad C = 10 \qquad D = 11$$

步驟 5：電路的狀態表與狀態圖分別如圖 7.3-10(b)與(c)所示。

PS		x	$Y_1 Y_2$		x	z	
y_1	y_2	0		1	0	1	
0	0	0 0		0 1	0	0	
0	1	0 1		1 1	0	0	
1	0	1 0		0 0	0	1	
1	1	1 1		1 0	0	0	

PS		NS, z	
	x	0	1
A		A,0	B,0
B		B,0	D,0
C		C,0	A,1
D		D,0	C,0

(a) 步驟3的轉態表與輸出表　　　　　(b) 步驟5的狀態表

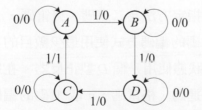

(c) 步驟5的狀態圖

圖 7.3-10 例題 7.3-7 的分析過程與結果

7.24. 試簡述同步循序邏輯電路設計與分析的差異。

7.25. 試簡述同步循序邏輯電路分析的目的。

7.26. 試簡述同步循序邏輯電路的分析程序。

7.4 狀態指定與化簡

在設計一個同步循序邏輯電路時，習慣上使用英文符號代表狀態圖或是狀態表中的狀態。然而，若希望能以邏輯電路執行該狀態圖時，必須使用一個適當的二進碼取代每一個代表狀態的英文符號，這個程序稱為狀態指定 (state assignment)。

狀態化簡(state reduction)的目的在於移除狀態表中多餘的狀態(redundant state)，因而減少同步循序邏輯電路中使用的記憶元件的數目，降低電路的複雜性與減低成本。若在一個狀態表中，每一個下一狀態與輸出的值均有明確的定義時，稱為完全指定狀態表(completely specified state table)；若有部分下一狀態或是輸出的值未明確的定義，則稱為未完全指定狀態表 (incompletely specified state table)。在常用的化簡方法中，k-分割(k-partition) 法使用在完全指定的狀態表中，而相容法(compatibility method)則可以應用在完全指定或是未完全指定的狀態表中。k-分割法將在本節中介紹，相容法則請參閱[8，9]。

7.4.1 狀態指定

最簡單而且直覺的狀態指定方法為二進碼、格雷碼、n 取 1 碼(one-hot) 等方法，其中二進碼與格雷碼的編碼方式使用最少數目的正反器電路，而 n 取 1 碼的編碼方式則每一個狀態使用一個 D 型正反器。在這些方法中，均依序將狀態表中的狀態使用二進碼、格雷碼、n 取 1 碼的編碼方式取代。例如例題 7.3-1 的狀態指定方式為格雷碼；在本小節中的例題 7.4-1 的狀態指定方式為二進碼。表 7.4-1 列出例題 7.3-1 的三種可能的狀態指定方法。

表 7.4-1　不同的狀態指定

狀態	二進碼	格雷碼	n取1碼
A	00	00	1000
B	01	01	0100
C	10	11	0010
D	11	10	0001

例題 7.4-1　(例題 7.3-1 的另一種狀態指定)

以下列狀態指定，重做例題 7.3-1 的步驟 4 到步驟 6：

$$A = 00 \qquad B = 01 \qquad C = 10 \qquad D = 11$$

解：步驟 4：轉態表與輸出表如圖 7.4-1(a)所示。

步驟 5：由於仍然使用 D 型正反器，所以激勵表與轉態表相同，如圖 7.4-1(b)

所示。利用圖 7.4-1(c)的卡諾圖化簡後，得到 D 型正反器的激勵與輸出函

數分別為：

$$D_1 = xy_2 + x\,y_1 y_2 \qquad\qquad z = xy_1 y_2$$

$$D_2 = x$$

PS $y_1 y_2$	x $NS(Y_1 Y_2)$ 0	1	x z 0	1
$A(00)$	01	00	0	0
$B(01)$	01	10	0	0
$C(10)$	11	00	0	0
$D(11)$	01	10	0	1

$y_1 y_2$	x $D_1 D_2$ 0	1	x z 0	1
00	01	00	0	0
01	01	10	0	0
10	11	00	0	0
11	01	10	0	1

(a) 轉態表與輸出表　　　　　　　　　　　　(b) 激勵表與輸出表

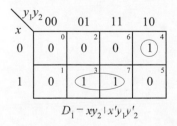

$D_1 - xy_2 \mid x'y_1 y_2'$

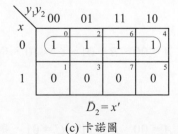

$D_2 = x'$

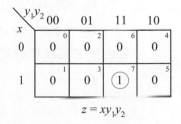

$z = xy_1 y_2$

(c) 卡諾圖

圖 7.4-1　例題 7.4-1 的轉態表、激勵表、輸出表、卡諾圖、邏輯電路

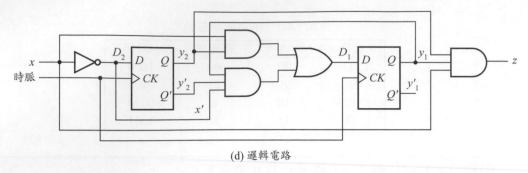

(d) 邏輯電路

圖 7.4-1(續)　例題 7.4-1 的轉態表、激勵表、輸出表、卡諾圖、邏輯電路

步驟 6：邏輯電路如圖 7.4-1(d)所示。顯然地，這種狀態指定得到的邏輯電路較使用例題 7.3-1 的狀態指定方式簡單。

狀態指定的好壞攸關最後的組合邏輯電路的複雜度，例如下列例題。

PS	x_1x_2 00	NS, z 01	10	11
A	B,0	A,0	A,0	A,0
B	B,1	C,1	A,0	A,0
C	B,0	A,0	A,1	A,1

圖 7.4-2　例題 7.4-2 的狀態表

例題 7.4-2　(狀態指定與電路複雜性)

在圖 7.4-2 的狀態表中，假設使用 D 型正反器時，若使用下列狀態指定：$A = 00$、$B = 01$、$C = 11$，則

$$D_1 = x_1 x_2 y_1 y_2$$

$$D_2 = x_1 x_2 + x_1 y_1 y_2$$

若使用下列狀態指定：$A = 00$、$B = 01$、$C = 10$，則

$$D_1 = x_1 x_2 y_2$$

$$D_2 = x_1 x_2$$

若使用下列狀態指定：$A = 00$、$B = 11$、$C = 01$，則

$$D_1 = x_1 x_2$$

$$D_2 = x_1 x_2 + x_1 y_1$$

其中以第 1 種狀態指定得到的組合邏輯電路最複雜；第 3 種次之；第 2 種最簡單。但是若考慮到 $x'_1 x'_2$ 項可以由 D_1 與 D_2 共用時，則以第 2 與第 3 種最簡單。

由以上的例題可以得知：適當地選擇狀態指定可以降低電路的複雜性，因而電路成本。使用 D 型正反器執行的優良狀態指定也必然是使用其它正反器執行的優良狀態指定。然而，對於一個任意的狀態表而言，到目前為止，並沒有一個簡單的方法可以找出一個最簡單的狀態指定。

在例題 7.4-2 中只有三個狀態，因此有一個二進制組合(狀態指定)並未使用，稱為未使用狀態(unused state)。在設計一個同步循序邏輯電路時，對於未使用狀態的處理方式，通常由實際上的應用需要決定，但是下列兩種為一般的處理方法：

最小的危險性：將未使用狀態均導引到初始狀態、閒置狀態，或是其它安全狀態，因此當電路工作異常而進入這些未使用狀態時，電路依然維持在一個"失誤安全"(fail safety)的情況，而不會造成系統或是人員的安全問題。請參考第 8.1.3 節。

最小的電路成本：假設電路永遠不會進入未使用狀態，因此在轉態表與激勵表中這些未使用狀態的下一狀態項目均可以當作"不在意項"(don't-care term)處理，例如例題 7.4-2 的電路，以降低電路的複雜度與成本。

7.4.2 狀態化簡

在完全指定的狀態表中，常用的一個化簡方法為 k-分割法。在正式討論 k-分割法之前，先定義一些名詞。若一個輸入序列 x 使一個狀態表中的狀態 S_i 轉態到 S_j，則稱 S_j 為 S_i 的 x 後繼狀態(successor)。輸入序列 x 是由一連串的輸入符號 x_i 組合而成，每一個輸入符號 x_i 為輸入變數 $x_0, x_1, \cdots, x_{l-1}$ 的一個二進制值組合。

例題 7.4-3　(後繼狀態)

在圖 7.4-3 的狀態圖中，當目前狀態為 B 時，若輸入信號 x 的值為 0，則轉

態到狀態 A，若輸入信號 x 的值為 1，則轉態到狀態 C。所以狀態 A 與 C 分別
為狀態 B 的 0 與 1 後繼狀態。

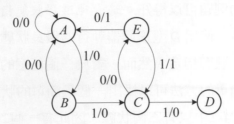

圖 7.4-3　例題 7.4-3 的狀態圖

在一個完全指定的狀態表中，若至少存在一個有限長度的輸入序列，使
得當分別以 S_i 與 S_j 為初始狀態時，可以產生兩個不同的輸出序列，則稱 S_i
與 S_j 兩個狀態為可區別(distinguishable)狀態，若輸入序列的長度為 k，則(S_i ,
S_j)稱為 k-可區別(k-distinguishable)狀態。

PS	x　0	NS, z　1
A	G,0	F,0
B	E,0	C,1
C	G,0	G,0
D	A,1	G,0
E	B,1	A,0
F	D,0	E,1
G	H,0	E,1
H	C,1	F,0

圖 7.4-4　例題 7.4-4 的狀態表

例題 7.4-4　(可區別狀態)

在圖 7.4-4 的狀態表中，(A, B)為 1-可區別的狀態對，因為當輸入信號 x 的
值為 1 時，若目前狀態為 A，則輸出端的值為 0；若目前狀態為 B，則輸出端的
值為 1。(B, F)為 2-可區別的狀態對，因為加入輸入序列 10 後：

$$B \overset{\displaystyle \overset{1/1}{\diagup} C \overset{0,1/0}{\rule{2cm}{0.4pt}} G}{\underset{0/0}{\diagdown} E} \qquad F \overset{\displaystyle \overset{1/1}{\diagup} E \overset{1/0}{\rule{2cm}{0.4pt}} A}{\underset{0/0}{\diagdown} D \overset{0/1}{\diagdown} B}$$

兩者的輸出分別為 10 與 11。

　　兩個不是 k-可區別的狀態，稱為 k-等效(k-equivalent)狀態。一般而言，若 $r < k$，則 k-等效的狀態必定也是 r-等效狀態。有了 k-等效的觀念後，一個完全指定的狀態表中的兩個等效狀態可以定義為：在一個完全指定的狀態表中，不管是以 S_i 或是 S_j 為初始狀態，若對於每一個可能的輸入序列 x 而言，皆產生相同的輸出序列時，則 S_i 與 S_j 稱為等效狀態，反之亦然。然而，在實際應用上我們無法將每一種可能的輸入序列一一加以驗證。因此，一般在求取一個完全指定的狀態表中的等效狀態時，通常使用下列等效的遞迴定義：

　　在一個完全指定的狀態表中的兩個狀態 S_i 與 S_j 為等效的條件為：對於每一個輸入符號 x_i 而言，下列兩個條件均成立：

1. S_i 與 S_j 均產生相同的輸出值；

2. S_i 與 S_j 的下一狀態也為等效的狀態。

　　有了這些定義之後，k-分割法化簡程序可以描述如下：

k-分割法化簡程序

1. 首先將所有狀態均集合成一個區段，稱為 P_0。

2. 觀察狀態表，將具有相同輸出組合的狀態歸納為同一個區段，形成 P_1。在 P_1 中的每一個區段(子集合)均為 1-等效狀態。

3. 由 P_k 決定 P_{k+1}，在 P_k 中相同區段內的狀態，若對於每一個可能的輸入 x_i 而言，其 x_i 後繼狀態也是在 P_k 中的一個相同的區段內時，這些狀態在 P_{k+1} 中仍然置於相同的區段內，否則置於不同的區段中。

4. 重覆步驟 3，直到 $P_{k+1} = P_k$ 為止，其中在 P_k 中相同區段內的狀態為等效狀態；不同區段內的狀態為可區別狀態。

例題 7.4-5 (*k*-分割法狀態表化簡)

利用 *k*-分割法化簡圖 7.4-4 中的狀態表。

解：步驟 1：$P_0 = (ABCDEFGH)$

步驟 2：$P_1 = (AC)(BFG)(DEH)$

步驟 3：$P_2 = (AC)(B)(FG)(DH)(E)$

因為在 P_1 中，*A* 與 *C* 的 0 與 1 後繼狀態 *G* 與(*FG*)均在相同的區段(*BFG*)內，所以 *A* 與 *C* 置於相同的區段內。*B* 與 *F* 的 0 與 1 後繼狀態分別為(*DE*)與(*CE*)，其中(*CE*)在 P_1 中並不在相同的區段內，所以 *B* 與 *F* 為可區別；*F* 與 *G* 的 0 與 1 後繼狀態，分別為(*DH*)與 *E*，它們在 P_1 中為相同的區段，所以 *F* 與 *G* 置於相同的區段中。(*DEH*)三個狀態的討論相同，因而得到 P_2。

由 P_2 求 P_3 的方法和由 P_1 求 P_2 相同，求得的 P_3 為：

$P_3 = (AC)(B)(FG)(DH)(E)$

$\quad = P_2$

步驟 4：由於 $P_3 = P_2$，所以化簡程序終止。其中狀態 *A* 與 *C*、*F* 與 *G*、*D* 與 *H* 等各為等效狀態對，簡化後的狀態表如圖 7.4-5 所示。

PS	x	NS, z	
		0	1
A		F,0	F,0
B		E,0	A,1
D		A,1	F,0
E		B,1	A,0
F		D,0	E,1

圖 7.4-5　圖 7.4-4 化簡後的狀態表

在一個狀態表中，若兩個狀態 S_i 與 S_j 為可區別的狀態，則它們可以由一個長度為 $n - 1$ 或是更短的輸入序列所區別，其中 n 為狀態數目。這個長度也即是在化簡程序中的步驟 3 所需要執行的最多次數。

利用 *k*-分割法化簡的結果是唯一的，因為若不如此，則可以假設存在兩個等效的分割 P_a 與 P_b，而且 $P_a \neq P_b$，並且存在兩個狀態 S_i 與 S_j，它們在 P_a 中處於同一個區段內，而在 P_b 中則分別處於不同的兩個區段內。由於在 P_b 中，S_i 與 S_j 處於不同的兩個區段中，因此至少必定存在一個輸入序列可以區別 S_i 與 S_j，結果 S_i 與 S_j 在 P_a 中不可能處於同一個區段內，與假設矛盾。

　　一個完全指定的狀態表的等效分割(equivalence partition) (即利用 k-分割法化簡後的分割區段)是唯一的，但是其狀態表的表示方式卻不是唯一的，因為可以將狀態表中的任何兩列交換，或者將任意兩個狀態變數符號交換，而得到不同的狀態表，但是仍然表示相同的同步循序邏輯電路。為避免這種現象發生，一般均將化簡後的最簡狀態表，表示為標準型式 (standard form)。所謂的標準型式即是由狀態表中選取一個狀態(通常為初始狀態)並標示為 A，然後以第一列開始，由左而右，由上而下(指 PS 一欄)，依序以英文字母順序標示各個第一次出現的狀態，所形成的狀態表稱之。

例題 7.4-6　(標準型式)

　　將例題 7.4-5 化簡後的狀態圖(即圖 7.4-5)表示為標準型式。

解：先假定 A 為初始狀態，將它標示為 α，其下一狀態 F 標示為 β。接著將 F 列置於 A 之下，F 的下一狀態 D 與 E 由於是首次出現，因此分別標示為 γ 與 δ，將 D 列置於 F 之下而 E 列置於 D 之下，並將 B 標示為 ε，得到圖 7.4-6(a)所示的標準型式。使用英文字母依序取代希臘字母後，得到圖 7.4-6(b)的標準型式。

PS	x　$\dfrac{NS,\ z}{0 \qquad 1}$	
	0	1
$A \rightarrow \alpha$	$\beta,0$	$\beta,0$
$F \rightarrow \beta$	$\gamma,0$	$\delta,1$
$D \rightarrow \gamma$	$\alpha,1$	$\beta,0$
$E \rightarrow \delta$	$\varepsilon,1$	$\alpha,0$
$B \rightarrow \varepsilon$	$\delta,0$	$\alpha,1$

(a) 標準型式一

PS	x　$\dfrac{NS,\ z}{0 \qquad 1}$	
	0	1
A	$B,0$	$B,0$
B	$C,0$	$D,1$
C	$A,1$	$B,0$
D	$E,1$	$A,0$
E	$D,0$	$A,1$

(b) 標準型式二

圖 7.4-6　圖 7.4-5 化簡後狀態表的標準型式

📖 複習問題

7.27. 試定義後繼狀態。

7.28. 試定義 k-可區別狀態與 k-等效狀態。

7.29. 試簡述 k-分割法化簡程序。

7.30. 為何需要將化簡後的最簡狀態表表示為標準型式？

7.5 參考資料

1. D. A. Huffman, "The synthesis of sequential switching circuits," *Journal of Franklin Institute*, Vol. 257, pp. 161-190, March 1954.

2. Z. Kohavi, *Switching and Finite Automata Theory*, 2nd ed., New York: McGraw-Hill, 1978.

3. G. Langhole, A. Kandel, and J. L. Mott, *Digital Logic Design*, Dubuque, Iowa: Wm. C. Brown, 1988.

4. M. B. Lin, *Introduction to VLSI Systems: A Logic, Circuit, and System Perspective*, CRC Press, 2012.

5. G. H. Mealy, "A method for synthesizing sequential circuits," *The Bell System Technical Journal*, Vol. 34, pp. 1045-1079, September 1955.

6. E. F. Moore, "Gedanken-experiments on sequential machines," *Automata Studies*, Princeton University Press, pp. 129-153, 1956.

7. C. H. Roth, *Fundamentals of Logic Design*, 4th ed., St. Paul, Minn.: West Publishing, 1992.

8. 林銘波，數位邏輯設計：使用 Verilog HDL，第六版，全華圖書股份有限公司，2017。

9 林銘波，數位系統設計：原理、實務與應用，第五版，全華圖書股份有限公司，2017。

7.6 習題

7.1 G 教授定義一個 T 型門閂如圖 P7.1 所示，並且分別使用一個 D 型門閂與一個 XOR 閘以及一個 JK 門閂實現。試回答下列各問題：

(1) 繪一時序圖說明此 T 型門閂電路的穿透性質。

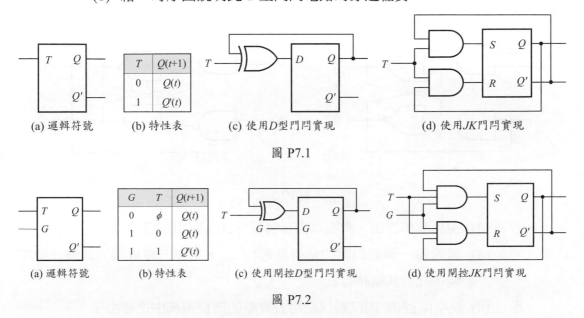

| | (a) 邏輯符號 | (b) 特性表 | (c) 使用D型門閂實現 | (d) 使用JK門閂實現 |

T	$Q(t+1)$
0	$Q(t)$
1	$Q'(t)$

圖 P7.1

G	T	$Q(t+1)$
0	ϕ	$Q(t)$
1	0	$Q(t)$
1	1	$Q'(t)$

(a) 邏輯符號　　(b) 特性表　　(c) 使用閘控D型門閂實現　　(d) 使用閘控JK門閂實現

圖 P7.2

(2) 使用解析方法，證明圖 P7.1(c)與(d)為邏輯相等。

(3) 在實際的數位系統中，使用此 T 型門閂電路時有何困難？

7.2 在體認習題 **7.1** 的困難性後，G 教授修改 T 型門閂為閘控 T 型門閂，如圖 P7.2 所示，並且分別使用一個閘控 D 型門閂與一個 XOR 閘以及一個閘控 JK 門閂實現。試回答下列各問題：

(1) 繪一時序圖說明此閘控 T 型門閂電路的穿透性質。

(2) 使用解析方法，證明圖 P7.2(c)與(d)為邏輯相等。

(3) 在實際的數位系統中，使用此閘控 T 型門閂電路時有何困難？

7.3 考慮圖 P7.3 所示兩種 JK 門閂的不同實現方式，回答下列問題：

(1) 使用解析方法，證明這兩種實現方式為邏輯相等。

(2) 假設每一個邏輯閘的傳播延遲均為 t_{pd}，對每一種實現方式繪一時序圖，比較其電路行為。

(3) 說明 *JK* 門閂難以使用於實際的數位系統中之理由。

7.4 再考慮圖 P7.3 所示兩種 *JK* 門閂的不同實現方式，回答下列問題：

(1) 修改這兩種 *JK* 門閂電路為各自的閘控 *JK* 門閂版本，繪出其邏輯電路。

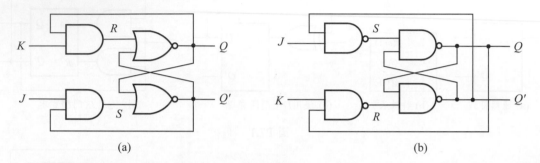

(a)   (b)

圖 P7.3

(2) 使用解析方法，證明這兩種實現方式為邏輯相等。

(3) 假設每一個邏輯閘的傳播延遲均 t_{pd}，對每一種實現方式繪一時序圖，比較其電路行為。

(4) 說明閘控 *JK* 門閂難以使用於實際的數位系統中之理由。

7.5 圖 P7.4 所示為將兩個閘控 *SR* 門閂串接而成的的主從式 *SR* 正反器。試回答下列問題：

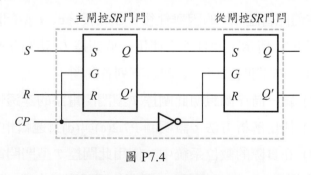

圖 P7.4

(1) 該電路等效為一個負緣觸發 *SR* 正反器。

(2) 如何修改該電路為一個等效的正緣觸發 *SR* 正反器。

(3) 該電路具有"捕捉 1" (ones catching)與"捕捉 0" (zeros catching)之問題。所謂捕捉 1 (捕捉 0)即是當正反器輸出端為 0(1)時，若有一個為 1 的短週期脈波(即突波)在 CP 為高電位時出現於正反器的 S (R)輸入端，則此脈波將設定(清除)主閘控 SR 門閂的輸出端，而於 CP 為低電位時則反映於正反器的輸出端，促使輸出端變為 1 (0)。

7.6 G 教授使用與習題 7.5 相同的原理，將兩個閘控 JK 門閂串接，以設計一個主從式 JK 正反器；即他直接將圖 P7.4 中的兩個閘控 SR 門閂，直接使用兩個閘控 NAND 閘 JK 門閂取代。試回答下列問題：

(1) 說明結果的邏輯電路並不能操作為正確的 JK 正反器。

(2) 說明若將兩個閘控 NAND 閘 JK 門閂，使用兩個閘控 NOR 閘 JK 門閂取代後，結果的邏輯電路依然不能操作為正確的 JK 正反器。

7.7 圖 P7.5 所示為將兩個閘控 NAND 閘 SR 門閂串接而成的的主從式 JK 正反器。試回答下列問題：

(1) 該電路等效為一個負緣觸發 JK 正反器。

(2) 如何修改該電路為一個等效的正緣觸發 JK 正反器。

(3) 該電路具有捕捉 1 與捕捉 0 之問題。

(4) 使用兩個閘控 NOR 閘 SR 門閂修改該主從式 JK 正反器。

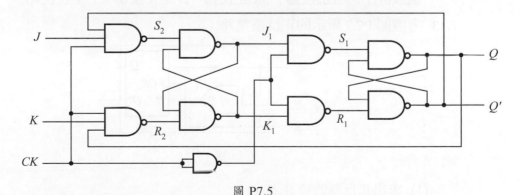

圖 P7.5

7.8 本習題比較閘控 T 型門閂與 T 型正反器。考慮圖 P7.6 所示的閘控 T 型門閂與 T 型正反器，回答下列各問題：

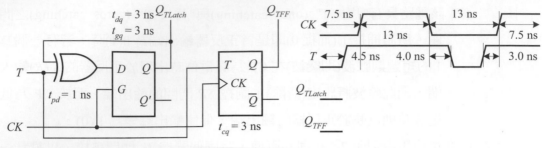

圖 P7.6

(1) 假設 XOR 閘的 t_{pd} 為 1 ns，閘控 T 型門閂的 t_{gq} (G 到 Q) 與 t_{dq} (D 到 Q) 均為 3 ns，T 型正反器的 t_{cq} 為 3 ns，完成圖中右邊的時序圖。

(2) 說明由時序圖中所得到的、觀察到的結果。

7.9 主從式 D 型正反器為將兩個閘控 D 型門閂串接而成的的電路。試解釋為何主從式 D 型正反器不會發生捕捉 0 與捕捉 1 之問題。

7.10 依據同步循序邏輯電路的設計程序，使用 T 型正反器與外加邏輯閘，分別設計下列各正反器：SR 正反器、D 型正反器、JK 正反器。

7.11 依據同步循序邏輯電路的設計程序，使用 D 型正反器與外加邏輯閘，分別設計下列各正反器：SR 正反器、T 型正反器、JK 正反器。

7.12 依據同步循序邏輯電路的設計程序，使用 JK 正反器與外加邏輯閘，分別設計下列各正反器：SR 正反器、D 型正反器、T 型正反器。

7.13 考慮圖 P7.7 所示的正反器電路：

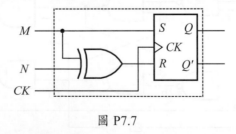

圖 P7.7

(1) 求出正反器的特性表。

(2) 求出正反器的特性函數。

(3) 導出正反器的激勵表。

7.14 圖 P7.8 所示為 *K-G* 正反器的電路：

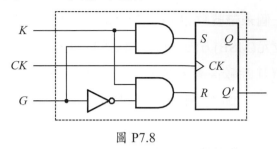

圖 P7.8

(1) 求出正反器的特性表。

(2) 求出正反器的特性函數。

(3) 導出正反器的激勵表。

7.15 設計一個清除優先(reset-dominant)正反器電路，其動作與 *SR* 正反器類似，但是允許 $S = R = 1$ 的輸入。在 $S = R = 1$ 時，正反器的輸出清除為 0：

(1) 求出正反器的特性表。

(2) 求出正反器的特性函數。

(3) 導出正反器的激勵表。

(4) 利用 *SR* 正反器與外界邏輯閘設計此正反器電路。

7.16 將習題 7.15 的正反器改為設定優先(set-dominant)後，重做該習題。

7.17 設計一個具有一個輸入端 *x* 與一個輸出端 *z* 的同步循序邏輯電路，當電路偵測到下列任何一個輸入序列：1101 或 1011 出現時，電路即產生一個 1 的輸出值於輸出端 *z*，然後回到初始狀態上。使用 *JK* 正反器執行此電路。

7.18 一個帶號數的 2 補數可以使用下列方式求得：由最小有效位元(LSB)開始往最大有效位元(MSB)方向進行，保留所遇到的 0 位元與第一個 1 位元，然後將其餘較高有效位元取補數，即為所求。設計一個同步循序邏輯電路，轉換一個串列輸入的序列為 2 補數的序列輸出。假設輸入序列依序由 LSB 開始，其長度為 *n* 個位元。試使用 *JK* 正反執行此電路。

7.19 將一個未帶號數加 1 的方法如下：由最小有效位元(LSB)開始往最大有效位元(MSB)方向進行，將遇到的 1 位元與第一個 0 位元取補數，然後保留其餘較高有效位元的值，即為所求。設計一個同步循序邏輯電路，將一個串列輸入的序列加 1 後輸出。假設輸入序列依序由 LSB 開始，其長度為 n 個位元。試使用 JK 正反執行此電路。

7.20 將一個未帶號數減 1 的方法如下：由最小有效位元(LSB)開始往最大有效位元(MSB)方向進行，將遇到的 0 位元與第一個 1 位元取補數，然後保留其餘較高有效位元的值，即為所求。設計一個同步循序邏輯電路，將一個串列輸入的序列減 1 後輸出。假設輸入序列依序由 LSB 開始，其長度為 n 個位元。試使用 JK 正反執行此電路。

7.21 設計一個具有一個輸入端 x 與一個輸出端 z 的同步循序邏輯電路，當電路偵測到輸入序列中有 1011 出現時，即產生 1 的輸出值於輸出端 z，假設允許重疊序列出現。試使用 T 型正反器執行此電路。

7.22 設計一個串加器電路，電路具有兩個輸入端 x 與 y，分別以串列方式而以 LSB 開始依序輸入加數與被加數，輸出端 z 則依序由 LSB 開始輸出兩數相加後的總和。試使用 D 型正反器執行此電路。

7.23 設計一個具有兩個輸入端 x_1 與 x_2 及一個輸出端 z 的 Moore 機同步循序邏輯電路，電路的輸出端 z 的值保持在一個常數值，直到下列輸入序列發生為止：

(1) 當輸入序列 $x_1\, x_2 = 00$ 時，輸出端 z 維持其先前的值；

(2) 當輸入序列 $x_1\, x_2 = 01$ 時，輸出端 z 的值變為 0；

(3) 當輸入序列 $x_1\, x_2 = 10$ 時，輸出端 z 的值變為 1；

(4) 當輸入序列 $x_1\, x_2 = 11$ 時，輸出端 z 將其值取補數。

7.24 設計一個具有一個輸入端 x 與一個輸出端 z 的同步循序邏輯電路，當電路偵測到輸入序列中的 1 總數為 3 的倍數(即 0、3、6、…)時，即輸出一個 1 脈波於輸出端 z。

7.25 設計一個具有一個輸入端 x 與一個輸出端 z 的同步循序邏輯電路,當電路偵測到輸入序列中的 1 總數為 3 的倍數而且 0 的總數為偶數(不包含 0)時,即輸出一個 1 脈波於輸出端 z。

7.26 設計一個具有一個輸入端 x 與一個輸出端 z 的 Moore 機同步循序邏輯電路,當電路偵測到輸入序列為 1011 時,輸出端 z 的值即變為 1 並保持在 1 直到另一個 1011 的輸入序列發生時,輸出端 z 的值才變為 0。當第三個 1011 的輸入序列發生時,輸出端 z 的值又變為 1 並保持在 1,等等。

7.27 設計一個具有一個輸入端 x 與一個輸出端 z 的同步循序邏輯電路,其輸出端 $z(t) = x(t - 2)$,並且電路最初的兩個輸出為 0。

7.28 分析圖 P7.9 中各個同步循序邏輯電路,分別求出其狀態表與狀態圖。

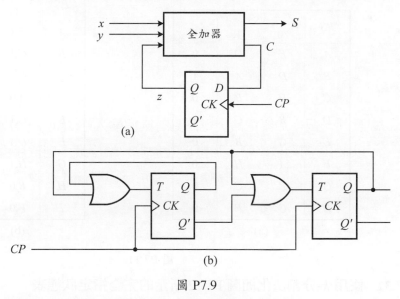

圖 P7.9

7.29 化簡圖 P7.10 所示的各個完全指定狀態表。

PS	x	NS, z	
		0	1
A		D,1	E,0
B		D,0	E,0
C		B,1	E,0
D		B,0	F,0
E		F,1	C,0
F		C,0	B,0

(a)

PS	x_1x_2	NS			z
	00	01	11	10	
A	A	C	E	D	0
B	D	E	E	A	0
C	E	A	F	B	1
D	B	C	C	B	0
E	C	D	F	A	1
F	F	B	A	D	1

(b)

圖 P7.10

7.30 化簡圖 P7.11 所示的各個完全指定狀態表。

PS	x	NS		z
		0	1	
A		F	D	0
B		D	A	1
C		H	B	0
D		B	C	1
E		G	B	0
F		A	H	0
G		E	C	0
H		C	F	0

(a)

PS	x	NS, z	
		0	1
A		F,1	D,1
B		G,1	H,1
C		D,1	A,0
D		A,0	H,1
E		C,1	D,1
F		D,1	E,0
G		H,1	B,0
H		B,0	D,1
I		F,0	A,0

(b)

圖 P7.11

7.31 使用 k-分割法化簡圖 P7.12 所示的完全指定狀態表。

PS	x	NS, z 0	1
A		B,0	E,0
B		A,1	C,1
C		B,0	C,1
D		C,0	E,0
E		D,1	A,0

(a)

PS	x	NS, z 0	1
A		D,0	E,0
B		C,0	E,1
C		A,1	D,0
D		B,1	C,1
E		A,0	D,1
F		B,1	C,0

(b)

圖 P7.12

7.**32**　證明圖 P7.13 所示的各個完全指定狀態表為最簡狀態表。

PS	x	NS, z 0	1
A		B,0	A,0
B		C,0	A,0
C		E,0	D,0
D		B,1	A,0
E		E,0	A,0

(a)

PS	x	NS 0	1	z
A		B	D	0
B		C	F	0
C		B	G	1
D		B	E	0
E		E	E	0
F		C	E	0
G		B	E	1

(b)

圖 P7.13

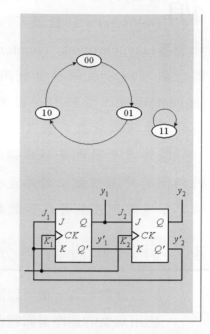

計數器與暫存器

8

本章目標

學完本章之後，你將能夠了解：

- 同步與非同步計數器電路的設計與特性
- 商用同步計數器(SN74x161/163)的基本應用
- 自我啟動計數器電路的意義與設計方法
- 暫存器與移位暫存器的定義、功能、應用
- 時序產生器電路：時脈產生器電路、時序產生器、數位單擊電路

循序邏輯電路中兩種重要的電路模組為：計數器(counter)與暫存器
(register)。計數器可以分成同步計數器(synchronous counter)與非同步
計數器(asynchronous counter)兩種，它的主要功能不外乎計數與除頻；暫存
器一般可以分成保存資料用的資料暫存器(data register)與移位暫存器(shift
register)兩種。資料暫存器用以儲存資訊。移位暫存器除了做資料格式的轉
換外，也可以當做計數器、時序產生器等用途。

　　時序產生器也是循序邏輯電路中常用的電路模組，其中時脈產生器產生
週期性的時脈信號；時序產生器由時脈產生器導出需要的時序控制信號；數
位單擊電路則在觸發信號啟動時即產生一個預先設定時距的信號輸出。

8.1 計數器設計與分析

　　計數器為一個可以計數外部事件的循序邏輯電路。計數器為數位系統中
應用最廣的循序邏輯電路模組之一。一般的計數器電路均是由一些正反器與
一些控制正反器狀態改變用的組合邏輯電路組成。計數器依其正反器是否同
時轉態分為同步與非同步兩類。在同步計數器中，所有正反器均在同一個時
間改變狀態；在非同步計數器中，則後級的正反器狀態的改變是由前級正反
器的輸出所觸發的，因而也常稱為漣波計數器(ripple counter)。

8.1.1 非同步(漣波)計數器設計

　　非同步(漣波)計數器一般均使用非閘控 T 型正反器(第 7.1.3 節)設計。對
於一個除以 N (稱為模 N，modulo N)的計數器而言，一共有 N 個狀態，即
S_0、S_1、…、S_{N-1}。為了討論上的方便，現在將計數器分成模 $N = 2^n (n$ 為
正整數)與模 $N \neq 2^n$ 兩種情形。

模 $N (N = 2^n)$ 計數器

　　由於每一個 JK 正反器當它接成非閘控 T 型正反器的形式(即 J 與 K 輸入
端保持在高電位)時，其輸出端 Q 的信號頻率將等於時脈輸入端的信號頻率

除以 2 的值，如圖 7.2-16(d)所示，因此為一個模 2 計數器電路。對於需要模 2^n 計數器的場合中，只需要將 n 個非閘控 T 型正反器依序串接即可。

例題 8.1-1　(非同步模 2^3 正數計數器)

設計一個非同步模 8 正數(或是稱為上數)計數器(up counter)電路。

解：如圖 8.1-1(a)所示。將三個 JK 正反器均接成非閘控 T 型正反器，並依序將每一級的時脈輸入端，接往前級正反器的輸出端 Q，如此即成為一個非同步模 8 正數計數器。如圖 8.1-1(b)的時序圖所示，正反器 1 的輸出 y_1 為輸入信號 CP 除以 2 的值；正反器 2 的輸出 y_2 為正反器 1 的輸出 y_1 除以 2 的值；正反器 3 的輸出為 y_3 為正反器 2 的輸出 y_2 除以 2 的值，即 y_3 為 CP 除以 $8(= 2^3)$ 的值，所以為為一個模 8 計數器。

另外，由圖 8.1-1(b)的時序可以得知：$(y_3\ y_2\ y_1)$ 的值依序由 0、1、2、3、4、5、6、變化到 7，然後回到 0、1、⋯⋯6、7，依此循環，所以為一個正數計數器。綜合上述的討論，可以得知圖 8.1-1(a)的電路為一個非同步模 8 正數計數器。

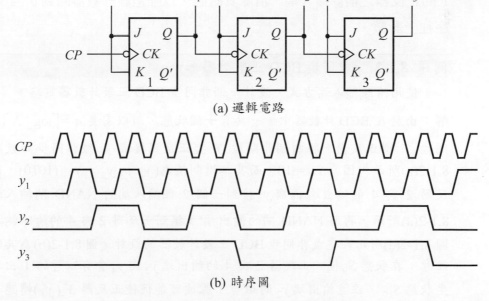

(a) 邏輯電路

(b) 時序圖

圖8.1-1　非同步模 $2^3 (= 8)$ 正數計數器

一般而言，當使用負緣觸發的正反器時，若後級的正反器時脈輸入信號是由前級正反器的非補數輸出端 Q 取得時為正數計數器；由前級正反器的補數輸出端 Q' 取得時為倒數計數器。因此，若使用一個 2×1 多工器選取非閘控 T 型正反器的時脈輸入信號的觸發來源是 Q 或是 Q' 時，該計數器即為一個正數/倒數計數器(up/down counter) (習題 8.2)。

模 $N (N \neq 2^n)$ 計數器

由於一般正反器均有兩個非同步輸入端：預置(preset)與清除(clear)，可以改變其輸出狀態，因此對於一個非同步模 $N (N \neq 2^n)$ 計數器而言，有兩種設計方式：使用預置輸入端與使用清除輸入端。下列將以使用清除輸入端的設計方式為例，說明非同步模 $N (N \neq 2^n)$ 計數器的設計方法。至於使用預置輸入端的設計方式，請參閱參考資料 3。

在使用清除輸入端的設計方式中，首先使用一個 n 級非同步計數器為基礎，然後使用一個外部的組合邏輯電路，偵測計數器的輸出狀態，當狀態 S_N 發生時，即產生一個短暫的輸出信號加於計數器中那些目前的輸出值為 1 的正反器之清除輸入端，清除其狀態，以強迫該計數器回到狀態 S_0，再依序往上計數。

例題 8.1-2 (非同步 BCD 正數計數器)

使用清除輸入端方式，設計一個非同步 BCD 正數計數器電路。

解：由於在 BCD 計數器中，一共有十個狀態，所以需要 $n = \lceil \log_2 N \rceil = 4$ 個非閘控 T 型正反器。將四個非閘控 T 型正反器接成 4 級非同步計數器，如圖 8.1-2(a)所示。因為 $S_N = 10$，而其二進制值為$(y_4 \, y_3 \, y_2 \, y_1) = (1010)$，因此將正反器 2 與 4 的輸出端 y_2 與 y_4 接到一個 2 個輸入端的 NAND 閘輸入端，如圖 8.1-2(a)所示，再將 NAND 閘的輸出端 A 接到正反器 2 與 4 的清除輸入端，如圖 8.1-2(a)所示即完成非同步 BCD 正數計數器的設計。圖 8.1-2(b)為其時序圖。注意：在狀態 S_9 後，正反器 2 與 4 的輸出端 y_2 與 y_4 會有短暫的 1 出現，即產生狀態 S_{10}。注意輸出端 y_2 的短暫 1 脈波可能促使正反器 3 (y_3)轉態，因而造成計數錯誤。解決之道為清除所有正反器的輸出為 0,令計數器回到狀態 S_0。

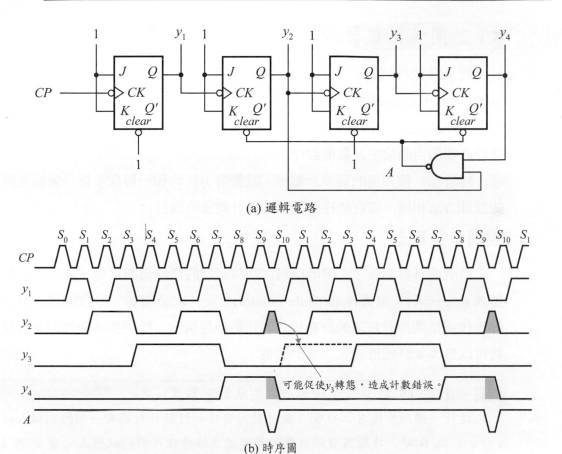

(a) 邏輯電路

(b) 時序圖

可能促使 y_3 轉態,造成計數錯誤。

圖8.1-2　非同步模 10 正數計數器(使用清除輸入端方式)

　　注意在非同步漣波計數器中,正反器的時脈輸入端的觸發方式(正緣或是負緣),輸出信號取出方式(Q 或是 Q')與正反器的時脈輸入信號來源(即由前級的 Q 或是 Q' 取得)等均會影響該計數器的操作模式(正數或是倒數)(習題 8.2)。

📖 複習問題

8.1. 試定義同步計數器與非同步計數器。

8.2. 何謂漣波計數器?

8.3. 使用清除輸入端的非同步模 N $(N \neq 2^n)$ 計數器的設計原理為何？

8.1.2 同步計數器設計

同步計數器可以分成控制型計數器(controlled counter)與自發型計數器(autonomous counter)兩種。前者除了加到每一個正反器的時脈信號(CP)外，也有一個致能控制端以啟動計數器的計數動作；後者則只要加入時脈信號，該計數器即自動發生計數的動作。

無論那一種類型的同步計數器，其設計方法均和一般同步循序邏輯電路的設計方法相同。現在依序討論這兩種計數器的設計。

控制型計數器

控制型計數器除了必要的時脈(CP)與可能的清除信號之外，亦包含計數器致能(enable)、模式控制(mode control)信號，或是兩者，以致能該計數器的動作或是選擇計數器的計數模式為正數或是倒數。控制型計數器的計數模數可以是 $N = 2^n$ 或是其它 $N \neq 2^n$ 的值。

例題 8.1-3 (控制型同步模 8 二進制正數計數器)

設計一個同步模 8 二進制正數計數器電路。假設計數器有一個控制輸入端 x，當 x 為 0 時，計數器暫停計數的動作並且維持在目前的狀態上；當 x 為 1 時，計數器正常計數。當計數器計數到 111 時，輸出端 z 輸出一個 1 的脈波，其它狀態下，z 的值均為 0。

解：依據題意，得到圖 8.1-3(a)的狀態圖與圖 8.1-3(b)的狀態表，由於計數器為二進制，因此使用下列狀態指定：

$S_0 = 000$	$S_1 = 001$	$S_2 = 010$	$S_3 = 011$
$S_4 = 100$	$S_5 = 101$	$S_6 = 110$	$S_7 = 111$

圖 8.1-3(c)為其轉態表。若使用 T 型正反器，則得到圖 8.1-3(d)的激勵表，利用卡諾圖化簡後，得到下列 T 型正反器的激勵與輸出函數為：

$$T_1 = x \qquad\qquad T_2 = xy_1$$
$$T_3 = xy_1y_2 \qquad\qquad z = xy_1y_2y_3$$

若是直接使用邏輯電路執行上述激勵與輸出函數時，該電路稱為並行進位模式 (parallel carry mode)。另一種執行方式稱為漣波進位模式(ripple carry mode)，如圖 8.1-3(e)所示，其激勵與輸出函數為：

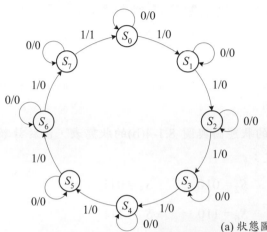

PS	x　　　NS		x　　　z	
	0	1	0	1
S_0	S_0	S_1	0	0
S_1	S_1	S_2	0	0
S_2	S_2	S_3	0	0
S_3	S_3	S_4	0	0
S_4	S_4	S_5	0	0
S_5	S_5	S_6	0	0
S_6	S_6	S_7	0	0
S_7	S_7	S_0	0	1

(a) 狀態圖　　　　　　　(b) 狀態表

PS $y_3\ y_2\ y_1$	$Y_3\ Y_2\ Y_1$ $x=0$	$x=1$	z $x=0$	$x=1$
0 0 0	0 0 0	0 0 1	0	0
0 0 1	0 0 1	0 1 0	0	0
0 1 0	0 1 0	0 1 1	0	0
0 1 1	0 1 1	1 0 0	0	0
1 0 0	1 0 0	1 0 1	0	0
1 0 1	1 0 1	1 1 0	0	0
1 1 0	1 1 0	1 1 1	0	0
1 1 1	1 1 1	0 0 0	0	1

(c) 轉態表與輸出表

PS $y_3\ y_2\ y_1$	$T_3\ T_2\ T_1$ $x=0$	$x=1$
0 0 0	0 0 0	0 0 1
0 0 1	0 0 0	0 1 1
0 1 0	0 0 0	0 0 1
0 1 1	0 0 0	1 1 1
1 0 0	0 0 0	0 0 1
1 0 1	0 0 0	0 1 1
1 1 0	0 0 0	0 0 1
1 1 1	0 0 0	1 1 1

(d) 激勵表

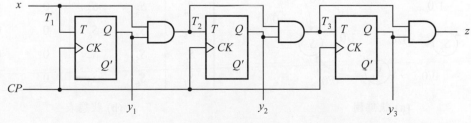

(e) 漣波進位模式電路

圖8.1-3　控制型同步模 8 二進制正數計數器

$$T_1 = x \qquad\qquad T_2 = xy_1 = T_1 y_1$$
$$T_3 = xy_1 y_2 = T_2 y_2 \qquad\qquad z = xy_1 y_2 y_3 = T_3 y_3$$

例題 8.1-4 (控制型同步模 8 二進制正數/倒數計數器)

設計一個同步模 8 二進制正數/倒數計數器電路。假設計數器有一個控制輸入端 x，當 x 為 0 時，計數器執行倒數動作；當 x 為 1 時，計數器執行正數動作。當計數器倒數到 000 或是正數到 111 時，輸出端 z 輸出一個 1 的脈波，其它狀態下，z 的值均為 0。

解：依據題意，得到圖 8.1-4(a)的狀態圖與圖 8.1-4(b)的狀態表，由於計數器為二進制，因此使用下列狀態指定：

$$S_0 = 000 \qquad S_1 = 001 \qquad S_2 = 010 \qquad S_3 = 011$$
$$S_4 = 100 \qquad S_5 = 101 \qquad S_6 = 110 \qquad S_7 = 111$$

圖 8.1-4(c)為其轉態表與輸出表。若使用 T 型正反器，則得到圖 8.1-4(d)的激勵表，利用卡諾圖化簡後，得到 T 型正反器的激勵與輸出函數：

$$T_1 = x + x' = 1 \qquad\qquad T_2 = xy_1 + x' y'_1$$
$$T_3 = xy_1 y_2 + x' y'_1 y'_2 \qquad\qquad z = xy_1 y_2 y_3 + x' y'_1 y'_2 y'_3$$

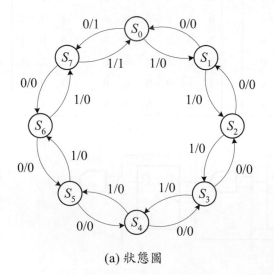

PS	x	NS		x	z	
		0	1		0	1
S_0		S_7	S_1		1	0
S_1		S_0	S_2		0	0
S_2		S_1	S_3		0	0
S_3		S_2	S_4		0	0
S_4		S_3	S_5		0	0
S_5		S_4	S_6		0	0
S_6		S_5	S_7		0	0
S_7		S_6	S_0		0	1

(a) 狀態圖 　　　　　　　　　　(b) 狀態表

圖8.1-4　控制型同步模 8 二進制正數/倒數計數器

PS			$Y_3\ Y_2\ Y_1$			z	
y_3	y_2	y_1	$x=0$		$x=1$	$x=0$	$x=1$
0	0	0	1 1 1		0 0 1	1	0
0	0	1	0 0 0		0 1 0	0	0
0	1	0	0 0 1		0 1 1	0	0
0	1	1	0 1 0		1 0 0	0	0
1	0	0	0 1 1		1 0 1	0	0
1	0	1	1 0 0		1 1 0	0	0
1	1	0	1 0 1		1 1 1	0	0
1	1	1	1 1 0		0 0 0	0	1

(c) 轉態表與輸出表

PS			$T_3\ T_2\ T_1$		
y_3	y_2	y_1	$x=0$		$x=1$
0	0	0	1 1 1		0 0 1
0	0	1	0 0 1		0 1 1
0	1	0	0 1 1		0 0 1
0	1	1	0 0 1		1 1 1
1	0	0	1 1 1		0 0 1
1	0	1	0 0 1		0 1 1
1	1	0	0 1 1		0 0 1
1	1	1	0 0 1		1 1 1

(d) 激勵表

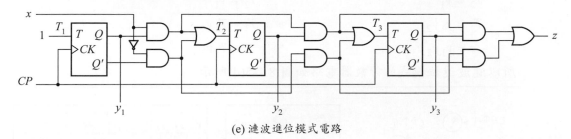

(e) 連波進位模式電路

圖 8.1-4(續) 控制型同步模 8 二進制正數/倒數計數器

所以連波進位模式的電路如圖 8.1-4(e)所示。至於並行進位模式的電路，則留予讀者做練習。

以上例題均為模 $N\ (=2^n)$，即 $n=3$ (模 8)的計數器，對於模 N 而 $N \neq 2^n$ 的計數器而言，其設計方法依然相同，所以不再贅述(習題 8.4 與 8.5)。

當然，執行一個模 N 的計數器，除了 T 型正反器外，其它型式的正反器：JK 正反器、SR 正反器、D 型正反器，也都可以使用(習題 8.3)。

自發型計數器

自發型計數器除了必要的時脈(CP)信號之外，並無其它計數器輸入信號。當然，在實際應用電路中，可能會包含一個清除控制輸入，以方便在需要時清除計數器。自發型計數器亦可以設計成正數或是倒數，且其計數模數可以是 $N=2^n$ 或是其它 $N \neq 2^n$ 的值。

例題 8.1-5 （自發型同步模 8 二進制正數計數器）

設計一個同步模 8 二進制正數計數器電路。假設在每一個時脈信號的正緣時，計數器即自動往上計數一次，當計數器計數到 111 時，輸出端 z 輸出一個 1 的脈波，其它狀態下，z 的值均為 0。

解：依據題意，得到圖 8.1-5(a)的狀態圖，由於計數器轉態的發生只由時脈信號驅動，因此得到圖 8.1-5(b)的狀態表，使用與例題 8.1-4 相同的狀態指定，並且使用 T 型正反器，則得到圖 8.1-5(c)的轉態表、輸出表、激勵表，利用卡諾圖化簡後，得到下列 T 型正反器的激勵與輸出函數：

$$T_1 = 1 \qquad\qquad\qquad T_1 = 1$$
$$T_2 = y_1 \qquad\qquad\qquad T_2 = y_1$$
$$T_3 = y_1 y_2 \qquad\qquad\qquad T_3 = T_2 y_2$$
$$z = y_1 y_2 y_3 \qquad\qquad\qquad z = T_3 y_3$$

所以漣波進位模式的計數器電路如圖 8.1-5(d)所示。

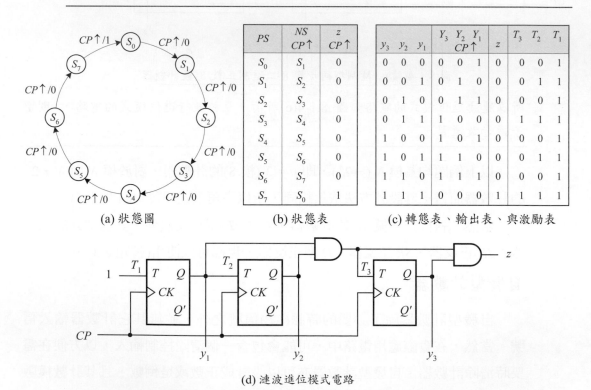

PS	NS $CP\uparrow$	z $CP\uparrow$
S_0	S_1	0
S_1	S_2	0
S_2	S_3	0
S_3	S_4	0
S_4	S_5	0
S_5	S_6	0
S_6	S_7	0
S_7	S_0	1

y_3	y_2	y_1	Y_3	Y_2	Y_1 $CP\uparrow$	z	T_3	T_2	T_1
0	0	0	0	0	1	0	0	0	1
0	0	1	0	1	0	0	0	1	1
0	1	0	0	1	1	0	0	0	1
0	1	1	1	0	0	0	1	1	1
1	0	0	1	0	1	0	0	0	1
1	0	1	1	1	0	0	0	1	1
1	1	0	1	1	1	0	0	0	1
1	1	1	0	0	0	1	1	1	1

(a) 狀態圖　　　　　　(b) 狀態表　　　　　　(c) 轉態表、輸出表、與激勵表

(d) 漣波進位模式電路

圖 8.1-5　自發型同步模 8 二進制正數計數器

　　雖然，一般的計數器其計數的次序大多數是以二進制或是格雷碼的方式遞增或是遞減，但是有時候也需要一種計數器，其計數的方式是一種較特殊的次序。此外，在實際的數位系統應用上也常常需要一種其模數 N 不是 2^n 的計數器。

例題 8.1-6 （自發型同步模 5 計數器）

　　使用 JK 正反器，設計一個自發型同步模 5 計數器，其計數的次序為：

$$000 \rightarrow 001 \rightarrow 010 \rightarrow 011 \rightarrow 100 \rightarrow 000$$

解：依據題意，得到圖 8.1-6(a)的轉態表與激勵表，利用圖 8.1-6(b)的卡諾圖化簡後，得到 JK 正反器的激勵函數：

PS y_3	y_2	y_1	$Y_3\ Y_2\ Y_1$ $CP\uparrow$			$CP\uparrow$ J_3	K_3	J_2	K_2	J_1	K_1
0	0	0	0	0	1	0	ϕ	0	ϕ	1	ϕ
0	0	1	0	1	0	0	ϕ	1	ϕ	ϕ	1
0	1	0	0	1	1	0	ϕ	ϕ	0	1	ϕ
0	1	1	1	0	0	1	ϕ	ϕ	1	ϕ	1
1	0	0	0	0	0	ϕ	1	0	ϕ	0	ϕ

轉態表　　　　　　激勵表

(a) 轉態表與激勵表

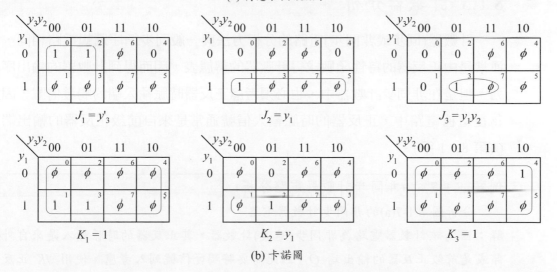

$J_1 = y'_3$　　　　$J_2 = y_1$　　　　$J_3 = y_1 y_2$

$K_1 = 1$　　　　$K_2 = y_1$　　　　$K_3 = 1$

(b) 卡諾圖

圖8.1-6　自發型同步模 5 計數器

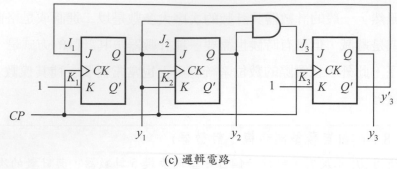

(c) 邏輯電路

圖 8.1-6(續)　自發型同步模 5 計數器

$$J_1 = y'_3 \qquad\qquad J_2 = y_1 \qquad\qquad J_3 = y_1 y_2$$
$$K_1 = 1 \qquad\qquad K_2 = y_1 \qquad\qquad K_3 = 1$$

其邏輯電路如圖 8.1-6(c)所示。

📖 複習問題

8.4. 同步計數器可以分成那兩種？

8.5. 何謂控制型計數器？

8.6. 何謂自發型計數器？

8.1.3 計數器分析

計數器(同步或非同步)電路的分析方法與一般同步循序邏輯電路相同，通常是由正反器的特性函數求得計數器的轉態表，因而得到計數器的輸出序列。但是在非同步計數器中，也必須考慮正反器時脈輸入端的觸發信號，因為在這種電路中，正反器的時脈輸入信號通常是來自前級正反器的輸出端 Q(第 8.1.1 節)。

例題 8.1-7　(非同步計數器電路分析)

分析圖 8.1-7(a)的非同步計數器電路。

解：因為該計數器電路為非同步(漣波)計數器，其正反器的時脈輸入是來自外部或是前級正反器的輸出端 Q，因此需要將觸發信號列入考慮。使用 JK 正反器的特性函數：

$$Q(t+1) = JQ'(t) + K'Q(t)$$

將每一個 *JK* 正反器的資料輸入端的交換函數分別代入上述特性函數後得到：

$CP\downarrow$：$Y_1(t+1) = y'_3\,y'_1 + y_3 y_1 = y_1 \odot y_3$ ($CP\downarrow$表示 CP 的負緣)

$y_1\downarrow$：$Y_2(t+1) = y'_2$

$CP\downarrow$：$Y_3(t+1) = y_1 y_2 y'_3 + y_2 y_3$

依序將($y_3 y_2 y_1$)的 8 個二進制值代入上述各式，求出對應的下一狀態值後得到圖 8.1-7(b)的轉態表與圖 8.1-7(c)的狀態圖。注意：$Y_1(t+1)$ 與 $Y_3(t+1)$ 每當時脈信號(CP)的負緣時，即更新其值，而 $Y_2(t+1)$ 只當 *JK* 正反器 1 的輸出端的值 y_1，由 1 變為 0 時，才更新其值，其它情況則保持不變。

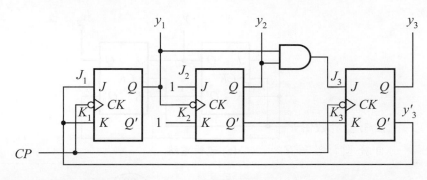

(a) 邏輯電路

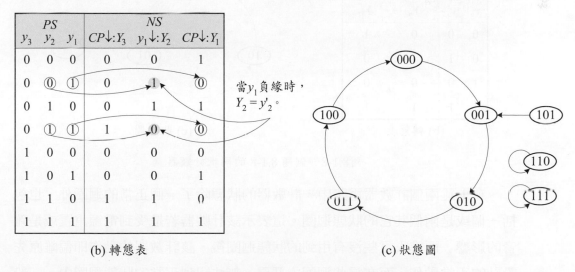

(b) 轉態表　　　　(c) 狀態圖

圖8.1-7　例題 8.1-7 的非同步計數器

例題 8.1-8 (同步計數器電路分析)

分析圖 8.1-8(a)的同步計數器電路。

解：使用 JK 正反器的特性函數：

$$Q(t+1) = JQ'(t) + K'Q(t)$$

將每一個 JK 正反器的資料輸入端的交換函數分別代入上述特性函數後得到：

$$Y_1(t+1) = y'_2\, y'_1 + y_2\, y_1 = y_1 \odot y_2$$

$$Y_2(t+1) = y_1 y'_2 + y_1 y_2 = y_1$$

依序將($y_2 y_1$)的 4 個二進制值代入上述各式，求出對應的下一狀態值後得到圖 8.1-8(b)的狀態表與圖 8.1-8(c)的狀態圖。

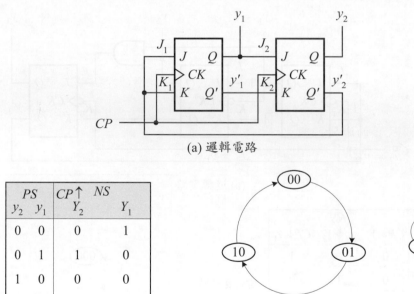

(a) 邏輯電路

| PS | | CP↑ | NS |
y_2	y_1	Y_2	Y_1
0	0	0	1
0	1	1	0
1	0	0	0
1	1	1	1

(b) 轉態表　　　　　　　　(c) 狀態圖

圖8.1-8　例題 8.1-8 的同步計數器

在上述兩個計數器電路中，計數器的狀態除了一個正常的迴圈外，也包括一個或是兩個其它的狀態迴圈。這表示該計數器若是受到電源重置或是雜音的影響，而進入這些沒有用到的狀態迴圈後，該計數器的動作即偏離原先設計的正常動作，而在這些迴圈內循環，無法回到正常的狀態迴圈內。一般而言，當一個同步循序邏輯電路中有未用到的狀態(變數組合)存在時，即有可能發生上述現象。解決的方法是將這些未使用的狀態適當的導引到某些在正常迴圈中的狀態上，因此當電路停留在這些未用到的狀態時，經過一個(或是兩個)時脈後即會回到正常的動作迴圈上。若一個同步循序邏輯電路能夠由任何狀態開始，而最後終究會回到正常的動作迴圈上時稱為自我啟動(self-starting)或是自我校正(self-correcting)電路。

　　若一個同步循序邏輯電路經過分析之後，發現它並不是一個自我啟動的電路時，為了保證電路能正確地工作，必須重新設計該電路，使其成為自我啟動的電路(請參考第 7.4.1 節)。

例題 8.1-9 (自我啟動同步模 3 計數器)

　　重新設計例題 8.1-8 的計數器電路，使成為自我啟動的電路。

解：如圖 8.1-9(a)的狀態圖所示，將狀態 11 引導到狀態 00 上，然後重新設計該電路。圖 8.1-9(b)為其轉態表與激勵表，利用圖 8.1-9(c)的卡諾圖化簡後，得到 *JK* 正反器的激勵函數：

$$J_1 = y'_2 \qquad\qquad J_2 = y_1$$

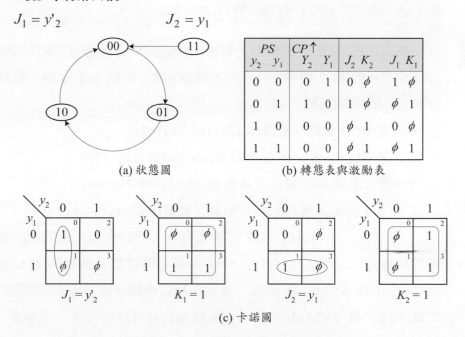

PS		$CP\uparrow$					
y_2	y_1	Y_2	Y_1	J_2	K_2	J_1	K_1
0	0	0	1	0	ϕ	1	ϕ
0	1	1	0	1	ϕ	ϕ	1
1	0	0	0	ϕ	1	0	ϕ
1	1	0	0	ϕ	1	ϕ	1

(a) 狀態圖　　　　　　　　(b) 轉態表與激勵表

$J_1 = y'_2$　　　　$K_1 = 1$　　　　$J_2 = y_1$　　　　$K_2 = 1$

(c) 卡諾圖

圖8.1-9　自我啟動同步模 3 計數器

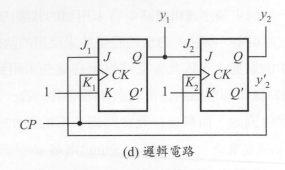

(d) 邏輯電路

圖 8.1-9(續)　自我啟動同步模 3 計數器

$$K_1 = 1 \qquad\qquad K_2 = 1$$

其邏輯電路如圖 8.1-9(d)所示。

📖 **複習問題**

8.7. 何謂自我啟動電路？

8.8. 若一個計數器不是自我啟動電路，如何使它成為自我啟動電路？

8.1.4 商用 MSI 計數器

在商用的 MSI 計數器中，較常用的非同步計數器有 SN74x90(除 2 與除 5)與 SN74x92(除 2 與除 6)、及 SN74x93(除 2 與除 8)等電路。較常用的同步計數器則有下列數種：

1. 可預置 BCD 正數計數器(SN74x160/74x162)；

2. 可預置 BCD 正數／倒數計數器(SN74x190/74x192)；

3. 可預置 4 位元二進制正數計數器(SN74x161/74x163)；

4. 可預置 4 位元二進制正數／倒數計數器(SN74x191/74x193)。

下列將以 SN74x161/x163 計數器為例，介紹商用可預置型計數器的基本特性與應用。SN74x161/x163 MSI 計數器的邏輯電路如圖 8.1-10(a)所示。SN74x161 與 SN74x163 的唯一差別在於這兩個計數器電路的清除(clear)控制方式不同。在 SN74x161 中，清除控制為非同步的方式，但是在 SN74x163

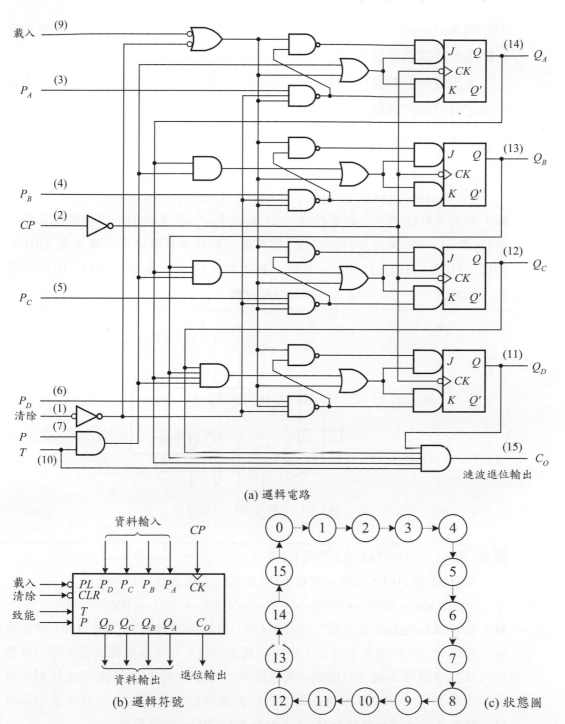

(a) 邏輯電路

(b) 邏輯符號

(c) 狀態圖

圖8.1-10　商用 MSI 計數器(SN74x161/163)

中，則為同步的方式。這兩個計數器都是可預置型的同步模 16 二進制正數計數器，其邏輯符號與狀態圖分別如圖 8.1-10(b)與(c)所示。

可預置型計數器的好處是可以設置該計數器的啟始狀態，因此可以隨意地設定其計數的模數(N 值)。

例題 8.1-10 (SN74x161/x163 應用)

利用 SN74x161/x163，設計一個模 6 計數器，其輸出序列依序為：

$$1010 \rightarrow 1011 \rightarrow 1100 \rightarrow 1101 \rightarrow 1110 \rightarrow 1111 \rightarrow 1010$$

解： 如圖 8.1-11 所示，將資料輸入端($P_D P_C P_B P_A$)設置為 1010，並將進位輸出端 C_O 經過一個 NOT 閘接到 PL' 輸入端。如此計數器即可以依序由 1010、1011、1100、1101、1110，計數到 1111，然後 C_O 上升為 1，因此將 1010 重新載入計數器中，重新開始另一個循環的計數。

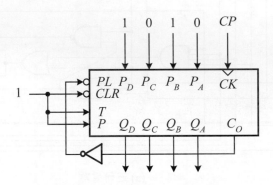

圖8.1-11 例題 8.1-10 的電路

例題 8.1-11 (SN74x163 應用)

利用 SN74x163，設計一個模 10 計數器，其輸出序列依序為：

$$0000 \rightarrow 0001 \rightarrow 0010 \rightarrow \cdots\cdots \rightarrow 1000 \rightarrow 1001 \rightarrow 0000$$

解： 如圖 8.1-12(b)所示，利用一個 NAND 閘與兩個 NOT 閘解出 1001 的信號後，當做為 CLR' 的控制信號，清除計數器的所有正反器的輸出值為 0，使其回到狀態 0000，如圖 8.1-12(a)的狀態圖所示。由於 SN74x163 的清除控制信號為同步的方式，所以一旦偵測到 1001 出現時也必須等到下一個時脈的正緣時，計數器才會回到狀態 0000 上，如圖 8.1-12(a)的狀態圖所示。

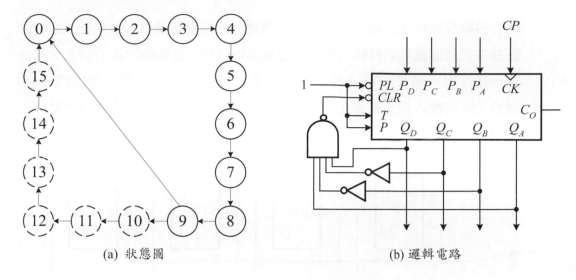

(a) 狀態圖　　　　　　　　　(b) 邏輯電路

圖8.1-12　例題 8.1-11 的計數器

📖 複習問題

8.9.　SN74x163 為一個何種功能的計數器？

8.10.　在 SN74x163 中，如何設定計數器的初始狀態？

8.2 暫存器與移位暫存器

　　暫存器(register)是一群二進位儲存單元的集合，可以用來儲存二進位資料。每一個儲存單元通常為一個正反器，因此可以儲存一個位元的資料。對於一個 n 位元暫存器而言，它一共可以儲存 n 個位元的資料。一個正反器也可以視為一個單一位元的暫存器。

　　移位暫存器(shift register)除了可以儲存資料外，也可以將儲存的資料向左或是向右移動一個位元位置。一個 n 位元的移位暫存器是由 n 個正反器(通常為 D 型正反器)串接而成，並且以一個共同的時脈來驅動。

8.2.1 暫存器

　　最簡單的暫存器如圖 8.2-1 所示，只由一些 D 型正反器組成，並且以一個共同的時脈(CP)來驅動。在每一個時脈正緣時，D 型正反器將其輸入端 D

的資料取樣後呈現於輸出端 Q 上。這種電路的優點是簡單，缺點則是連續的脈波序列將連續地取樣輸入資料因而連續地改變正反器輸出端 Q 的值。解決之道是採用一個載入(load)控制，如圖 8.2-2(a)所示，只在適當(或是需要)的時候，才將輸入資料載入正反器中，其它時候則正反器的內容保持不變。

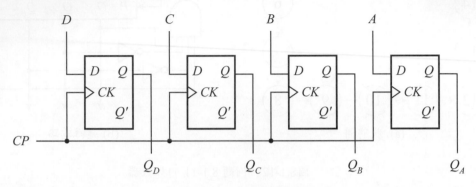

圖8.2-1　4 位元暫存器

在圖 8.2-2(a)所示的電路中，所有正反器均接收連續的時脈 CP，然而由於所有 D 型正反器的資料輸入端 D 在載入控制為 0 時，都直接連接到它自己的資料輸出端 Q，因此相當於將自己的輸出值再取樣後，回存到自己的資料輸出端 Q 上，因此每一個正反器的輸出值仍然維持不變。欲將正反器資料輸入端 D 的資料載入正反器時，載入控制必須啟動為高電位，以選擇 2 對 1 多工器的輸出資料路徑為外部資料輸入(D、C、B、A)，然後在 CP 脈波正緣時將它載入正反器中，如圖 8.2-2(a)所示。

清除輸入端(clear)用來清除正反器的內容為 0，它為一個非同步的控制輸入端，並且為低電位啟動的方式。當它為 0 時，所有正反器均被清除為 0；在正常工作時，它必須維持在 1 電位。為了讓使用此一電路的其它電路只需要提供一個而不是四個邏輯閘負載的推動能力，在圖 8.2-2(a)所示電路中的載入、CP、清除等輸入端上均加上一個緩衝閘。一般而言，在設計一個邏輯電路模組時，通常必須加上適當的緩衝閘，以使該邏輯電路模組的任何輸入端對於它的推動電路而言，只相當於一個邏輯閘的負載。圖 8.2-2(a)電路的邏輯符號如圖 8.2-2(b)與(c)所示。

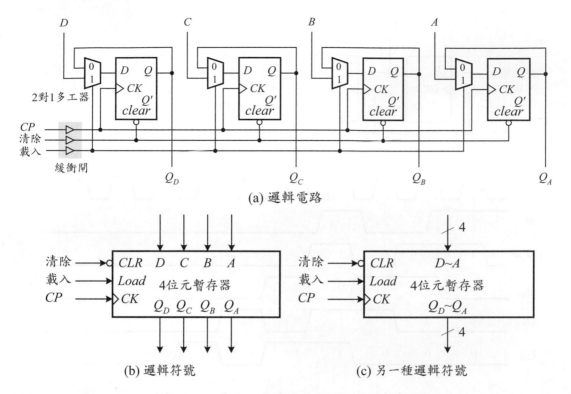

(a) 邏輯電路

(b) 邏輯符號　　　　(c) 另一種邏輯符號

圖8.2-2　具有載入與清除控制的 4 位元暫存器

📖複習問題

8.11. 暫存器與移位暫存器的主要區別為何？

8.12. 圖 8.2-1 的暫存器電路有何重大缺點？

8.13. 在圖 8.2-2(a)所示電路中的載入、*CP*、清除等輸入端上均加上一個緩衝閘，其目的何在？

8.2.2 移位暫存器

最簡單的移位暫存器只由一群 *D* 型正反器串接而成，如圖 8.2-3(a)所示， 而以一個共同的時脈(*CP*)驅動所有的正反器。串列輸入(serial input，*SI*)端用來決定在移位期間輸入到最左端正反器中的資料；串列輸出(serial output，*SO*)端則是最右端的正反器輸出的資料。在每一個時脈正緣時，暫存器中的資料向右移動一個位元位置，如圖 8.2-3(b)的時序圖所示。

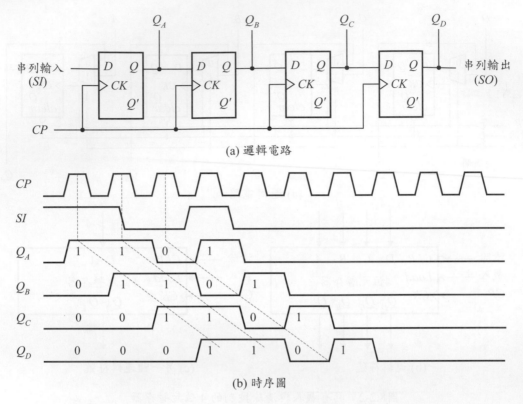

(a) 邏輯電路

(b) 時序圖

圖8.2-3　4位元移位暫存器

　　與暫存器一樣，移位暫存器通常也需要具有載入並列資料的能力。此外，除了將資料向右移動一個位置之外，在數位系統的應用中，它通常也必須能夠將暫存器中的資料向左移動一個位置。一般而言，若一個移位暫存器同時具有載入並列資料的能力與左移和右移的功能時，稱為通用移位暫存器(universal shift register)。若一個移位暫存器只能做左移或是右移的動作時，稱為單向移位暫存器(unidirectional shift register)；若可以做左移與右移的動作但是不能同時時，則稱為雙向移位暫存器(bidirectional shift register)。

　　典型的通用移位暫存器方塊圖如圖 8.2-4(a)所示。由於它具有並列輸入與輸出資料的能力，同時又具有左移與右移的功能，因此它可以當作下列四種功能的暫存器使用：

1. 串列輸入並列輸出(serial-in parallel-out，SIPO)暫存器；

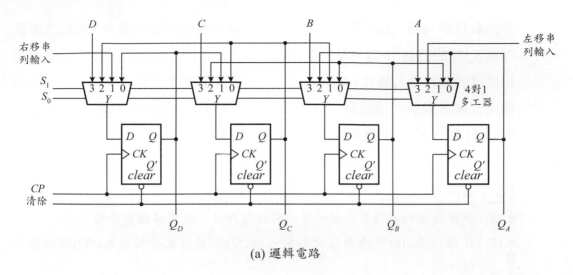

(a) 邏輯電路

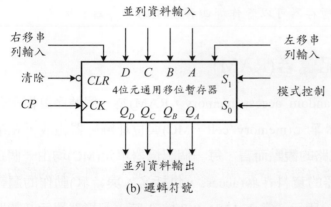

(b) 邏輯符號

S_1	S_0	功能
0	0	不變
0	1	右移
1	0	左移
1	1	載入並列資料

(c) 功能表

圖8.2-4 4位元通用移位暫存器

2. 串列輸入串列輸出(serial-in serial-out,SISO)暫存器;

3. 並列輸入串列輸出(parallel-in serial-out,PISO)暫存器;

4. 並列輸入並列輸出(parallel-in parallel-out,PIPO)暫存器。

圖 8.2-4(a)所示電路的邏輯符號與功能表分別如圖 8.2-4(b)與(c)所示。

當多工器的來源選擇線 $S_1 S_0$ 的值為 00 時,由於每一個 D 型正反器的輸出端 Q 均直接接回各自的資料輸入端 D,因此暫存器的資料維持不變;當多工器的來源選擇線 $S_1 S_0$ 的值為 01 時,每一個 D 型正反器的輸出端 Q 均直接接往右邊 D 型正反器的資料輸入端 D,而最左邊的 D 型正反器的資料輸入端則由右移串列輸入端輸入資料，因此為一個右移暫存器；當多工器的來源選擇線 $S_1 S_0$ 的值為 10 時，每一個 D 型正反器的輸出端 Q 均直接接往左邊 D 型正反器的資料輸入端 D，而最右邊的 D 型正反器的資料輸入端則由左移串列輸入端輸入資料，因此為一個左移暫存器；當多工器的來源選擇線 $S_1 S_0$ 的值為 11 時，每一個 D 型正反器的資料輸入端直接接往外部的並列資料(D、C、B、A)輸入端，因此可以並列的載入外部資料。

📖 複習問題

8.14. 試定義單向移位暫存器、雙向移位暫存器、通用移位暫存器。

8.15. 在圖 8.2-3(a)中的串列資料輸入端(SI)與串列資料輸出端(SO)的功能為何？

8.16. 典型的通用移位暫存器可以當作那四種功能的暫存器使用？

8.2.3 隨意存取記憶器(RAM)

隨意存取記憶器(random access memory，RAM)為一個循序邏輯電路，它由一些基本的記憶器單元(memory cell，MC)與位址解碼器組成。在半導體 RAM 中，由邏輯電路的觀點而言，每一個記憶器單元(MC)均由一個正反器與一些控制此正反器的資料存取(access，包括寫入與讀取)動作的邏輯閘電路組成，如圖 8.2-5(a)所示，當 X AND $R/W' = 1$ 時，記憶器單元為讀取動作；當 X AND $(R/W')' = 1$ 時，記憶器單元為寫入動作。

一般為使記憶器能同時容納更多的位元，均將多個記憶器單元並列，而以共同的 X 與 R/W' 來選擇與控制，以同時存取各個記憶器單元的資料，如圖 8.2-5(c)所示，當 $X = 1$ 時，四個記憶器單元均被致能，所以在 R/W' 控制下，它們都可以同時存入或是取出四個不同的資料位元($D_3 \sim D_0$)。一般而言，當 n 個記憶器單元以上述的方式並列在一起時，稱為一個 n 位元語句，n 的大小(稱為語句長度)隨記憶器類型而定，一般為 2^m，而 m 的值通常為 0 或是正整數。

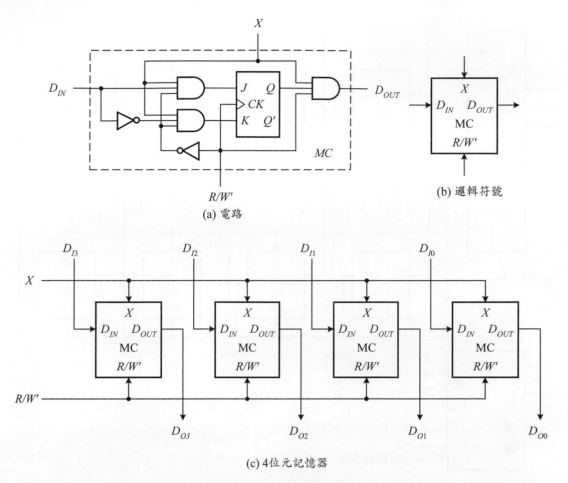

(a) 電路

(b) 邏輯符號

(c) 4位元記憶器

圖8.2-5 RAM 基本結構

圖 8.2-6(a)為一個典型的 RAM 結構圖,它由一個 4 對 2^4 解碼器與 16 個 4 位元語句的記憶器單元組成。十六個 4 位元語句分別由 4 對 16 解碼器輸入端的位址信號值($A_3 \sim A_0$)選取,被選取的語句可以在 R/W' 控制下進行資料的存取。圖 8.2-6(b)為其邏輯符號。

由於 RAM 元件也是一個模組化的邏輯電路元件,在實際應用上,通常必須將多個元件並接使用以擴充語句的位元數目,稱為語句寬度擴充,或是將多個元件串接使用以擴充語句的數目,稱為記憶器容量擴充,以符合數位系統實際上的需要。詳細的討論請參考[4,5]。

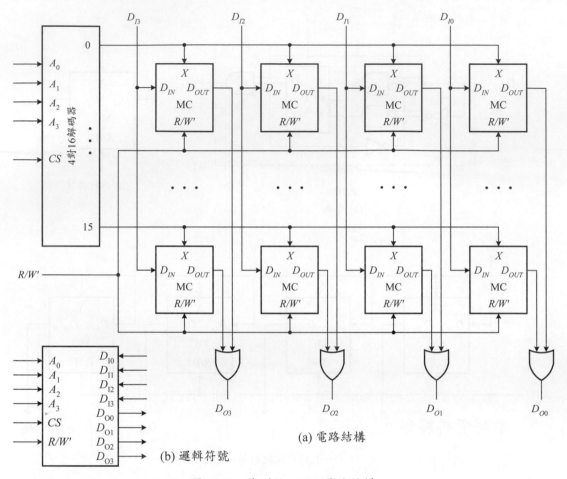

(a) 電路結構

(b) 邏輯符號

圖8.2-6 典型的 RAM 電路結構

📖 複習問題

8.17. 試定義語句寬度擴充與記憶器容量擴充。

8.18. 為何隨意存取記憶器為一個循序邏輯電路？

8.3 移位暫存器的應用

移位暫存器的應用相當廣泛，最常用的有下列兩種：

1. 資料格式(data format)轉換；

2. 序列產生器(sequence generator)。

本節中，將依序討論這些電路的基本結構與設計原理。

8.3.1　資料格式轉換

在大多數的數位系統內，資料的傳送都是並列的方式，但是當該系統欲傳送資料到外部(例如終端機，terminal)時，則必須以串列方式傳送，結果該系統與外部電路之間的通信必須透過一個資料格式的轉換電路，將並列資料轉換為串列資料或是將串列資料轉換為並列資料。前者通常採用 PISO 暫存器，將並列資料載入該暫存器後，再以串列輸出方式取出；後者則採用 SIPO 暫存器，依序載入串列的資料於該暫存器後，再以並列輸出的方式取出資料。

在實際應用中，由於移位暫存器中的暫存器數目(即長度)是有限制的，因此必須將資料序列切割成一序列的資料框(frame)。每一個資料框當作一個個體，而其長度則等於移位暫存器的長度。在 PISO 的轉換中，每次將一個資料框並列地載入暫存器中，然後串列移出；在 SIPO 的轉換中，則依序將一個資料框的資料串列移入暫存器後，再以並列方式取出。

串列資料轉移

一般而言，兩個數位系統之間的資料轉移方式可以分成並列轉移(parallel transfer)與串列轉移(serial transfer)兩種。前者在一個時脈內，即可以將欲轉移的多個位元資料同時傳送到另一個系統中；後者則以串列的方式，以一個時脈一個位元的方式傳送。以速度而言，並列方式遠較串列方式為快；以成本而言，若考慮長距離的資料傳送，則以串列方式較低。

例題 8.3-1　(串列資料轉移)

設計一個串列資料轉移系統，當轉移控制輸入信號(TC)為高電位期間時，移位暫存器 A 中的資料位元即依序以串列方式轉移到移位暫存器 B 中。

解：系統方塊圖如圖 8.3-1(a)所示，利用一個 OR 閘(註：較使用 AND 閘為佳)由 TC 與系統時脈 ϕ 中產生移位暫存器所需要的移位時脈 CP。只要 TC 輸入信號維持在高電位時，移位暫存器 A 中的資料位元即依序轉移到移位暫存器 B 中，詳細的時序如圖 8.3-1(b)所示。

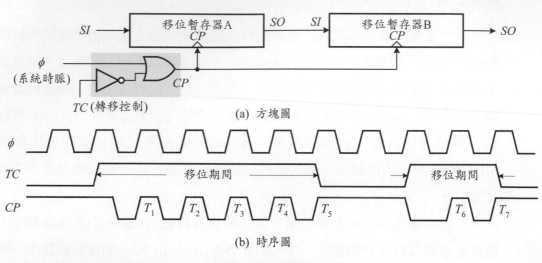

(a) 方塊圖

(b) 時序圖

圖 8.3-1　串列資料轉移

除了直接轉移資料到另外一個移位暫存器中之外，兩個移位暫存器中的資料也可能經過運算後，再轉移到另外一個移位暫存器或是存回原先的暫存器內。

例題 8.3-2　(4 位元串列加法器)

利用兩個 4 位元移位暫存器與一個同步循序邏輯電路，設計一個 4 位元串列加法器電路。

解：依據題意，得到圖 8.3-2(a)的電路方塊圖，欲相加的兩個數目分別儲存在移位暫存器 A 與 B 中，並清除同步循序邏輯電路，使其回到初始狀態上，接著依序由兩個移位暫存器中各移出一個位元，經過同步循序邏輯電路運算後，得到的結果再存回移位暫存器 A 中，如此經過 4 個時脈之後，移位暫存器 B 的內容即為兩個數的總和，而 C_{OUT} 為最後的進位輸出。

同步循序邏輯電路的狀態表如圖 8.3-2(b)所示，其中狀態 A 表示目前的進位輸入為 0，狀態 B 表示目前的進位輸入為 1。轉態表與輸出表如圖 8.3-2(c)所示，假設使用 D 型正反器，則激勵表與轉態表相同，利用卡諾圖化簡後得到正反器的激勵與輸出函數為：

$$Y = x_1 x_2 + x_1 y + x_2 y$$

$$z = x'_1 x'_2 y + x'_1 x_2 y' + x_1 x'_2 y' + x_1 x_2 y = x_1 \oplus x_2 \oplus y$$

因此上述交換函數為全加器電路，其中 Y 相當於 C_{OUT} 而 z 相當於 S，所以直接以全加器與 D 型正反器執行，結果的電路如圖 8.3-2(d)所示。

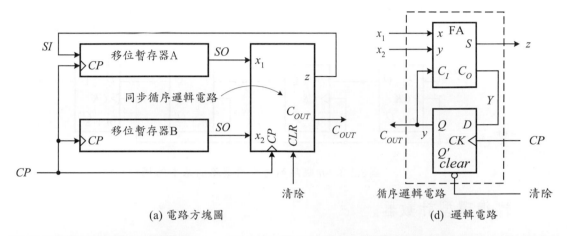

(a) 電路方塊圖　　　　　　　　　(d) 邏輯電路

PS	$x_1 x_2$		NS, z	
	00	01	11	10
A	A,0	A,1	B,0	A,1
B	A,1	B,0	B,1	B,0

(b) 同步循序邏輯電路狀態表

y	$x_1 x_2$		Y		$x_1 x_2$		z	
	00	01	11	10	00	01	11	10
0	0	0	1	0	0	①	0	①
1	0	1	1	1	①	0	①	0

(c) 同步循序邏輯電路的轉態表與輸出表

圖8.3-2　4 位元串列加法器電路

📖 複習問題

8.19. 一般而言，兩個數位系統之間的資料轉移方式可以分成那兩種？

8.20. 試定義串列轉移與並列轉移。

8.3.2 序列產生器

　　移位暫存器除了當做資料格式的轉換之外，也常常用來當做序列產生器。所謂的序列產生器是指一個在外加時脈同步下能夠產生特定 0 與 1 序列的數位系統。這種電路可以當做計數器、時序產生器等。

　　基本的 n 級序列產生器電路的結構如圖 8.3-3 所示，它由 n 個 D 型正反器組成的移位暫存器與一個用來產生該移位暫存器的右移串列輸入信號(即 D_0)的組合邏輯電路組成。D_0 為 n 個 D 型正反器輸出(Q 或是 Q')的函數，即

$$D_0 = f(Q_{n-1}, \ldots, Q_1, Q_0)$$

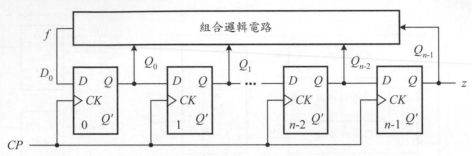

圖8.3-3　n 級序列產生器電路的基本結構

標準環型計數器

　　環型計數器(ring counter)的兩種基本型式為：標準環型(standard-ring)與扭環(twisted-ring)。模 n 的標準環型計數器需要使用 n 個正反器(即 n 級)的移位暫存器；模 n 的扭環計數器需要 $n/2$ 級的移位暫存器。標準環型計數器的特性為每一個時脈期間只有而且必須有一個正反器的輸出值為 1，其設計方式如下列例題所示。

例題 8.3-3　(標準環型計數器)

　　設計一個模 4 標準環型計數器電路。

解：依據標準環型計數器的定義，每一個時脈期間只有而且必須有一個正反器的輸出值為 1，並且模 4 的電路必須使用 4 級移位暫存器，若假設移位暫存器的初值$(wxyz) = 1000$，則得到圖 8.3-4(a)的 D_0 真值表，利用圖 8.3-4(b)的卡諾圖化簡後，得到 D_0 的交換函數：

$$D_0 = z$$

結果的邏輯電路如圖 8.3-4(c)所示。

狀態	D_0	w	x	y	z
S_0	0	1	0	0	0
S_1	0	0	1	0	0
S_2	0	0	0	1	0
S_3	1	0	0	0	1
S_0	0	1	0	0	0

(a) D_0真值表

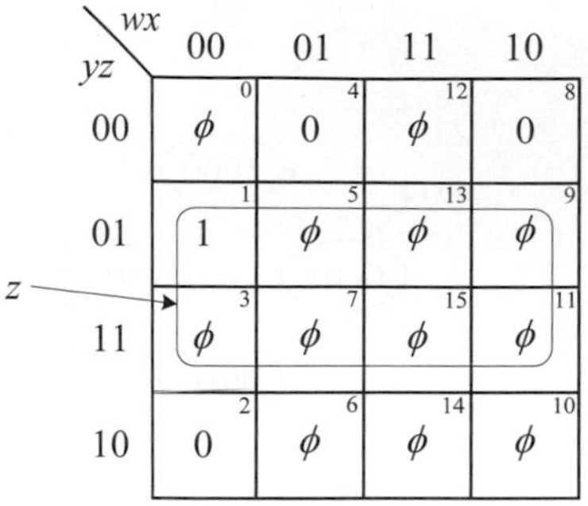

(b) 卡諾圖

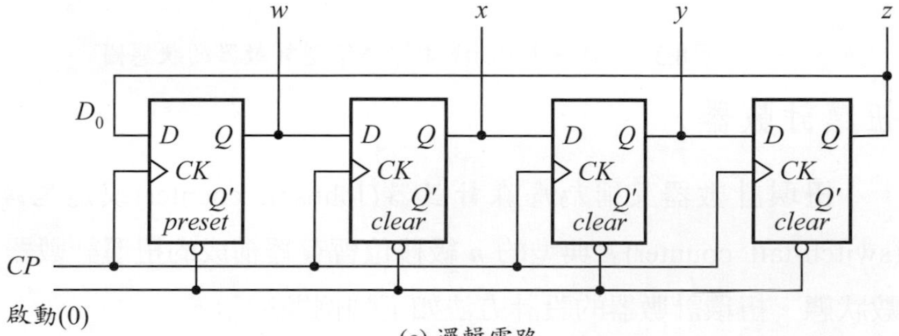

(c) 邏輯電路

圖8.3-4　模 4 標準環型計數器

一般而言，模 n 的標準環型計數器具有 n 個成立的狀態與 $2^n - n$ 個不成立的狀態。圖 8.3-5 為圖 8.3-4(c)的模 4 標準環型計數器的狀態圖。由圖可以得知，除了圖 8.3-5(a)的成立的計數序列迴圈外，還包括了其它五個不成立的計數序列迴圈，如圖 8.3-5(b)所示，而且這些不成立的計數序列迴圈均為獨立的迴圈，因此該計數器電路一旦進入這些迴圈之後，將被鎖住在這些迴圈之內而無法回到正常的計數序列迴圈中。為使電路能成為自我啟動的電路，必須加入額外的電路來導引這些不成立的計數序列迴圈到正常的計數序列迴圈上，常用的方法為使用下列交換函數：

$$D_0 - (w \mid x \mid y)'$$

取代原先的 D_0。讀者不難由其狀態圖證明該計數器在進入不成立的計數序列後，最多只需要四個時脈的時間即可以回到正常的計數序列迴圈上(習題 8.19)。

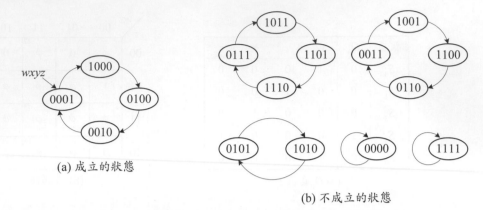

(a) 成立的狀態

(b) 不成立的狀態

圖8.3-5 圖 8.3-4(c)模 4 標準環型計數器的狀態圖

扭環計數器

扭環計數器又稱為詹森計數器(Johnson counter)或是尾端交換計數器 (switch-tail counter)。典型的 n 級移位暫存器構成的扭環計數器具有 $2n$ 個計數狀態。扭環計數器的設計方法如下列例題所示。

例題 8.3-4 (扭環計數器)

設計一個模 8(4 級)扭環計數器電路,其正反器的輸出值 w、x、y、z 如圖 8.3-6(a)所示。

解: 利用圖 8.3-6(b)的卡諾圖化簡後,得到 D_0 的交換函數為:

$$D_0 = z'$$

結果的邏輯電路如圖 8.3-6(c)所示。

如前所數,一個 n 級的扭環計數器具有 $2n$ 個成立的狀態與 $2^n - 2n$ 個不成立的狀態。與標準環型計數器一樣,扭環計數器也會鎖住在一些不成立的狀態迴圈(習題 8.20)上。為了避免這種現象,必須將計數器電路修正為自我啟動的電路,常用的方法為將 D_2 的交換函數改為:

$$D_2 = (w + y) x$$

讀者不難由其狀態圖證明這樣修正後,該扭環計數器為一個自我啟動的電路 (習題 8.21)。

狀態	D_0	w	x	y	z
S_0	1	0	0	0	0
S_1	1	1	0	0	0
S_2	1	1	1	0	0
S_3	1	1	1	1	0
S_4	0	1	1	1	1
S_5	0	0	1	1	1
S_6	0	0	0	1	1
S_7	0	0	0	0	1
S_0	1	0	0	0	0

(a) D_0真值表

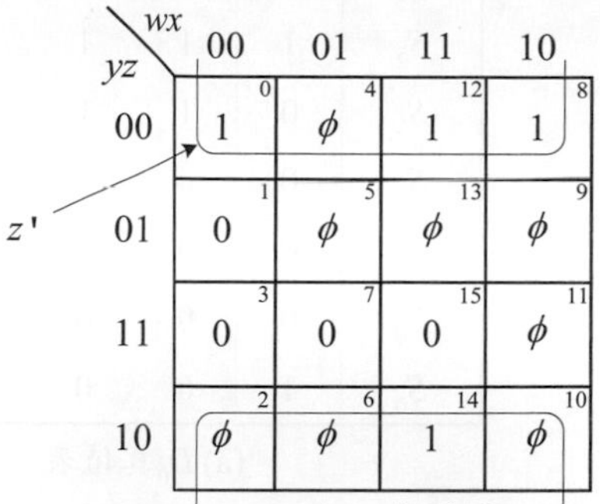

(b) 卡諾圖

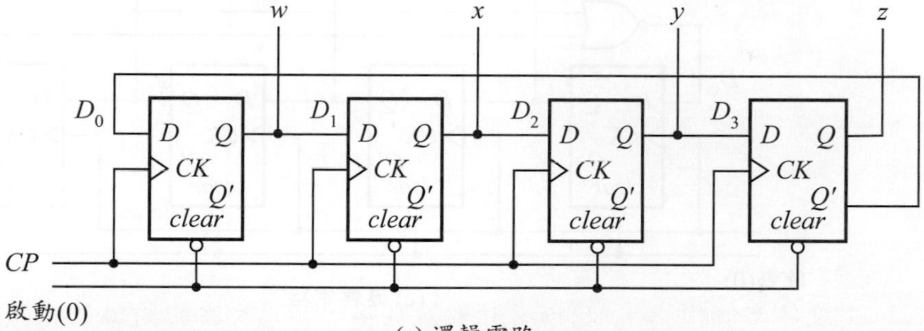

(c) 邏輯電路

圖8.3-6 模 8(4 級)扭環計數器

上述扭環計數器的計數序列為 $2n$ 個(n 為正反器的數目),即為模 $2n$ 計數器,在實用上也可以設計一個不是模 $2n$ 的扭環計數器。例如下列例題的模 7 扭環計數器電路。

例題 8.3-5 (模 7 扭環計數器)

設計一個模 7 (4 級)扭環計數器電路,其正反器的輸出如圖 8.3-7(a)所示。

解:利用圖 8.3-7(b)的卡諾圖化簡後,得到 D_0 的交換函數為:

$$D_0 = y' z' = (y + z)'$$

結果的邏輯電路如圖 8.3-7(c)所示。

狀態	D_0	w	x	y	z
S_0	1	0	0	0	0
S_1	1	1	0	0	0
S_2	1	1	1	0	0
S_3	0	1	1	1	0
S_4	0	0	1	1	1
S_5	0	0	0	1	1
S_6	0	0	0	0	1
S_0	1	0	0	0	0

(a) D_0真值表

(b) 卡諾圖

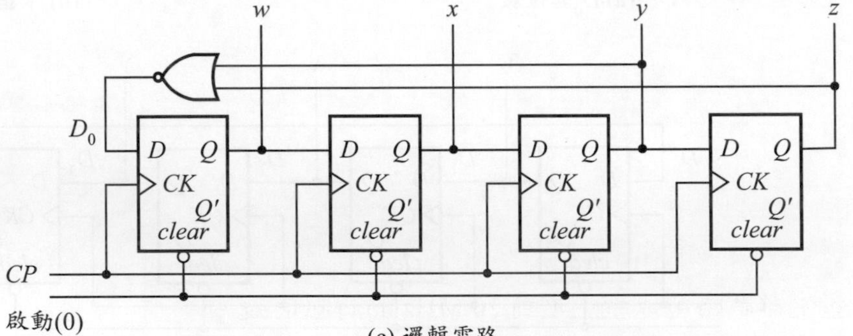

(c) 邏輯電路

啟動(0)

圖8.3-7 模7扭環計數器

📖 複習問題

8.21. 試定義序列產生器。

8.22. 環型計數器有那兩種基本型式？

8.23. 何謂詹森計數器、扭環計數器？

8.4 時序產生電路

本節中，將依序討論時脈產生器、時序產生器、數位單擊等電路，其中時脈產生器產生週期性的時脈信號；時序產生器由時脈產生器導出需要的時序控制信號；數位單擊電路則在觸發信號啟動時即產生一個預先設定時距的信號輸出。

8.4.1 時脈產生器

在數位系統中常用的時脈產生器大約可以分成兩類：一類是利用石英晶體回授的振盪器電路；另一類則是使用 RC 回授的振盪器電路。前者可以提供穩定的時脈信號；後者則可以依據實際的需要調整其頻率與脈波寬度。

石英晶體回授型振盪器

典型的石英晶體回授型振盪器電路如圖 8.4-1 所示。圖 8.4-1(a)為使用 TTL 邏輯閘構成的振盪器電路；圖 8.4-1(b)則為使用 CMOS 邏輯閘構成的振盪器電路。在圖 8.4-1(a)中，反相器 A 為一個電流對電壓放大器，其增益為 $A_A = V_{OUT} / I_{in} = -R_1$；反相器 B 和反相器 A 相同，其增益 $A_B = -R_2$，兩個反相器經由 0.01 μF 的電容耦合後形成一個提供 360°相移的複合放大器，其增益為 $A = R_1 R_2$。反相器 B 的部分輸出信號經由石英晶體回授後，回饋到反相器 A 的輸入端，反相器 A 與 B 形成正回授放大器，因此產生振盪，其振盪頻率則由石英晶體的串聯 RLC 等效電路的諧振頻率決定。一般而言，這種時脈產生器電路可以產生 1 到 20 MHz 的時脈信號。

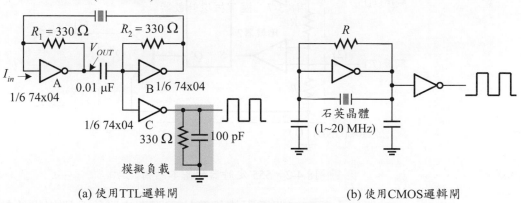

圖8.4-1　時脈產生器電路(1~20 MHz)

反相器 C 做為輸出緩衝放大器，以提供在保特上昇時間與下降時間皆小於 10 ns 的條件下，能夠推動 330 Ω與 100 pF 並聯的負載。

在圖 8.4-1(b)中石英晶體與 CMOS 反相器組成考畢子振盪器(Colpitts os-cillator)電路。電路中的電阻器 R 將反相器偏壓在它的電壓轉換曲線的轉態區中的中心點(圖 3.3-5(b))，使其操作在高增益區，以提供足夠的迴路增益，維繫振盪動作的持續進行。

RC 回授型振盪器

在數位電路中，最簡單而且常用的 RC 回授型振盪器電路為 555 定時器(timer)振盪器。555 定時器電路的基本結構如圖 8.4-2 所示，它由兩個比較器、一個 SR 門閂電路、一個放電電晶體 Q_1，與一個輸出緩衝器組成。若 V_{CC} 使用+5 V，則此定時器可以與 74xx 系列的 TTL 與 CMOS 邏輯族系電路匹配使用。

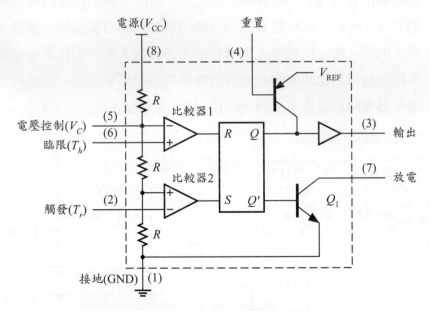

圖8.4-2　555 定時器的基本結構

在 555 定時器的內部有三個電阻值相等的電阻器串聯後分別提供比較器 1 與 2 的參考電壓，其中比較器 1 的參考電壓為 + (2/3)V_{CC}，而比較器 2 的參考電壓為 + (1/3)V_{CC}。因此當比較器 1 的另一個輸入端(稱為臨限(threshold)輸入端，T_h)的電壓值大於 + (2/3)V_{CC} 時，比較器 1 的輸出端即維持於高電位狀態；當比較器 2 的另一個輸入端(稱為觸發(trigger)輸入端，T_r)的電壓值小於 $+(1/3)V_{CC}$ 時，比較器 2 的輸出端即維持於高電位狀態。比較器 1 與 2 的輸出信號則分別控制 SR 門閂電路的 R 與 S 輸入端。SR 門閂電路的輸出端 Q 與 Q' 則又分別為輸出信號端及控制一個放電電晶體 Q_1。

　　555 定時器的主要應用可以分成兩類：非穩態電路(astable circuit)與單擊電路(monostable circuit)。前者用以產生一連串的週期性脈波輸出；後者則每當觸發信號啟動時，即產生一個預先設定時間寬度的脈波信號輸出。

　　圖 8.4-3(a)所示電路為 555 定時器的非穩態電路；圖 8.4-3(b)為其時序圖。由圖 8.4-2 所示 555 定時器的基本結構可以得知：當 V_C 小於 $(1/3)V_{CC}$ 時，比較器 2 的輸出端為高電位，SR 門閂的輸出端上升為高電位，因此定時器的輸出端為高電位，當電容器 C 經由電阻器 R_A 與 R_B 充電至 V_C 大於 $(2/3)V_{CC}$ 時，比較器 1 的輸出端為高電位，SR 門閂的輸出端下降為低電位，因此定時器的輸出端下降為低電位，如圖 8.4-3(b)所示。此時放電電晶體 Q_1 導通，電容器 C 開始經由電阻器 R_B 與電晶體 Q_1 放電，當它放電至 V_C 小於 $(1/3)V_{CC}$ 時，SR 門閂的輸出端又設置為 1，定時器的輸出端又上升為高電位(V_{CC})，同時放電電晶體 Q_1 截止，電容器 C 停止放電，並且再度由電阻器 R_A 與 R_B 向 V_{CC} 充電，重新開始另一個週期的循環，因此產生一連串的矩形波輸出。

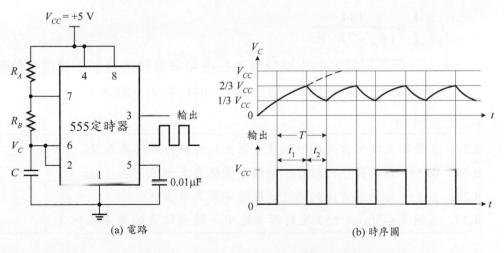

圖8.4-3　555 定時器當作非穩態複振器

輸出波形的週期 T 可以由電容器 C 的充放電時間常數求得，由圖 8.4-3(a) 可以得知：充電時間常數為 $(R_A + R_B)C$，放電時間常數為 $R_B C$。另外由單一時間常數的 RC 電路充、放電方程式：

$$v(t) = V_f + (V_i - V_f)e^{-t/\tau}$$

得到：

$$V_C(t_1) = \frac{2}{3}V_{CC} = V_{CC} + (\frac{1}{3}V_{CC} - V_{CC})e^{-t_1/(R_A + R_B)C}$$

$$V_C(t_2) = \frac{1}{3}V_{CC} = 0 + (\frac{2}{3}V_{CC} - 0)e^{-t_2/R_B C}$$

所以

$$t_1 = (R_A + R_B)C \ln 2 = 0.693(R_A + R_B)C$$

$$t_2 = R_B C \ln 2 = 0.693 R_B C$$

然而週期

$$T = t_1 + t_2$$

所以

$$T = 0.693(R_A + 2R_B)C$$

頻率為

$$f = \frac{1}{T} = \frac{1.44}{(R_A + 2R_B)C}$$

RC 回授型振盪器的主要缺點為振盪頻率很難維持在一個穩定的頻率上，因此這種電路只使用在不需要精確的時脈頻率之場合。

📖 複習問題

8.24. 在數位系統中常用的時脈產生器大約可以分成那兩類？

8.25. 在 555 定時器中比較器 1 的觸發電壓為多少？

8.26. 在 555 定時器中比較器 2 的觸發電壓為多少？

8.27. 在圖 8.4-3(a) 的 555 定時器電路中，輸出信號的頻率為何？

8.4.2 時序產生器

在許多數位系統中，常常需要產生如圖 8.4-4 所示的時序信號。可以產生如圖 8.4-4 所示的時序信號之電路稱為時序產生器(timing sequence generator)。一般用來產生時序信號的電路有下列三種：標準環型計數器、扭環計數器、二進制計數器。其中第一種不需要外加邏輯閘；後面兩種則必須外加其它邏輯閘。

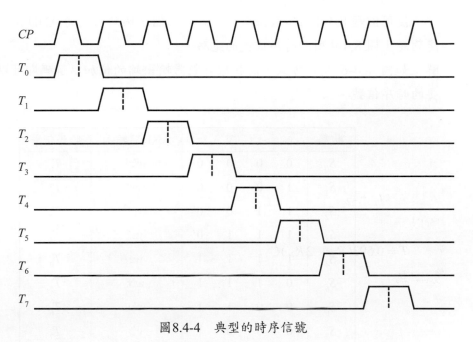

圖8.4-4　典型的時序信號

例題 8.4-1　(使用標準環型計數器)

利用標準環型計數器，設計一個可以產生圖 8.4-4 時序信號的時序產生器電路。

解：如圖 8.4-5 所示，利用一個八級的標準環型計數器，若其初值設定為 10000000，因此產生時序脈波 T_0，而後每次加入一個時脈時，暫存器即向右移位一次，由於在每一個時脈期間只有一個正反器輸出為 1，因而當時脈連續地加入時，它即產生如圖 8.4-4 所示的時序信號。

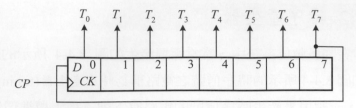

圖8.4-5　八級標準環型計數器(初值為 10000000)

例題 8.4-2　(使用扭環計數器)

使用例題 8.3-4 的四級扭環計數器與八個 2 個輸入端的 AND 閘，設計一個能夠產生圖 8.4-4 所示時序信號的電路。

解：如圖 8.4-6 所示方式，將扭環計數器輸出端的值加以解碼即可以產生所需要的時序信號。

狀態	w	x	y	z	AND閘輸入	時序信號
S_0	0	0	0	0	$w'z'$	T_0
S_1	1	0	0	0	wx'	T_1
S_2	1	1	0	0	xy'	T_2
S_3	1	1	1	0	yz'	T_3
S_4	1	1	1	1	wz	T_4
S_5	0	1	1	1	$w'x$	T_5
S_6	0	0	1	1	$x'y$	T_6
S_7	0	0	0	1	$y'z$	T_7

圖8.4-6　四級扭環計數器的解碼輸入與時序信號

例題 8.4-3　(使用模 8 二進制計數器與解碼器)

利用一個模 8 二進制計數器與一個 3 × 8 解碼器，設計一個可以產生圖 8.4-4 所示時序信號的電路。

解：如圖 8.4-7 所示，模 8 二進制計數器的輸出端 Q_2 到 Q_0 經由 3 × 8 解碼器解碼後，即可以依序產生圖 8.4-4 所示的時序信號。

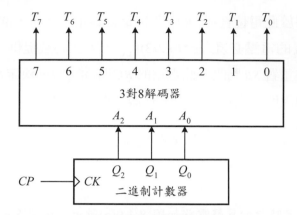

圖8.4-7 計數器與解碼器組成的時序產生器電路

📖 複習問題

8.28. 何謂時序產生器？

8.29. 一般用來產生時序信號的電路有那些？

8.4.3 數位單擊電路

在數位系統中，常常需要產生一個如圖 8.4-8(b)所示的單擊時序信號，即每當啟動信號致能時，即產生一個期間為 T 的高電位脈波輸出。這種單擊電路通常為 RC 型電路，其脈波寬度 T 由電路中的 RC 時間常數決定。單擊電路的邏輯符號如圖 8.4-8(a)所示。

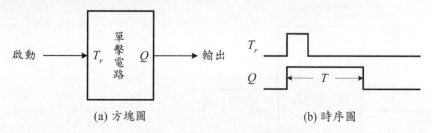

(a) 方塊圖   (b) 時序圖

圖8.4-8 單擊時序信號

如前所述，555 定時器也可以工作於單擊電路模式。由圖 8.4-2 的 555 定時器內部方塊圖可以得知，當一個負向啟動的觸發信號加於觸發輸入端(T_r)時，SR 門閂的輸出端將上升為高電位，因而定時器輸出端為高電位，並且一直維持於此電位直到 SR 門閂被重置為止。然而，欲重置 SR 門閂時，臨限輸入端 T_h 的電壓必須大於 $(+2/3)V_{CC}$，因此必須提供一個適當的電路，產生此電壓來重置 SR 門閂。此電路的 RC 時間常數亦決定需要的輸出脈波寬度。下列例題說明如何使用 555 定時器為單擊電路。

例題 8.4-4 (555 定時器單擊電路)

利用 555 定時器，設計一個能夠產生一個輸出脈波寬度為 80 μs 的單擊電路。

解： 555 定時器的單擊電路如圖 8.4-9(a)所示。由圖 8.4-2 的 555 定時器內部方塊圖可以得知，當一個負向啟動的觸發信號加於觸發輸入端(T_r)時，SR 門閂的輸出端上升為高電位，因而輸出端為高電位，如圖 8.4-9(b)所示，此時放電電晶體 Q_1 截止，因此圖 8.4-9(a)中的電容器 C 經由 R 向 V_{CC} 充電，當其電壓 V_C 大於 $(2/3)V_{CC}$ 時，555 內部的 SR 門閂的輸出端下降為低電位，定時器的輸出端也降為低電位，結束輸出脈波，同時放電電晶體 Q_1 導通，電容器 C 上的電壓迅速下降為 0，恢復原先未觸發前的狀態，所以為一個單擊電路，輸出脈波的寬度 T 可以依據下列方式求得：

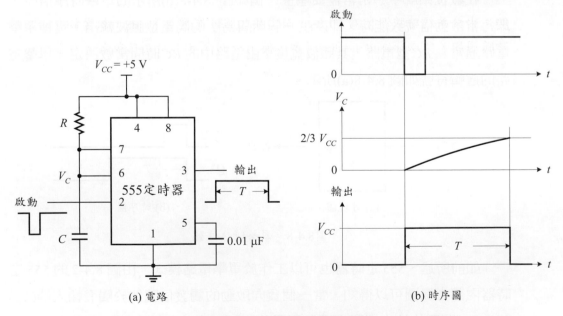

(a) 電路　　　　　　　　　(b) 時序圖

圖8.4-9　555 定時器單擊電路

$$V_C(T) = \frac{2}{3}V_{CC} = V_{CC} + (0 - V_{CC})e^{-T/RC}$$

所以

$$T = RC\ln 3 = 1.1RC$$

由於 $T = 80\ \mu\text{s}$，所以若設 $C = 0.01\ \mu\text{F}$，則 $R = 7.273\ \text{k}\Omega$。

　　利用 RC 充放電的單擊電路，雖然電路簡單而且有許多現成的 IC 電路可資利用，然而因為其本質上為一個非同步電路，在數位系統中，很難與系統時脈同步，另外一方面由於 RC 數值上很難搭配到一個精確的值，因此很難產生一個精確的時脈寬度。

　　在數位系統中，最常用而且能夠與系統時脈同步的單擊電路為使用計數器、控制閘、JK 正反器等組合而成的電路，這種電路稱為數位單擊電路 (digital monostable)，以別於 RC 型的電路。

例題 8.4-5　(數位單擊電路)

　　假設系統時脈週期為 $10\ \mu\text{s}$，設計一個數位單擊電路以當每次啟動脈波致能時，均產生一個寬度為 $80\ \mu\text{s}$ 的脈波輸出。

解： 由於系統時脈週期為 $10\ \mu\text{s}$，而需要的脈波寬度為 $80\ \mu\text{s}$，相當於 8 個系統時脈週期，所以如圖 8.4-10(a)所示，使用一個模 8 二進制計數器，計數所需要的系統時脈數目。在圖 8.4-10(a)中，當啟動信號啟動時，JK 正反器的輸出將於下一個時脈(CP)的正緣時上昇為 1，同時致能模 8 計數器，當模 8 計數器計數到 7 時，JK 正反器的 K 輸入端為 1，因此在下一個時脈的正緣時，輸出下降為 0，因此產生一個寬度為 8 個時脈週期的脈波輸出。電路動作的時序如圖 8.4-10(b)所示。注意：圖 8.4-10(a)電路中的計數器在啟動信號啟動之前，必須先清除為 0，才能確保電路動作的正確。

　　在上述例題中，電路的觸發方式是不可以重覆觸發的，在實際應用中，若需要可以重覆觸發方式的數位單擊電路時，可以將啟動信號加到計數器的清除輸入端，因此每次啟動信號啟動時，均將計數器重新清除為 0，重新啟動該計數器，達到可以重覆觸發的功能(習題 8.23)。

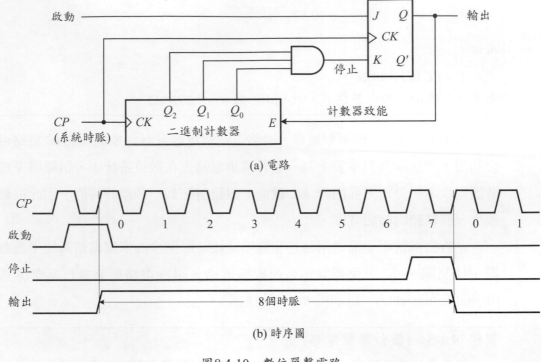

(a) 電路

(b) 時序圖

圖8.4-10 數位單擊電路

📖 複習問題

8.30. 何謂數位單擊電路？它有何特性？

8.31. 如何使圖 8.4-10(a)的電路成為可以重覆觸發方式的數位單擊電路？

8.32. 使用 *RC* 充放電方式的單擊電路有何缺點？

8.5 參考資料

1. G. Langholz, A. Kandel, and J. L. Mott, *Digital Logic Design*, Dubuque, Iowa: Wm C. Brown Publishers, 1988.

2. M. B. Lin, *Digital System Designs and Practices: Using Verilog HDL and FPGAs*, John Wiley & Sons, 2008.

3. M. B. Lin, *Digital System Design: Principles, Practices, and Applications*, 5th ed., Taipei, Taiwan: Chuan Hwa Book Ltd., 2017.

4. M. B. Lin, *Microprocessor Principles and Applications: x86/x64 Family Software, Hardware, Interfacing, and Systems*, 5th ed., Taipei, Taiwan: Chuan Hwa Book Ltd., 2012.

5. M. B. Lin and S. T. Lin, *8051 Microcomputer Principles and Applications*, Taipei, Taiwan: Chuan Hwa Book Ltd., 2013.

6. E. J. McCluskey, *Logic Design Principles*, Englewood Cliffs. New Jersey: Prentice-Hall, 1986.

7. C. H. Roth, *Fundamentals of Logic Design*, 4th ed., St. Paul, Minn.: West Publishing, 1992.

8. Texas Instrument, *The TTL Data Book*, Texas Instrument Inc., Dallas, Texas, 1986.

8.6 習題

8.1 設計下列各指定的計數器電路：

(1) 設計一個非同步模 16 正數計數器。

(2) 設計一個非同步模 16 倒數計數器。

(3) 利用(1)與(2)設計一個非同步模 16 正數/倒數計數器。

8.2 說明在非同步計數器中，正反器的時脈輸入端的觸發方式、輸出信號取出方式，與正反器的時脈輸入信號來源，對計數器操作模式的影響將如表 P8.1 所示。

8.3 試以下列指定的正反器重做例題 8.1-3。

(1) *JK* 正反器　　　　　　(2) *D* 型正反器

(3) *SR* 正反器

8.4 利用 *JK* 正反器，設計一個控制型同步 BCD 正數/倒數計數器電路。當控制端 x 為 1 時為正數；x 為 0 時為倒數。當計數器正數到 9 或是倒數到 0 時，輸出端 z 輸出一個 1 的脈波，其它狀態，z 的值均為 0。

表 P8.1

CK	觸發來源	輸出	操作模式	CK	觸發來源	輸出	操作模式
↓	Q	Q	正數	↑	Q	Q	倒數
↓	Q	Q'	倒數	↑	Q	Q'	正數
↓	Q'	Q	倒數	↑	Q'	Q	正數
↓	Q'	Q'	正數	↑	Q'	Q'	倒數

8.5 利用下列指定的正反器，設計一個控制型同步模 6 二進制正數計數器。計數器的輸出序列依序為 $000 \rightarrow 001 \rightarrow 010 \rightarrow 011 \rightarrow 100 \rightarrow 101 \rightarrow 000$。當控制輸入端 x 為 0 時，計數器暫停計數；x 為 1 時，計數器正常計數。

(1) JK 正反器　　　　　　　　(2) T 型正反器

8.6 本習題為一個關於設計一個同步模 6 二進制正數計數器的問題，計數器的 輸出序列依序為 $000 \rightarrow 001 \rightarrow 010 \rightarrow 011 \rightarrow 100 \rightarrow 101 \rightarrow 000$。回答下列問題：

(1) 假設計數器為控制型而高電位啟動的控制信號為 x，使用 D 型正反器執行此計數器。

(2) 使用 JK 正反器重做上述控制型計數器，並由 JK 正反器的特性方程式求其激勵函數。

(3) 假設計數器為自發型，使用 D 型正反器執行此計數器。

(4) 使用 JK 正反器重做上述自發型計數器，並由 JK 正反器的特性方程式求其激勵函數。

8.7 本習題為一個關於設計一個同步模 10 二進制正數計數器的問題，計數器的 輸出序列依序為 $0000 \rightarrow 0001 \rightarrow 0010 \rightarrow 0011 \rightarrow 0100 \rightarrow 0101 \rightarrow 0110 \rightarrow 0111 \rightarrow 1000 \rightarrow 1001 \rightarrow 0000$。回答下列問題：

(1) 假設計數器為控制型而高電位啟動的控制信號為 x，使用 D 型正反器執行此計數器。

(2) 使用 JK 正反器重做上述控制型計數器，並由 JK 正反器的特性方程式求其激勵函數。

(3) 假設計數器為自發型，使用 D 型正反器執行此計數器。

(4) 使用 JK 正反器重做上述自發型計數器，並由 JK 正反器的特性方程式求其激勵函數。

8.8　設計一個自發型同步模 8 格雷碼正數計數器。計數器的輸出序列依序為 $000 \rightarrow 001 \rightarrow 011 \rightarrow 010 \rightarrow 110 \rightarrow 111 \rightarrow 101 \rightarrow 100 \rightarrow 000$。分別使用 JK 正反器與 T 型正反器執行。

8.9　設計一個自發型同步模 6 計數器。其輸出序列依序為 $000 \rightarrow 010 \rightarrow 011 \rightarrow 110 \rightarrow 101 \rightarrow 100 \rightarrow 000$。分別使用下列指定的正反器執行。

(1) D 型正反器　　　　　　　(2) T 型正反器

(3) JK 正反器

8.10　設計一個自發型同步模 8 格雷碼倒數計數器。計數器的輸出序列依序為 $000 \rightarrow 100 \rightarrow 101 \rightarrow 111 \rightarrow 110 \rightarrow 010 \rightarrow 011 \rightarrow 001 \rightarrow 000$。分別使用 JK 正反器與 D 型正反器執行。

8.11　分析圖 P8.1 的計數器電路：

(1) 該計數器為同步或是非同步電路？

(2) 計數器的輸出序列為何？

(3) 該計數器是否為一個自我啟動計數器？

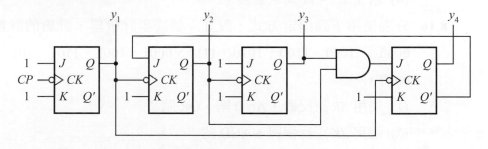

圖 P8.1

8.12　分析圖 P8.2 的同步計數器電路：

(1) 決定計數器的輸出序列。

(2) 求出計數器的狀態圖並說明是否為一個自我啟動電路。

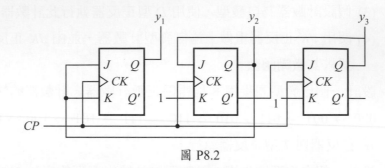

圖 P8.2

8.13 利用 SN74x163 計數器，設計一個模 6 計數器，其輸出序列依序為 0011 → 0100 → 0101→ 0110 → 0111 → 1000 → 0011 。

8.14 利用兩個 SN74x163 與邏輯閘(如果需要)，設計一個模 60 的二進制正數計數器。

8.15 利用一個 SN74x163 與一個 4×1 多工器和一些基本邏輯閘，設計一個可規劃模數計數器，其輸出序列依序為 0000 → 0001 → 0010→ ⋯ 。計數器的計數模式如下：

(1) 當 $S_1 S_0$ = 00 時，為模 3；

(2) 當 $S_1 S_0$ = 01 時，為模 6；

(3) 當 $S_1 S_0$ = 10 時，為模 9；

(4) 當 $S_1 S_0$ = 11 時，為模 12。

8.16 分別使用下列指定方式，設計一個同步計數器，計數的計數序列為 0000 、1000、1100、1010、1110、0001、1001、1101、1011、1111、0000、⋯ 。

(1) 使用 SR 正反器、AND 閘、OR 閘

(2) 使用 JK 正反器與 NAND 閘

(3) 使用 D 型正反器與 NOR 閘

(4) 使用 T 型正反器、AND 閘、OR 閘。

8.17 分析圖 P8.3 所示的計數器電路，並列出其模式控制與狀態表(或狀態

圖)。

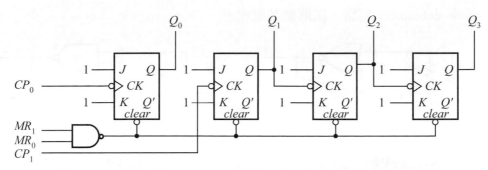

圖 P8.3

8.18 利用下列指定方式，設計一個具有並行載入控制的 4 位元暫存器：

(1) D 型正反器　　　　　　　　　(2) JK 正反器

8.19 在圖 8.3-4(c)的模 4 標準環型計數器中，若將 D_0 的函數改為$(w + x + y)'$，則該電路成為自我啟動電路，試繪其狀態圖證明之，並且證明當該計數器一旦進入不成立的計數序列時，最多只需要四個時脈即可回到正常的計數迴圈上。

8.20 繪出圖 8.3-6(c)的模 8 扭環計數器的狀態圖，證明該電路不是一個自我啟動電路。

8.21 在圖 8.3-6(c)的模 8 扭環計數器中，若將 D_2 的函數改為$(w + y) \, x$，則該電路為一個自我啟動電路，試求出該電路修正後的狀態圖證明之，並且說明當電路一旦進入不成立的計數序列時，最多需要多少個時脈才可以回到正常的計數序列迴圈中。

8.22 利用 555 定時器，設計一個非穩態電路而其工作頻率為 75 kHz。

8.23 修改圖 8.4-10 的數位單擊電路，使成為可重複觸發方式，即在未完成目前的輸出之前可以再被觸發而重新產生預先設定的輸出脈波寬度。

8.24 設計一個可規劃數位單擊電路，其輸出脈波的寬度可以由開關選擇性的設定為 1 到 15 個脈波週期的範圍，而且電路必須為可重複觸發的方式。

8.25 圖 P8.4 所示為分別使用 NOR 閘與 NAND 閘組成的開關防彈(switch debouncer)電路,試解釋其原理。

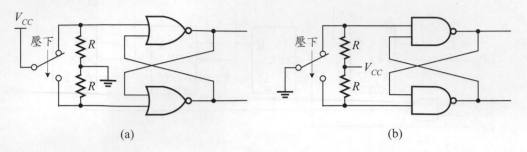

(a)   (b)

圖 P8.4

國家圖書館出版品預行編目資料

數位邏輯原理 / 林銘波編著. -- 初版. -- 新北市
　: 全華圖書, 2018.07
　　面　；　公分
　ISBN 978-986-463-889-5(平裝)

　1.CST: 積體電路

448.62　　　　　　　　　　107011839

數位邏輯原理

作者 / 林銘波

發行人 / 陳本源

執行編輯 / 李孟霞

出版者 / 全華圖書股份有限公司

郵政帳號 / 0100836-1 號

印刷者 / 宏懋打字印刷股份有限公司

圖書編號 / 06396

初版三刷 / 2023 年 08 月

定價 / 新台幣 480 元

ISBN / 978-986-463-889-5(平裝)

全華圖書 / www.chwa.com.tw

全華網路書店 Open Tech / www.opentech.com.tw

若您對書籍內容、排版印刷有任何問題，歡迎來信指導 book@chwa.com.tw

臺北總公司(北區營業處)
地址：23671 新北市土城區忠義路 21 號
電話：(02) 2262-5666
傳真：(02) 6637-3695、6637-3696

南區營業處
地址：80769 高雄市三民區應安街 12 號
電話：(07) 381-1377
傳真：(07) 862-5562

中區營業處
地址：40256 臺中市南區樹義一巷 26 號
電話：(04) 2261-8485
傳真：(04) 3600-9806(高中職)
　　　(04) 3601-8600(大專)

歡迎加入

全華會員

● 會員獨享

會員享購書折扣、紅利積點、生日禮金、不定期優惠活動…等。

● 如何加入會員

填妥讀者回函卡寄回，將由專人協助登入會員資料，待收到E-MAIL通知後即可成為會員。

如何購買 **全華書籍**

1. 網路購書

全華網路書店「http://www.opentech.com.tw」，加入會員購書更便利，並享有紅利積點回饋等各式優惠。

2. 全華門市、全省書局

歡迎至全華門市（新北市土城區忠義路21號）或全省各大書局、連鎖書店選購。

3. 來電訂購

(1) 訂購專線：(02) 2232-5666 轉 321-324
(2) 傳真專線：(02) 6637-3696
(3) 郵局劃撥：（帳號：0100836-1 戶名：全華圖書股份有限公司）

※ 購書未滿一千元者，酌收運費 70 元。

OpenTech.com.tw
全華網路書店

全華網路書店 www.opentech.com.tw
E-mail: service@chwa.com.tw

※ 本會員制度如有變更則以最新修訂制度為準，造成不便請見諒。

書回函卡 （請由此線剪下）

填寫日期： ／ ／

姓名：

生日：西元 年 月 日　性別：□男 □女

電話：（ ）　傳真：（ ）　手機：

e-mail：（必填）

通訊處：

學歷：□博士 □碩士 □大學 □專科 □高中・職

職業：□工程師 □教師 □學生 □軍・公　科系/部門：

學校/公司：

註：數字零，請用 ∅ 表示，數字 1 與英文 L 請另註明並書寫端正，謝謝。

本次購買圖書為：　　　　書號：

需求書類：

□A.電子 □B.電機 □C.計算機工程 □D.資訊 □E.機械 □F.汽車 □I.工管 □J.土木
□K.化工 □L.設計 □M.商管 □N.日文 □O.美容 □P.休閒 □Q.餐飲 □B.其他

您對本書的評價：

封面設計：□非常滿意 □滿意 □尚可 □需改善，請說明
內容表達：□非常滿意 □滿意 □尚可 □需改善，請說明
版面編排：□非常滿意 □滿意 □尚可 □需改善，請說明
印刷品質：□非常滿意 □滿意 □尚可 □需改善，請說明
書籍定價：□非常滿意 □滿意 □尚可 □需改善，請說明
整體評價：請說明

您在何處購買本書？

□書局 □網路書店 □書展 □團購 □其他

您購買本書的原因？（可複選）

□個人需要 □屬公司採購 □親友推薦 □老師指定之課本 □其他

您希望全華以何種方式提供出版訊息及特惠活動？

□電子報 □DM □廣告 （媒體名稱）

您是否上過全華網路書店？ (www.opentech.com.tw)

□是 □否　您的建議

您希望全華出版那方面書籍？

您希望全華加強那些服務？

~感謝您提供寶貴意見，全華將秉持服務的熱忱，出版更多好書，以饗讀者。

全華網路書店 http://www.opentech.com.tw　客服信箱 service@chwa.com.tw

2011.03 修訂

親愛的讀者：

感謝您對全華圖書的支持與愛護，雖然我們很慎重的處理每一本書，但恐仍有疏漏之處，若您發現本書有任何錯誤，請填寫於勘誤表內寄回，我們將於再版時修正，您的批評與指教是我們進步的原動力，謝謝！

全華圖書 敬上

勘誤表

書號：　　書名：　　作者：

頁數	行數	錯誤或不當之詞句	建議修改之詞句

我有話要說：（其它之批評與建議，如封面、編排、內容、印刷品質等・・・）